住房和城乡建设部"十四五"规划教材

高等职业教育土建类专业"互联网+"数字化创新教材

建筑制图与识图（第二版）

肖明和　主编

任鲁宁　赵秀云　贺　斌　刘振霞　副主编

中国建筑工业出版社

图书在版编目（CIP）数据

建筑制图与识图 / 肖明和主编；任鲁宁等副主编
. — 2 版. — 北京：中国建筑工业出版社，2024.6

住房和城乡建设部"十四五"规划教材　高等职业教
育土建类专业"互联网＋"数字化创新教材

ISBN 978-7-112-29791-7

Ⅰ. ①建⋯　Ⅱ. ①肖⋯ ②任⋯　Ⅲ. ①建筑制图-识
图-高等职业教育-教材　Ⅳ. ①TU204.21

中国国家版本馆 CIP 数据核字（2024）第 084173 号

本书根据高等职业院校土建类专业的教学要求编写而成。

本书共分七个教学单元，主要内容包括绪论、制图的基本知识、投影、建筑
形体的表示方法、建筑工程图的基本知识、建筑施工图、结构施工图等。每个教
学单元以教学目标、思维导图、单元引文、单元内容、学习启示、单元总结等设
置教学单元结构体系，以两套完整的砖混结构和框架剪力墙结构图纸贯穿主要教
学单元内容，把国家最新标准《混凝土结构施工图平面整体表示方法制图规则和
构造详图》22G101、《预制混凝土剪力墙外墙板》15G365-1、《预制混凝土剪力
墙内墙板》15G365-2、《桁架钢筋混凝土叠合板（60mm 厚底板）》15G366-1 等
内容融入教材内容中，贴近工程实际，强调适用性和应用性。本书附赠习题册。

本书可作为高等职业院校建筑工程技术、装配式建筑工程技术、智能建造
技术、工程造价、工程监理、地下与隧道工程技术等专业教材，也可作为土建
类工程技术人员参考用书。

为方便教师授课，本教材作者自制免费课件，并提供习题册答案，索取方式
为：1. 邮箱 jckj@cabp.com.cn；2. 电话（010）58337285；3. 扫描右侧二维码。

扫码下载课件
及习题答案

责任编辑：李天虹　李　阳
责任校对：芦欣甜

住房和城乡建设部"十四五"规划教材
高等职业教育土建类专业"互联网＋"数字化创新教材
建筑制图与识图（第二版）
肖明和　主编
任鲁宁　赵秀云　贺　斌　刘振霞　副主编

＊

中国建筑工业出版社出版、发行(北京海淀三里河路 9 号)
各地新华书店、建筑书店经销
北京鸿文瀚海文化传媒有限公司制版
北京云浩印刷有限责任公司印刷

＊

开本：787 毫米×1092 毫米　1/16　印张：24¼　字数：596 千字
2024 年 7 月第二版　　2024 年 7 月第一次印刷
定价：**66.00** 元（含习题册、赠教师课件）
ISBN 978-7-112-29791-7
（42920）

出版说明

党和国家高度重视教材建设。2016年，中办国办印发了《关于加强和改进新形势下大中小学教材建设的意见》，提出要健全国家教材制度。2019年12月，教育部牵头制定了《普通高等学校教材管理办法》和《职业院校教材管理办法》，旨在全面加强党的领导，切实提高教材建设的科学化水平，打造精品教材。住房和城乡建设部历来重视土建类学科专业教材建设，从"九五"开始组织部级规划教材立项工作，经过近30年的不断建设，规划教材提升了住房和城乡建设行业教材质量和认可度，出版了一系列精品教材，有效促进了行业部门引导专业教育，推动了行业高质量发展。

为进一步加强高等教育、职业教育住房和城乡建设领域学科专业教材建设工作，提高住房和城乡建设行业人才培养质量，2020年12月，住房和城乡建设部办公厅印发《关于申报高等教育职业教育住房和城乡建设领域学科专业"十四五"规划教材的通知》（建办人函〔2020〕656号），开展了住房和城乡建设部"十四五"规划教材选题的申报工作。经过专家评审和部人事司审核，512项选题列入住房和城乡建设领域学科专业"十四五"规划教材（简称规划教材）。2021年9月，住房和城乡建设部印发了《高等教育职业教育住房和城乡建设领域学科专业"十四五"规划教材选题的通知》（建人函〔2021〕36号）。为做好"十四五"规划教材的编写、审核、出版等工作，《通知》要求：（1）规划教材的编著者应依据《住房和城乡建设领域学科专业"十四五"规划教材申请书》（简称《申请书》）中的立项目标、申报依据、工作安排及进度，按时编写出高质量的教材；（2）规划教材编著者所在单位应履行《申请书》中的学校保证计划实施的主要条件，支持编著者按计划完成书稿编写工作；（3）高等学校土建类专业课程教材与教学资源专家委员会、全国住房和城乡建设职业教育教学指导委员会、住房和城乡建设部中等职业教育专业指导委员会应做好规划教材的指导、协调和审稿等工作，保证编写质量；（4）规划教材出版单位应积极配合，做好编辑、出版、发行等工作；（5）规划教材封面和书脊应标注"住房和城乡建设部'十四五'规划教材"字样和统一标识；（6）规划教材应在"十四五"期间完成出版，逾期不能完成的，不再作为《住房和城乡建设领域学科专业"十四五"规划教材》。

住房和城乡建设领域学科专业"十四五"规划教材的特点，一是重点以修订教育部、住房和城乡建设部"十二五""十三五"规划教材为主；二是严格按照专业标准规范要求编写，体现新发展理念；三是系列教材具有明显特点，满足不同层次和类型的学校专业教学要求；四是配备了数字资源，适应现代化教学的要求。规划教材的出版凝聚了作者、主审及编辑的心血，得到了有关院校、出版单位的大力支持，教材建设管理过程有严格保障。希望广大院校及各专业师生在选用、使用过程中，对规划教材的编写、出版质量进行反馈，以促进规划教材建设质量不断提高。

住房和城乡建设部"十四五"规划教材办公室

2021 年 11 月

第二版前言

本书是根据高等职业院校土建类专业建筑制图与识图课程教学基本要求，并结合高等职业教学改革的实践经验，为适应高等职业教育的需要而编写的。

本书共分七个教学单元，主要内容包括绪论、制图的基本知识、投影、建筑形体的表示方法、建筑工程图的基本知识、建筑施工图、结构施工图等。

为适应高等职业院校培养高素质复合型技术技能人才的需求，本次修订，编写组深入学习了党的二十大报告，深入推进党的二十大精神进教材、进课堂、进头脑。党的二十大报告提出，青年强，则国家强。广大青年要坚定不移听党话、跟党走，怀抱梦想又脚踏实地，敢想敢为又善作善成，立志做有理想、敢担当、能吃苦、肯奋斗的新时代好青年，让青春在全面建设社会主义现代化国家的火热实践中绽放绚丽之花。为充分发挥教材在提升学生政治素养、职业道德、精益求精、工匠精神方面的引领作用，本书在编写过程中主要突出以下特点：

1. 教材坚持正确政治导向，弘扬工匠精神。教材以施工员、造价工程师所需的建筑识图与制图能力为主线，使学生能够适应工程建设艰苦行业和一线技术岗位，融入劳动光荣、精细识图、精细制图和工匠精神培育。

2. 教材实现"岗课赛证"融通，推进"三教"改革。结合施工员岗位技能，"课岗对接"，教材内容对接施工员岗位标准；"课赛融合"，将建筑工程识图技能大赛内容融入教材，以赛促教、以赛促学；"课证融通"，将1+X建筑工程识图职业技能等级证书内容融入教材，促进课证互嵌共生、互动共长。教材以国家规范任务为引领，以建筑识图与制图应用能力为主线，倡导学生在任务活动中熟练进行识图与制图。

3. 教材每个教学单元以教学目标、思维导图、单元引文、单元内容、学习启示、单元总结等设置教学单元结构体系，以两套完整的砖混结构和框架剪力墙结构图纸贯穿主要教学单元内容，把国家最新标准《混凝土结构施工图平面整体表示方法制图规则和构造详图》22G101、《预制混凝土剪力墙外墙板》15G365-1、《预制混凝土剪力墙内墙板》15G365-2、《桁架钢筋混凝土叠合板（60mm 厚底板）》15G366-1 等内容融入教材内容中，贴近工程实际。

4. 教材密切结合工程实际，专业例图来源于工程实际，有助于提高学生识读整套施工图的能力。教材中植入二维码，围绕"+课程思政"，挖掘课程思政元素，特别是工程建设所需的家国情怀、工匠精神、劳动风尚、精细识图，设置精细化的识图案例，凸显"精细意识""责任意识"。

5. 教材附赠习题册，方便师生使用，习题答案扫描二维码获取。

本书由济南工程职业技术学院肖明和担任主编，辽宁城市建设职业技术学院任鲁宁、山东协和学院赵秀云、济南工程职业技术学院贺斌、刘振霞担任副主编，成都航空职业技术学院梁艳仙、陕西国际商贸学院雷敏、广西水利电力职业技术学院黄雅琪、山东天元建设集团赵新明参编。编写分工如下：肖明和编写教学单元1和教学单元7、梁艳仙编写教学单元2、雷敏编写教学单元3、任鲁宁编写教学单元4、赵秀云编写教学单元5、刘振霞编写教学单元6（6.1、6.2）、黄雅琪编写教学单元6（6.3）及习题、贺斌绘制教学单元7图样、赵新明提供部分教材编写图片素材。本书在编写过程中参考了国内外同类教材和相关的资料，在此，表示深深的谢意！并对为本书付出辛勤劳动的编辑同志们表示衷心的感谢！

由于水平有限，教材中难免有不足之处，恳请读者批评指正。

目 录

附赠：建筑制图与识图（第二版）习题册

Chapter 01

教学单元1
绪论

1.1 本课程的性质、目的和任务

1.1.1 学习本课程的性质及作用

建筑工程图在工程技术界，是人们根据投影的基本原理并按照一定的规则绘制的图样。建筑工程图是"工程技术界的共同语言"，是用来表达设计意图，交流技术思想的重要工具，也是用来指导建筑构（配）件生产、建筑施工和工程管理等技术工作的重要技术文件。

建筑工程图主要用来表达建筑物的形状、大小、材料、做法、结构构造方式以及技术要求等，是作为建筑施工的重要依据。

在日常生活中，我们肉眼所见到的建筑物都是立体的形状，很直观，如图 1-1 所示。

在建筑物的设计、生产、施工过程中，则往往需要用平面上的图形，来表达空间的形

(a)

(b)

图 1-1　某工程效果图

（a）某实训楼效果图；（b）某实训基地效果图

体。在设计阶段，设计者用图来表达自己的构思，进行交流、讨论、供领导审查；在生产阶段，借助施工图来指导构（配）件生产；在施工阶段，借助施工图来指导工程施工（按图施工）；工程竣工以后，图纸作为技术档案进行保留，万一发生质量事故，以此来追查责任，也可供该工程进行改建、扩建时参考。某工程传达室的底层平面图、正立面图如图1-2、图1-3所示。建筑施工图中所表达的内容都是用语言所不能表达清楚的，因此可以说建筑施工图是工程界的技术语言。作为一个工程界的技术人员，必须掌握这种语言。

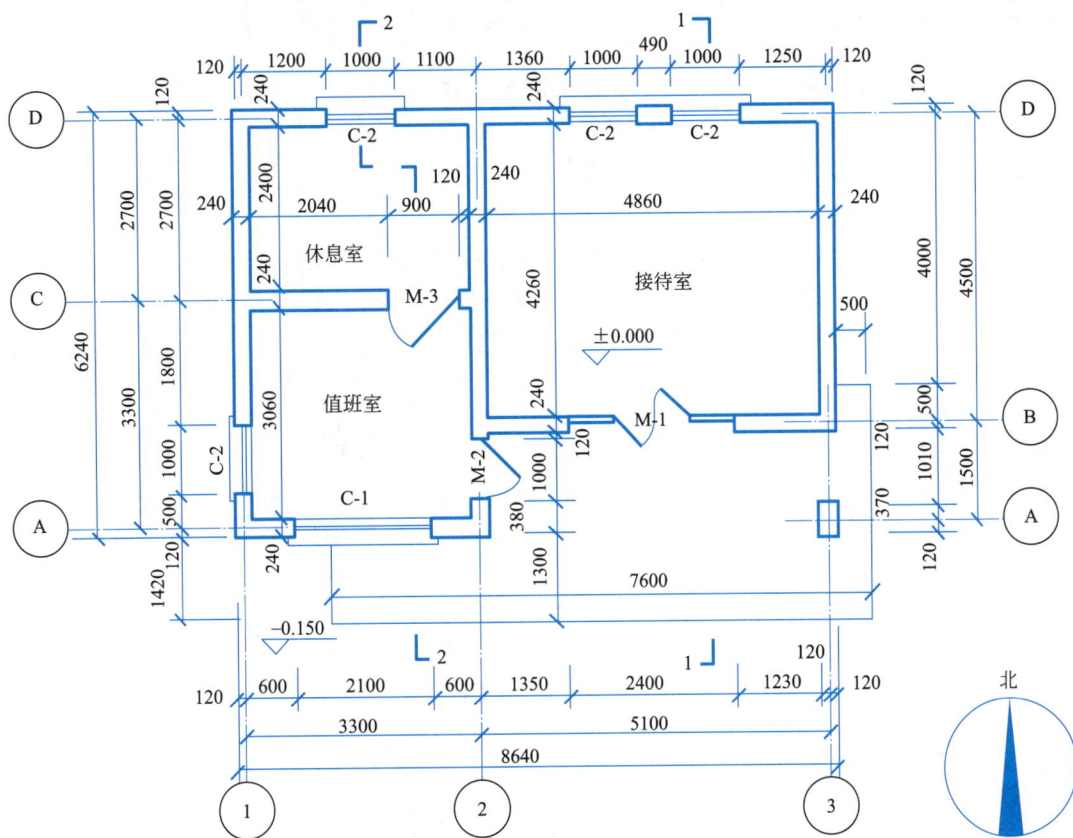

图1-2 某工程传达室底层平面图

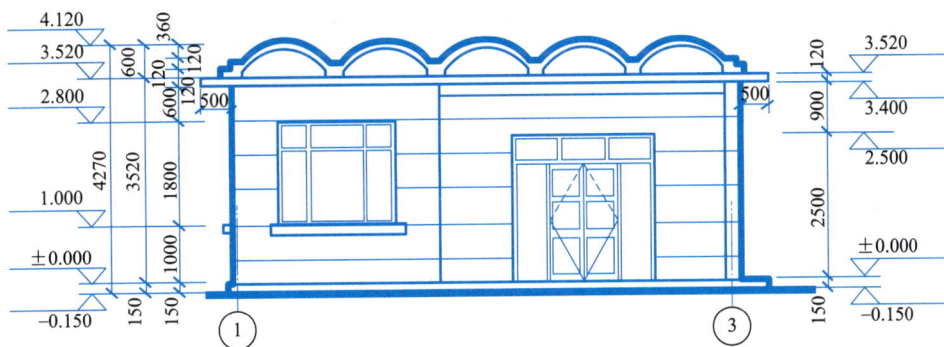

图1-3 某工程传达室正立面图

1.1.2 学习本课程的目的

通过学习制图的基本知识、投影的基本原理来增强学生的空间想象能力和构思能力，最终目的就是要培养学生绘制和熟练阅读建筑工程图的能力。

1.1.3 学习本课程的任务

1. 掌握建筑制图标准和有关的专业技术制图标准。
2. 掌握正投影法的基本原理和作图方法。
3. 能够正确使用常用的绘图仪器和工具。
4. 掌握识读和抄绘、描绘建筑工程图的基本方法。
5. 熟练阅读和绘制砖混结构、框架剪力墙结构的建筑施工图。
6. 熟练阅读和绘制砖混结构、框架剪力墙结构的结构施工图。
7. 掌握 G101 图集、装配式混凝土结构图集的相关内容。
8. 培养严肃认真的工作态度和耐心细致、一丝不苟的工作作风。

1.2 本课程的内容和要求

1.2.1 本课程的主要内容

1. 制图基本技能及基本知识

学习制图仪器和工具的正确使用方法、基本制图标准及常用的几何作图方法。学习投影的基本知识、简单立体的投影、轴测投影等建筑制图的基本原理和方法，以及建筑工程图的基本知识等。

2. 建筑施工图和结构施工图

主要学习建筑施工图和结构施工图的种类、特点；能够熟练地绘制和识读砖混结构、框架剪力墙结构的建筑施工图和结构施工图内容。

1.2.2 本课程的学习要求

建筑制图与识图是一门实践性很强的课程，精湛的制图技能要通过严格的要求和长期的制图实践才能逐步培养起来。所以，一开始学的时候就应该培养学生严谨的工作作风，严格按照国标的规定认真训练。对于比较抽象的理论概念及系统性较强的画法几何，必须加深对于基本原理和图示方法的理解，努力培养空间想象能力（可借助模型、实物、多媒体等，进行图物对照，逐步提高空间想象力），加强思维分析、多做练习（独立思考完成作业），逐步养成认真负责、一丝不苟的工作作风。良好的习惯要从初学时形成，如果粗心大意，图纸上的一个线条、一个数字的差错都有可能给工程造成严重的后果。

1.3 本课程的学习方法

本课程是土木建筑类建筑工程技术、装配式建筑工程技术、智能建造技术、工程造价、工程监理等专业的一门专业基础平台课，实践性较强，其主要内容必须通过画图、识图才能掌握领会，为此学习中必须做到：

1. 课前预习，带着问题认真听讲，结合实际，独立完成作业，及时复习，做到边学、边想、边分析，培养空间想象能力。

2. 多画图、多识图、多上机、多练习、多实践，画图是手段，识图是目的，在画图练习中加深印象，熟悉内容，提高识图能力。

3. 养成严肃认真的工作态度和耐心细致的工作作风，对自己能够做到高标准、严要求。

4. 适当地多看一些参考书，扩大视野，培养自学能力。除认真学习本教材外，还可以有选择地参看下面几类参考书：

（1）画法几何类参考书。

（2）建筑制图类参考书。

（3）专业类参考书。

（4）国家制图标准、规范类参考书。

Chapter 02

教学单元**2**
制图的基本知识

教学目标

1. 知识目标：了解手工绘图的工具及其仪器的种类及使用方法；掌握制图标准；理解等分直线、等分圆、圆弧连接的绘制方法；掌握基本绘图的方法及步骤。

2. 能力目标：能正确使用三角板、丁字尺、图板等绘图工具绘制建筑施工图；能正确使用建筑制图标准中的图框、图线、比例、字体、尺寸标注等；能按照基本作图顺序绘制基本图样；能绘制常用的几何图形：等分线段、等分圆及作正多边形、连接圆弧与圆等。

3. 素质目标：养成精细识读国家标准图集的良好作风；精研细磨建筑制图规范相关规定，培养学生一丝不苟的工匠精神和劳动风尚，具有诚信品质及敬业精神，凸显"精细意识""责任意识"。

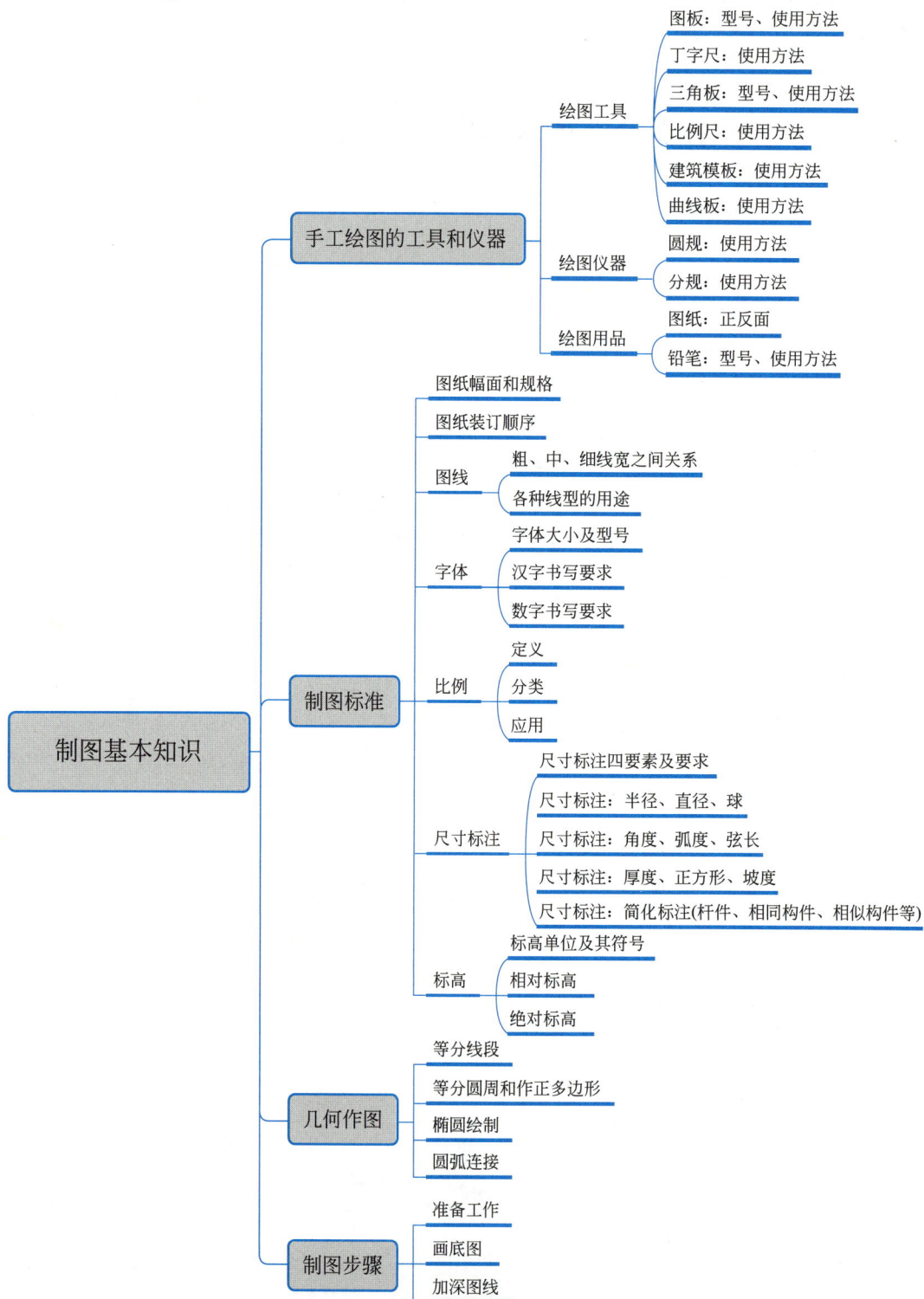

思维导图

制图基本知识
- 手工绘图的工具和仪器
  - 绘图工具
    - 图板：型号、使用方法
    - 丁字尺：使用方法
    - 三角板：型号、使用方法
    - 比例尺：使用方法
    - 建筑模板：使用方法
    - 曲线板：使用方法
  - 绘图仪器
    - 圆规：使用方法
    - 分规：使用方法
  - 绘图用品
    - 图纸：正反面
    - 铅笔：型号、使用方法
- 制图标准
  - 图纸幅面和规格
  - 图纸装订顺序
  - 图线
    - 粗、中、细线宽之间关系
    - 各种线型的用途
  - 字体
    - 字体大小及型号
    - 汉字书写要求
    - 数字书写要求
  - 比例
    - 定义
    - 分类
    - 应用
  - 尺寸标注
    - 尺寸标注四要素及要求
    - 尺寸标注：半径、直径、球
    - 尺寸标注：角度、弧度、弦长
    - 尺寸标注：厚度、正方形、坡度
    - 尺寸标注：简化标注(杆件、相同构件、相似构件等)
  - 标高
    - 标高单位及其符号
    - 相对标高
    - 绝对标高
- 几何作图
  - 等分线段
  - 等分圆周和作正多边形
  - 椭圆绘制
  - 圆弧连接
- 制图步骤
  - 准备工作
  - 画底图
  - 加深图线

本单元通过讲解绘图工具、绘图仪器、绘图用品的类别及其使用方法，《房屋建筑制图统一标准》GB/T 50001—2017 中有关图框、图线、比例、尺寸标注等在建筑制图中的应用要求等，要求学生能够应用绘图工具绘制常规的几何图样，并掌握绘制施工图的一般步骤。

2.1　制图工具和仪器的使用方法

以史明智
鉴往知来

2.1.1　绘图工具

常用的绘图工具有：图板、丁字尺、三角板、比例尺、建筑模板、曲线板等。

（1）图板

图板是将图纸固定在其上面并进行作图的平板。板面一般用胶合板制作，四周镶硬质木条。图板的规格尺寸有 0 号（900mm×1200mm）、1 号（600mm×900mm）、2 号（450mm×600mm）等几种，根据需要选用。

使用图板一般横放，左边为工作边，要求板面平整光洁、工作边平直。固定图纸可用胶带纸粘贴，如图 2-1 所示。图板应防止受潮、暴晒，也不能用刀具在图板上裁切纸张或用硬质材料刻画图板，以免翘曲变形或损坏。

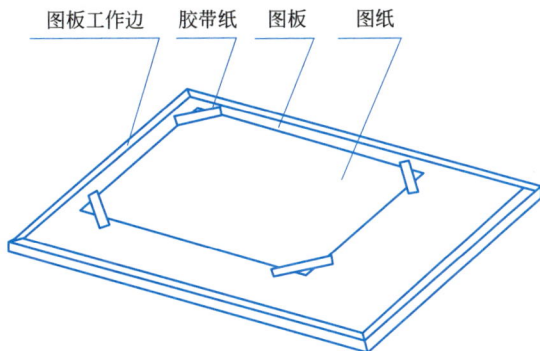

图板工作边　胶带纸　图板　图纸

图 2-1　图板

（2）丁字尺

丁字尺是与图板配合画水平方向线的长尺，由尺头和尺身构成。

使用时，必须随时注意将尺头工作边（内侧面）与图板工作边靠紧，如图 2-2 所示。画水平方向线要用尺身工作边（上边缘），从左向右画，如图 2-3 所示。尺身工作边应保持平直光滑，切勿用小刀靠住工作边裁纸，使用完毕应悬挂放置，以免尺身弯曲变形。

图 2-2　丁字尺的移动

图 2-3　丁字尺绘制水平线

（3）三角板

一副三角板由两个特殊的直角三角形组成（45°、45°、90°或 30°、60°、90°）。三角板与丁字尺配合，可以画水平方向线的垂直线和成 15°角整倍数的倾斜线，如图 2-4、图 2-5所示。作图时，要随时注意将三角板下边缘与丁字尺尺身工作边靠紧。三角板应保持各边平直，避免碰撞。

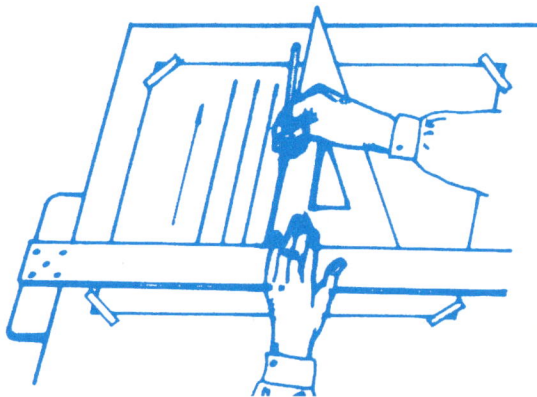

图 2-4　垂直线画法

图 2-5　用三角板和丁字尺配合画 15°、75°、105°倾斜线

（4）比例尺

比例尺是刻有不同比例的直尺。常用的比例尺是在三个棱面上刻有共六种百分或千分比例的三棱尺。如图 2-6 所示为百分比例尺，刻有 1∶100、1∶200、1∶300、1∶400、1∶500、1∶600 六种比例。

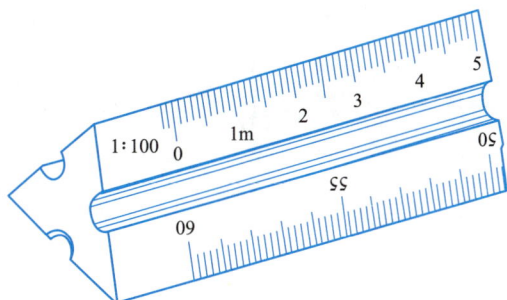

图 2-6　比例尺

比例尺上刻度所注数字的单位为米。以 1∶100 为例，尺上刻度 1m 表示用 1∶100 绘制图样时实际尺寸为 1m 的长。也就是说，尺上从 0 到刻度 1m 处的长度是实际尺寸 1m 长的百分之一。1∶200、1∶300 等的用法相同。

用比例尺绘图时，要先选定采用什么比例，也就是打算想要缩小多少倍来画图，例如图 2-7 所示为某房屋的平面图局部，两墙中轴线间距为 3300mm（3.30m），如采用 1∶100 的比例来画图，可以用 1∶100 的尺面直接量取 3.30m，如图 2-7（a）所示。

一个尺面上的比例，可以缩小也可以放大使用。如采用 1∶50 的比例来画图，可以用 1∶500 的刻度，由于 1∶50 比 1∶500 放大 10 倍，因此要将 1∶500 尺面上刻度 3.3m 放大 10 倍为 33m，即为 1∶50 的 3.3m，如图 2-7（b）所示。其他比例的用法可依此类推。

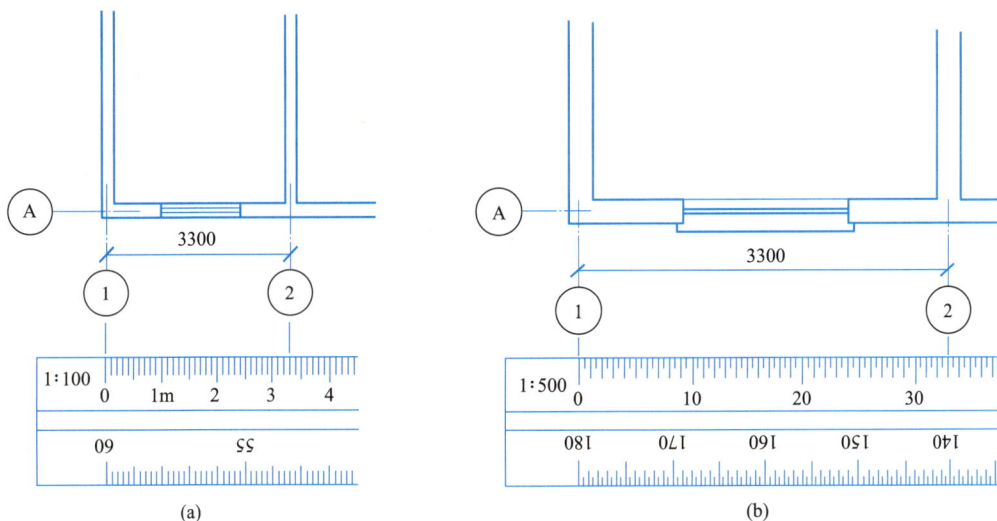

图 2-7　比例尺的使用

（5）建筑模板

建筑模板主要用于绘制各种建筑标准图例和常用符号，如图 2-8 所示。一些图例和常

图 2-8　建筑模板

用符号能直接绘出，也有些需要 2～3 次组合才能绘成。建筑模板刻有常用轴线编号、比例、坡度、标高等符号，可直接绘制方便作图。

（6）曲线板

曲线板用来画非圆曲线。描绘曲线时，先徒手将已求出的各点按顺序轻轻地连成曲线，再根据曲线曲率大小和弯曲方向，从曲线板上选取与所绘曲线相吻合的一段与其贴合，每次至少对准四个点，并且只描中间一段，前面一段为上次所画，后面一段留待下次连接，以保证连接光滑流畅，如图 2-9 所示。

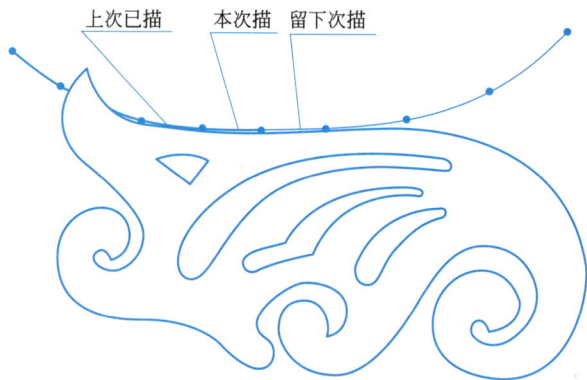

图 2-9　曲线板的用法

2.1.2　绘图仪器

（1）圆规及其附件

圆规是用来画圆及圆弧的工具。它有三种插腿：铅芯插腿、墨线笔插腿、钢针插腿，分别用于画铅笔线、画墨线及代替分规使用，如图 2-10 所示。

图 2-10　圆规及其附件

1—墨线笔插腿；2—钢针插腿；3—延伸杆；4—铅芯插腿；5—钢针（右边为钢针放大图）

使用圆规时，应先调整针尖和插腿的长度，使针尖略长于铅芯。取好半径，以右手握住圆规头部，左手食指协助将针尖对准圆心，然后匀速顺时针转动圆规画圆；所画圆较小时可将插腿及钢针向内倾斜；如所画圆较大，则需装延伸杆。如图 2-11 所示。

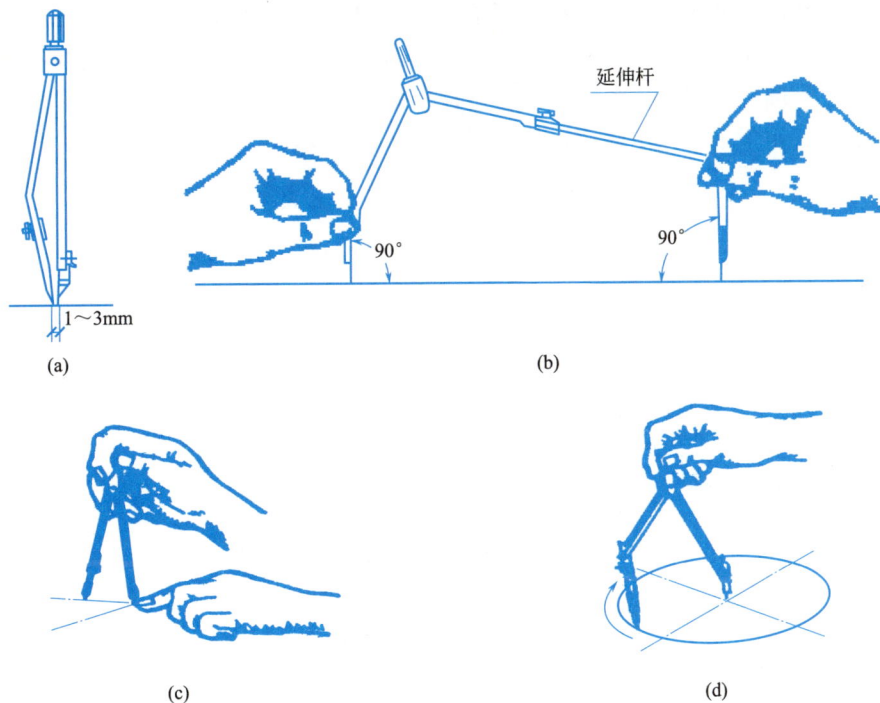

图 2-11　圆规使用方法

（a）将针尖对准圆心；（b）延伸杆；（c）小圆画法；（d）大圆画法

（2）分规

分规是量取线段和等分线段的工具，如图 2-12 所示，两腿端部均装有固定钢针。使用时，应检查分规两腿的针尖靠拢后，是否平齐。

图 2-12　分规的用途

（a）量取线段；（b）等分线段

2.1.3　绘图用品

常用的绘图用品有：图纸、绘图铅笔、橡皮、砂纸、擦图片、墨水、刀片、胶带纸等。

（1）图纸

图纸分绘图纸和描图纸两种。绘图纸要求纸面洁白、质地坚实，橡皮擦拭不易起毛，画墨线时不渗化。绘图时应鉴别正反面，使用正面绘图。描图纸用于描绘复制蓝图的墨线图。要求洁白、透明度好。描图纸薄而脆，使用时应避免折皱，不能受潮。

贴图纸时，用丁字尺校正底边，位置参照图 2-13 所示。

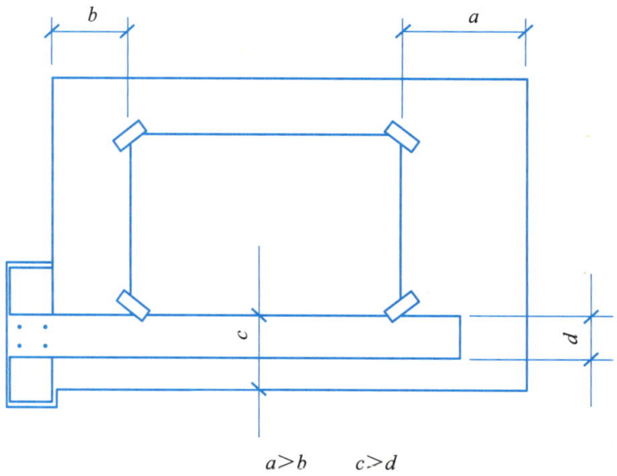

$a>b$　　$c>d$

图 2-13　固定图纸的位置

（2）绘图铅笔

绘图铅笔的铅芯有软硬之分，分别用字母 B 和 H 表示。B 前的数字越大，表示铅芯越软，画线越黑；H 前的数字越大，表示铅芯越硬，画线越淡；HB 表示软硬适中。

一般可用 H 铅笔画底稿线，用 HB 铅笔写字或加深细线，用 B 或 2B 铅笔加深粗线。铅笔应从没有标记的一端开始使用，以保留标记易于识别。铅芯头一般应用砂纸磨削成形：写字及画细线的铅芯头磨成圆锥形；画粗线的铅芯头宜磨成斜切四棱柱形，如图 2-14 所示。

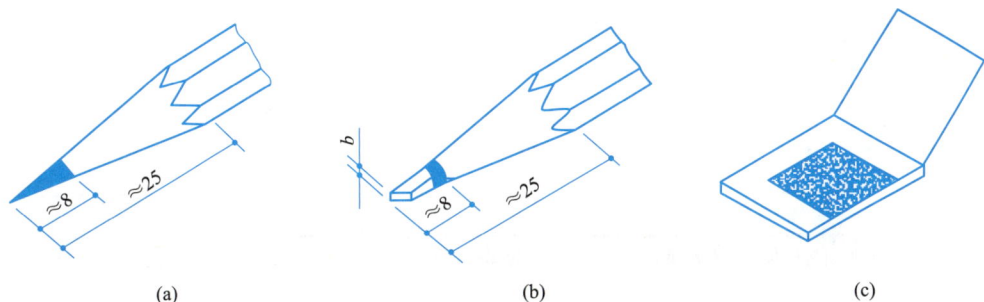

图 2-14　铅芯头磨削后的形状（单位：mm）

（a）圆锥形铅芯头；（b）四棱柱形铅芯头；（c）砂纸板

（3）其他用品

橡皮，应选用白色软橡皮；砂纸，用于修磨铅芯头，如图 2-14（c）所示；擦图片，用于修改图线时遮盖不需擦掉的图线，如图 2-15 所示；墨水，碳素墨水不易凝结，适用于绘图墨水笔，绘图墨水干得较快，适用于直线笔；刀片，用于修改图纸上的墨线；胶带纸，用于固定图纸。

图 2-15　擦图片

2.2　制图的基本标准

建筑工程图是用于表达设计，进行技术交流的资料，是建筑施工与竣工验收、交付使用及物业管理的依据。为了便于交流、提高生产效率，做到图面清晰、简明，适应信息化发展与房屋建设的需要，利于国际交往，根据《住房城乡建设部关于印发 2015 年工程建设标准规范制订、修订计划的通知》（建标［2014］189 号）的要求，标准编制组经广泛调查研究，认真总结实践经验，参考国外相关先进标准，并在广泛征求意见的基础上，制定了《房屋建筑制图统一标准》GB/T 50001—2017，并于 2018 年 5 月 1 日执行，原国家标准《房屋建筑制图统一标准》GB/T 50001—2010 同时废止。

作为未来的工程技术人员，我们从学习工程制图起，就应该养成严格遵守国家标准中每一项规定的良好习惯。本节仅介绍国标中关于图纸幅面及格式、比例、字体、图线及尺寸标注等基本规定。

大国质量

2.2.1　图纸幅面和规格

为了合理使用图纸，便于资料管理，国标规定工程图纸的大小为 5 种，分别为 A0、A1、A2、A3、A4，如表 2-1 所示。各号图幅间的关系是：前一号幅面的图纸沿长边对开，即为后一号图纸的幅面，如图 2-16 所示。

幅面及图框尺寸（单位：mm） 表 2-1

尺寸 ＼ 幅面	A0	A1	A2	A3	A4
$b \times l$	841×1189	594×841	420×594	297×420	210×297
c	10			5	
a	25				

注：表中 b 为幅面短边尺寸，l 为幅面长边尺寸，c 为图框线与幅面线间宽度，a 为图框线与装订边间宽度。

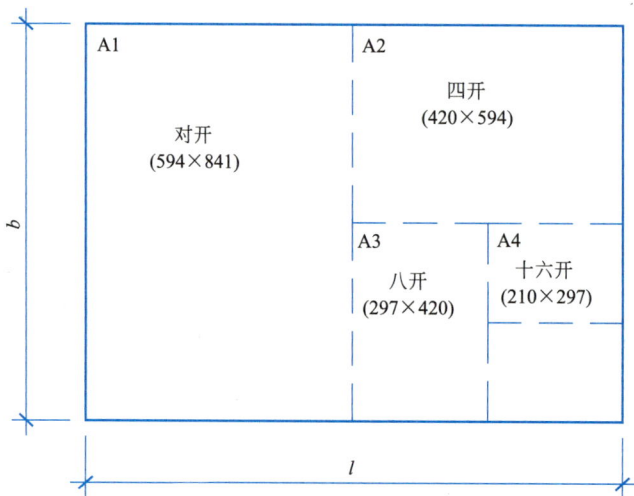

图 2-16 各号图幅间的关系（单位：mm)

图纸幅面的短边不能加长，长边可加长，但应符合表 2-2 的规定。

图纸以短边作为垂直边，称为横式；以短边作为水平边，称为立式。一般 A0～A3 图纸宜横式使用；必要时，也可立式使用。在一个工程设计中，图纸幅面不宜多于两种，不含目录及表格所用的 A4 幅面。

图纸长边加长尺寸（单位：mm） 表 2-2

幅面尺寸	长边尺寸	长边加长后尺寸
A0	1189	$1486\left(A0+\frac{1}{4}l\right)$ $1783\left(A0+\frac{1}{2}l\right)$ $2080\left(A0+\frac{3}{4}l\right)$ $2378(A0+l)$
A1	841	$1051\left(A1+\frac{1}{4}l\right)$ $1261\left(A1+\frac{1}{2}l\right)$ $1471\left(A1+\frac{3}{4}l\right)$ $1682(A1+l)$ $1892\left(A1+\frac{5}{4}l\right)$ $2102\left(A1+\frac{3}{2}l\right)$
A2	594	$743\left(A2+\frac{1}{4}l\right)$ $891\left(A2+\frac{1}{2}l\right)$ $1041\left(A2+\frac{3}{4}l\right)$ $1189(A2+l)$ $1338\left(A2+\frac{5}{4}l\right)$ $1486\left(A2+\frac{3}{2}l\right)$ $1635\left(A2+\frac{7}{4}l\right)$ $1783(A2+2l)$ $1932\left(A2+\frac{9}{4}l\right)$ $2080\left(A2+\frac{5}{2}l\right)$

幅面尺寸	长边尺寸	长边加长后尺寸
A3	420	$630\left(A3+\dfrac{1}{2}l\right)$　　$841(A3+l)$　　$1051\left(A3+\dfrac{3}{2}l\right)$　　$1261(A3+2l)$ $1471\left(A3+\dfrac{5}{2}l\right)$　　$1682(A3+3l)$　　$1892\left(A3+\dfrac{7}{2}l\right)$

注：有特殊需要的图纸，可采用 $b×l$ 为 841mm×891mm 与 1189mm×1261mm 的幅面。

对中标志应画在图纸内框各边长的中点处，线宽应为 0.35mm，并应伸入内框边，在框外应为 5mm。对中标志的线段，应于图框长边尺寸 l 和图框短边尺寸 b 范围取中。图纸格式如图 2-17～图 2-19 所示。

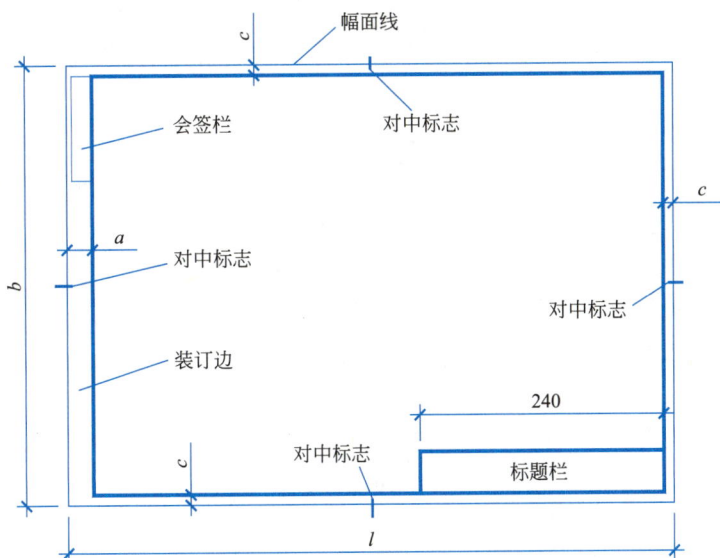

图 2-17　A0～A3 横式幅面（单位：mm）

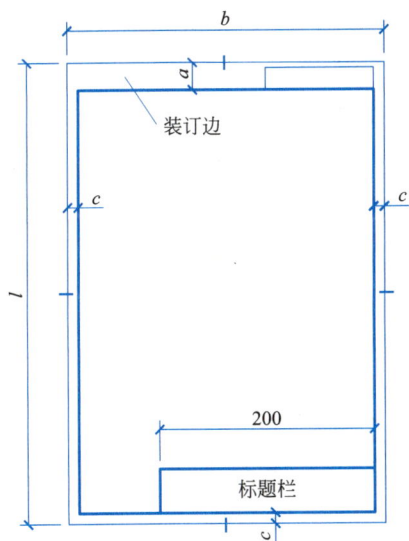

图 2-18　A0～A3 立式幅面（单位：mm）

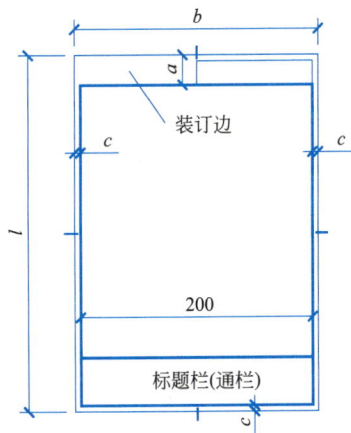

图 2-19　A4 立式幅面（单位：mm）

2.2.2　标题栏

完整的图纸上面应有图幅线、图框线、装订边线、对中标志及标题栏。

图纸的标题栏，位于图纸右下角，与看图的方向一致，用于填写图名、图号以及绘图人、审核人的签名和日期等。如图 2-20（a）所示，我们从《房屋建筑制图统一标准》GB/T 50001—2017 中选取了两种标题栏，供设计时选用。制图作业用标题栏可采用图 2-20（b）所示的简易格式。

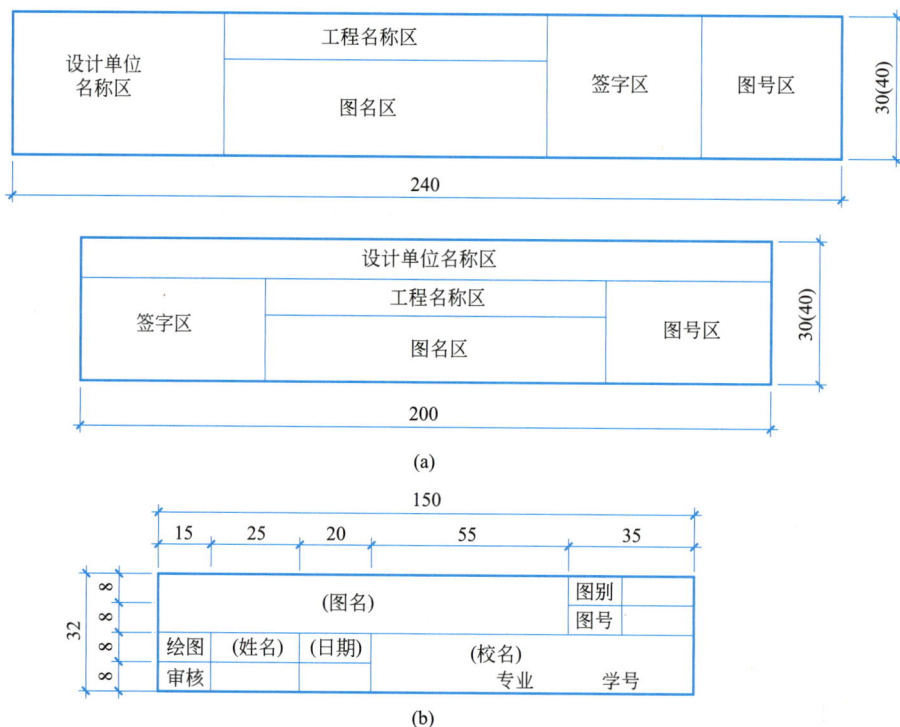

(a)

(b)

图 2-20　标题栏（单位：mm）

需要会签栏的工程图纸可按图 2-21 的格式绘制，会签栏用于填写会签人员所代表的专业、姓名、日期。作业图纸不用会签栏。

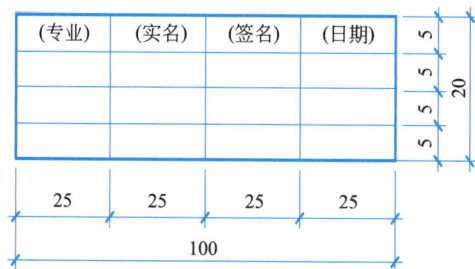

图 2-21　会签栏（单位：mm）

2.2.3　图纸装订顺序

工程图纸应按专业顺序编排，即图纸目录、设计说明、总图、建筑图、结构图、给水排水图、暖通空调图、电气图等。各专业的图纸，应按图纸内容的主次关系、逻辑关系进行分类，做到有序排列。

2.2.4　图线

建筑工程图中为了表示不同的内容，分清主次，图样须使用不同线型及粗细的图线来绘制。表 2-3 对各种图线的线型、宽度作了明确的规定。图 2-22 是图线在工程图中的应用举例。

图线的线型、宽度和主要用途　　　　　　　　表 2-3

名　称		线　型	线宽	一　般　用　途
实线	粗		b	主要可见轮廓线 剖面图中被剖着部分的轮廓线、结构图中的钢筋线、建筑物或构筑物的外轮廓线、剖切符号、地面线、详图标志的圆圈、图纸的图框线、新设计的各种给水管线、总平面图及运输中的公路或铁路路线等
	中		$0.5b$	可见轮廓线 剖面图中未被剖着但仍能看到而需要画出的轮廓线、标注尺寸的尺寸起止 45°短画、原有的各种水管线或循环水管线等
	细		$0.25b$	尺寸界线、尺寸线、材料的图例线、索引标志的圆圈及引出线、标高符号线、重合断面的轮廓线、较小图形中的中心线
虚线	粗		b	新设计的各种排水管线、总平面图及运输图中的地下建筑物或构筑物等
	中		$0.5b$	需要画出的看不到的轮廓线 建筑平面图运输装置(例如桥式吊车)的外轮廓线、原有的各种排水管线、拟扩建的建筑工程轮廓等
	细		$0.25b$	不可见轮廓线、图例线
单点长画线	粗		b	结构图中梁或框架的位置线、建筑图中的吊车轨道线、其他特殊构件的位置指示线
	中		$0.5b$	见有关专业制图标准
	细		$0.25b$	中心线、对称线、定位轴线 管道纵断面图或管系轴测图中的设计地面线等
双点长画线	粗		b	预应力钢筋线
	中		$0.5b$	见各有关专业制图标准
	细		$0.25b$	假想轮廓线、成型前原始轮廓线

续表

名　称	线　型	线宽	一　般　用　途
折断线		0.25b	不需要画全的断开界线
波浪线		0.25b	不需要画全的断开界线 构造层次的断开界线
加粗线		1.4b	地坪线

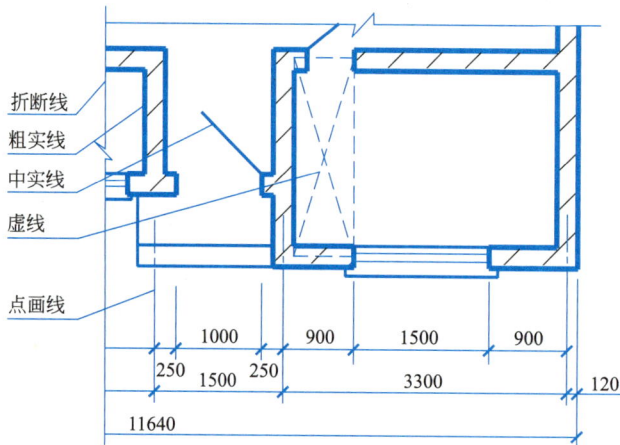

图 2-22　图线应用

　　图样中图线的粗细，视图样的比例大小和复杂程度先选定线宽 b，再选用表 2-4 中相应的线宽组。

线宽组（单位：mm）　　　　　　　　　　　　　　　　表 2-4

线宽比	线宽组			
b	1.4	1.0	0.7	0.5
$0.7b$	1.0	0.7	0.5	0.35
$0.5b$	0.7	0.5	0.35	0.25
$0.25b$	0.35	0.25	0.18	0.13

　　图纸的图框和标题栏线可采用表 2-5 的线宽。

图框和标题栏线的宽度　　　　　　　　　　　　　　表 2-5

幅面代号	图框线	标题栏外框线对中标志	标题栏分格线幅面线
A0、A1	b	0.5b	0.25b
A2、A3、A4	b	0.7b	0.35b

　　图线画法的注意事项：

　　① 同一张图纸内，相同比例的各图样，应选用相同的线宽组。

② 相互平行的图例线，其净间隙或线中间隙不宜小于 0.2mm。

③ 虚线、单点画线或双点画线的线段长度和间隔，宜各自相等。虚线的长度宜取 3～6mm，单点画线的长度宜取 15～20mm。

④ 单点长画线或双点长画线，当在较小图形中绘制有困难时，可用实线代替。

⑤ 单点长画线或双点长画线的两端，不应是点。点画线与点画线交接或点画线与其他图线交接时，应是线段交接。

⑥ 虚线与虚线交接或虚线与其他图线交接时，应是线段交接。虚线为实线的延长线时，不得与实线连接。

⑦ 图线不得与文字、数字或符号重叠、混淆，不可避免时，应首先保证文字等的清晰。

具体画法如图 2-23 所示。

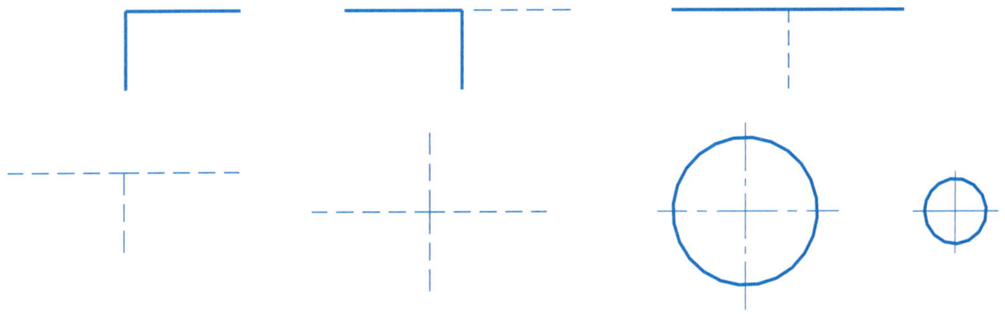

图 2-23　实线、虚线、点画线画法举例

2.2.5　字体

工程图样上常用的文字有汉字、数字和符号等。为了保证图样的规范性和通用性，避免产生误解，造成工程的损失，图样上文字的书写必须做到：笔画清晰、字体端正、排列整齐，且标点符号清楚正确。

（1）汉字

汉字的字号以字体的高度 h（单位为 mm）表示。文字的高度应符合表 2-6 规定。字高大于 10mm 的文字宜采用 True type 字体，如需书写更大的字，其高度应按 $\sqrt{2}$ 的倍数递增。

文字的字高（单位：mm）　　　　　　　　　　表 2-6

字体种类	汉字矢量字体	True type 字体及非汉字矢量字体
字高	3.5、5、7、10、14、20	3、4、6、8、10、14、20

在《房屋建筑制图统一标准》GB/T 50001—2017 中规定：图样及说明中的汉字应采用汉字矢量字体。汉字矢量字体即为长仿宋体，同一图纸字体种类不应超过两种。矢量字体的宽高比宜为 0.7，且符合表 2-7 的规定。True type 字体宽高比宜为 1。大标题、图册封面、地形图等的汉字，也可书写成其他字体，但应易于辨认，其宽高比宜为 1。

长仿宋字体高宽关系（单位：mm） 表 2-7

字　高	3.5	5	7	10	14	20
字　宽	2.5	3.5	5	7	10	14

书写长仿宋体字的基本要领可归纳为：横平竖直、起落有锋、结构匀称、填满方格。汉字的基本笔画有：横、竖、撇、捺、挑、点、折、钩等，基本笔画形状及笔法如表 2-8 所示。长仿宋体字例，如图 2-24 所示。

长仿宋字基本笔画写法 表 2-8

名称	横	竖	撇	捺	挑	点	折	钩
形状	一	丨	丿	㇏	丿 一	丶丶	㇆	㇗
笔法	一	丨	丿	㇏	丿 一	丶丶	㇆	㇗

10号字

7号字

图 2-24　长仿宋体字例（单位：mm）

（2）字母和数字

图样及说明中的字母、数字，宜优先采用 True type 字体中的 Roman 字型，书写规则应符合表 2-9 的规定。图样中的字母和数字分 A（窄）型和 B（一般）型。在同一张图样上，只允许选用一种形式的字体。字高 h 应不小于 2.5mm。

字母及数字，当需写成斜体字时，其斜度应是从字的底线逆时针向上倾斜 75°。斜体字的高度和宽度应与相应的直体字相等。

字母和数字可写成斜体或直体。斜体字字头向右倾斜，与水平基准线成 75°。

数量的数值注写，应采用正体阿拉伯数字。各种计量单位凡前面有量值的，均应采用国家颁布的单位符号注写，单位符号应采用正体字母。如直径 100mm 在图纸上标注时用"D100"表示。

分数、百分数和比例数的注写，应采用阿拉伯数字和数字符号。

当注写的数字小于 1 时，应写出个位的"0"，小数点应采用圆点，齐基准线书写。

字母和数字的规格见表 2-9，示例如图 2-25 所示。

字母和数字的规格　　　　　　　　　　　　表 2-9

		A（窄）型字体	B（一般）型字体
字母高	大写字母	h	h
	小写字母（上下均无延伸）	$\frac{10}{14}h$	$\frac{7}{10}h$
小写字母向上或下伸出部分		$\frac{4}{14}h$	$\frac{3}{10}h$
笔画宽度		$\frac{1}{14}h$	$\frac{1}{10}h$
间　隔	字母间	$\frac{2}{14}h$	$\frac{2}{10}h$
	词间	$\frac{6}{14}h$	$\frac{6}{10}h$
	上下行基准线间最小间隔	$\frac{21}{14}h$	$\frac{15}{10}h$

图 2-25　字母、数字示例

2.2.6　比例

工程图样中图形与实物相对应的线性尺寸之比，称为比例。比例符号为"："。在建筑工程图中，比例应书写在图名的右侧，其字号应比图名的字号小1～2号。图名下应画一条粗实线，其长度与图名文字所占长度相同。如图2-26所示。

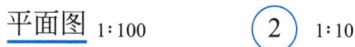

平面图 1:100   ② 1:10

图2-26　比例的注写

绘图所用比例，应根据图样的用途与被绘对象的复杂程度，从表2-10中选取，并优先选用常用比例。一般情况下，一个图样应选用一种比例。根据专业制图需要，同一图样可选用两种比例。特殊情况下也可自选比例，这时除应注出绘图比例外，还应在适当位置绘制出相应的比例尺。需要缩微的图纸应绘制比例尺。比例应用如图2-27所示。

绘图所用的比例   表2-10

常用比例	1:1、1:2、1:5、1:10、1:20、1:30、1:50、1:100、1:150、1:200、1:500、1:1000、1:2000
可用比例	1:3、1:4、1:6、1:15、1:25、1:40、1:60、1:80、1:250、1:300、1:400、1:600、1:5000、1:10000、1:20000、1:50000、1:100000、1:200000

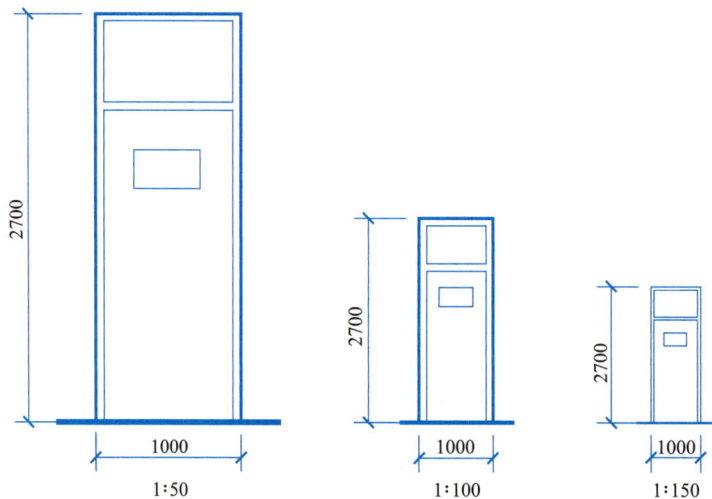

图2-27　不同比例画出的门

2.2.7　尺寸标注

工程图样，除了按比例绘制物体的形状外，还必须标注完整、准确的实际尺寸，以作为施工、验收等的依据。

（1）尺寸标注的基本规定

图样上的尺寸应包括尺寸界线、尺寸线、尺寸起止符号和尺寸数字，如图2-28所示。

尺寸界线采用细实线绘制，一般应与被注长度垂直，其一端应离开图样轮廓线不小于2mm，另一端宜超出尺寸线2～3mm。图样轮廓线、中心线等可用作尺寸界线，如图2-28所示。

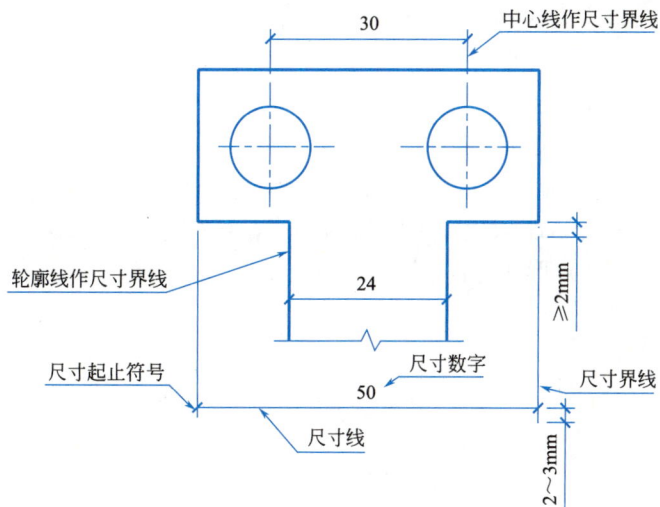

图 2-28　尺寸的组成

尺寸线采用细实线绘制，应与被注长度平行。图样本身的任何图线均不得作尺寸线。

尺寸起止符号（或称尺寸终端）一般用中粗短线绘制，其倾斜方向与尺寸界线成顺时针转 45°角，长度宜为 2～3mm，如图 2-28 所示。半径、直径、角度与弧长的尺寸起止符号，宜用箭头表示，箭头宽度 b 不小于 1mm，如图 2-29 所示。

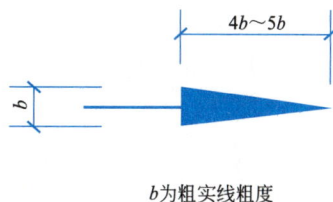

b 为粗实线粗度

图 2-29　箭头尺寸起止符号

图样上的尺寸，应以尺寸数字为准，不应从图上直接量取，即尺寸数字是指物体的实际尺寸。尺寸单位，除标高及总平面以米为单位外，其他必须以毫米为单位。图样上不注写单位。尺寸数字的方向，应按图 2-30（a）所示，即水平尺寸的数字注写在尺寸线上方中部，字头向上；铅垂尺寸的数字注写在尺寸线的左方中部，字头朝左；倾斜尺寸的数字

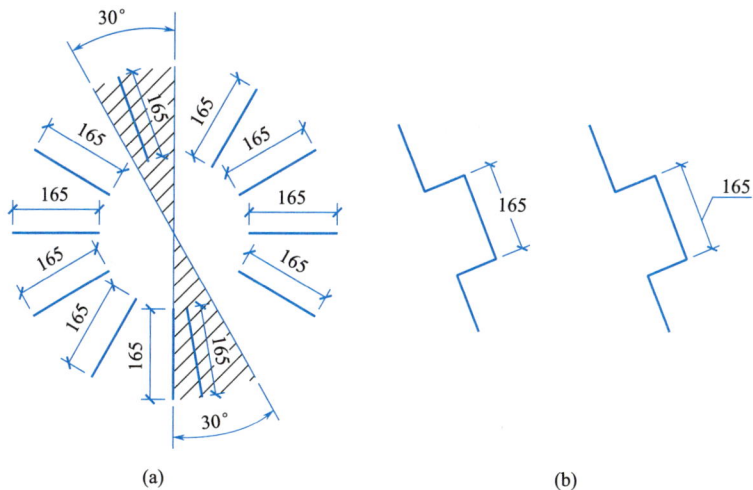

(a)　　　　　　　　　　　　　　(b)

图 2-30　尺寸数字的注写方向

注写在尺寸线上方中部，字头应有朝上的趋势。若尺寸数字在 30°斜线区内，宜按图 2-30（b）的形式标注。

（2）常见的尺寸标注

① 半径、直径、球的尺寸标注

半径的尺寸线，应一端从圆心开始，另一端画箭头指向圆弧。半径数字前应加注半径符号"R"，如图 2-31（a）所示。较小圆弧的半径，可按图 2-31（b）形式标注。大圆弧的半径，可按图 2-31（c）形式标注。

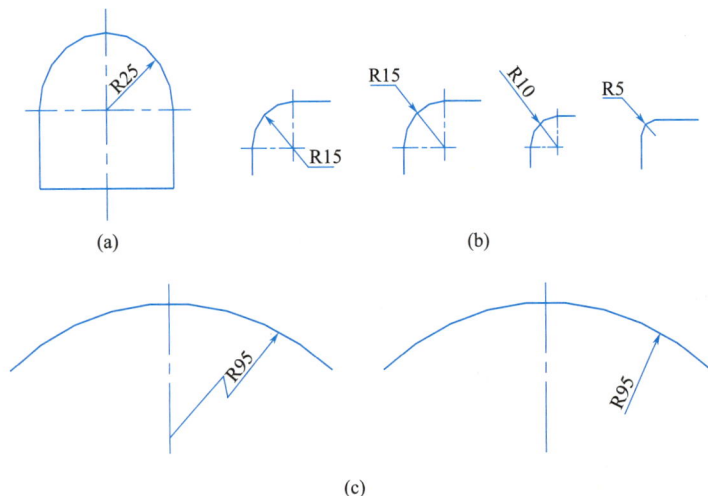

图 2-31　半径的尺寸注法

（a）（b）小圆弧半径的标注方法；（c）大圆弧半径的标注方法

标注圆的直径尺寸时，直径数字前应加直径符号"φ"。在圆内标注的尺寸线应通过圆心，两端画箭头指至圆弧，如图 2-32 所示。较小圆的直径尺寸，可标注在圆外，如图 2-33 所示。

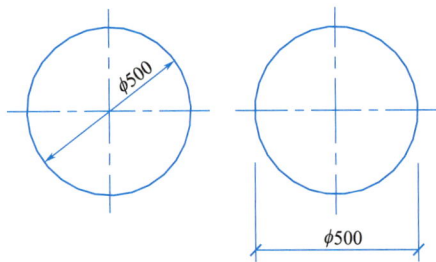

图 2-32　圆直径的标注方法

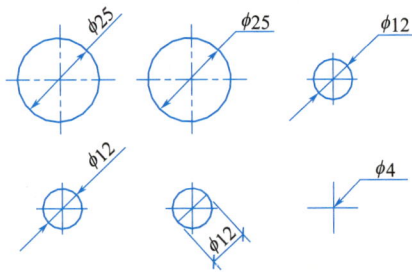

图 2-33　小圆直径的标注方法

标注球的半径或直径尺寸时，分别在尺寸数字前加注符号"SR"或"Sφ"。注写方法与圆弧半径和圆直径的尺寸标注方法相同。

② 角度、弧长、弦长的尺寸标注

角度的尺寸线用圆弧表示，圆弧的圆心为该角的顶点，角的两条边为尺寸界线。起止符号为箭头。如角度小无法画箭头，可用圆点代替，角度数字应按水平方向注写，如图 2-34（a）所示。

弧长的尺寸线为与该圆弧同心的圆弧，尺寸界线垂直于该圆弧的弦，起止符号用箭头，弧长数字上方或前方加注圆弧符号"⌒"，如图 2-34（b）所示。

弦长的尺寸线为与该弦平行的直线，尺寸界线垂直于该弦，起止符号用中粗斜短线，如图 2-34（c）所示。

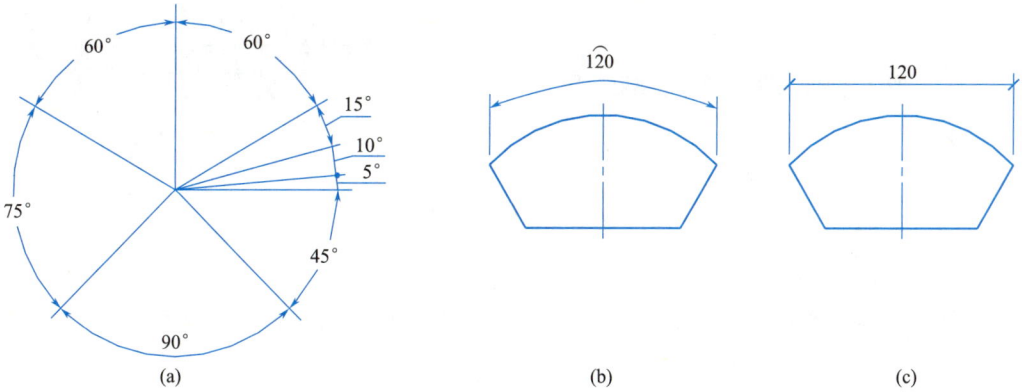

图 2-34　角度、弧长、弦长的尺寸注法

（a）角度标注方法；（b）弧长标注方法；（c）弦长标注方法

③ 薄板厚度、坡度、非圆曲线的标注

在薄板板面标注板厚时，应在厚度数字前加厚度符号"t"。如图 2-35 所示。

标注坡度时，在坡度数字下，应加注坡度符号"◀—"或"◢—"，箭头指向下坡方向，坡度也可用直角三角形"▷"的形式标注，如图 2-36 所示。

图 2-35　薄板厚度注法

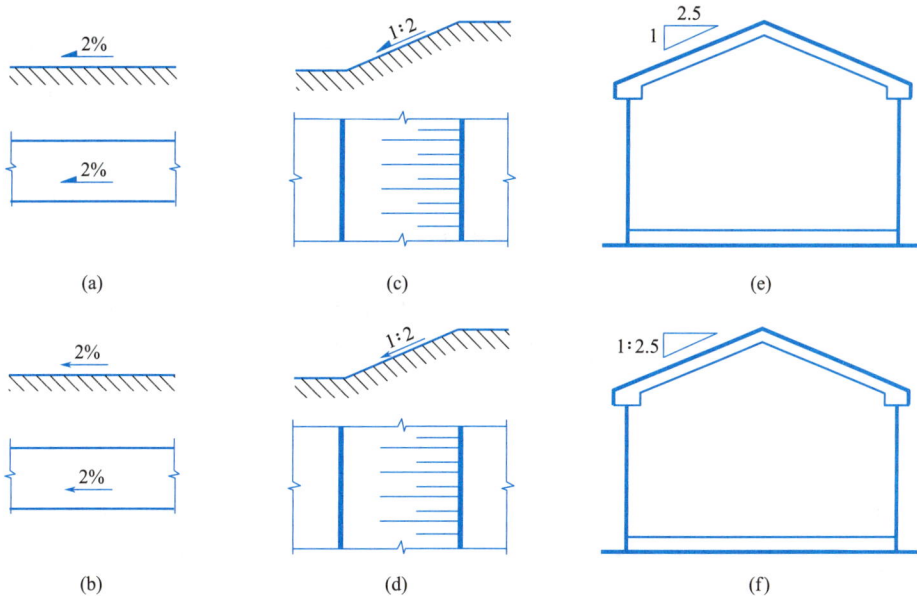

图 2-36　坡度注法

非圆曲线的尺寸，可用坐标形式或网格形式标注，如图 2-37 所示。

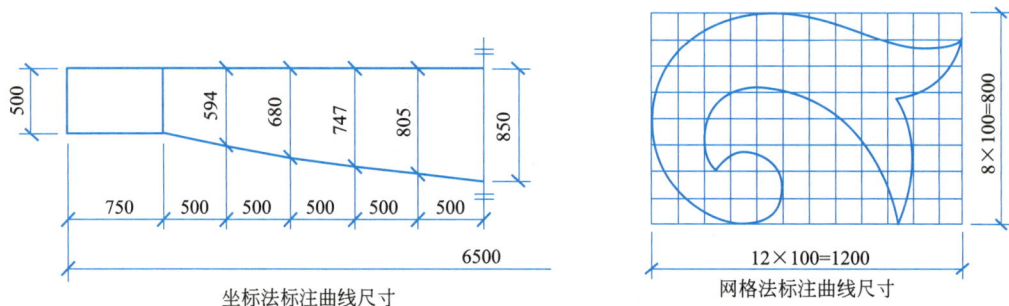

图 2-37　非圆曲线的尺寸注法

④ 尺寸的简化标注

杆件或管线的长度，在单线图上，可直接将尺寸数字沿杆件或管线的一侧注写。如图 2-38 所示。

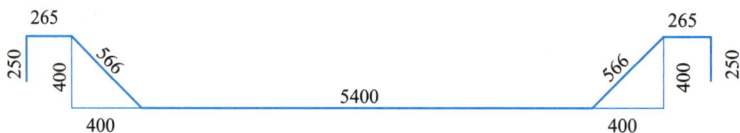

图 2-38　单线图尺寸注法

连续排列的等长尺寸，可用"个数×等长尺寸＝总长"或"总长（等分个数）"的形式标注，如图 2-39 所示。

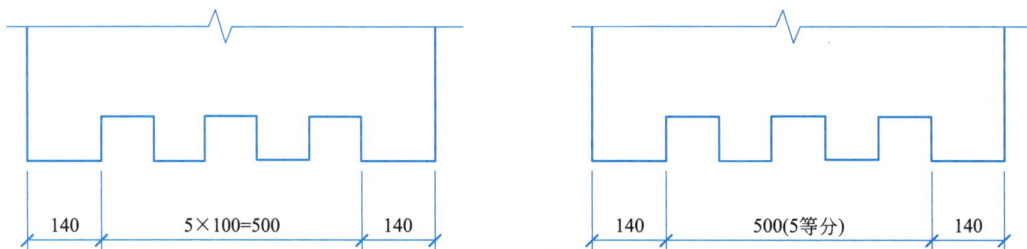

图 2-39　连续等长尺寸注法

对称构配件采用对称省略画法时，整体尺寸数字应按全尺寸注写，尺寸线应略超过对称符号，仅在尺寸线的一端画尺寸起止符号，注写位置宜与对称符号对齐，如图 2-37 中的 6500。

构配件内的构造要素（如孔、槽等）如相同，可仅标注其中一个要素的尺寸。如图 2-40 所示。

两个构配件如个别尺寸数字不同，可在同一图样中将其中一个构配件的不同尺寸数字注写在括号内，该构配件的名称也应注写在相应的括号内，如图 2-41 所示。

数个构配件如仅某些尺寸不同，这些有变化的尺寸数字，可用拉丁字母注写在同一图样中，另列表格写明其具体尺寸，如图 2-42 所示。

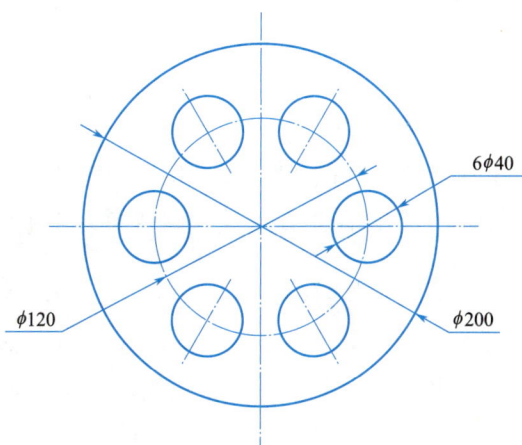

图 2-40　相同要素尺寸标注方法

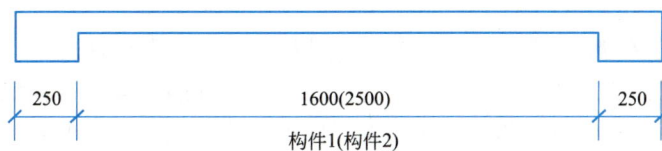

图 2-41　相似构件尺寸标注方法

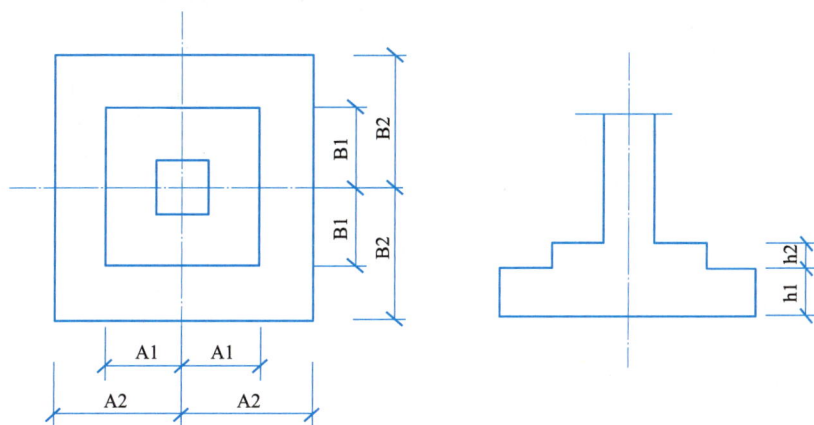

构件编号	A1	A2	B1	B2	h1	h2
JC1	500	700	500	700	250	200
JC2	600	800	550	700	250	200
JC3	800	1000	900	1200	300	200

图 2-42　相似构件尺寸标注表格式标注方法

（3）尺寸标注的注意事项

图样上标注的尺寸数字，与绘图的比例及绘图的准确度无关。读图时以尺寸数字为准，不得从图上直接量取。

尺寸数字应尽可能标注在图形轮廓线以外，任何图线、文字及符号都不得与数字相交。当不可避免时，应将尺寸数字处的图线断开，以保证所注尺寸的清晰和完整。

半圆或小于半圆的圆弧，一般标注半径尺寸，圆或者大于半圆的弧，一般标注直径尺寸。

当尺寸界线的间隔太小，注写尺寸数字的位置不够时，最外边的尺寸数字可注写在尺寸界线的外侧，中间相邻的尺寸数字可错开注写，如图 2-22 中的 120、250。

互相平行的尺寸线，应以较小尺寸靠近图样轮廓线，较大尺寸应离图样轮廓线较远，以避免较小尺寸的尺寸界线与较大尺寸的尺寸线相交。如图 2-22 中的三道尺寸。

2.2.8 标高

标高是标注建筑物或地势高度的符号，包括绝对标高和建筑标高。

绝对标高是以我国青岛附近黄海的平均海平面为基准的标高。在施工图中用在建筑总平面图中。绝对标高表示该建筑所在地的海拔比黄海平均海平面高出的距离。

在建筑工程图中，使用建筑标高，并规定以建筑物首层室内主要地面为基准的标高。

标高表示方法：

标高符号是高度为 3mm 的等腰直角三角形。总图中用涂黑的等腰直角三角形，其他基本图样中空心等腰直角三角形并带有直线，如图 2-43 所示。在施工图中，标高以"m"为单位，但注写时不带单位，小数点后保留三位小数（总平面图中保留两位小数）。标注时，基准点的标高注写为"±0.000"，比基准点高的标高前面不带"＋"，比基准点低的前面应加"－"号，如 －0.020 表示比基准点 ±0.000 低 0.020m。

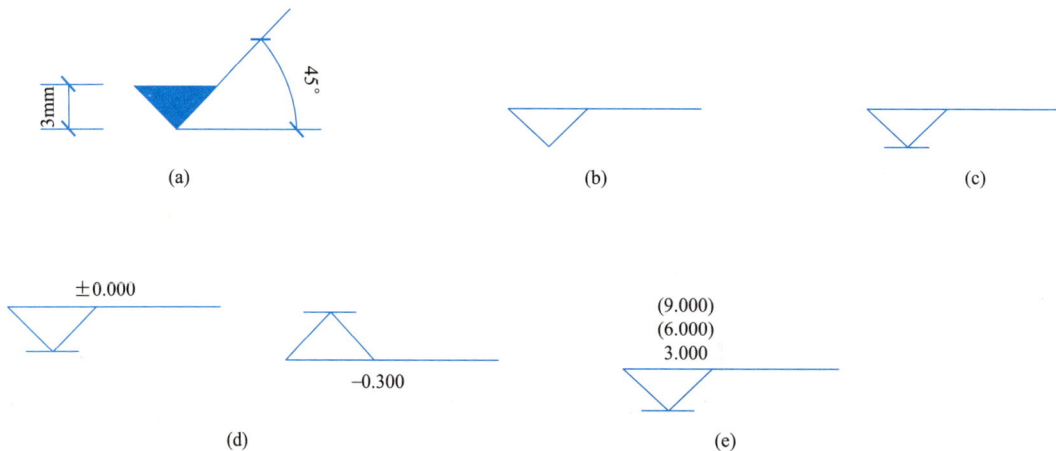

图 2-43　标高符号

（a）总平面图上的室外标高符号；（b）平面图上的标高符号；（c）立面图上的标高符号；
（d）标高指向；（e）同一位置注写多个标高

2.3 几何作图

在工程图中，很多做法由直线、圆弧线以及曲线形成，掌握常用的几何图形的作图原理和方法，有利于提高绘图速度和准确性，有助于在施工生产中定位放线，下面介绍几种常用的几何作图。

2.3.1 直线的平行线、垂直线及等分线段

（1）直线的平行线、垂直线

过已知点 C，作已知直线 AB 的平行线、垂直线，如图 2-44 所示。

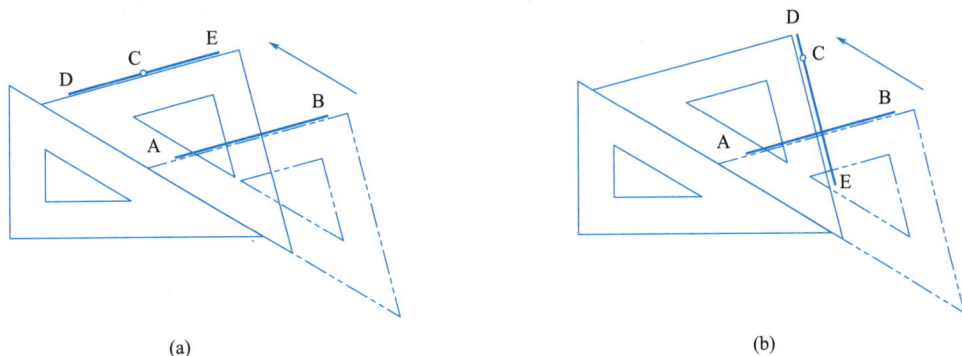

图 2-44　直线的平行线、垂直线

（a）过 C 点作直线 DE//AB；（b）过 C 点作直线 DE⊥AB

（2）等分线段

平行线法等分线段：若将已知线段 AB 五等分，其作图方法和步骤如图 2-45 所示。

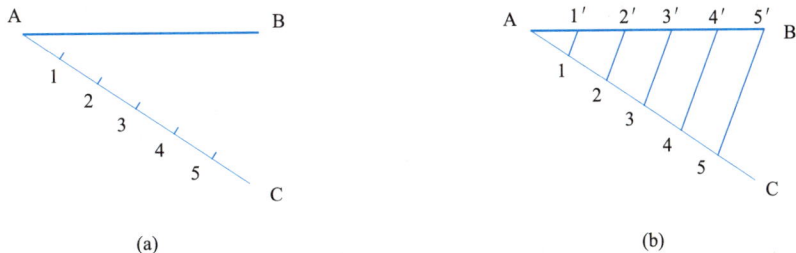

图 2-45　平行线法等分线段

（a）过端点 A 作任意直线 AC，并以适当长度在 AC 上量取五等分，得 1、2、3、4、5 各等分点；

（b）连接 5B，分别过 1、2、3、4 各等分点作 5B 的平行线，与 AB 相交得 1′、2′、3′、4′点，即为所求的等分点

分规试分法等分线段：当线段不太长，等分数不太多时，可用分规试分法。若将已知线段 AB 三等分，其作图方法和步骤如图 2-46 所示。

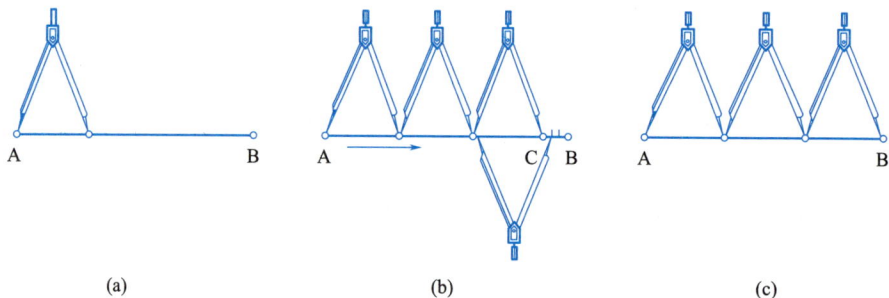

图 2-46　分规试分法等分线段

（a）将分规针尖距目测调整约为 AB/3，然后从 A 点起，进行试分；（b）截取三次得 C 点，
视 C 点的具体位置在 AB 之内（或之外），增加（或减少）CB/3 后，再次截取；
（c）数次试分，直至分尽为止

（3）任意等分两平行线间的距离

利用刻度尺上某单位长度，直接等分作图。若将平行二直线 AB、CD 间距离五等分，其作图方法和步骤如图 2-47 所示。

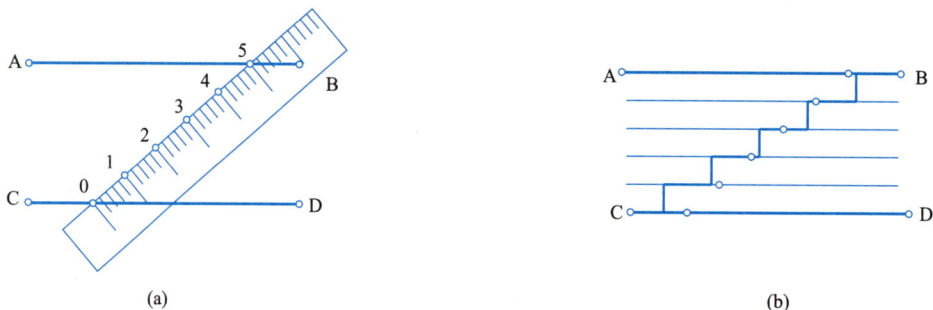

图 2-47　五等分两平行线间距离

（a）将刻度尺上 0 点置于 CD 上，旋转尺子，使刻度 5 落在 AB 上，得等分点 1、2、3、4；
（b）过各等分点作 AB（或 CD）的平行线，即为所求

2.3.2　等分圆周和作正多边形

作正多边形，同属等分圆周的范畴，故一并介绍。圆周三、四、六、八、十二等分，均可用丁字尺配合三角板作出；圆周五等分，可配合圆规作出；圆周任意等分，可通过近似等分圆周法作出。重点掌握丁字尺、三角板配合作图。

（1）圆周的三、四、六、八、十二等分

圆周被四、八等分后，等分角线与水平线的夹角为 0°或 45°的倍数，故可用丁字尺与 45°三角板作出。作图方法如图 2-48 所示。

圆周被三、六、十二等分后，等分角线与水平线的夹角为 0°或 30°的倍数。其作图方法有两种：一种是用丁字尺与 30°～60°三角板作出，如图 2-49 所示；另一种是用圆规作出，如图 2-50 所示。

(a)　　　　　　　　　　　　　(b)

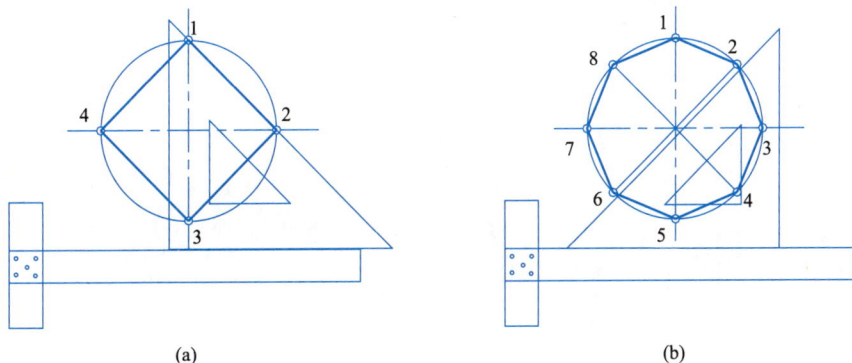

图 2-48　圆周的四、八等分

（a）四等分；（b）八等分

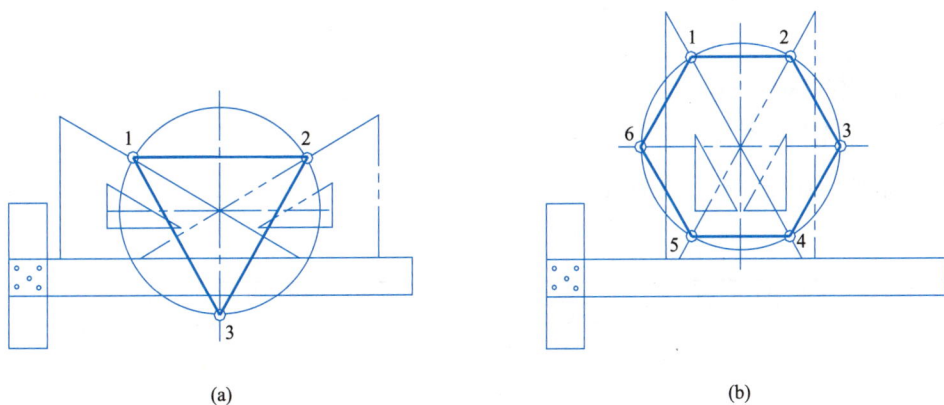

(a)　　　　　　　　　　　　　(b)

图 2-49　圆周的三、六等分

（a）三等分；（b）六等分

(a)　　　　　　　　　(b)　　　　　　　　　(c)

图 2-50　用圆规等分圆周

（a）三等分；（b）六等分；（c）十二等分

（2）圆周的五等分

圆周的五等分不能用丁字尺、三角板直接作出，需借助于圆规。作图方法如图 2-51 所示。

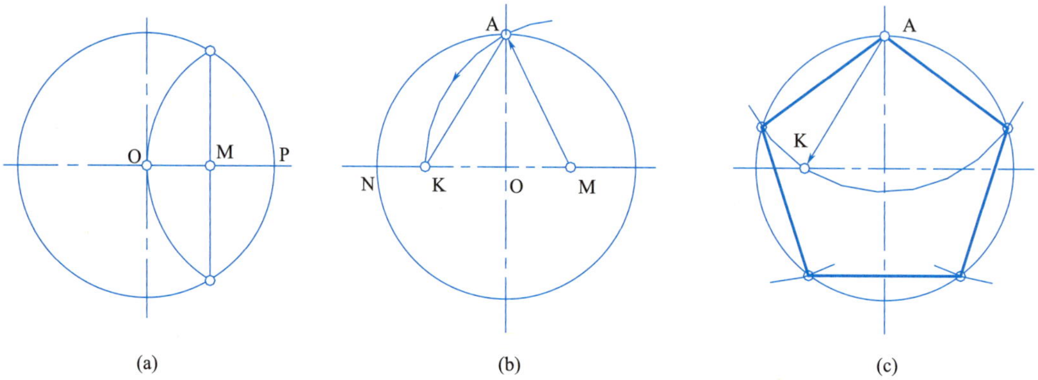

图 2-51　圆内接正五边形画法

（a）作半径 OP 的中点 M；（b）以 M 为圆心，MA 为半径画弧交 ON 于 K，AK 即为圆内接正五边形的边长；
（c）以 AK 为边长五等分圆周，依次连接五个等分点，即得圆内接正五边形

2.3.3　椭圆曲线的画法

椭圆曲线的画法如表 2-11 所示。

椭圆曲线的画法　　　　　　　　　　　表 2-11

类　别	图　例	作　图　步　骤
同心圆法	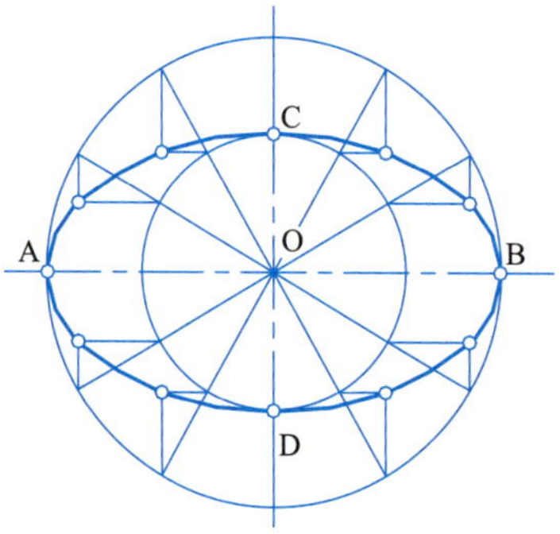	已知椭圆长、短轴 AB 和 CD： （1）以 O 为圆心，OA、OC 为半径画两个同心圆； （2）过 O 点作一系列直线与两圆相交； （3）过大圆上的交点作短轴 CD 的平行线，过小圆上的交点作长轴 AB 的平行线，所得的对应交点即为椭圆上的点； （4）用曲线板将相交点光滑连接，即为所求
四心近似法	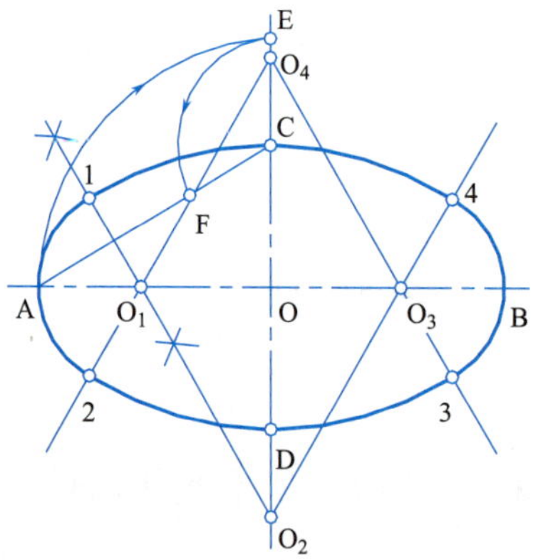	已知椭圆长、短轴 AB 和 CD： （1）在短轴上量取 OE＝OA； （2）连接 AC，量取 CF＝CE＝OA－OC； （3）作 AF 的垂直平分线，与长轴、短轴分别交于 O_1 和 O_2，再作对称点 O_3 和 O_4； （4）分别以 O_1、O_2、O_3、O_4 为圆心，O_1A、O_2C、O_3B、O_4D 为半径画弧，即得椭圆的近似图形，图中 1、2、3、4 点为四段圆弧的切点

2.3.4　圆弧连接

圆弧连接关系的实质是圆弧与圆弧，或圆弧与直线间的相切时关系。关键是根据已知条件，求出连接圆弧的圆心和切点。作图步骤是：分清连接类别，求出连接弧的圆心，定出切点的位置，画连接圆弧（不超过切点）。

（1）圆弧与直线连接

用圆弧连接两已知直线，作图方法见表 2-12。

（2）圆弧与圆弧连接

用圆弧连接两已知圆弧有三种情况：圆弧与圆弧外连接、圆弧与圆弧内连接、圆弧与圆弧内外连接。作图方法见表 2-13。

两直线间的圆弧连接　　　　　　　　　　　　　　　　　表 2-12

类别	用圆弧连接锐角或钝角	用圆弧连接直角
图例		
作图步骤	(1)作距离已知两夹角边为 R 的两平行线,交点即为连接弧圆心; (2)过 O 点分别向两夹角边作垂线,垂足 T_1、T_2 即为切点; (3)以 O 为圆心,R 为半径在两切点 T_1、T_2 之间画连接圆弧,即为所求	(1)以直角顶点为圆心,R 为半径作圆弧交两直角边于 T_1 和 T_2; (2)以 T_1 和 T_2 为圆心,R 为半径作圆弧相交得连接弧圆心 O; (3)以 O 为圆心,R 为半径在切点 T_1 和 T_2 之间作连接弧,即为所求

圆弧与圆弧连接　　　　　　　　　　　　　　　　　表 2-13

类别	作图步骤	图　例
外切连接	(1)分别以 O_1、O_2 为圆心,$R+R_1$,$R+R_2$ 为半径画弧,交得连接弧圆心 O; (2)分别连 OO_1、OO_2,与两已知圆弧相交,得切点 T_1、T_2; (3)以 O 为圆心 R 为半径,在切点 T_1 和 T_2 之间画弧,即为所求	

续表

类别	作图步骤	图　例
内切连接	(1)分别以 O_1、O_2 为圆心，$R-R_1$、$R-R_2$ 为半径画弧，交得连接弧圆心 O； (2)分别连 OO_1、OO_2 并延长，与两已知圆弧相交，得切点 T_1、T_2； (3)以 O 为圆心，R 为半径，在切点 T_1 和 T_2 之间画弧，即为所求	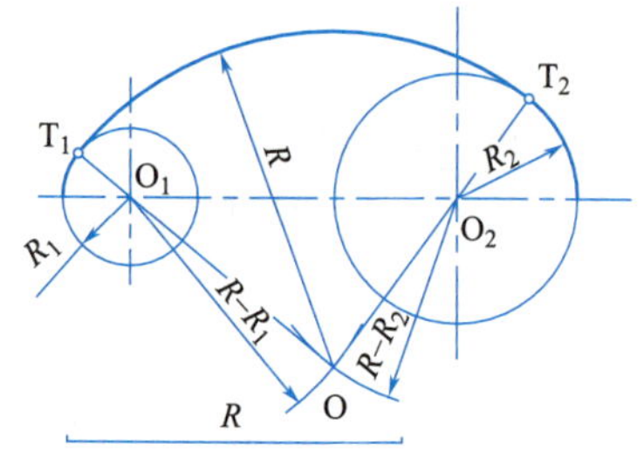
内外连接	(1)分别以 O_1、O_2 为圆心，$R+R_1$、$R-R_2$ 为半径画弧，交得连接弧圆心 O； (2)连 OO_1 与 O_1 已知圆弧圆心相交，得切点 T_1，连 OO_2 并延长与 O_2 已知圆弧相交，交得切点 T_2； (3)以 O 为圆心，R 为半径，在切点 T_1 和 T_2 之间画弧，即为所求	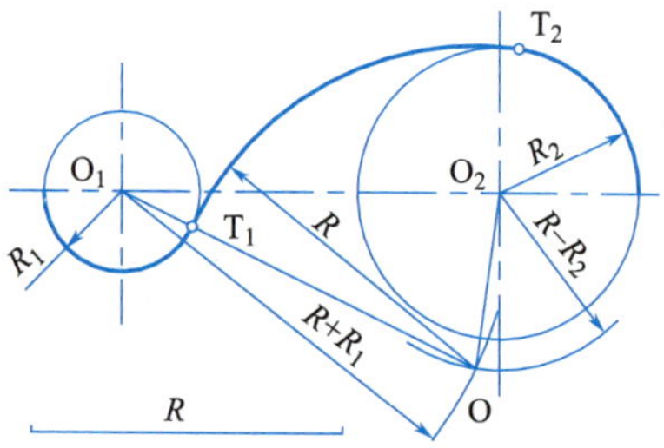

（3）混合连接

用圆弧连接已知直线和已知圆弧称为混合连接。这种情况为圆弧与直线连接及圆弧与圆弧连接的综合运用。

若用半径为 R 的圆弧连接已知直线 BC 及圆弧 AC，如图 2-52 所示，其作图方法与步骤请读者自行分析。

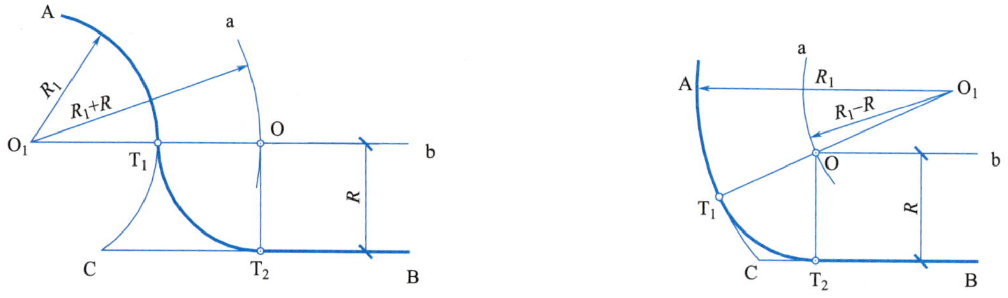

(a)　　　　　　　　　　　　　　(b)

图 2-52　用圆弧连接已知直线和圆弧

（a）连接弧与圆弧 AC 外连接；（b）连接弧与圆弧 AC 内连接

2.4　制图的一般方法和步骤

为了保证绘图质量，提高绘图速度，除正确使用绘图工具与仪器，严格遵守国家制图标准外，还应注意绘图的方法和步骤。

1. 做好准备工作

（1）收集并认真阅读有关的文件资料，对所绘图样的内容、目的和要求作认真的分析，做到心中有数。

（2）准备好所用的工具和仪器，并将工具、仪器擦拭干净。

（3）将图纸固定在图板的左下方，使图纸的左方和下方留有一个丁字尺的宽度。

2. 画底图（用较硬的铅笔绘制，如 2H、3H 等）

（1）根据制图规定先画好图框线和标题栏的外轮廓。

（2）根据所绘图样的大小、比例、数量进行合理的布图，绘出图样的中心线，并给尺寸标注留出足够的位置。

（3）画图样的轮廓线，由大到小，由整体到局部，直至画出所有轮廓线。绘制时底线应轻而淡，能定出图形的形状和大小即可。

（4）画尺寸界线、尺寸线及其他符号。

（5）检查底图，擦去多余的底稿图线。

3. 加深图线（用较软铅笔，如 B、2B 等，书写文字用 HB 铅笔）

（1）先加深图样，按照水平线从上到下，垂直线从左到右的顺序一次完成。如有曲线与直线连接，应先画曲线，再画直线与其相连。加深顺序为：中心线、粗实线、虚线、细实线。

（2）加深尺寸界线、尺寸线，画起止符号，写尺寸数字。

（3）写图名、比例及文字说明。

（4）画标题栏，并填写标题栏内的文字。

（5）加深图框线。

图线加深后应达到：图面干净，线型分明，图线均匀，布图合理。

【应用案例 2-1】

绘制扶手栏杆。

先应对平面图形作尺寸和线段性质分析，以确定正确的绘图步骤。

（1）平面图形的尺寸和线段分析

分析尺寸时，首先要查找尺寸基准（标注尺寸的起点）。通常以图形的对称轴线、较大圆的中心线、图形轮廓线等作为尺寸基准。如图 2-53 中宽度 90、40、70 尺寸基准为对称轴线，总高 70、圆心 O_1 高度 8、槽深 6 尺寸基准为下边轮廓线。

根据平面图形中尺寸的作用，可分为两类：

① 定形尺寸：用以确定平面图形形状和

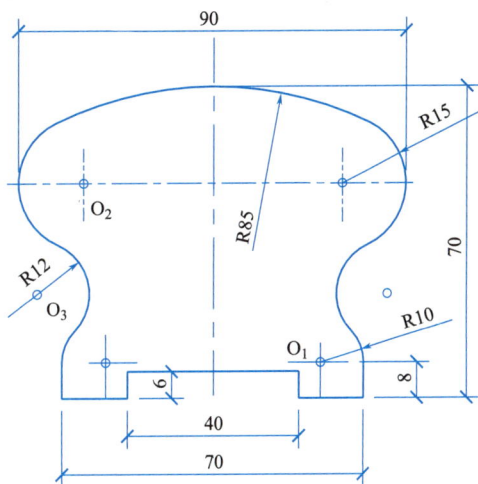

图 2-53　栏杆扶手

大小的尺寸，称为定形尺寸。如圆的直径、圆弧半径、多边形边长、角度大小等均属定形尺寸。如图 2-53 中 R85、R15、R12、R10，槽宽 40、槽深 6 等。

②定位尺寸：用以确定平面图形中各组成部分与尺寸基准之间相对位置的尺寸，称为定位尺寸。平面图形的定位尺寸包含 X、Y 两个方向，每个方向至少要有一个尺寸基准。如圆心、封闭线框、线段等在平面图形中的位置尺寸，属定位尺寸。如图 2-53 中圆心 O_1 高度 8、圆心 O_2 距对称轴线 $\frac{90}{2}$—R15 等。

应当指出：有的尺寸具有双重作用，既是定形尺寸，又是定位尺寸。

平面图形中的线段，根据图中所给的两类尺寸齐全与否可分为三类：

①已知线段：具有定形尺寸和齐全的定位尺寸的线段，称为已知线段。已知线段能直接作出。如图 2-53 中 R85、槽宽 40、槽深 6 等。

②中间线段：具有完整的定形尺寸，而定位尺寸不全的线段称中间线段。中间线段必须依靠一个连接关系才能作出。如图 2-53 中 R15 圆心 O_2 的横向定位尺寸为距对称轴线 $\frac{90}{2}$—R15，竖向的定位尺寸未知，必须借助于该圆弧与 R85 的内连接关系才能确定。R10 圆心 O_1 高度 8，横向定位尺寸必须借助于该圆弧与直线的相切关系作出。

③连接线段：只有定形尺寸而没有定位尺寸的线段称为连接线段。连接线段必须依靠两个连接关系才能作出。如图 2-53 中 R12 没有确定圆心的位置，必须借助于它与 R15 及与 R10 的外连接关系才能作出。

（2）平面图形的画图步骤

通过对平面图形的尺寸和线段性质分析，即可拟定该平面图形的绘图步骤。一般从图形的基准线画起，再按已知线段、中间线段、连接线段的顺序作图。栏杆扶手的画图步骤如图 2-54 所示。

绘图步骤与要求如下：

①画底稿线：按正确的作图方法绘制，要求图线细而淡，图形底稿完成后应检查，如发现错误，应及时修改，最后擦去多余的图线。

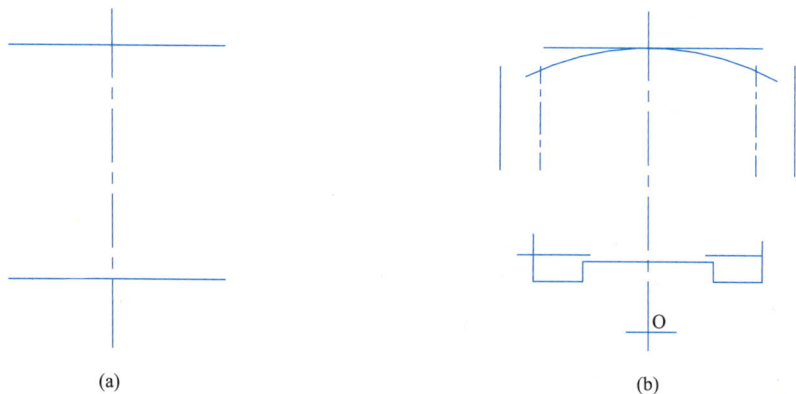

图 2-54　平面图形画法示例（一）
(a) 画基准线；(b) 画已知线段

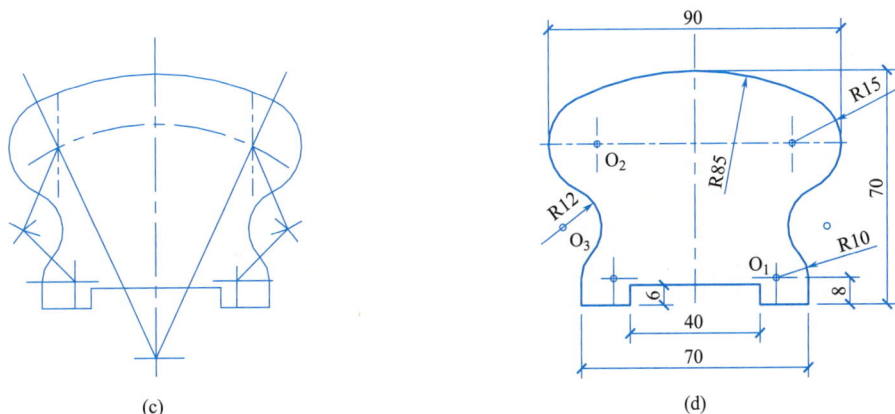

(c)　　　　　　　　　　　(d)

图 2-54　平面图形画法示例（二）

(c) 画中间线段和连接线段；(d) 加粗、整理、标注尺寸

②　标注尺寸：为提高绘图速度，可一次完成。

③　描深、加粗图线：可用铅笔或墨线笔描深或加粗图线，描绘顺序宜先细后粗、先曲后直、先横后竖、从上到下、从左到右、最后描倾斜线。

④　填写标题栏及其他说明，文字应该按工程字要求写。

⑤　修饰并校正全图。

学习启示

《房屋建筑制图统一标准》GB/T 50001—2017 是绘制建筑工程图的基础，学习并贯彻执行标准中的相关规定，是建筑工程师的从业之本。由于建筑工程参与建设人员众多，只有严格遵守并贯彻执行标准，才能实现工种之间的协同发展。优化基础设施布局、结构、功能和系统集成，构建现代化基础设施体系是推动高质量发展的任务之一。建筑行业承担着基础设施建设的重任，作为未来的建筑工程师，应该从现在做起，树立严格贯彻执行国家标准相关规定的意识。

单元总结

本单元通过绘图工具、仪器的学习，能正确使用和爱护图板、丁字尺、三角板、图纸、铅笔等绘图工具及仪器，提高同学们的动手协调能力；通过学习《房屋建筑制图统一标准》，掌握图幅、图框、图线、字体、比例、尺寸标注等在建筑工程图样中的应用，培养同学们养成严谨、认真、遵守国家标准的良好学习习惯和工作作风；通过学习几何作图，培养同学们的动手协调能力及《房屋建筑制图统一标准》在图样中的应用能力，提高同学们学习的积极性。

Chapter 03

教学单元**3**
投影

教学目标

1. 知识目标：了解投影的概念、分类及正投影的基本性质，了解基本体投影图的特征及画法，了解截交线、相贯线的概念，了解轴测投影的基本概念；理解三面投影图的形成及投影规律，理解截交线、相贯线的特性，理解轴测投影的形成、分类及基本性质；掌握各种位置点、直线、平面的投影特性及画图方法，掌握求解基本体表面上点与线投影的作图方法，掌握形体截交线与相贯线的画法，掌握正等轴测图和正面斜轴测图的画法。

2. 能力目标：具备正确绘制空间各类点、线、平面投影绘制的能力，具备绘制基本形体投影及其表面上点、线投影的能力，具备切割型建筑形体投影图绘图能力，具备常见形体轴测投影的能力。

3. 素质目标：具备扎实的投影图绘制的专业素养，具备一定的社会责任感，能够在工程实践中理解并遵守工程职业道德和规范，履职尽责。具有一定的团队协作精神、创新思维和创新精神，能够深刻认识到"严谨"是一个工程人的基本要求，能够严谨认真、求真务实，遵守工程图样的严谨性和标准性。

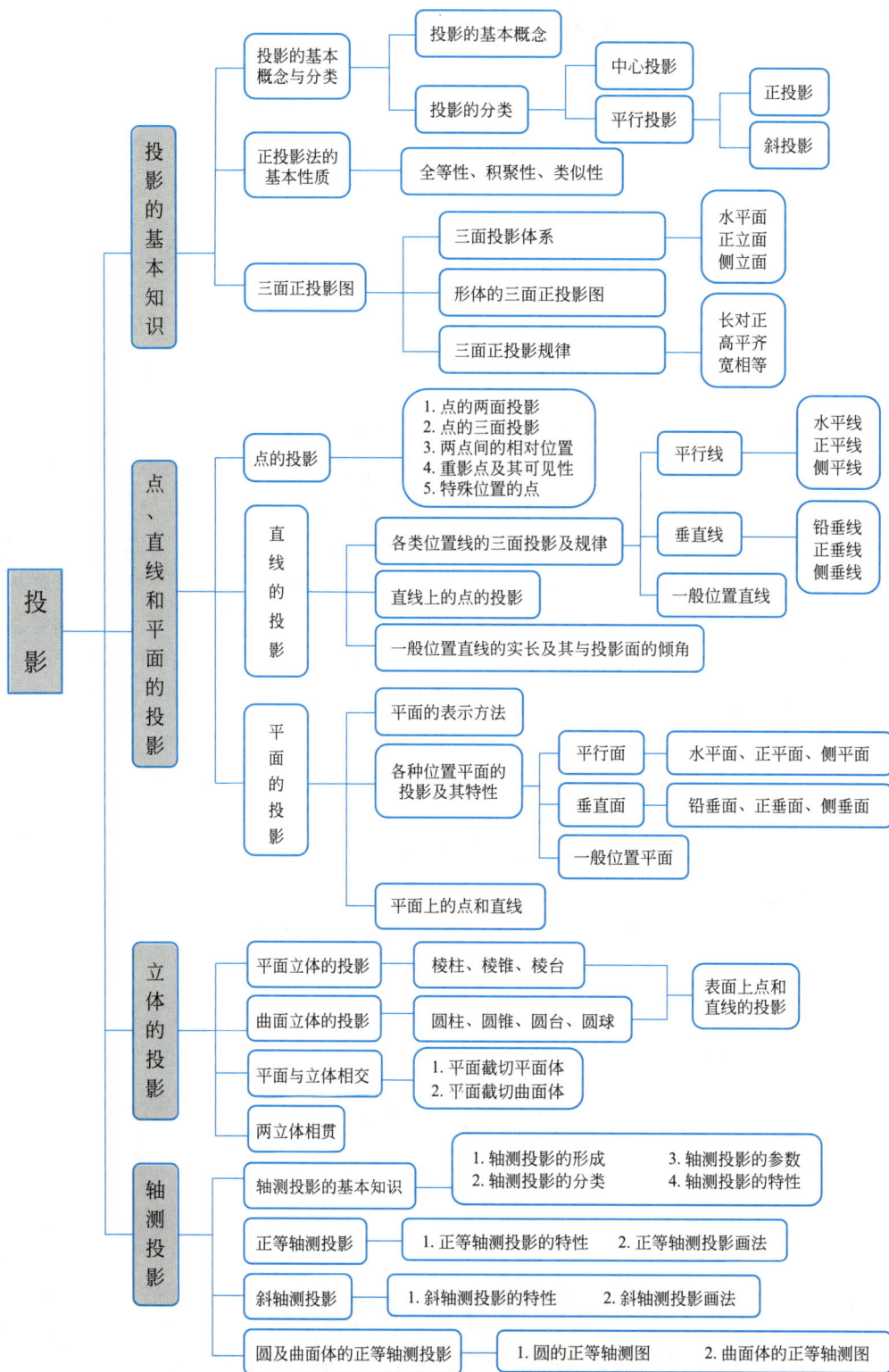

思维导图

```
投影
├── 投影的基本知识
│   ├── 投影的基本概念与分类
│   │   ├── 投影的基本概念
│   │   └── 投影的分类
│   │       ├── 中心投影
│   │       └── 平行投影
│   │           ├── 正投影
│   │           └── 斜投影
│   ├── 正投影法的基本性质
│   │   └── 全等性、积聚性、类似性
│   └── 三面正投影图
│       ├── 三面投影体系
│       │   └── 水平面 正立面 侧立面
│       ├── 形体的三面正投影图
│       └── 三面正投影规律
│           └── 长对正 高平齐 宽相等
├── 点、直线和平面的投影
│   ├── 点的投影
│   │   ├── 1. 点的两面投影
│   │   ├── 2. 点的三面投影
│   │   ├── 3. 两点间的相对位置
│   │   ├── 4. 重影点及其可见性
│   │   └── 5. 特殊位置的点
│   ├── 直线的投影
│   │   ├── 各类位置线的三面投影及规律
│   │   │   ├── 平行线
│   │   │   │   └── 水平线 正平线 侧平线
│   │   │   ├── 垂直线
│   │   │   │   └── 铅垂线 正垂线 侧垂线
│   │   │   └── 一般位置直线
│   │   ├── 直线上的点的投影
│   │   └── 一般位置直线的实长及其与投影面的倾角
│   └── 平面的投影
│       ├── 平面的表示方法
│       ├── 各种位置平面的投影及其特性
│       │   ├── 平行面
│       │   │   └── 水平面、正平面、侧平面
│       │   ├── 垂直面
│       │   │   └── 铅垂面、正垂面、侧垂面
│       │   └── 一般位置平面
│       └── 平面上的点和直线
├── 立体的投影
│   ├── 平面立体的投影
│   │   └── 棱柱、棱锥、棱台
│   ├── 曲面立体的投影
│   │   └── 圆柱、圆锥、圆台、圆球
│   │       └── 表面上点和直线的投影
│   ├── 平面与立体相交
│   │   ├── 1. 平面截切平面体
│   │   └── 2. 平面截切曲面体
│   └── 两立体相贯
└── 轴测投影
    ├── 轴测投影的基本知识
    │   ├── 1. 轴测投影的形成
    │   ├── 2. 轴测投影的分类
    │   ├── 3. 轴测投影的参数
    │   └── 4. 轴测投影的特性
    ├── 正等轴测投影
    │   ├── 1. 正等轴测投影的特性
    │   └── 2. 正等轴测投影画法
    ├── 斜轴测投影
    │   ├── 1. 斜轴测投影的特性
    │   └── 2. 斜轴测投影画法
    └── 圆及曲面体的正等轴测投影
        ├── 1. 圆的正等轴测图
        └── 2. 曲面体的正等轴测图
```

工程图样均是运用投影原理和方法绘制而成的，任何工程构件及建筑物均可看成一些基本形体切割、相交组合而形成的，本单元对投影原理及各类点、线、面、体投影的绘制进行了讲解，为建筑工程施工图的识读及绘图奠定了基础。

3.1　投影的基本知识

工匠精神

3.1.1　投影的基本概念与分类

1. 投影的基本概念

在日常生活中，我们见到光线照射物体在地面或墙上产生影子的现象，这就是投影现象（图 3-1）。工程上利用投影现象而得到形体投影图的方法，称为投影法。这里的光源称为投影中心，光线称为投影线或投射线，地面或墙面称为投影面，物体称为形体。在平面图纸上用投影法画出的图称为形体投影图，也称为视图。

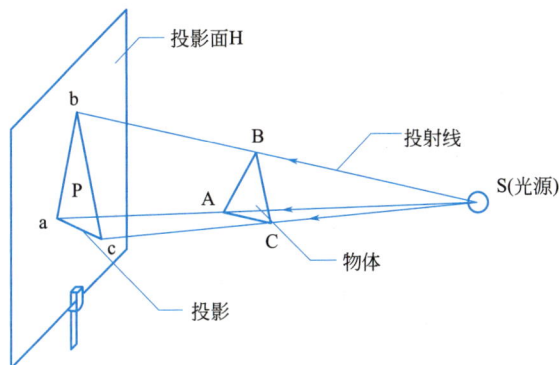

图 3-1　投影的形成过程

2. 投影的分类

光线的发出有两种，一种是不平行的光线，如白炽灯灯泡或烛光的光；另一种是平行光线，如遥远的太阳光。

（1）中心投影法。当投影中心在距离投影面有限远处，投影线由投影中心发出的投影法为中心投影法。如图 3-1 所示。中心投影法的特点是具有较好的立体感和真实感，符合人的视觉，经常用于建筑物外形设计（如建筑透视图）。但其投影图的大小会随着投影中心、形体、投影面三者相对位置的改变而改变，作图复杂，度量性差，故在工程图样中运用较少。

（2）平行投影法。当投影中心距投影面距离无限远处，投射线都互相平行的投影法为平行投影法。按投影线与投影面的相互位置关系，平行投影可分为正投影和斜投影。

1）正投影。投影线相互平行且与投影面垂直的投影法称为正投影。如图 3-2（a）所示。

2）斜投影。投影线相互平行且与投影面倾斜的投影法称为斜投影。如图 3-2（b）所示。

正投影的特点是投影图与形体距离投影面的远近无关，能准确地表达形体的形状和大小，作图简单，易度量，故在工程上运用广泛。

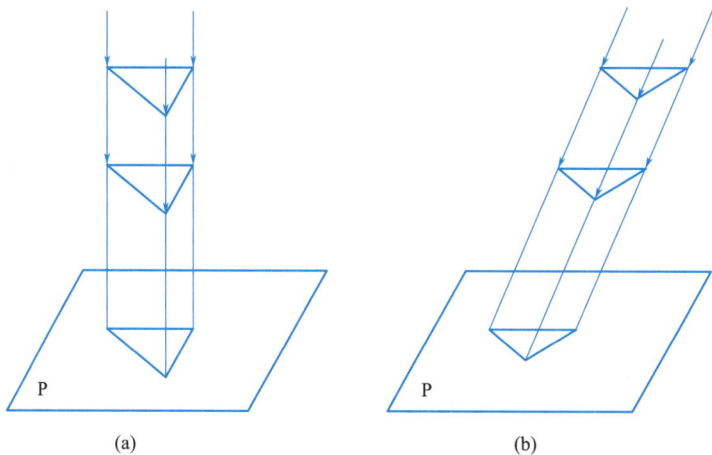

(a)　　　　　　　(b)

图 3-2　平行投影法

（a）正投影；（b）斜投影

3.1.2　正投影法的基本性质

正投影法有以下基本性质。

（1）全等性（显实性）。平行于投影面的线或平面图形，其在投影面上的投影反映线的实长或平面图形的实形。如图 3-3（a）所示。

（2）积聚性。垂直于投影面的线或平面图形，其在投影面上的投影积聚成一点或一条直线。如图 3-3（b）所示。

（3）类似性。倾斜于投影面的线或平面图形，其在投影面上的投影短于线的实长或小于平面图形的实形，且与空间图形类似。线的投影依旧是线，平面图形的投影依旧是类似的平面图形。如图 3-3（c）所示。

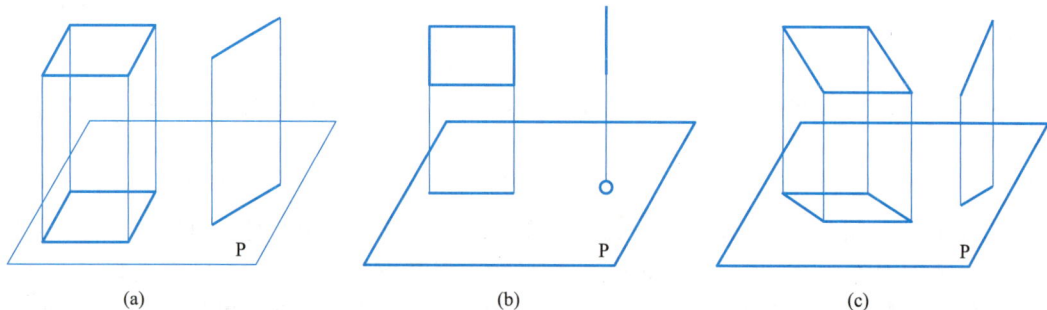

(a)　　　　　　　(b)　　　　　　　(c)

图 3-3　正投影法的基本性质

（a）全等性（显实性）；（b）积聚性；（c）类似性

3.1.3　三面正投影图

一般情况下，单面投影不能全面地表达出形体的尺寸、形状和位置，因而需要从几个方向对形体进行投影，才可准确地表示物体的空间形态。在建筑工程图样的绘制中，通常采用三面投影体系。

1. 三面投影体系

我们采用三个互相垂直的平面作为投影面构成三面投影体系，如图 3-4（a）所示。水平位置的平面（XOY 围成的平面）称水平投影面（简称水平面），用字母 H 表示；正对方向的平面（XOZ 围成的平面）称正立投影面（简称正面），用字母 V 表示；位于右侧的平面（YOZ 围成的平面）称侧立投影面（简称侧面），用字母 W 表示。

三个投影面的交线称为投影轴。H 面与 V 面的交线 OX 称作 OX 轴；H 面与 W 面的交线 OY 称作 OY 轴；V 面与 W 面的交线 OZ 称作 OZ 轴。

三个投影轴 OX、OY、OZ 的交点 O 称作原点。

2. 形体的三面正投影图

将形体放置在三面投影体系中，用正投影法向各个投影面投影，即形成了形体的三面投影图（也称三视图）。由前向后投影，在 V 面上得到的投影图称为正立面投影，简称正面图；由上向下投影，在 H 面上得到的投影图称为水平面投影，简称平面图；由左向右投影，在 W 面上得到的投影图称为侧立面投影图，简称侧面图。

将图 3-4（b）所示 V 面固定不动，H 面绕 OX 轴向下旋转 90°，W 面绕 OZ 轴向右旋转 90°，H 与 W 重合于 V 面，得到的三面投影如图 3-5 所示。

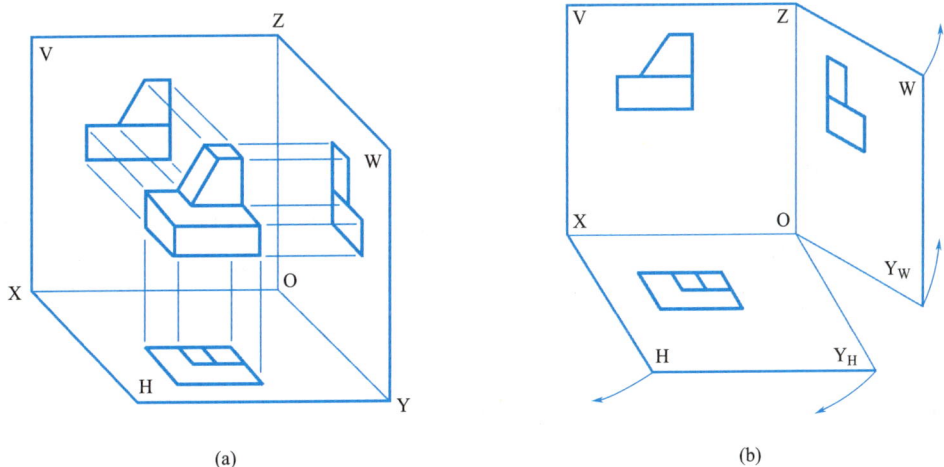

(a)　　　　　　　　　　　　　　(b)

图 3-4　三面正投影

（a）三面投影体系；（b）三面正投影形成

3. 三面正投影规律

从图 3-6 中可看出，空间形体有"上下、左右、前后"6 个方位，上下、左右、前后方向分别由 OZ 轴、OX 轴和 OY 轴的方向来代表。在投影图中，与 OX 轴平行的直线反映空间的左右方向，与 OY 轴平行的直线反映空间的前后方向，与 OZ 轴平行的直线反映

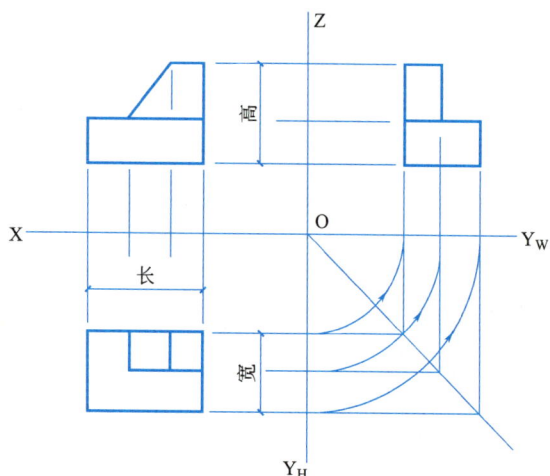

图 3-5　形体的三面投影

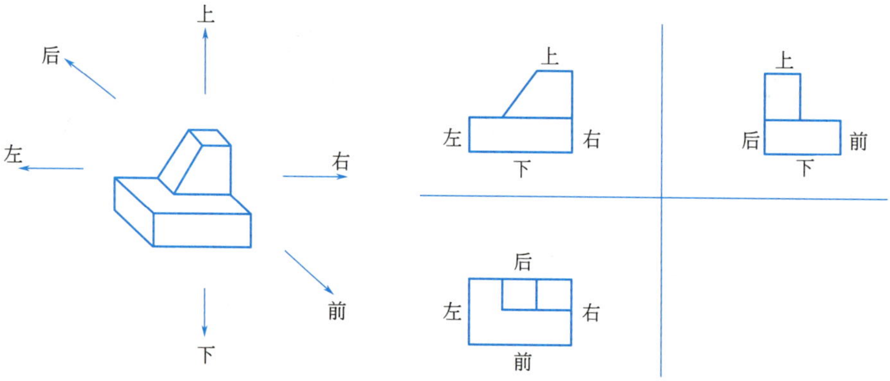

图 3-6　形体的方位

空间上下方向（图 3-6）。

　　平面图、立面图、侧面图三面投影图中，每一个投影图均含有两个方向，三个投影图之间保持着相互的对应关系（三等关系），即：正面图与平面图长对正；正面图与侧面图高平齐；平面图与侧面图宽相等。如图 3-5 所示。

3.2　点、直线和平面的投影

3.2.1　点的投影

1. 点的两面投影

如图 3-7（a）所示，建立包含 V 面和 H 面的投影体系。过空间中的点 A，分别向 H

面和 V 面作垂线，得到垂足 a 和 a′，即为点 A 的两面投影。点 a 即为 A 点的水平投影，点 a′ 即为 A 点的正面投影。

保持 V 面不动，H 面绕 OX 向下旋转 90°，V、H 两个投影面转到一个平面上，如图 3-7（b）所示。

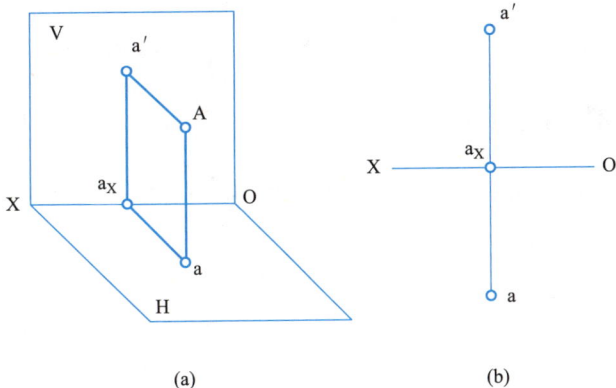

图 3-7 点的两面投影

从以上可以分析，点的两面投影规律如下：

（1）点的两面投影的连线垂直于相应的投影轴，即 aa′⊥OX。

（2）点的正面投影到 OX 的距离等于该点到 H 面的距离，即 a′a_X＝Aa。

（3）点的水平投影到 OX 的距离等于该点到 V 面的距离，即 aa_X＝Aa′。

2. 点的三面投影

如图 3-8（a）所示，在三面投影体系中，过空间点 A 向 H、V、W 三个投影面作垂线，垂足分别为 a，a′，a″，即为点 A 的三面正投影。将三个投影面展开在一个平面上，保留三个坐标轴，在 OY_H 和 OY_W 两条坐标轴之间作 45°辅助线，得到点 A 的三面正投影。

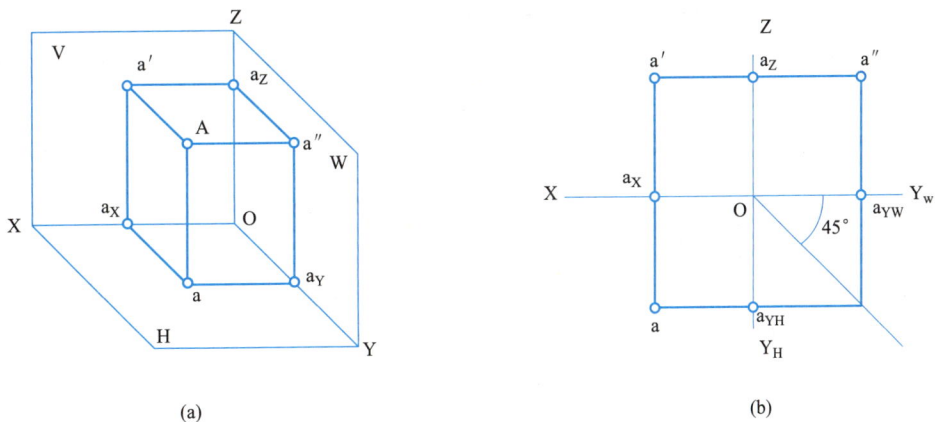

图 3-8 点的三面投影

由图 3-8 可以看到空间点 A 和三面投影 a，a′，a″的对应关系（三等关系），即：

（1）点的 V 面投影 a′和 H 面投影 a 的连线垂直于 OX 轴（aa′⊥OX）。

（2）点的 H 面投影 a 和 W 面投影 a″的连线垂直于 OY 轴（aa″⊥OY）。

（3）点的 V 面投影 a′和 W 面投影 a″的连线垂直于 OZ 轴（a′a″⊥OZ）。

（4）点的投影到投影轴的距离等于空间点到投影面的距离。即：

① $a'a_Z = aa_Y = Aa'' = X_A$，

② $aa_X = a''a_Z = Aa' = Y_A$，

③ $a'a_X = a''a_Y = Aa = Z_A$。

【应用案例 3-1】

如图 3-9（a）所示，已知点 A 的正面与水平投影，点 B 的正面与侧面投影，求点 A 的侧面投影和点 B 的水平投影。

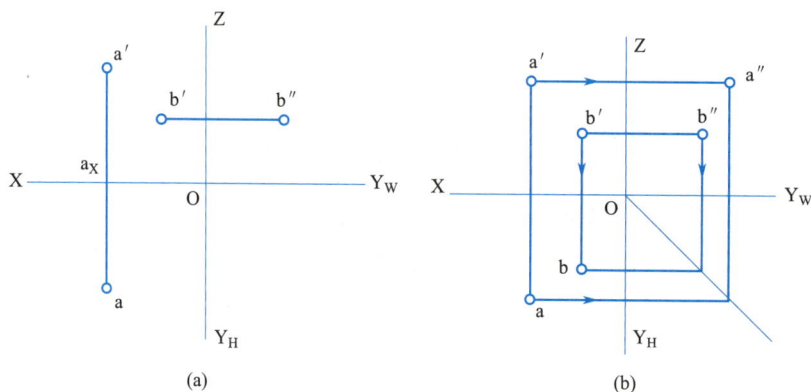

图 3-9　求点的第三面投影

解：根据上述点的三面投影规律作图。如图 3-9（b）所示。

A 的宽相等——过 a 作 Y_H 的垂线，交 45°斜线于某一点，再过交点作 Y_W 的垂线；

A 的高平齐——过 a′作 Z 的垂线，交宽相等线于一点，此交点即是 A 的侧面投影 a″；

B 的宽相等——b″作 Y_W 的垂线，交 45°斜线于某一点，再过交点作 Y_H 的垂线；

B 的高平齐——过 b′作 X 的垂线，交宽相等线于一点，此交点即是 B 的侧面投影 b。

【应用案例 3-2】

已知 A 点的坐标为（10，5，15），点 B 到 W、V、H 面三个投影面的距离分别为 20mm、10mm、25mm，试画出 A、B 两点的三面投影。

解：已知 A 点坐标，可先在坐标轴上画出坐标位置，连接长对正、宽相等、高平齐的线即可。根据点到投影面距离与点的坐标之间的关系，可以得出 B 点坐标为（20，10，25），再根据三等关系画出 B 点三面投影。如图 3-10 所示。

3. 两点间的相对位置

点在空间中的位置可由其坐标值 A（X，Y，Z）来表示，X，Y，Z 分别反映点 A 到 W 面、V 面以及 H 面的距离。两点的相对位置是指空间两点的上下、左右、前后方位关系，可根据两点相对于投影面的距离远近或者坐标大小来确定。

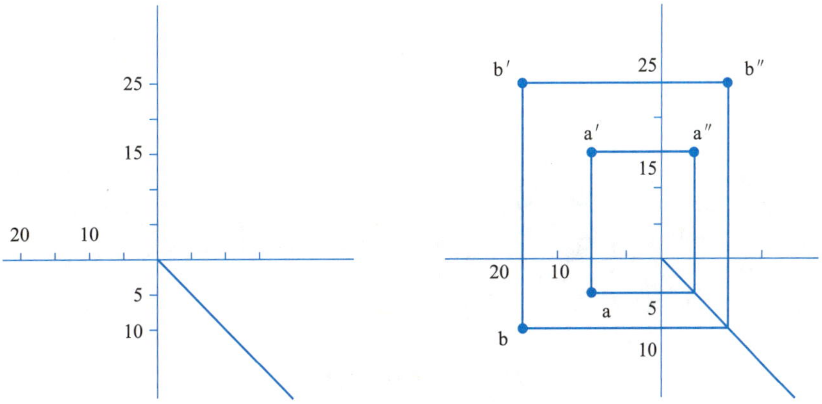

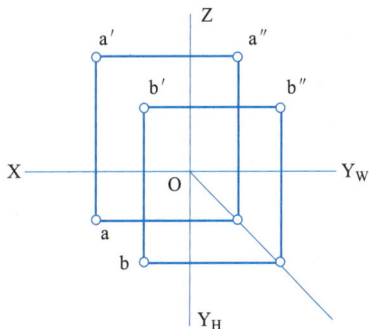

图 3-10 点的三面投影画法

（1）左、右方位关系用 X 坐标来判别，X 坐标越大点越靠左。

（2）前、后方位关系用 Y 坐标来判别，Y 坐标越大点越靠前。

（3）上、下方位关系用 Z 坐标来判别，Z 坐标越大点越靠上。

【应用案例 3-3】

如图 3-11 所示，试判断 A、B 两点的方位关系。

解：从 H 面或 V 面投影分析，A 点的 X 坐标比 B 点的 X 坐标大，所以 A 点在 B 点的左方；从 H 面或 W 面投影分析，A 点的 Y 坐标比 B 点的 Y 坐标小，所以 A 点在 B 点的后方；从 V 面或 W 面投影分析，A 点的 Z 坐标比 B 点的 Z 坐标大，所以 A 点在 B 点的上方。故 A 点在 B 点的"左、后、上"方。

图 3-11 两点间的相对位置

【应用案例 3-4】

已知点 A（4，12，20），B（8，5，15），判断 A、B 两点之间的相对位置。

解：由两点中 X 值大的点在左；两点中 Y 值大的点在前；两点中 Z 值大的点在上。可知 B 点在 A 点的左、后、下方；A 点在 B 点的右、前、上方。

4. 重影点及其可见性

当空间中某两点的某两个坐标相同时，这两个点在某个投影面上的投影重合，即这两点就称为这个投影面的重影点。如图 3-12 所示，A 点在 B 点的正上方（$X_A = X_B$，$Y_A = Y_B$，$Z_A > Z_B$），它们在水平面的投影重合，A、B 两点为 H 面重影点，A 点在上方为可见点，B 点在下方为不可见点，故 A 点的水平投影 a 写在前面，B 点的水平投影 b 写在后面，并以括号括起来。同理，V 面上的重影点 X、Z 两个坐标相同，Y 值大的可见；W 面上的重影 Y、Z 两个坐标相同，Z 值大的可见。由此我们可以得出：判断点为哪个投影面重影点，可根据点的两个相同坐标来判断，相同的坐标的坐标轴围成的投影面即是点的重

图 3-12　重影点的判断

影点面。重影点的可见与否，可根据不同的那一个坐标来判断，坐标值大的为可见，坐标值小的不可见。

5. 特殊位置的点

位于投影面、投影轴以及坐标原点的点，统称为特殊位置的点。空间各类位置点投影特性如下：

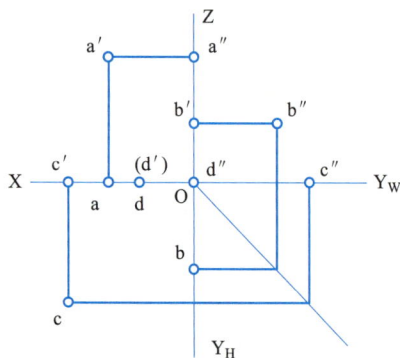

图 3-13　重影点的判断

（1）空间点。点的 X、Y、Z 三个坐标都不为零，其三面投影都不在投影轴上。

（2）投影面上的点。点的某一个坐标为零，另外两个坐标不为零，其一面投影在投影面上，另外两面投影在点所在投影面的两个投影轴上。如图 3-13 中 A、B、C 三点分别为 V、W、H 面上的点。

（3）投影轴上的点。点的两个坐标为零，仅一个坐标不为零，其两面投影在点所在的投影轴上与点重合，另外一面投影在坐标原点。如图 3-13 中 D 点为 X 轴上的点。

（4）与原点重合的点。点的三个坐标均为零，其三面投影均在原点 O 处。

3.2.2　直线的投影

鲁班发明
墨斗

直线的投影是直线上任意两点同面投影的连线。直线的投影可能仍为直线（直线与投影面不垂直时），也可能为点（直线与投影面垂直时）。

根据直线对投影面的相对位置不同，直线可分为三类：投影面平行线、投影面垂直线和一般位置直线。前面两类可统称为特殊位置线。

1. 各类位置线的三面投影及规律

（1）投影面平行线

与一个投影面平行，与另外两个投影面倾斜的直线，称为投影面平行线。投影面平行线可分为以下三种：

1）水平线——与 H 面平行，与 V、W 面倾斜。

2）正平线——与 V 面平行，与 H、W 面倾斜。

3）侧平线——与 W 面平行，与 H、V 面倾斜。

投影面平行线的投影特性如下：

1）在所平行的投影面上的投影等于实长，在另两个投影面上的投影反映空间线与投影面的真实倾角。

2）在另两个投影面上的投影均小于实长，且分别平行与空间线所平行的投影面的两个投影轴或垂直于空间线所平行的投影面以外的投影轴。如图 3-14 所示。

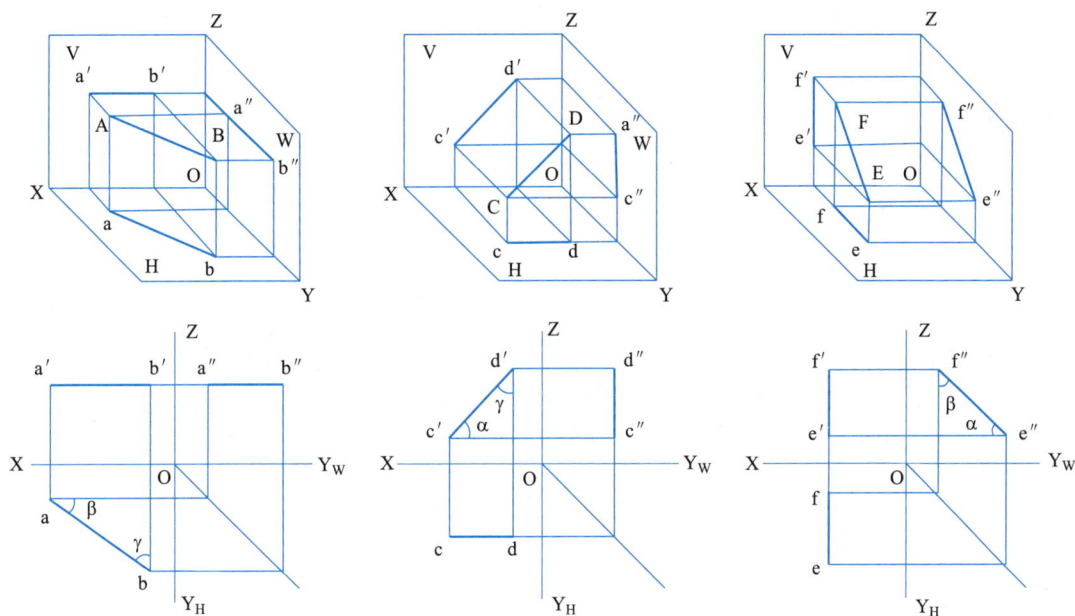

水平线投影规律：
① H面投影反映实长、β角和γ角；
② V、W面投影分别平行于OX、OYW轴(均垂直于OZ轴)，但不反映实长。

(a)

正平线投影规律：
① V面投影反映实长、α角和γ角；
② H、W面投影分别平行于OX、OZ轴(均垂直于OYW轴)，但不反映实长。

(b)

侧平线投影规律：
① W面投影反映实长、α角和β角；
② H、V面投影分别平行于OY、OZ轴(均垂直于OX轴)，但不反映实长。

(c)

图 3-14　投影面平行线

（a）水平线；（b）正平线；（c）侧平线

（2）投影面垂直线

与一个投影面垂直（必定与另外两个投影面平行）的直线，称为投影面垂直线。投影面垂直线可分为以下三种：

1）铅垂线——与 H 面垂直，与 V、W 面平行。

2）正垂线——与 V 面垂直，与 H、W 面平行。

3）侧垂线——与 W 面垂直，与 H、V 面平行。

投影面垂直线的投影特性如下：

1）在所垂直的投影面上的投影积聚成一点。

2）另两面投影均等于实长，且分别垂直于空间线所垂直的投影面的两个投影轴或平行于空间线所垂直的投影面以外的投影轴。如图 3-15 所示。

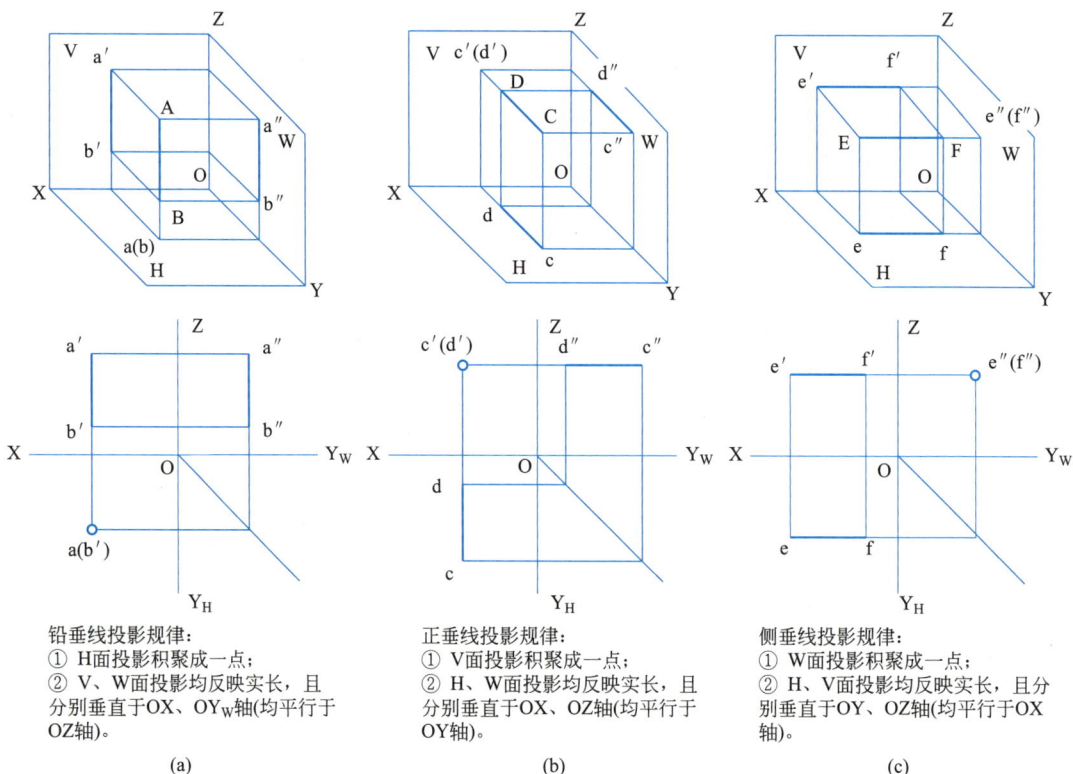

铅垂线投影规律：
① H面投影积聚成一点；
② V、W面投影均反映实长，且分别垂直于OX、OY_W轴（均平行于OZ轴）。

(a)

正垂线投影规律：
① V面投影积聚成一点；
② H、W面投影均反映实长，且分别垂直于OX、OZ轴（均平行于OY轴）。

(b)

侧垂线投影规律：
① W面投影积聚成一点；
② H、V面投影均反映实长，且分别垂直于OY、OZ轴（均平行于OX轴）。

(c)

图 3-15　投影面垂直线
（a）铅垂线；（b）正垂线；（c）侧垂线

（3）一般位置直线

与三个投影面都倾斜的直线，称为一般位置直线。一般位置的直线的投影特性如下：

1）各面投影均小于实长，且与投影轴倾斜。

2）各面投影均与投影轴之间的夹角均不反映空间直线与各投影面的真实倾角。如图 3-16 所示。

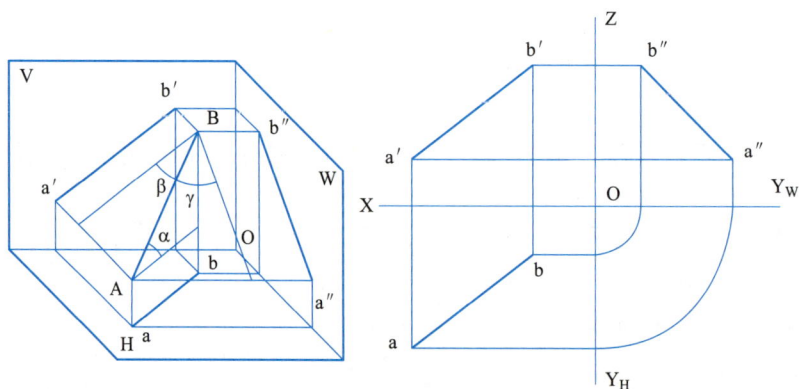

图 3-16　直线的投影及倾角

2. 直线上的点的投影

直线上的点具有以下特性：

（1）从属性。若点在直线上，则点的各面投影必在直线的各同面投影上。利用这一特性，可以在直线上找点，也可以判断已知点是否在直线上。

如图 3-17 所示，空间点 C 在直线 AB 上，则点 C 的三面投影 c、c′、c″也分别在直线 AB 的三面投影 ab、a′b′、a″b″上。

（2）定比性。若点在某线段上，则点分割线段之比等于其投影分线段投影之比。利用这一特性，可以仅用点的两面投影判断已知点是否在直线上。

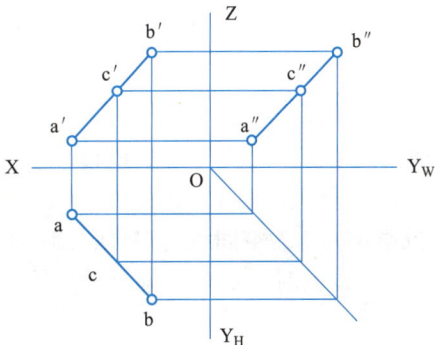

图 3-17　点在直线上

如图 3-17 所示，空间点 C 在线段 AB 上，则 $AC：CB = ac：cb = a′c′：c′b′ = a″c″：c″b″$。

【应用案例 3-5】

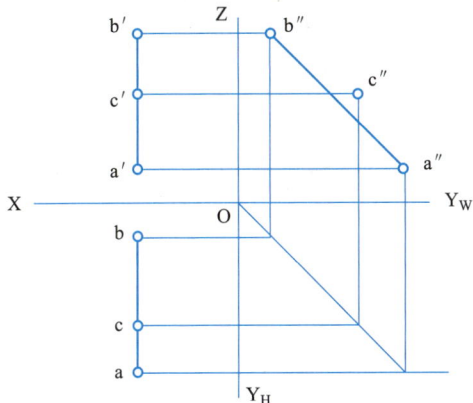

图 3-18　直线上点的从属性

如图 3-18 所示，已知直线 AB 和空间点 C 的 V 面及 H 面投影，判断点 C 是否在直线 AB 上。

解：根据直线上点的从属性，若点 C 在直线 AB 上，则点 C 的三面投影必然处在直线 AB 对应的三面投影上。故作出 AB 的侧面投影 a″b″及点 C 的侧面投影 c″，如图 3-18 所示，c″不在 a″b″上，由此可以判断空间点 C 不在直线 AB 上。

此题还可以运用定比性判断点 C 是否在直线 AB 上。根据投影分析，$ac：cb ≠ a′c′：c′b′$，则可以判断出空间点 C 不在直线 AB 上。

3. 一般位置直线的实长及其与投影面的倾角

求解一般位置直线的实长及倾角是求解画法几何综合题时经常遇到的基本问题之一，也是工程上经常遇到的问题。

由于一般位置直线的各面投影都不是直线的实长，它的各投影与投影轴之间的夹角也不反映线段对投影面的倾角，必须用作图的方法才能求出一般位置直线的实长和倾角，这种方法称为直角三角形法。

（1）直角三角形法：用一般位置直线段在某一投影面上的投影长作为一条直角边，再以该段的两端点相对于该投影面的坐标差作为另一条直角边，所作直角三角形的斜边即为该线段的实长，斜边与投影长的夹角即为一般位置直线段与该投影面的夹角。

（2）直角三角形的四个要素：实长、投影长、坐标差及一般位置直线对投影面的倾角。若已知四个要素中的任意两个，便可确定另外两个。四个要素之间对应关系为：

① 一条直角边 H 投影，一条直角边到 H 面坐标差（Z 坐标差），斜边实长，斜边与 H 投影长夹角为空间线与 H 面的倾角 α；

② 一条直角边 V 投影，一条直角边到 V 面坐标差（Y 坐标差），斜边实长，斜边与 V 投影长夹角为空间线与 V 面的倾角 β；

③ 一条直角边 W 投影，一条直角边到 W 面坐标差（X 坐标差），斜边实长，斜边与 W 投影长夹角为空间线与 W 面的倾角 γ；

（3）画图时，直角三角形画在任何位置，都不会影响解题结果，但是两条直角边不能弄错。

上述直角三角形可以直接在已知的投影图上求作。如图 3-19（a）所示，线段 AB 的实长可以看成是直角三角形 AA_1B 的斜边，这个直角三角形的一条直角边为 AA_1，$AA_1 = ab$，另外一条直角边为 A_1B，$A_1B = a_1'b'$，$a_1'b'$ 为 A、B 两点 Z 坐标差值的绝对值；斜边 AB 与直角边 AA_1 的夹角即为线段 AB 对 H 面的倾角 α。

作图过程：如图 3-19（b）所示，直线 ab，$a'b'$ 分别为直线 AB 的 H 面和 V 面投影，$a_1'b'$ 为 A、B 两点 Z 坐标差值的绝对值。在 H 面上过 b 点作 $bA_0 \perp ab$，并使 $bA_0 = a_1'b'$，连接 A_0、a，得直角三角形 abA_0，且该三角形与图 3-19（a）中直角三角形 AA_1B 全等，aA_0 即为线段 AB 的实长，α 角即为线段 AB 对 H 面的倾角。

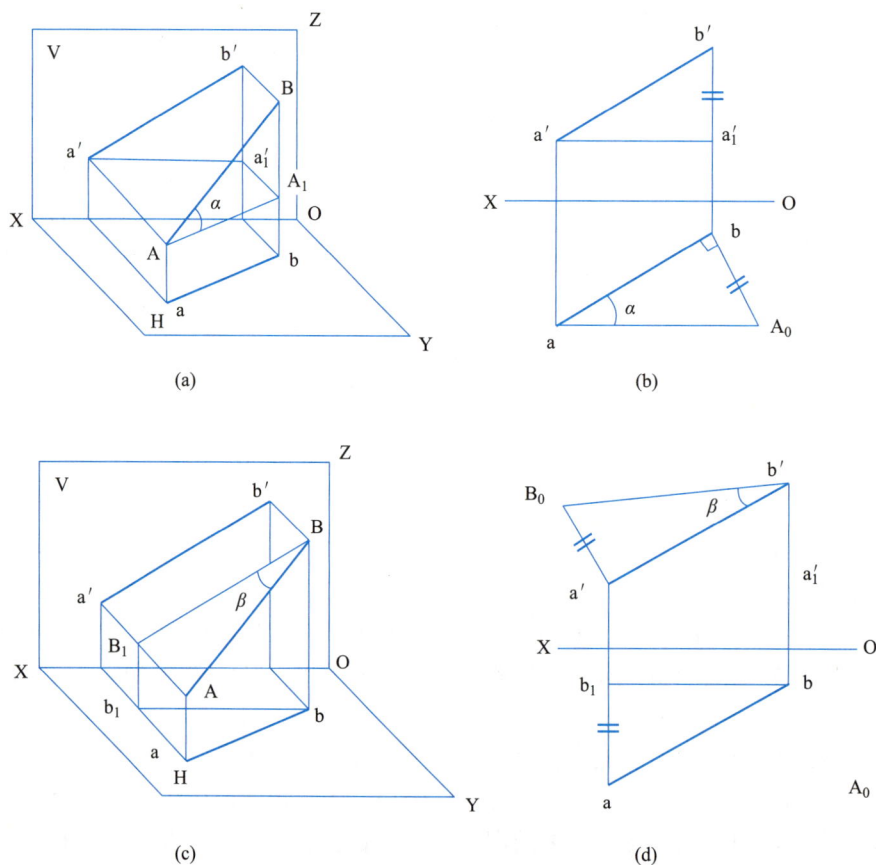

(a)

(b)

(c)

(d)

图 3-19　直线 AB 的实长及倾角 α、β

同理，求线段 AB 的实长及倾角 β 作图过程如下：如图 3-19（c）所示，直线 ab，$a'b'$ 分别为直线 AB 的 H 面和 V 面投影，ab_1 为'为 A、B 两点 Y 坐标差值的绝对值。在 V 面上过 a' 点作 $a'B_0 \perp a'b'$，并使 $a'B_0 = ab_1$，连接 B_0、b'，得直角三角形 $b'a'B_0$，则该三角形与图 3-19（a）中直角三角形 Ab_1B 全等，$b'B_0$ 即为线段 AB 的实长，β 角即为线段 AB 对 V 面的倾角，如图 3-19（d）所示。

【应用案例 3-6】

如图 3-20（a）所示，已知线段 AB 的水平投影 ab 和点 B 的正面投影 b'，线段 AB 与 H 面的夹角 $=30°$，求出线段 AB 的正面投影 $a'b'$。

解：利用直角三角形法作图，如图 3-20（b）所示。过水平投影端点 b 点作 ab 的垂线，再作 $\angle baB_0 = 30°$，得直角三角形 baB_0，bB_0 即是 AB 和 $a'b'$ 的 Z 坐标差，在 bb' 上往下或者网速截取 $b_1'b' = bB_0$，再过 b_1' 作 bb' 的垂线，与 a 的长对正线交点即是 A 的正面投影 a'。

图 3-20 求直线 AB 的正面投影
（a）已知条件；（b）作图方法

3.2.3 平面的投影

1. 平面的表示方法

平面的投影可以用几何元素来表示，也可以用迹线来表示。

（1）用几何元素表示平面

1）不在同一直线上的三点，见图 3-21（a）。

2）直线和直线外一点，见图 3-21（b）。

3）两相交直线，见图 3-21（c）。

4）两平行直线，见图 3-21（d）。

5）任意的平面几何图形，如三角形、多边形、圆形灯，见图 3-21（e）。

在以上五种形式中，采用较多的是用平面图形来表示一个平面。

墨子工匠
精神

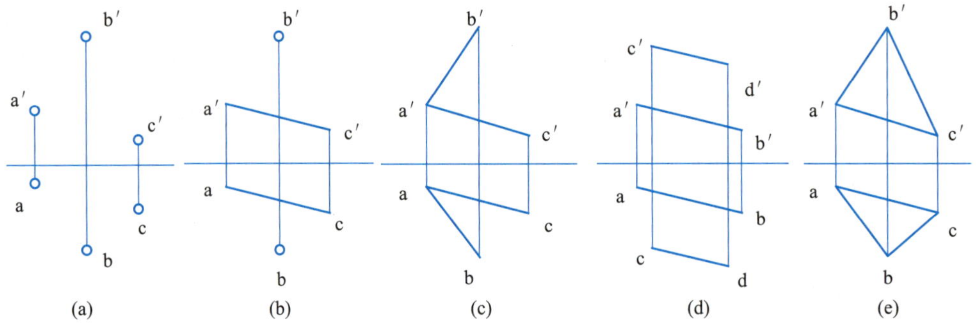

图 3-21 用几何元素表示平面

（2）用迹线表示平面

平面可以理解为是无限广阔的，这样的平面必然会与投影面产生交线。平面与投影面的交线称为该平面的迹线。如图 3-22 所示，设空间一个平面 P，与 H 面的交线称为平面 P 的水平迹线，用 P_H 表示；与 V 面的交线称为平面 P 的正面迹线，用 P_V 表示；与 W 面的交线称为平面 P 的侧面迹线，P_W 表示。

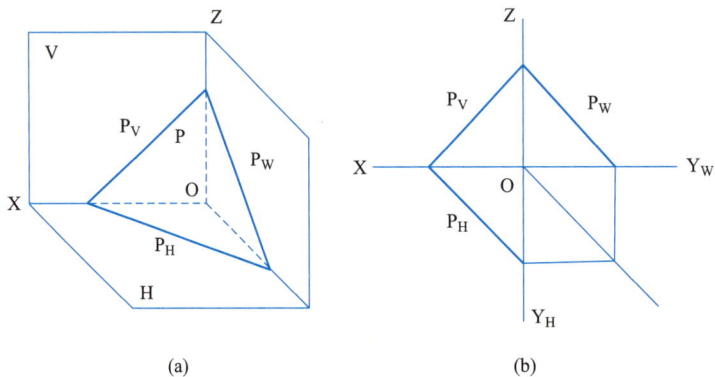

图 3-22 用迹线表示平面

2. 各种位置平面的投影及其特性

根据空间平面相对于投影面的位置，可将平面分为三种：投影面平行面、投影面垂直面和一般位置平面。前面两种可统称为特殊位置面。

（1）投影面平行面

与一个投影面平行，与其他两个投影面垂直的平面称为投影面平行面。投影面平行面可分为三种：

1）水平面——与 H 面平行，与 V、W 面垂直。

2）正平面——与 V 面平行，与 H、W 面垂直。

3）侧平面——与 W 面平行，与 H、V 面垂直。

投影面平行面的投影特性如下：

1）在所平行的投影面上的投影反映实形。

2）在另两个投影面上的投影均积聚成为一条直线，且分别平行于空间平面所平行的投影面的两个投影轴或垂直于空间平面所平行的投影面以外的投影轴。简称两线一框，如图 3-23 所示。

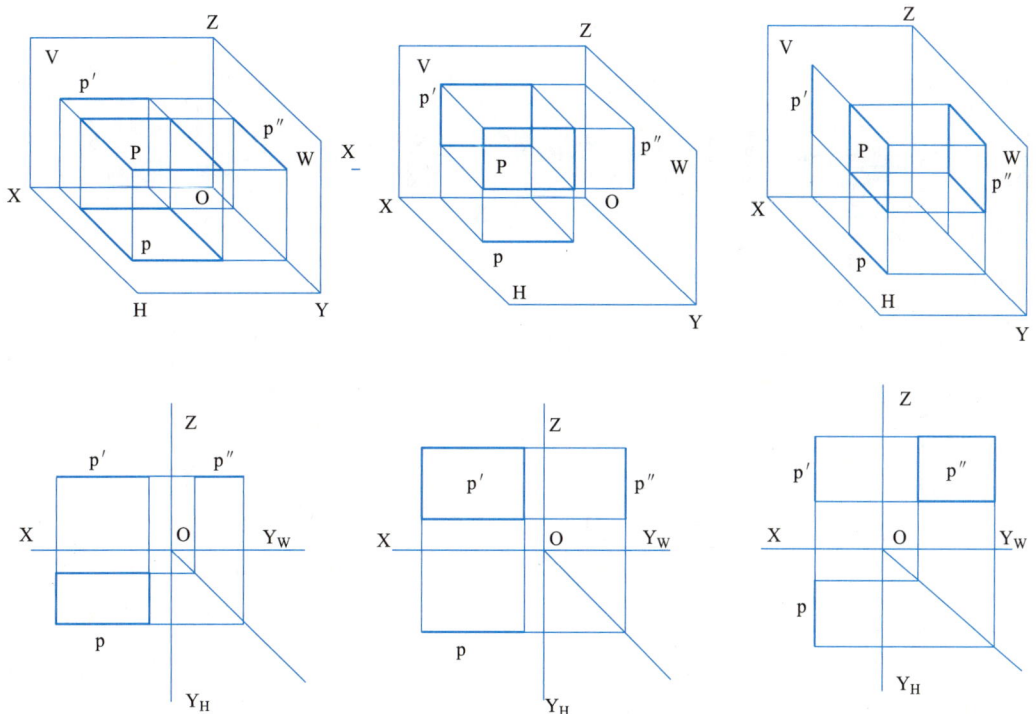

水平面投影规律：
① H面投影反映实形；
② V、W面投影积聚成一条直线，且分别平行于OX、OY$_W$轴(均垂直于OZ轴)。

(a)

正平面投影规律：
① V面投影反映实形；
② H、W面投影积聚成一条直线，且分别平行于OX、OZ轴(均垂直于OY轴)。

(b)

侧平面投影规律：
① W面投影反映实形；
② H、V面投影积聚成一条直线，且分别平行于OY、OZ轴(均垂直于OX轴)。

(c)

图 3-23　投影面平行

（a）水平面；（b）正平面；（c）侧平面

（2）投影面垂直面

与一个投影面垂直，与其他两个投影面倾斜的平面称为投影面垂直面。投影面垂直面可分为三种：

1）铅垂面——与 H 面垂直，与 V、W 面倾斜。

2）正垂面——与 V 面垂直，与 H、W 面倾斜。

3）侧垂面——与 W 面垂直，与 H、V 面倾斜。

投影面垂直面的投影特性如下：

1）在所垂直的投影面上的投影积聚成为一条直线。

2）在另两个投影面上的投影均为小于实形的类似形。简称一线两框，如图 3-24 所示。

（3）一般位置平面

在三面投影体系中，与三个投影面均倾斜的平面，称为一般位置平面。用平面方法表

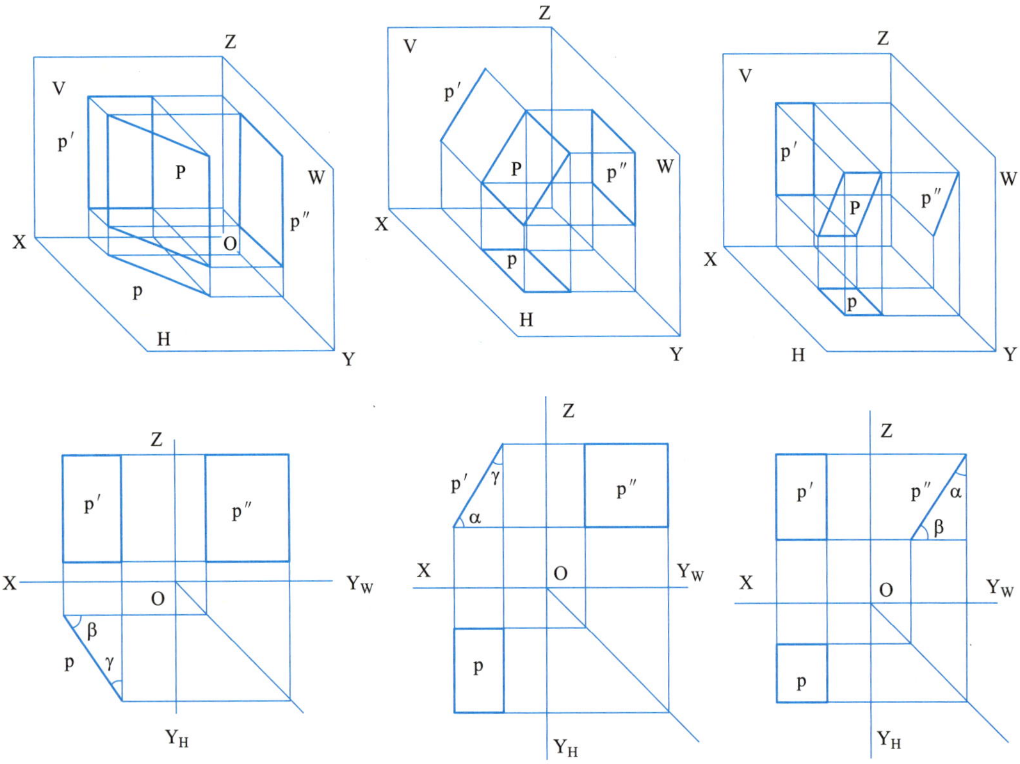

铅垂面投影规律：
① H面投影积聚成一直线，且反映倾角β、γ的真实大小；
② V、W面投影为类似形。

(a)

正垂面投影规律：
① V面投影积聚成一直线，且反映倾角α、γ的真实大小；
② H、W面投影为类似形。

(b)

侧垂面投影规律：
① W面投影积聚成一直线，且反映倾角α、β的真实大小；
② H、V面投影为类似形。

(c)

图3-24 投影面垂直面

（a）铅垂面；（b）正垂面；（c）侧垂面

示的一般位置平面的各个投影既没有积聚性，也不反映实形，各个投影均为类似形，如图 3-25 所示。

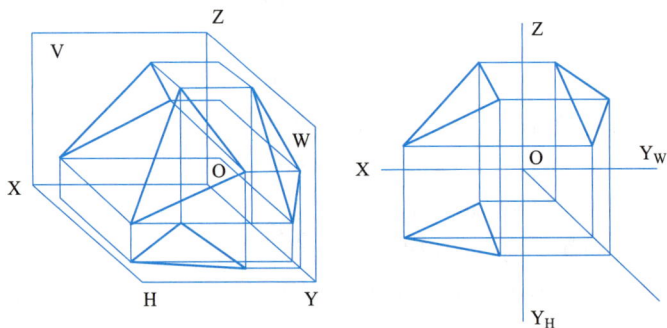

图3-25 一般位置平面

3. 平面上的点和直线

（1）平面上的直线

直线在平面上的几何条件是：

① 直线通过平面的两个点。

② 直线通过平面上的某一点，且平行于平面上的某条直线。

（2）平面上的点

点在平面上的几何条件是：点在平面的任一直线上。

据此得出在平面内取点的方法：

① 直接在平面内的已知直线上取点。

② 先在平面内取直线，要求该直线满足在平面内的几何条件，然后再在该直线上取符合要求的点。

（3）平面上的投影面平行线

平面上的投影面平行线，既满足投影面平行线的投影性质，又满足直线在平面上的几何条件。

在平面上取点、直线的作图，其实就是在平面内做辅助线的问题。利用在平面上取点、直线的作图，可以判别已知点、线是否在已知平面上，或者绘制已知平面上的点、线的三面投影，或绘制平面多边形的投影。要在平面内取线，必须先在平面上取点；要在平面内取点，必须先在平面上取线。

【应用案例 3-7】

如图 3-26 所示，已知三角形 ABC 的两面投影，找出一点 D，使 D 点在 C 点之前 10mm，在 B 点之下 8mm，试画出 D 点的两面投影。

解：要作过点 C 的向前量取 10mm 做 X 轴平行线，分别交 bc、ab 于 1、2 两点，作 1、2 两点的长对正，找出 1'2' 的投影；同理，b' 向下量取 8mm，作 X 轴平行线，分别交 b'c'、a'b' 于 3'、4' 两点，作 3'、4' 两点的长对正，找出 34 的水平投影；12、34 的交点就是 D 点的水平投影 d，1'2'、3'4' 的交点就是 D 点的正面投影 d'。如图 3-26（b）所示。

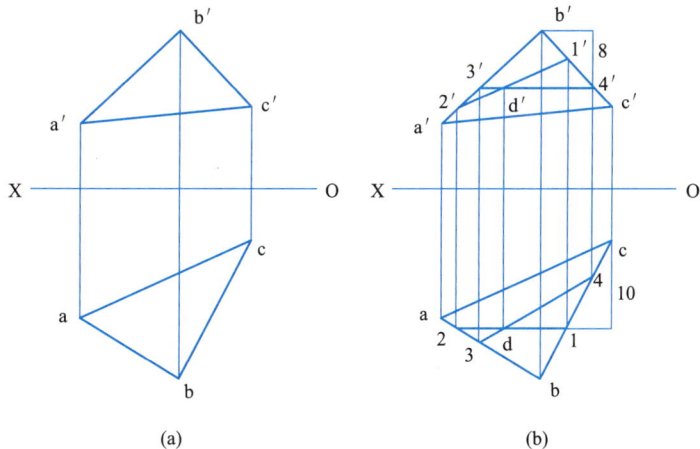

（a）　　　　　　　　　　（b）

图 3-26　D 点的投影

3.3 立体的投影

基本形体的大小、形状由其表面所确定，按照基本体表面性质，可分为平面体和曲面体两大类。表面全部为平面而围成的形体称为平面立体，简称平面体，例如棱柱、棱锥和棱台等。表面全部或部分为曲面而围成的形体称为曲面立体，简称曲面体，例如圆柱、圆锥、圆球和圆环等，如图 3-27 所示。

图 3-27 空间立体
（a）棱柱；（b）棱锥；（c）棱台；（d）圆柱；（e）圆锥；（f）圆球

3.3.1 平面立体的投影

1. 棱柱

（1）棱柱的形体特征

棱柱是由上下两个互相平行的底面和周围多个侧棱面围成，相邻两侧棱面的交线为侧棱线，简称棱线。棱柱的棱线互相平行，若棱线垂直于底面称为直棱柱，若倾斜于底面则称为斜棱柱。为保证建筑的稳定性多采用直棱柱。底面为正多边形的直棱柱称为正棱柱。正棱柱上下底全等且相互平行，棱线相互平行且长度相等，棱线与上下底面垂直。

（2）棱柱的投影分析

在绘制形体的三面投影前应注意形体的摆放位置，按习惯视角，形体应下大上小摆放稳定，反映特征的面在正面。其次为方便作图，应使形体尽量多的面平行于三个投影面。因此，对于底面为等腰三角形的三棱柱摆放如图 3-28 所示。

从三个投影方向观察形体，可知棱柱底面平行于 W 面，侧面投影反映了三棱柱的特征面等腰三角形。接着可以看出对着 H 面的侧棱面是平行于 H 面的矩形，而对着 V 面的三棱柱侧面倾斜于投影面，即侧垂面。根据投影的特性，我们就可以直接利用全等性直接画出三棱柱的侧面投影和水平面投影，而正面投影则可根据已知的两个投影由三等规律绘制。如图 3-28 所示。

（3）棱柱的三面投影特性

棱柱体的三面投影特性如下：

遵纪守法
正直做人

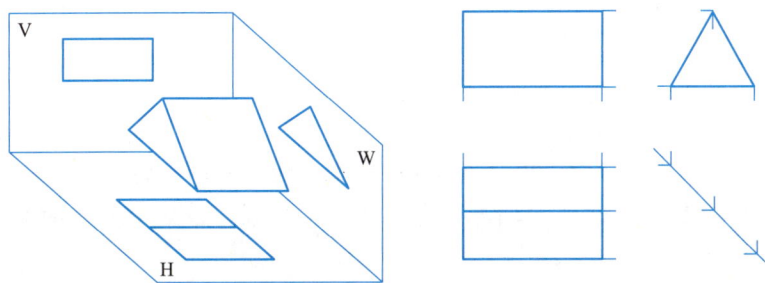

图 3-28 三棱柱的三面投影

① 反映底面实形的投影为多边形。

② 另两面投影均为矩形（或是矩形的组合图形）。可简称"矩矩为柱"，即棱柱的三面投影中，有两面投影为矩形或者是矩形的组合图形；另外一面投影反映底的实形。若是三角形，便是三棱柱，若是四边形，便是四棱柱。

2. 棱锥

（1）棱锥的形体特征

底面为正多边形，各侧面为具有公共顶点的全等等腰三角形的棱锥称为正棱锥，其锥顶在过底面中心的垂线上。以正三棱锥为例，正三棱锥为底面为正三角形，各侧面为具有公共顶点的全等等腰三角形的棱锥称为正三棱锥。正三棱锥又称四面体。

（2）棱锥的投影分析

水平投影的外三角形是正三棱锥的底的投影，反映底的实形，s 是锥顶的投影，sa、sb、sc 是三条侧棱的投影，三个小三角形是三个锥面的投影；正面投影中外三角形是等腰三角形，且被分割成两个全等的小三角形，三个三角形分别是三个锥面的正面投影，锥底面的投影积聚成一条直线 a'c'；侧面投影为一个非等腰三角形，一个锥面投影积聚成一条线，另外两个锥面投影重合为侧面投影。如图 3-29 所示。

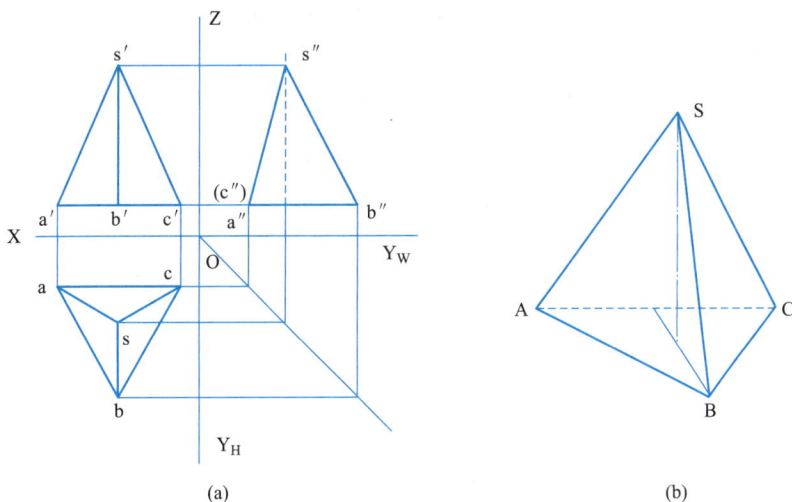

(a) (b)

图 3-29 正三棱锥投影图

（a）正三棱锥三面投影图；（b）正三棱锥立体图

（3）棱锥的三面投影特性

棱锥体的三面投影特性如下：

① 反映底面实形的投影为多边形且被分割成小三角形。

② 另两面投影均为三角形（或是三角形的组合图形）。可简称"三三为锥"，即棱锥的三面投影中，有两面投影为三角形或者是三角形的组合图形；另外一面投影反映底的实形，若是三角形，便是三棱锥，若是四边形，便是四棱锥。如图 3-30 所示。

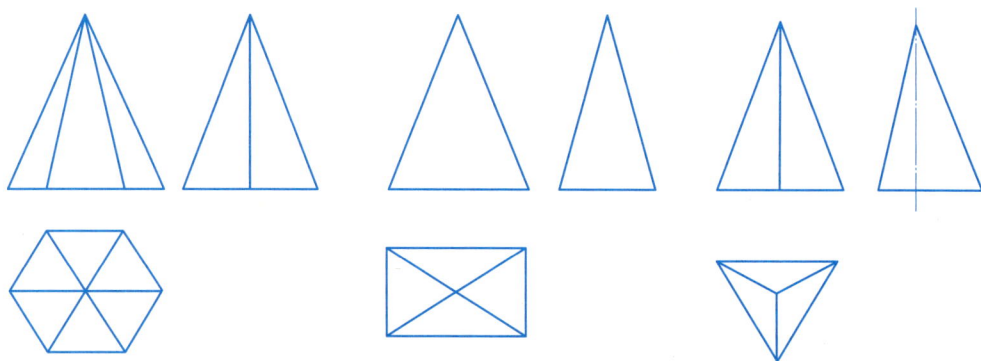

图 3-30　棱锥投影图

3. 棱台

（1）棱台的形体特征

棱台可看成由棱锥用平行于锥底面的平面截去锥顶而形成的形体，上、下底面为各对应边相互平行的相似多边形，侧面为梯形。

（2）棱台的三面投影特性

棱台体的三面投影特性如下：

① 反映底面实形的投影为两个相似多边形。

② 另两面投影均为梯形（或是梯形的组合图形）。可简称"梯梯为台"，即棱台的三面投影中，有两面投影为梯形或者是梯形的组合图形；另外一面投影反映上、下底的实形，若是三角形，便是三棱台，若是四边形，便是四棱台。如图 3-31 所示。

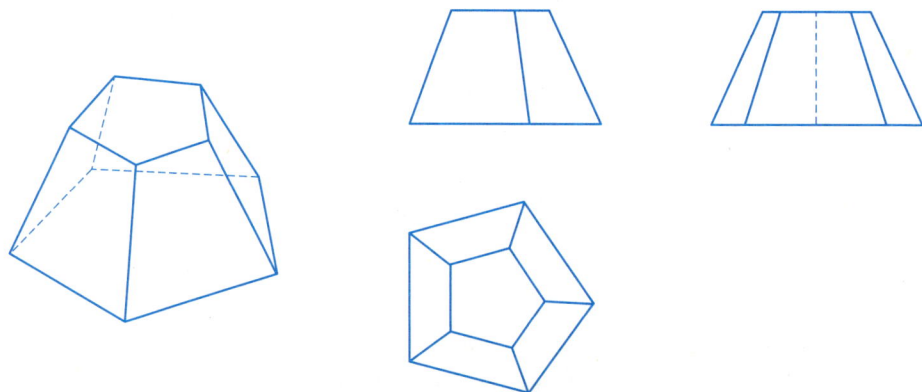

图 3-31　棱台投影图

4. 平面体上的点和直线的投影

确定立体表面上的点、线的投影，是后面求截切体与相贯体投影的基础。点和直线位于立体表面的位置不同，其投影的画法就不同。在求点、直线的投影之前，先认真看图，判断点、直线的具体位置，再根据位置选择不同的求解方法。

（1）位于棱线或边线上的点（线上定点法）

当点位于立体表面的某条棱线或边线上时，可利用线上点的"从属性"直接在线的投影上定点，这种方法即为线上定点法，亦可称为从属性法。

（2）位于特殊位置平面上的点（积聚性法）

当点位于立体表面的特殊位置平面上时，可利用该平面的"积聚性"，直接求得点的另外两个投影，这种方法称为积聚性法。

（3）位于一般位置平面上的点（辅助线法）

当点位于立体表面的一般位置平面上时，因所在平面无积聚性，不能直接求得点的投影，而必须先在一般位置平面上做辅助线（辅助线可以是一般位置直线或特殊位置直线），求出辅助线的投影，然后再在其上定点，这种方法称为辅助线法。

【应用案例 3-8】

如图 3-32（a）所示，M、N 分别是立体表面上的两个点。已知 M 点的正面投影 m′、N 点的水平投影 n，试求点 M、N 的另外两面投影。

解：M、N 两点均为三棱锥侧棱上的点，属于轮廓线上的点，运用线上定点法作图。作图方法如下。

作 m′长对正线，交 sa 于一点，即是 M 点的水平投影 m；作 m′高平齐线，交 s″a″于一点，即是 M 点的侧面投影 m″，如图 3-32（b）所示；

作 n 宽相等线，交 s″b″于一点，即是 N 点的侧面投影 n″；作 n″长高平齐线，交 s″b″于一点，即是 N 点的正面投影 m′，如图 3-32（c）所示。

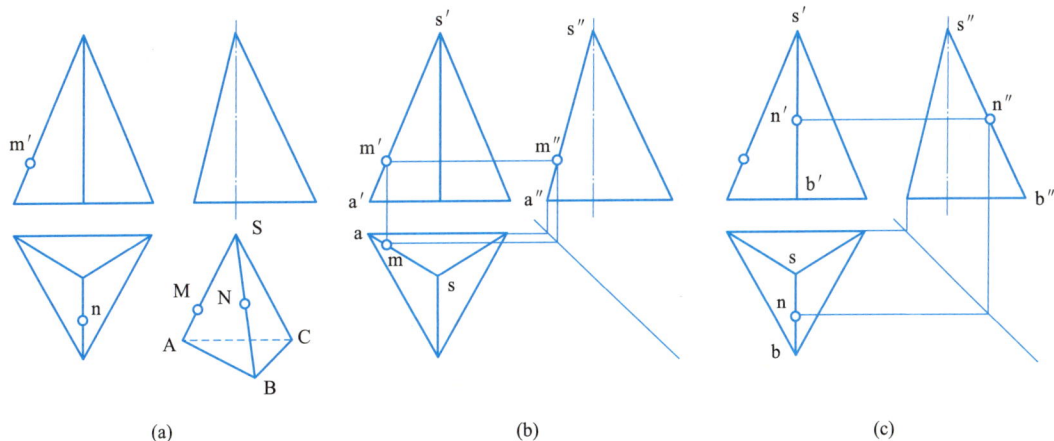

图 3-32 从属性作点的投影

（a）已知条件；（b）M 点投影；（c）N 点投影

【应用案例 3-9】

如图 3-33（a）所示，A、B 分别是立体表面上的两个点。已知 A 点的正面投影 a′、B 点的水平投影 b，试求点 A、B 的另外两面投影。

解：A、B 两点均为四棱柱表面上的点，根据投影位置和可见性，可判断出 A 点为后面侧面上的点，B 点为上底面上的点，这两个面投影均具有积聚性，运用积聚性法作图。作图方法如下。作图方法如图 3-33（b）所示。

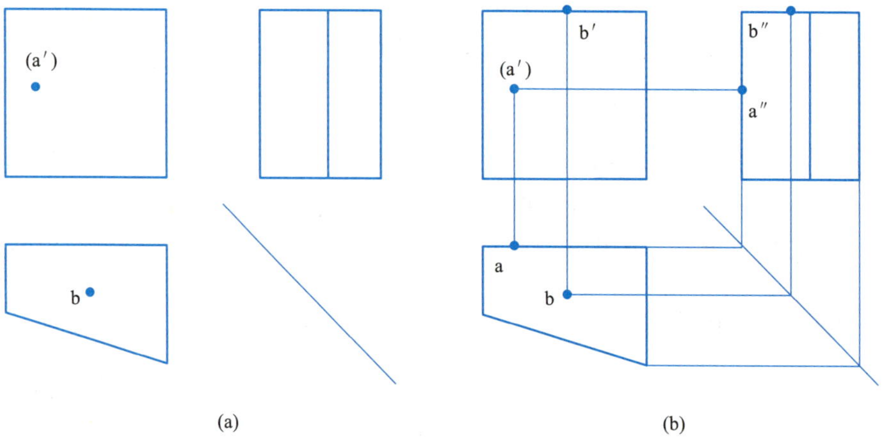

图 3-33　积聚性作点的投影
（a）已知条件；（b）A、B 点投影

【应用案例 3-10】

如图 3-34（a）所示，M 是立体表面上的点。已知 M 点的正面投影 m′，试求点 M 的另外两面投影。

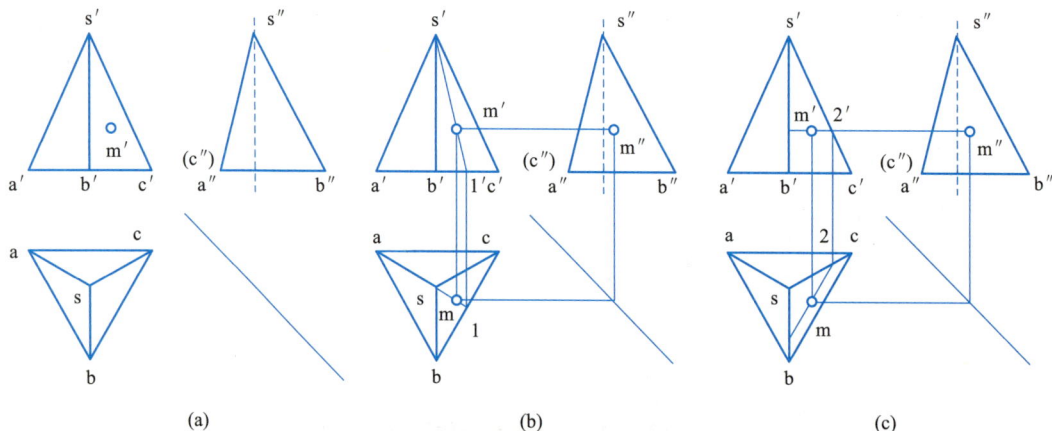

图 3-34　辅助线法作点的投影
（a）已知条件；（b）连接锥顶点法；（c）作平行线法

解：M 点为三棱锥侧面 SBC 上的点，SBC 平面属于一般位置平面，运用辅助线法作图。作图方法有两种，分别如下。

① 过锥顶连接 s'm'，交 b'c' 于 1'，作 1' 长对正线，找出 1 点水平投影，连接 s1，作 m' 长对正线，与 s1 交点即是 M 点的水平投影 m；作 m' 高平齐线和 m 宽相等线，交点即是 M 点的侧面投影 m"，如图 3-34（b）所示；

② 过 m' 作底边 b'c' 平行线，交 s'c' 于 2'，作 2' 长对正线，找出 2 点水平投影，过 2 作底边 bc 的平行线，作 m' 长对正线，与平行线的交点即是 M 点的水平投影 m；作 m' 高平齐线和 m 宽相等线，交点即是 M 点的侧面投影 m"，如图 3-34（c）所示。

3.3.2　曲面立体的投影

回转体的曲面可以看作由一条线围绕固定轴线旋转一周而成的形体。这条运动着的线称为母线，母线运动到任何一位置的轨迹称为素线。由回转面或回转面与平面所围成的基本体称为回转体。常见的曲面体多是回转体，如圆柱、圆锥、圆球、圆环等。见图 3-35。

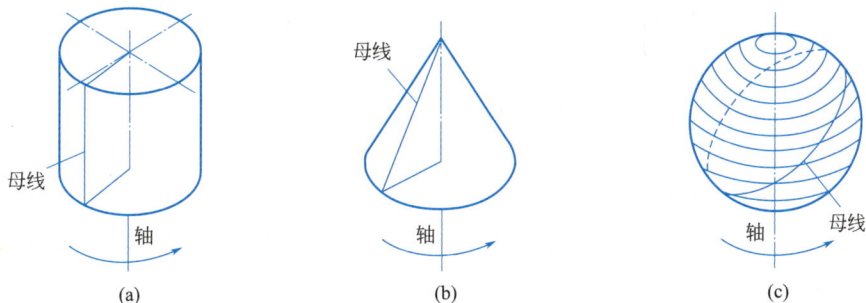

图 3-35　常见曲面体

（a）圆柱体；（b）圆锥体；（c）圆球体

1. 圆柱

（1）圆柱的形体特征

圆柱体由一个圆柱面（曲面）和两个底面（平面）围成。可以看成是一个矩形平面绕着它的一条边旋转一周而成。

（2）圆柱的投影分析

水平投影为圆，反映圆柱体上下底的实形，四条轮廓素线积聚成圆的中心线的四个顶点；正面投影和侧面投影为两个全等的矩形，正面投影矩形上下两条边为圆柱体上下底的正面投影，左右两条边为圆柱体最左和最右两条轮廓素线的投影，最前和最后两条轮廓素线为矩形的中心线；侧面投影矩形上下两条边为圆柱体上下底的正面投影，前后两条边为圆柱体最前和最后两条轮廓素线的投影，最左和最右两条轮廓素线为矩形的中心线。如图 3-36 所示。

（3）圆柱的三面投影特性

圆柱体的三面投影特性如下：

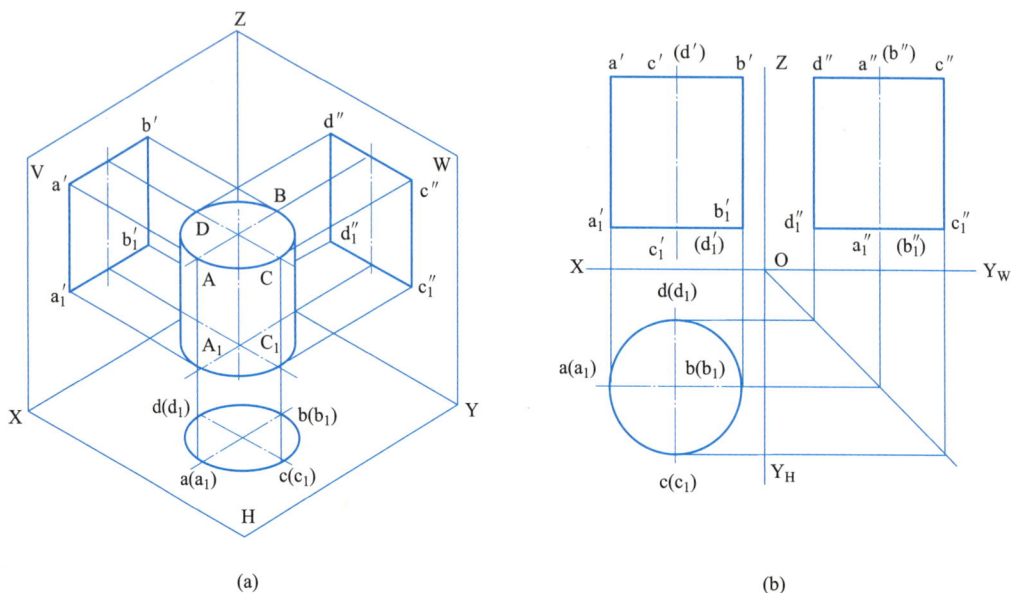

图 3-36　圆柱体投影

（a）立体图；（b）投影图

① 反映底面实形的投影为圆。

② 另两面投影均为矩形。简称"矩矩为柱"。

2. 圆锥

（1）圆锥的形体特征

圆锥体由一个圆锥面（曲面）和一个底面（平面）围成。可以看成是一个三角形平面绕着它的一条直角边旋转一周而成。

（2）圆锥的投影分析

水平投影为圆，反映圆锥体底的实形，四条轮廓素线积聚成圆的中心线，圆心为锥顶的水平投影；正面投影和侧面投影为两个全等的三角形，正面投影三角形的底边为圆锥的底的投影，三角形的两条腰为圆锥最左和最右两条轮廓素线的投影，最前和最后两条轮廓素线为三角形的中心线；侧面投影三角形的底边为圆锥的底的投影，三角形的两条腰为圆锥最前和最后两条轮廓素线的投影，最左和最右两条轮廓素线为三角形的中心线。如图 3-37 所示。

（3）圆锥的三面投影特性

圆锥体的三面投影特性如下：

① 反映底面实形的投影为圆。

② 另两面投影均为等腰三角形。简称"三三为锥"。

3. 圆台

（1）圆台的形体特征

圆台体由一个圆台面（曲面）和两个底面（平面）围成。可以看成是一个直角梯形平面绕着它的直角腰旋转一周而成。

（2）圆台的投影分析

图 3-37 圆锥体投影

（a）立体图；（b）投影图

水平投影为两个同心圆，反映圆锥体上下底的实形，四条轮廓素线积聚成圆的中心线；正面投影和侧面投影为两个全等的等腰梯形，正面投影等腰梯形的上下底边为圆台的上下底的投影，等腰梯形的两条腰为圆台最左和最右两条轮廓素线的投影，最前和最后两条轮廓素线为等腰梯形的中心线；侧面投影等腰梯形的上下底边为圆台的上下底的投影，等腰梯形的两条腰为圆台最前和最后两条轮廓素线的投影，最左和最右两条轮廓素线为等腰梯形的中心线。如图 3-38 所示。

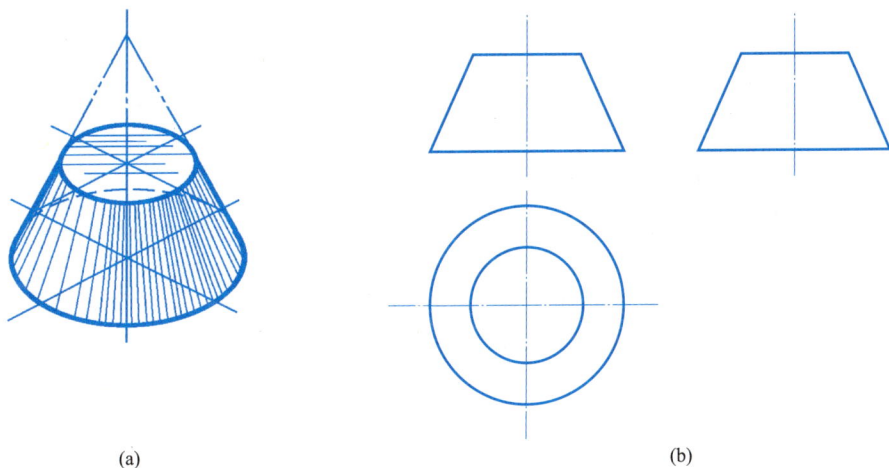

图 3-38 圆台体投影

（a）立体图；（b）投影图

（3）圆台的三面投影特性

圆台体的三面投影特性如下：

① 反映底面实形的投影为两个同心圆。

② 另两面投影均为等腰三角形。简称"梯梯为台"。

4. 圆球

（1）圆球的形体特征

圆球体由球面围成。可以看成是一个圆面绕着它的一条直径旋转一周而成。

（2）圆球的投影分析

三个投影均为全等的圆。水平投影圆为水平轮廓素线的水平投影，另外两条轮廓素线积聚成圆的中心线；正面投影圆为正平轮廓素线的正面投影，另外两条轮廓素线积聚成圆的中心线；侧面投影圆为侧平轮廓素线的侧面投影，另外两条轮廓素线积聚成圆的中心线。如图 3-39 所示。

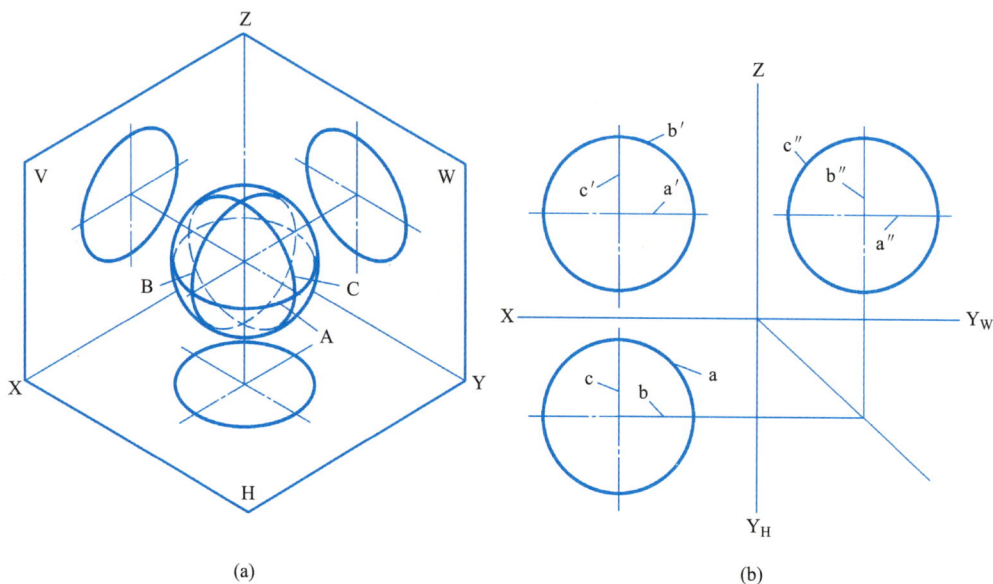

图 3-39　圆球体投影

（a）立体图；（b）投影图

（3）圆球的三面投影特性

圆球体的三面投影特性如下：三个投影均是三个大小相同的圆。

5. 曲面体上的点和直线的投影

位于曲面体轮廓素线上的点，采用线上定点法即从属性求解；当点或线所在的表面具有积聚性时，利用积聚性法求解；当点或线所在的曲面立体表面无积聚性，则必须利用辅助线法求解（辅助素线法和辅助纬圆法），如位于圆锥、圆台曲面上的点或线，位于圆球面上的点或线可利用辅助纬圆法。

【应用案例 3-11】

如图 3-40（a）所示，已知半球体表面上的 K 点的正面投影 k′，求其另外两面的投影 k、k″。

解：K 点为半球面侧平轮廓素线圆上的点，属于轮廓线上的点，运用从属性法作图。作图方法如下。

侧平轮廓素线圆水平投影为与 Y 轴平行的中心线，侧面投影为圆，直接做 k′ 的高平齐，交侧面投影圆于两点，由可见性可判断出 k″为前面一点；再做 k″的宽相等，找到 k 的水平投影。如图 3-40（b）所示。

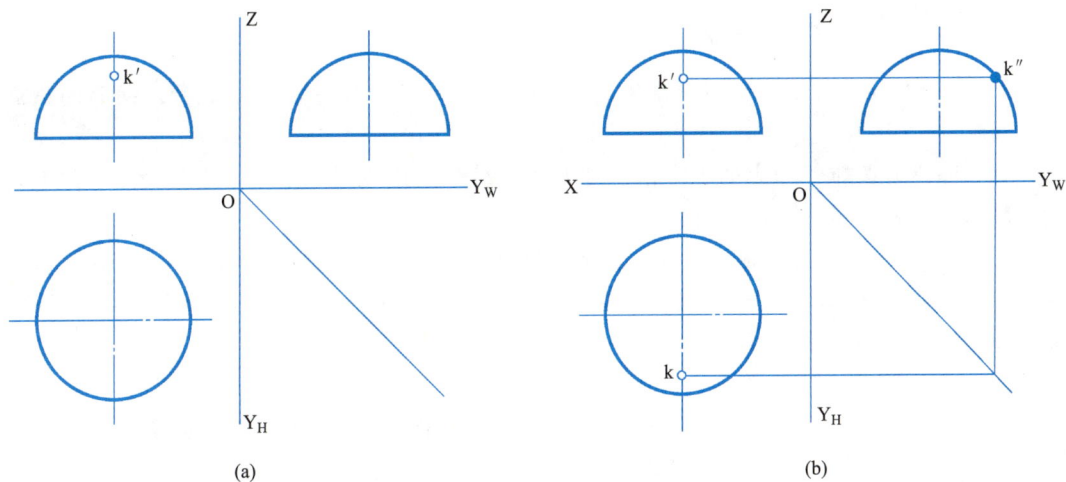

图 3-40　从属性作图方法
（a）已知条件；（b）作图方法

【应用案例 3-12】

如图 3-41（a）所示，已知圆柱体表面上的 K 点的正面投影 k′及 M 点的水平投影 m，求其 M、K 两点的另外两面的投影。

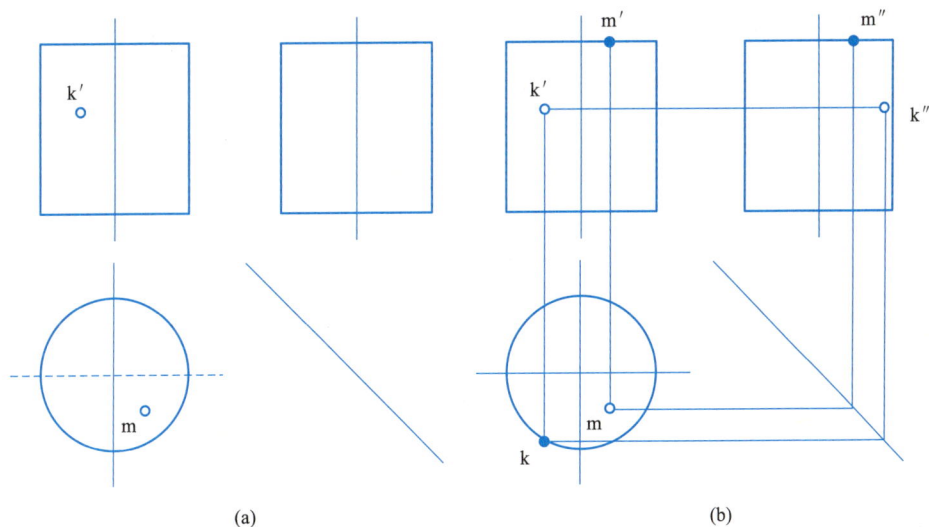

图 3-41　积聚性作图方法
（a）已知条件；（b）作图方法

解：根据投影位置和可见性，可判断出 M 点为圆柱体上底面上的点，K 点为圆柱曲面上的点，这两个面的投影均具有积聚性，运用积聚性法作图。作图方法如下：

作 k′的长对正，交水平投影圆于两点，根据可见性可判断出 k 为前面一点，再作 k′的高平齐和 k 的宽相等线，交点即为 K 的侧面投影 k″；同理找到 M 的正面投影 m′ 和 m″。作图方法如图 3-41（b）所示。

📝 【应用案例 3-13】

如图 3-42（a）所示，已知圆锥体表面上的 K 点的正面投影 k′，求其另外两面的投影 k、k″。

解：K 点为圆锥锥面上的点，根据可见性可判断出 K 点位于后半个圆锥面上，锥面属于一般位置面，运用辅助线法作图。作图方法有两种，分别如下：

① 辅助素线法：过锥顶连接 s′k′，交底边于 1′，作 1′长对正线，找出 1 点水平投影，连接 s1，作 k′长对正线，与 s1 交点即是 K 点的水平投影 k；作 k′高平齐线和 k 宽相等线，交点即是 K 点的侧面投影 k″，如图 3-42（b）所示；

② 辅助纬圆法：过 k′作底边平行线，交三角形腰于 2′，作 2′长对正线，找出 2 点水平投影，以 s 为圆心以 s2 长度为半径画圆（纬圆），作 k′长对正线，与纬圆的交点即是 K 点的水平投影 k；作 k′高平齐线和 k 宽相等线，交点即是 K 点的侧面投影 k″，如图 3-42（c）所示。

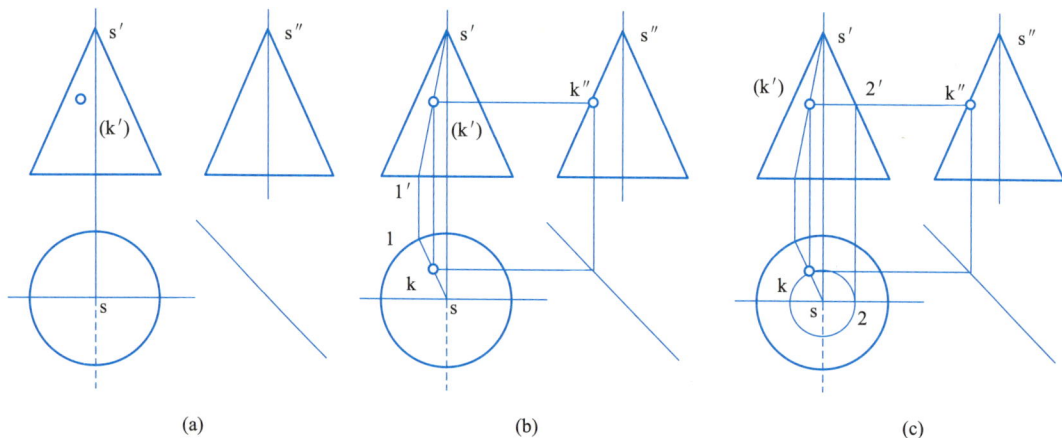

图 3-42　辅助线法作图方法
（a）已知条件；（b）辅助素线法；（c）辅助纬圆法

3.3.3　平面与立体相交

很多建筑形体从其形体构成的角度讲，可以看成是由基本形体被切割或相交而形成的。

经过切割或相交而构成的建筑形体的表面上，经常会出现一些交线，这些交线有些是平面与形体相交产生的，有些则是两个形体相交而形成的。如图 3-43 所示的某体育馆，其球壳屋面是由平面切割球体而形成的。

截切基本形体的平面称为截平面，截平面与形体表面的交线称为截交线，由截交线所围成的平面图形称为截断面，形体被一个或多个平面截切后所剩下的部分称为截切体，如图 3-44 所示。截交线是截平面与形体表面共有的线，且是封闭的平面折线或平面曲线。

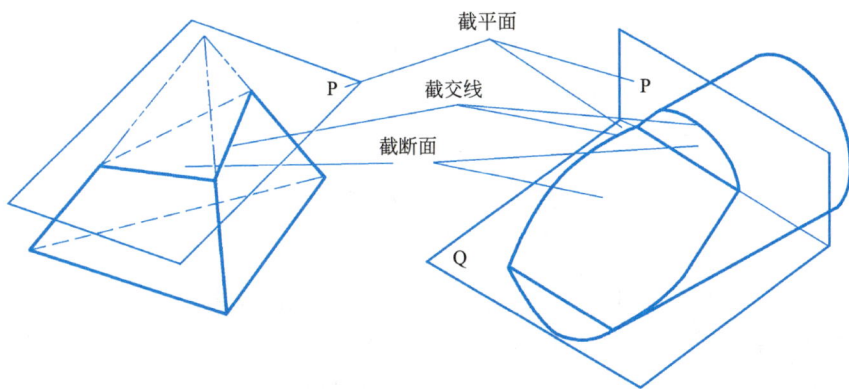

图 3-43　某体育馆

图 3-44　平面切割形体

1. 平面截切平面体

一个形体被平面截切时，截平面切到了形体的棱面和棱线，与形体表面形成了共有的截交线，这些截交线围成了一个封闭的平面多边形。多边形的边是截平面与形体棱面的交线；多边形的角点是截平面与形体棱线的交点。因此，求作形体的截断面的投影本质上是求截交线和交点的投影。一般，先求截平面与各棱线的交点，然后将处于同一平面上的两点相连即为截交线。

【应用案例 3-14】

如图 3-45（a）所示，已知正四棱柱被截切后的正面投影和水平投影，求作其侧面投影。

解：由图可知四棱柱被一正垂面所截，它截切到了棱柱的侧棱面和上底面，由于正四棱柱的对称性，截切面与棱和底面边线的交点共有 5 个，求出这些交点并以此相连，就可求出截平面。

在正面投影上，从左到右依次标出截切面与棱线的交点，最左边交点为 $1'$，第二根棱线因前后对称为两点 $2'$（$5'$），最右侧交点在上底面，记为 $3'$（$4'$）。根据点的投影规律，依次找出各交点的水平投影 1、2、3、4、5，并依次相连可得一五边形，由此提示，截平面的侧面投影同样为五边形。

先作出四棱柱的侧面投影。根据点的投影规律，可知 1 点在四棱柱最左边棱线上，2、4 点在最前、最后两条棱线上，注意交点在侧面投影上的位置，可作出 $1''$、$2''$、$3''$、$4''$、$5''$

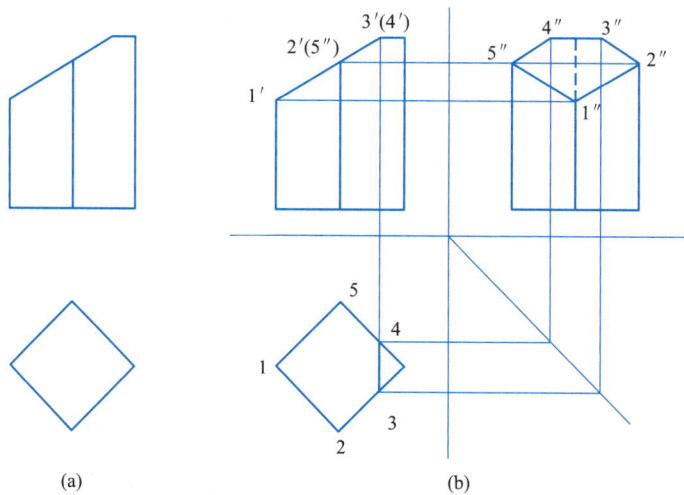

图 3-45　辅助线法作图方法

（a）已知条件；（b）作图方法

在上底面上，在水平投影上量出 4、5 两点到水平中轴线的距离，即可根据宽相等规律作出 4″、5″。依次连接 1″、2″、3″、4″、5″点。因截切面截去了棱柱上部，应擦去棱柱 2、5 交点以上部分。又因 3、4 交点以右部分未被切去，棱柱最右侧棱线应标出，其侧面投影不可见部分画虚线。整理图形后可见截面确为五边形，符合正垂面的投影规律。如图 3-45 所示。

2. 平面截切曲面体

平面截切曲面体得到的截断面仍为平面闭合图形，但因曲面体的形状不同及截切面与曲面体相交位置的不同，截断面的形状可能为多边形、椭圆或者圆。如果截断面为多边形，可通过求交点或素线再连接成平面的方法作出，如果截断面为椭圆，则需要作出截交线上的数个点再光滑连接形成截面。

（1）平面截切圆柱

根据截切面与圆柱轴线的相对位置，其截交线的形状有三种情况。如表 3-1 所示，当截切面垂直于圆柱轴线时截交线为一个圆；当截切面倾斜于圆柱轴线时截交线为一个椭圆；当截切面平行于圆柱轴线时截交线为一个矩形。见表 3-1。

圆柱被各种位置平面截切的投影　　　　　　　　　　表 3-1

平行于轴线	垂直于轴线	倾斜于轴线
矩形（直线）	圆	椭圆

续表

平行于轴线	垂直于轴线	倾斜于轴线

【应用案例 3-15】

如图 3-46 所示，已知圆柱被截切后的正面投影，请完成该圆柱被截切后的水平投影和侧面投影。

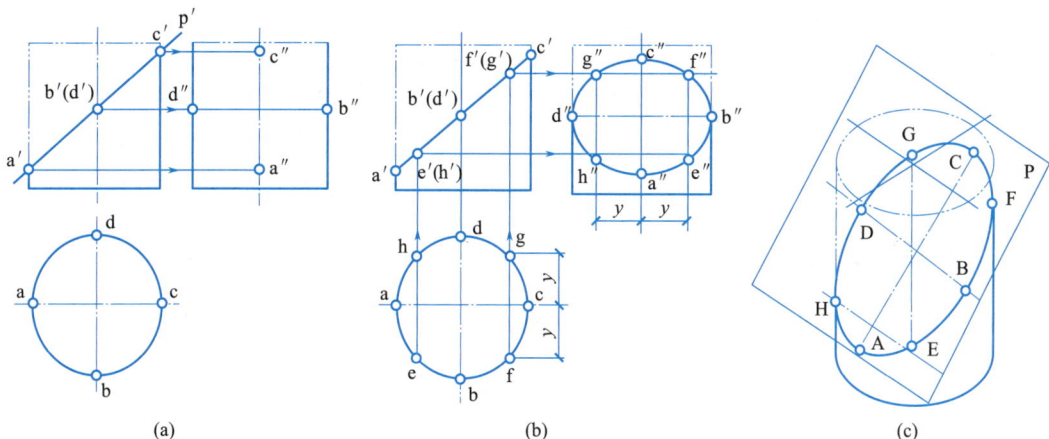

图 3-46　圆柱体被切割作图方法
（a）已知条件；（b）作图方法；（c）立体图

解：由图可知圆柱被一正垂面截去上底，则截平面为正垂面，截交线为一椭圆。根据圆柱体上截交线的特点可知，截平面正面投影为一条斜线，水平投影和侧面投影都为椭圆的类似形。作图步骤如下。

① 作截交线上特殊位置点。特殊位置点在圆柱体的四条轮廓素线上，即为 A、B、C、D 四点，且分别为截交线上的最低、最前、最高、最后四点。AC 为截交线椭圆的长半轴，BD 为截交线椭圆的短半轴。找到 A、B、C、D 的正面投影，即为 a′、b′、c′、d′。分别作长对正线，找到水平投影 a、b、c、d。分别作宽相等和高平齐线，找到侧面投影 a″、b″、c″、d″。

② 作截交线上一般点。在水平投影圆上分别取 ab、bc、cd、da 四点的中点 e、f、g、h 四点，作长对正线找到其正面投影 e′、f′、(g′)、(h′)，分别作宽相等和高平齐线，找到侧面投影 e″、f″、g″、h″，光滑连接截交线的侧面投影，得到一个椭圆，擦去 d″、b″ 以上的轮廓线，即得到圆柱体切割后的投影。

（2）平面截切圆锥

平面截切圆锥，根据截切面与圆锥轴线相交的位置不同，其上的截交线有五种情况，见表3-2。

圆锥被各种位置平面截切的投影 表3-2

截平面的位置	过锥顶	与轴线垂直	与轴线倾斜	与一条索线平行	与轴线 （与两条索线）平行
截交线的形状	三角形（直线）	圆	椭圆	抛物线	双曲线
直观图					
投影图					

【应用案例3-16】

如图3-47（a）所示，已知圆锥体被截切后的水平投影，请完成该圆锥体的正面投影。

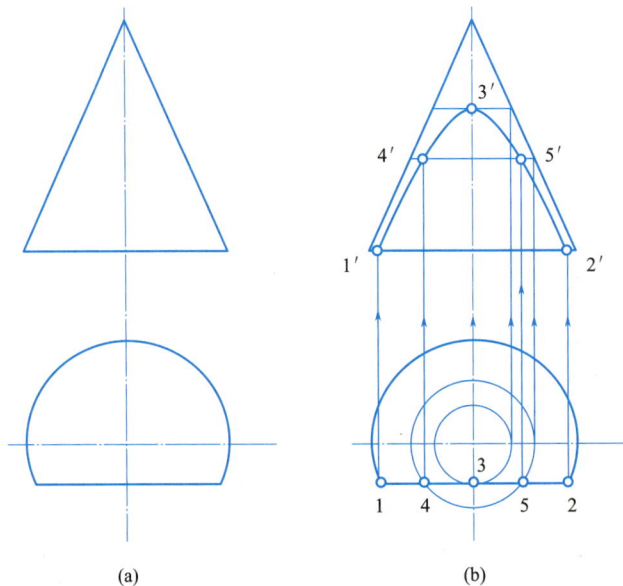

(a)　　　　　　　　　　(b)

图3-47 圆柱体被切割作图方法

（a）已知条件；（b）作图方法

解：由图可知圆锥体被一正平面截断，则截平面为正平面，截交线为一双曲线。作图步骤如下。

① 作截交线上特殊位置点。双曲线的端点为 1 点和 2 点，位于圆锥底边上；圆锥顶点在最前轮廓素线上，即是 3 点。作 1、2 的长对正，得到 1′、2′ 投影；3 点投影需要做辅助线，用辅助纬圆法或者辅助素线法绘图。

② 作截交线上一般点。在水平投影上分别取 13、32 的中点 4、5 两点，同理也可用辅助纬圆法作图，过 4 点或 5 点画圆，找到辅助纬圆的半径，再作出辅助纬圆的正面投影，做 4、5 两点的长对正线，得到 4′、5′。光滑连接 1′、2′、3′、4′、5′，即得到圆锥体切割后的正面投影。如图 3-47（b）所示。

3.3.4　两立体相贯

有些建筑物是由两个或两个以上的基本形体相交而成，相交的形体称为相贯体。相贯体表面交线是形体表面的共有线，相贯线上的点是两形体表面的共有点。

当平面体与曲面体相贯时，相贯线是由若干段平面曲面线（也可能出现直线段）所组成的。这些相贯线可以看成平面切割曲面体而形成的截交线组成的，曲线的或者直线的转折点就是平面体的侧棱与曲面体表面的交点。作图时先求出这些转折点的投影，再根据截交线的特性画出相贯线的特性。

【应用案例 3-17】

如图 3-48（a）所示，已知圆锥体与四棱锥相贯后形体的水平投影，请完成该相贯体的另外两面投影。

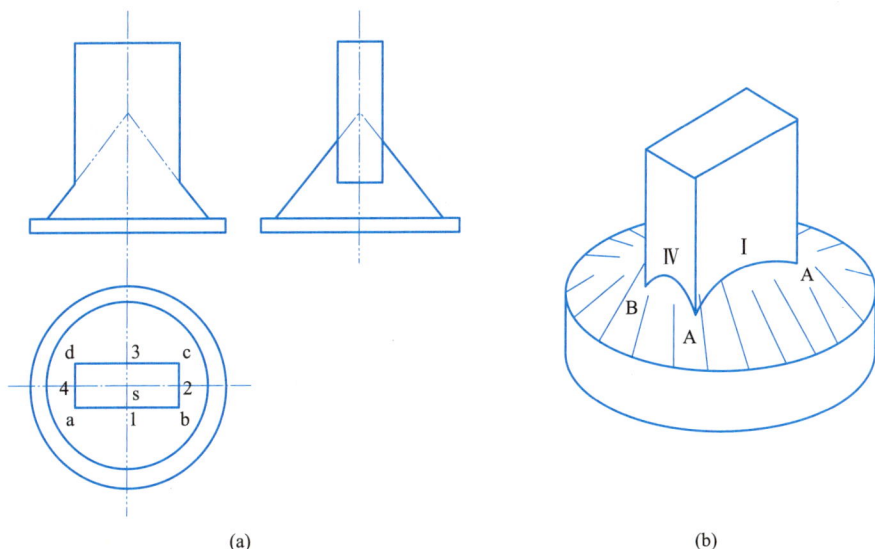

(a)　　　　　　　　　　　　　　　(b)

图 3-48　圆锥体与四棱柱相贯体的作图方法（一）
（a）已知条件；（b）立体图

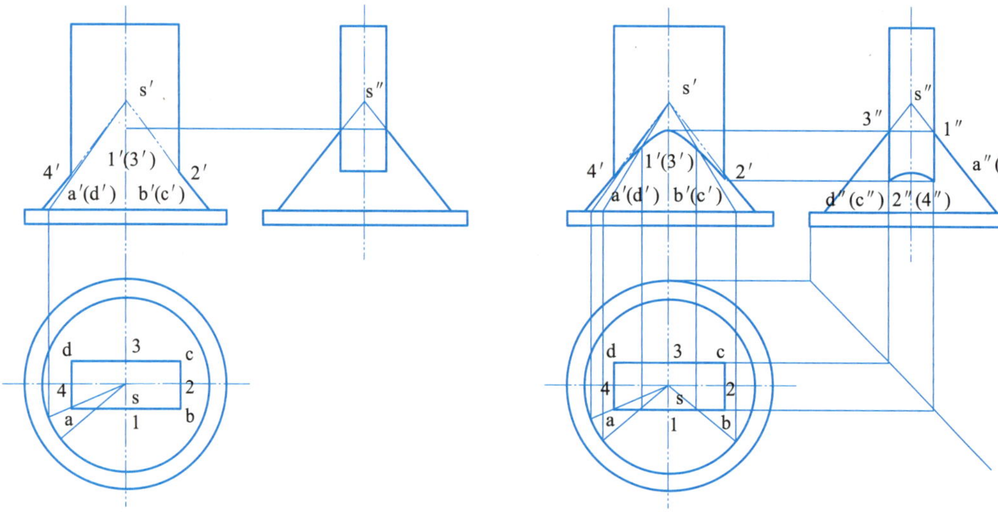

图 3-48　圆锥体与四棱柱相贯体的作图方法（二）
(c) 正面投影作图；(d) 侧面投影作图

解：由图可知圆锥体被两个正平面和两个侧平面截断，则截平面分别为正平面和侧平面，相贯线为四段双曲线。作图步骤如下。

① 作相贯线上特殊位置点。双曲线的端点分别为 A、B、C、D 四点。双曲线的顶点分别为 1、2、3、4 四点。用从属性画出 1、2、3、4 四点的正面投影和侧面投影；用辅助素线法画出 A、B、C、D 四点的投影。

② 作相贯线上一般点。在水平投影上分别取 1a、1b 的中两点，同理也可用辅助素线法作图，找出中间一般点的投影。光滑连接各面投影，即得到圆锥体与圆柱体相贯的正面投影和侧面投影。如图 3-48（c）、图 3-48（d）所示。

3.4 轴测投影

3.4.1 轴测投影的基本知识

前面介绍的正投影图虽然比较完整、准确地表达物体的形状和大小，作图也比较方便，度量性也较好，在工程中被广泛运用。但由于正投影图缺乏立体感，要有一定的识图能力才能看懂。为了便于识图，在工程中经常采用具有立体感的立体投影图作为辅助图样，用一个投影面来表达物体长、宽、高三个方向形状的图样，以便能更快速更方便地了解工程形体的外部形状，这种投影图称为轴测投影图，简称轴测图。如图 3-49（b）所示。

技能传承

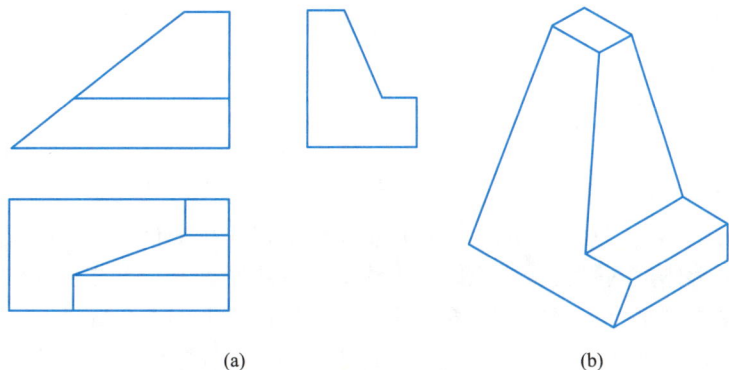

图 3-49　形体的正投影图与轴测图
（a）正投影图；（b）轴测图

1. 轴测投影的形成

将空间形体连同确定其空间位置的直角坐标轴一起，根据平行投影的原理，沿着不平行于这三条坐标轴的方向投射到新的投影面上，所得到的新的投影图称为轴测投影图，简称轴测图。

2. 轴测投影的分类

轴测投影按形成方法可分为两大类：正轴测图和斜轴测图，如图 3-50 所示。

正轴测图：物体放斜，投射线方向垂直于轴测投影面时所形成的轴测投影。

斜轴测图：物体放正，投射线方向倾斜于轴测投影面时所形成的轴测投影。

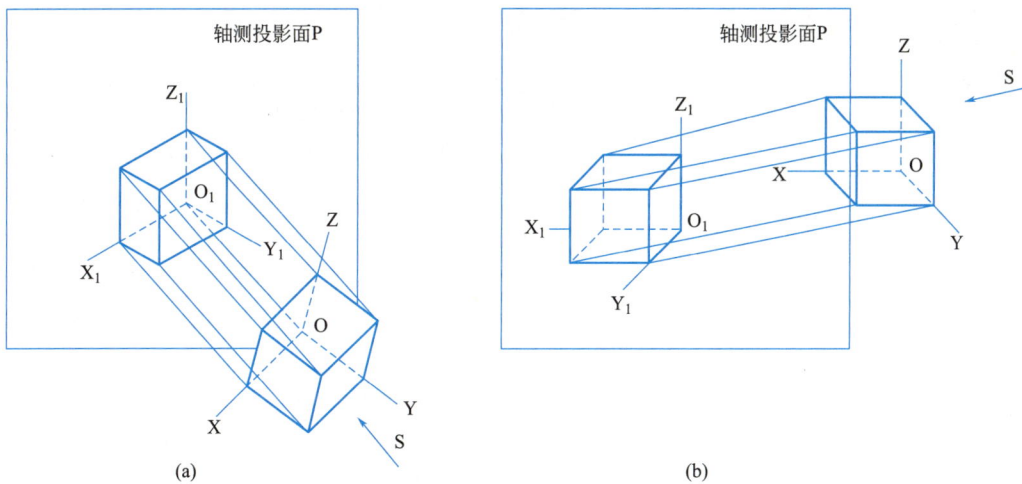

图 3-50　轴测图分类
（a）正轴测投影图；（b）斜轴测投影图

3. 轴测投影的参数

（1）轴测投影面：如图 3-50 所示平面 P，通常选择 H、V、W 等投影面。

（2）轴测轴：空间直角坐标轴 OX、OY、OZ 在轴测投影面上的投影 O_1X_1、O_1Y_1、O_1Z_1。

（3）轴间角：相邻两轴测轴之间的夹角 $\angle X_1O_1Y_1$、$\angle Y_1O_1Z_1$、$\angle X_1O_1Z_1$。

（4）轴向伸缩系数：沿轴测轴测量而得到的投影长度与实际长度之比。OX、OY、OZ 轴的轴向伸缩系数分别用 p、q、r 表示，即：

$$p = O_1X_1/OX, \qquad q = O_1Y_1/OY, \qquad r = O_1Z_1/OZ$$

4. 轴测投影的特性

轴测投影是用平行投影法所作的投影，因此具有平行投影的性质。

平行性——形体上相互平行的线段，在轴测图上仍互相平行。

定比性——形体上两平行线段或同一直线上的两线段，其长度之比在轴测图上保持不变。此外，与轴测轴平行的线段，其变形系数等于轴向变形伸缩系数。

真实性——形体上平行于轴测投影面的直线和平面，在轴测图上反映实形。

5. 常见的几种轴测图

（1）正（斜）等轴测图：$p = r = q$

（2）正（斜）二轴测图：$p = r \neq q$

（3）正（斜）三轴测图：$p \neq r \neq q$

其中，常用的轴测投影为正等轴测图、斜二轴测图及斜等轴测图。正等轴测图变形系数 $p = q = r = 0.82$，为方便画图均取 1；斜二轴测图变形系数 $p = r = 1$、$q = 0.5$；斜等轴测图变形系数 $p = r \cong 1$、$q \cong 0.5$。

3.4.2 正等轴测投影

技艺画法
传承

形体上的 3 个坐标轴与轴测投影面的倾角均相等时，所获得的轴测图称为正等轴测投影图，简称正等轴测图。

1. 正等轴测投影的轴间角和轴向伸缩系数

（1）轴测投影面：通常选择 H、V、W 等投影面。

（2）轴间角：相邻两轴测轴之间的夹角均相等，即 $\angle X_1O_1Y_1 = \angle Y_1O_1Z_1 = \angle X_1O_1Z_1 = 120°$，如图 3-51 所示。

（3）轴向伸缩系数：由于 3 个坐标轴与轴测投影面的倾角均相等，所以它们的轴向伸缩系数也相同，经计算可知：$p = q = r = 0.82$。为了作图方便，采用简化的轴向伸缩系数 $p = q = r = 1$，即凡平行于各坐标轴的尺寸都按原尺寸作图。这样画出的轴测图，其轴向尺寸都相应放大了 $1/0.82 = 1.22$ 倍，但这对所表达形体的立体效果并无影响而且作图简便。

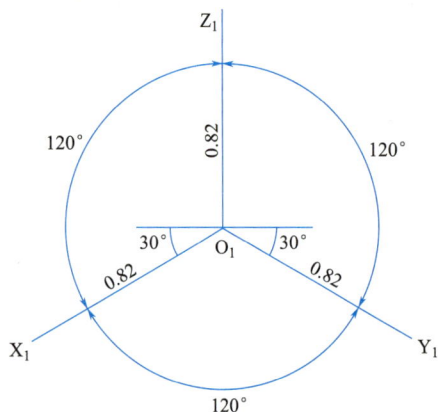

图 3-51 正等轴测图轴间角和轴向伸缩系数

2. 正等轴测投影图的画法

（1）坐标法

坐标法是根据形体表面各点的空间坐标或尺寸，画出各点的轴测图，再依次连接各点而得到形体的轴测投影图。坐标法是绘制轴测投影图的基本方法，适用性较广，平面体、曲面体轴测投影均适用。通常的作图步骤为：

①　根据形体特点，选定坐标原点位置。坐标原点一般选择形体顶面或者底面，且在形体的顶点或者对称线上，以方便作图。

②　画出轴测轴。

③　沿着轴测轴，按照简化的轴向伸缩系数画出各顶点的轴测投影，依次连接各顶点。为方面读图，虚线不画。

④　加粗描深轴测图轮廓线，整理图线。

（2）切割法

切割法适用于切割方式形成的形体。先运用坐标法绘制出形体的轴测投影图，再根据形体切割的位置进行切割。

（3）叠加法

切割法适用于叠加方式形成的形体。作图时，先分析叠加形体的各部分形体特性和叠加的相互位置关系，再运用坐标法或切割法绘制出用来叠加的各部分形体的轴测投影图，得到形体的轴测投影。

（4）特征面法

当柱类形体的某一端面比较复杂，且能反映柱体的特征形状时，可以先用坐标法求出特征端面的轴测投影图，然后沿着坐标轴方向延伸成立体，得到形体的轴测投影。

【应用案例 3-18】

如图 3-52（a）所示，根据正六棱柱的正投影图画出正六棱柱的正等轴测图。

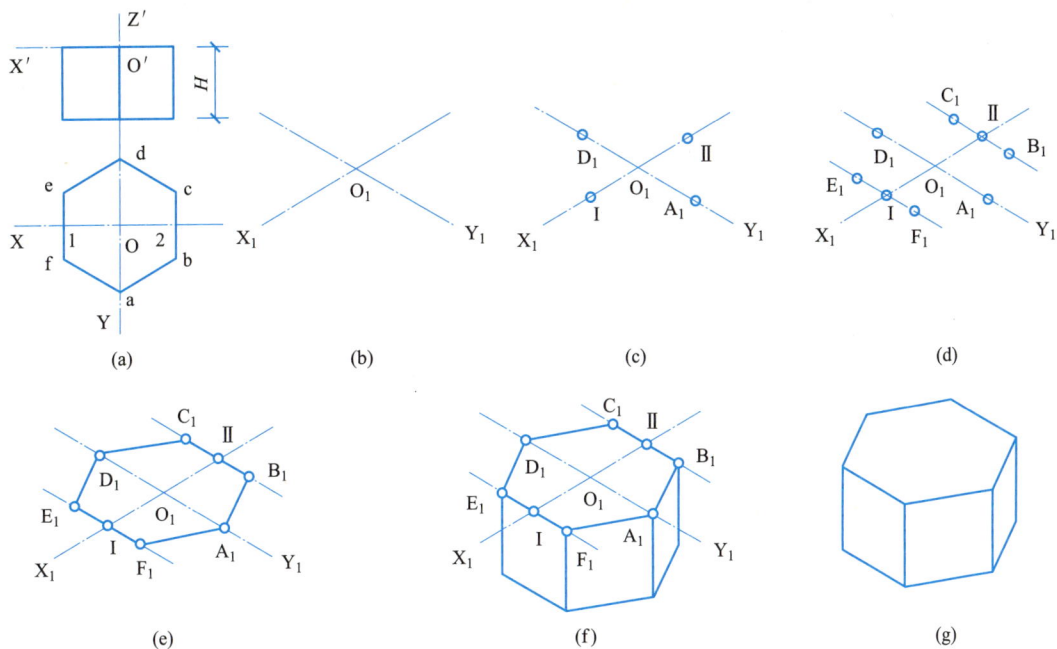

图 3-52　正六棱柱的正等轴测图
（a）已知条件；（b）画轴测轴；（c）标出坐标轴上的顶点；（d）标出坐标轴外顶点；
（e）连接顶点；（f）连接其他顶点；（g）整理、描深可见轮廓线

解：正六棱柱的上下底均为全等的正六边形，先画上底，延伸高度画出下底可见的部分，得到正六棱柱的正等轴测投影图。作图步骤如下。

① 在正投影上确定坐标原点及坐标轴，如图 3-52（a）所示。

② 作坐标轴 O_1X_1、O_1Y_1，如图 3-52（b）所示。

③ 作坐标轴上 A、D、Ⅰ、Ⅱ 四点的轴测投影，$O_1D_1=Od$，$O_0A_1=Oa$，$O_1Ⅰ=O1$，$O_1Ⅱ=O2$，如图 3-52（c）所示。

④ 作坐标轴外四点 E、F、B、C 四点的轴测投影，$IE_1=1e$，$IF_1=1f$，$ⅡB_1=2b$，$ⅡC_1=2c$，如图 3-52（d）所示。

⑤ 连接各顶点的轴测投影，依次连接 A_1、B_1、C_1、D_1、E_1、F_1，如图 3-52（e）所示。

⑥ 过 A_1、B_1、E_1、F_1 作 O_1Z_1 的平行线，延长高度为 H，得到下底和棱的投影，如图 3-52（f）所示。

⑦ 擦除不可见的轮廓线，加粗形体可见的轮廓线，整理轴测图，如图 3-52（g）所示。

【应用案例 3-19】

如图 3-53（a）所示，根据切割形体正投影图画出切割形体的正等测图。

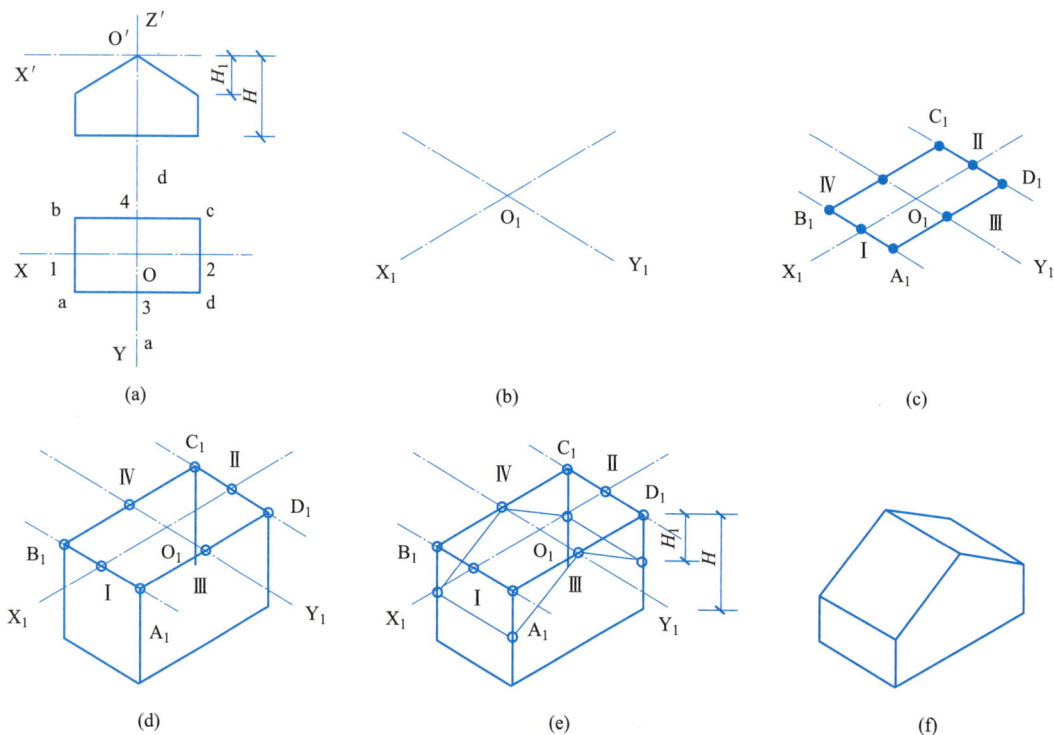

图 3-53　切割形体的正等轴测图
（a）已知条件；（b）画轴测轴；（c）画切割前形体的上底；
（d）切割前形体；（e）画切割截交线；（f）整理、描深可见轮廓线

解：本图基本形体为四棱柱，四棱柱被两个正垂面切割上底和侧面，先画出切割前基本形体四棱柱正等轴测投影图，再画出切割平面的位置，画出截交线。作图步骤如下。

① 在正投影上确定坐标原点及坐标轴，如图 3-53（a）所示。

② 作坐标轴 O_1X_1、O_1Y_1，如图 3-53（b）所示。

③ 作四棱柱上底上四个顶点 A、B、C、D 四点的轴测投影，$O_1\text{I}=O1$，$O_1\text{II}=O2$，$O_1\text{III}=O3$，$O_1\text{IV}=O4$，如图 3-53（c）所示。

④ 过四棱柱上底四个顶点向下延长 H 高度，得到四棱柱的投影，如图 3-53（d）所示。

⑤ 在四棱柱四条棱上从上向下量取长度 H_1，得到切割平面的切出位置，画出截交线的投影，如图 3-53（e）所示。

⑥ 擦除不可见的轮廓线，加粗形体可见的轮廓线，整理轴测图，如图 3-53（f）所示。

3.4.3 斜轴测投影

不改变形体对投影面的位置，而使投影方向与投影面倾斜，即得斜轴测投影图，简称斜轴测图。通常选择 H、V、W 等投影面。以 H 面作为轴测投影面所得到的斜轴测图，称为水平斜轴测图；以 V 面作为轴测投影面所得到的斜轴测图，称为正面斜轴测图；以 W 面作为轴测投影面所得到的斜轴测图，称为侧面斜轴测图。

斜轴测投影能反映某一面实形，作图简单，直观性较强，在工程中运用较多。当形体上某一面形状复杂且曲线较多的时候，更适合此类轴测图。

1. 正面斜轴测投影

形体的 XOZ 坐标平面与 V 面平行，所以 X_1、Z_1 轴相互垂直，轴间角 $\angle X_1O_1Z_1=90°$，X、Z 两个轴上的伸缩系数 $p=r=1$，且与 X、Z 两个坐标轴平行的线及与 V 面平行的平面都反映实长或实形。Y_1 轴的位置跟投影方向有关系，投影方向不同，另外两个轴间角不同，Y 轴上的伸缩系数也不同。为了绘图方便，一般把 Y_1 轴画成与水平方向夹角 45° 的方向，Y 轴上轴向伸缩系数 q 取 1 或者 0.5。如图 3-54 所示。

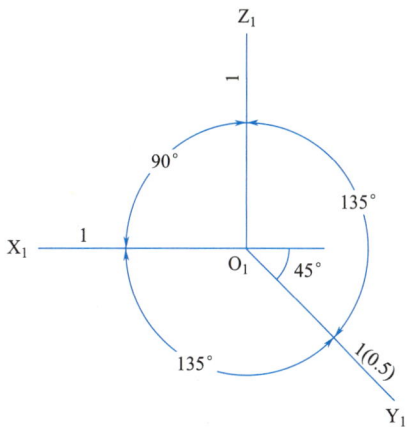

图 3-54 正面斜轴测图轴测轴与轴间角

当 $p=q=r=1$ 时，作出的正面斜轴测投影图称为正面斜等轴测图，简称斜等轴测图。当 $p=r=1$，$q=0.5$ 时，作出的正面斜轴测投影图称为正面斜二轴测图，简称斜二轴测图。

【应用案例 3-20】

如图 3-55（a）所示，根据台阶的正投影图画出台阶柱的正面斜等轴测图。

解：由台阶的正投影图中的正面投影可以看出，台阶的端面是一个正平面，台阶宽度方向与 Y 轴平行，可以采用特征面法。作图步骤如下。

① 在正投影上确定坐标原点及坐标轴，如图 3-55（a）所示。

② 作坐标轴 O_1X_1、O_1Y_1、O_1Z_1，如图 3-55（b）所示。

③ 按照正面投影画出台阶后端面的轴测投影，只需要画成和正面投影一样的大小和形状即可，如图 3-55（c）所示。

④ 过台阶端面的各角点作 Y_1 轴的平行线，并截取长度为 H，如图 3-55（d）所示。

⑤ 连接各顶点投影，如图 3-55（e）所示。

⑥ 擦除不可见的轮廓线，加粗形体可见的轮廓线，整理台阶的正面斜等轴测图，如图 3-55（f）所示。

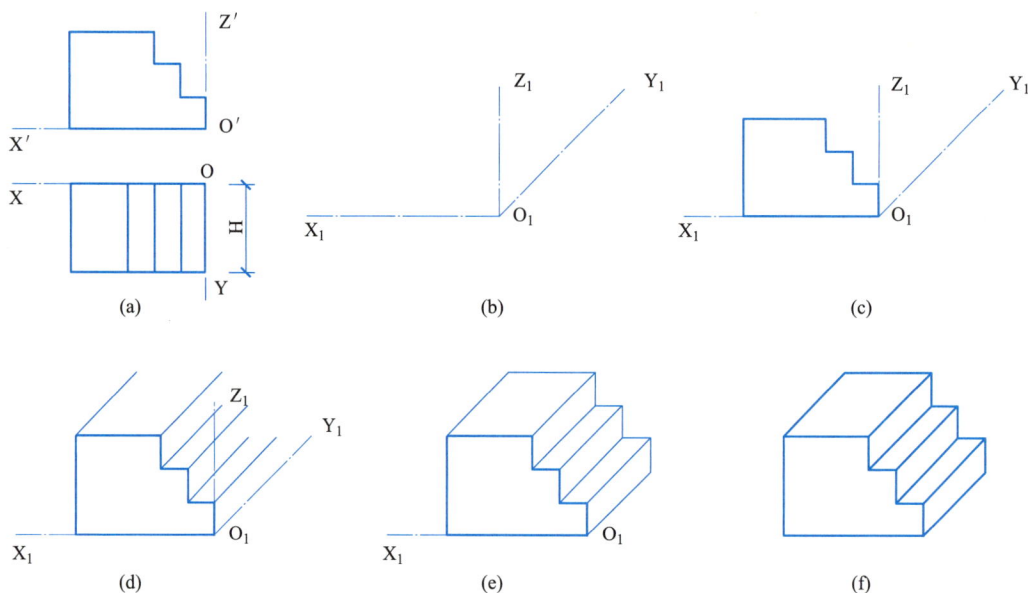

图 3-55　台阶的斜等轴测图

（a）已知条件；（b）画轴测轴；（c）画特征面投影；（d）延伸宽度；
（e）连接轮廓线；（f）整理、描深可见轮廓线

2. 水平斜轴测投影

形体的 XOY 坐标平面与 H 面平行，所以 X_1、Y_1 轴相互垂直，轴间角 $\angle X_1 O_1 Y_1 = 90°$，X、Y 两个轴上的伸缩系数 $p=q=1$，且与 X、Y 两个坐标轴平行的线及与 H 面平行的平面都反映实长或实形。Z_1 轴的位置跟投影方向有关系，投影方向不同另外两个轴间角不同，Z 轴上的伸缩系数也不同。为了绘图方便，一般把 X_1、Y_1 轴画成与水平方向夹角 30°、60° 的方向。Z 轴上轴向伸缩系数 q 取 1 或者 0.5。如图 3-56 所示。

当 $p=q=r=1$ 时，作出的水平斜轴测投影图称为水平斜等轴测图。当 $p=q=1$，$r=0.5$ 时，作出的水平斜轴测投影图称为水平斜二轴测图。水平斜轴测图也称为鸟瞰轴测图，在建筑工程中用来

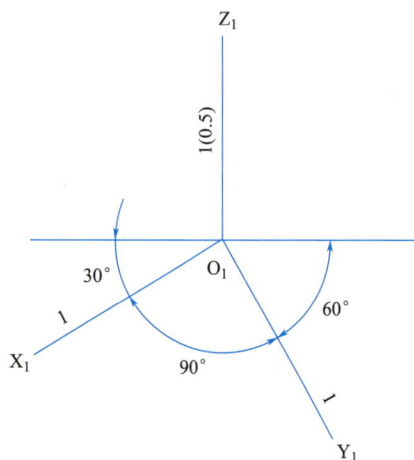

图 3-56　水平斜轴测图轴测轴与轴间角

表达建筑群的平面布局及交通等情况。

3.4.4　圆及曲面体的正等轴测投影

圆及曲面体的正等轴测图与平面体的轴测图画法基本相同，只是多了圆或者圆弧或者圆角等情况，若要画曲面体的正等轴测图必须掌握圆或圆角的轴测投影图画法。

1. 圆的正等轴测图

与坐标平面平行的圆，其轴测投影为椭圆。一般采用辅助菱形法作圆的正等轴测图。以与 H 面平行的圆为例，其作图方法和步骤如图 3-57 所示。

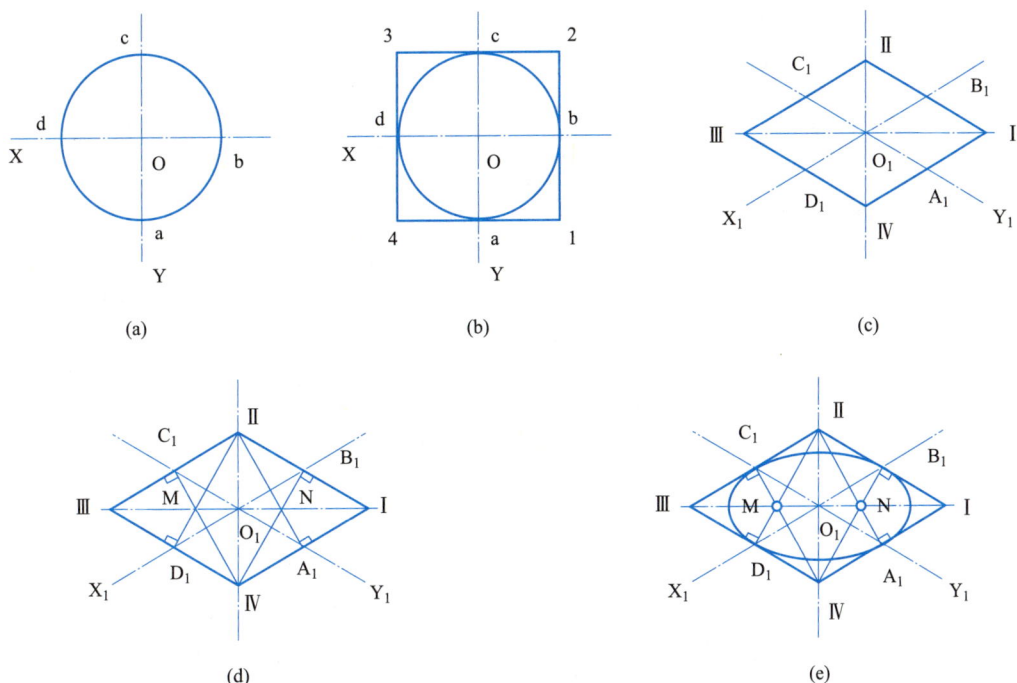

图 3-57　圆的正等轴测图

（a）圆的正投影；（b）画圆的外切正方形；（c）画圆外切正方形的轴测投影；（d）连接 $II A_1$、$II D_1$、$IV B_1$、$IV C_1$，交水平线于 M、N 两点，M、N、II、IV 即圆心；（e）以 M、N 为圆心，以 MC_1、NB_1 为半径画圆弧，以 II、IV 为圆心，以 $II A_1$、$IV B_1$ 为半径画圆弧，得到椭圆的轴测投影

2. 曲面体的正等轴测图

曲面体中有时候会包含圆角，圆角是圆的 1/4，其正等测图画法与圆相同，但只需画出 1/4 菱形即可，关键是找出 1/4 菱形的切点位置和圆心位置。圆角的正等轴测图的作图步骤如图 3-58（a）～图 3-58（c）所示。图 3-58（a）为叠加型形体，是一个曲面柱体和一个圆柱体相互叠加，采用叠加法绘图。绘图步骤如图 3-58（d）～图 3-58（f）所示。

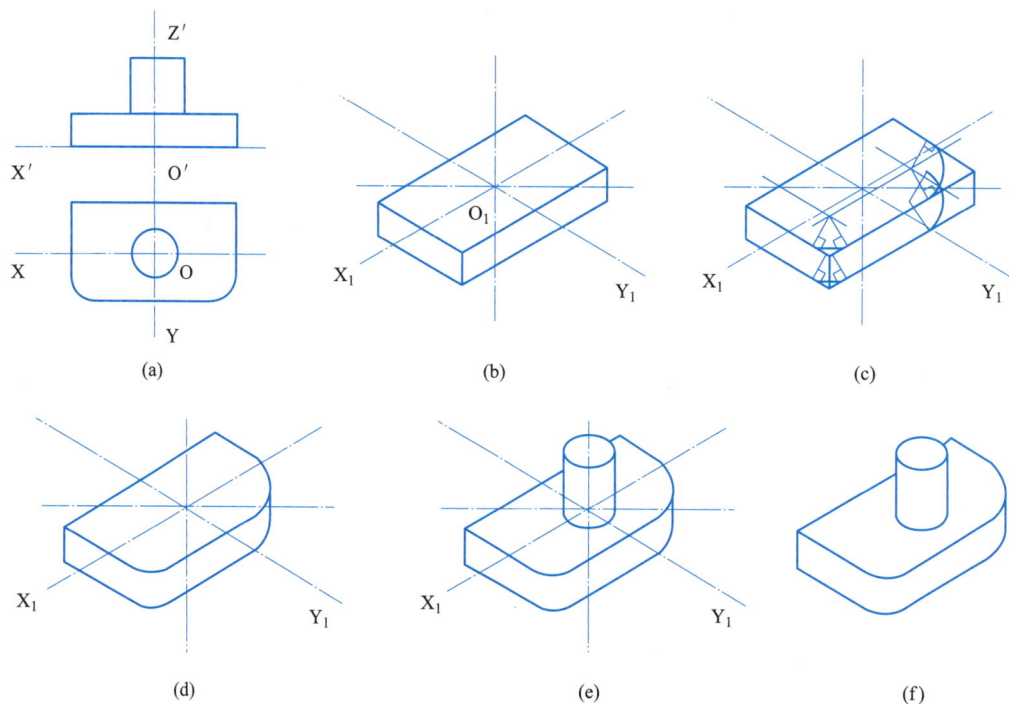

图 3-58　曲面体的正等轴测图

（a）已知条件；（b）四棱柱；（c）作圆角圆心；（d）导圆角描图；
（e）上方叠加的圆柱体；（f）加粗、描深轴测图

学习启示

工程图样是工程建设的技术语言，其准确性和合理性直接影响工程建设的安全性和适用性。任何复杂形体均是由简单的空间点、线、面、体组成，点、线、面、体的正投影图绘制是工程图样绘制的基础和前提，必须保证其空间位置和空间形状表达准确，绘图时必须以"准确"为要、以"标准"为纲、以"详细"为责。绘图时必须要有严谨认真的态度，要有精湛高超的技能，要有超越自我的自信。目前正在加快建设国家战略人才力量，应努力培养造就更多大师、战略科学家、一流科技领军人才和创新团队、青年科技人才、卓越工程师、大国工匠、高技能人才。

单元总结

投影包含中心投影和平行投影，平行投影分为正投影和斜投影，正投影包含全等性、积聚性、类似性等基本性质，形体的三面投影满足三面投影的三等关系。空间直线分为投影面平行线、投影面垂直线和一般位置线三类，投影面平行线分为水平线、正平线和侧平线三类，投影规律是一面投影显实，另外两面投影与坐标轴平行；投影面垂直线分为铅垂

线、正垂线和侧垂线三类，投影规律是一面投影积聚为点，另外两面投影与坐标轴垂直。空间平面也分为三类，投影规律与空间线类似。空间立体分为平面体和曲面体，常见平面体有棱柱、棱锥、棱台，常见曲面体有圆柱、圆锥、圆台、圆球等，柱体投影为"矩矩为柱"，锥体投影为"三三为锥"，台的投影为"梯梯为台"，球体投影为"圆圆为球"。平面切割形体时，截交线为截平面与形体表面交线，截交线为封闭图形，曲面体与平面体的截交线绘制方法不同。轴测投影包含正轴测投影和斜轴测投影，轴测投影包含轴测轴、轴间角、轴向伸缩系数等要素，绘制轴测投影方法有坐标法、切割法、叠加法、特征面法等。绘制形体的轴测投影图，一般先绘制轴测轴，再根据形体的特点选择不同的绘制方法。

教学单元 4

Chapter 04

建筑形体的表示方法

教学目标

1. 知识目标：了解组合体的类型；掌握组合体投影方法；理解剖面图和断面图的形成方式；掌握剖面图和断面图的绘制方式；理解投影图常用的简化画法。

2. 能力目标：具备绘制组合体三视图的能力；具备绘制剖面图的能力；具备绘制断面图的能力。

3. 素质目标：养成精细识读与绘制组合体投影图的良好作风，精研细磨剖面图与断面图画法；九层之台，起于累土，要培养学生扎实的组合体投影制图功底、一丝不苟的工匠精神以及承担智能建造强国建设使命的责任意识。

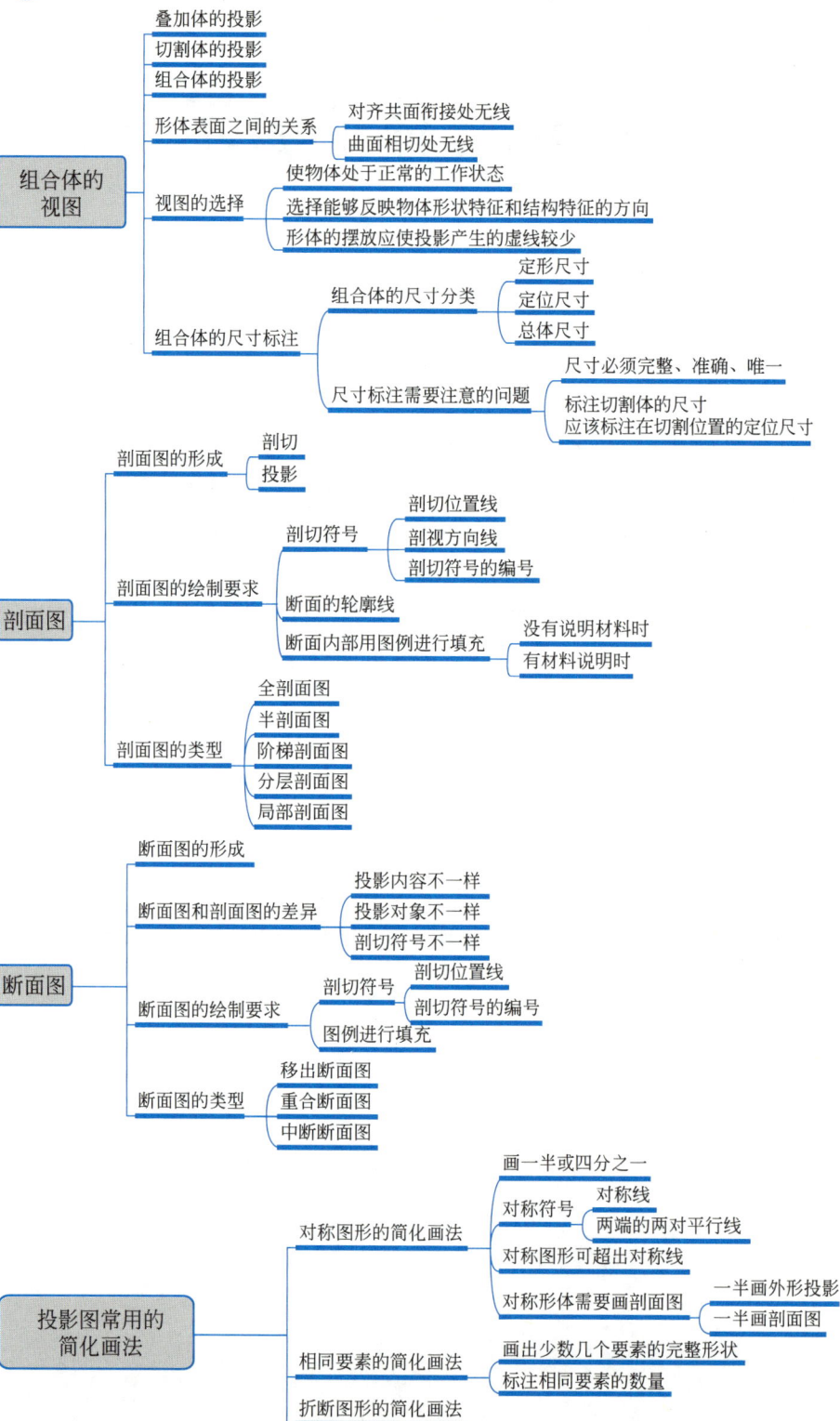

思维导图

形体的表示方法
├─ 组合体的视图
│   ├─ 叠加体的投影
│   ├─ 切割体的投影
│   ├─ 组合体的投影
│   ├─ 形体表面之间的关系
│   │   ├─ 对齐共面衔接处无线
│   │   └─ 曲面相切处无线
│   ├─ 视图的选择
│   │   ├─ 使物体处于正常的工作状态
│   │   ├─ 选择能够反映物体形状特征和结构特征的方向
│   │   └─ 形体的摆放应使投影产生的虚线较少
│   └─ 组合体的尺寸标注
│   ├─ 组合体的尺寸分类
│   │   ├─ 定形尺寸
│   │   ├─ 定位尺寸
│   │   └─ 总体尺寸
│   └─ 尺寸标注需要注意的问题
│   ├─ 尺寸必须完整、准确、唯一
│   └─ 标注切割体的尺寸应该标注在切割位置的定位尺寸
├─ 剖面图
│   ├─ 剖面图的形成
│   │   ├─ 剖切
│   │   └─ 投影
│   ├─ 剖面图的绘制要求
│   │   ├─ 剖切符号
│   │   │   ├─ 剖切位置线
│   │   │   ├─ 剖视方向线
│   │   │   └─ 剖切符号的编号
│   │   ├─ 断面的轮廓线
│   │   └─ 断面内部用图例进行填充
│   │   ├─ 没有说明材料时
│   │   └─ 有材料说明时
│   └─ 剖面图的类型
│   ├─ 全剖面图
│   ├─ 半剖面图
│   ├─ 阶梯剖面图
│   ├─ 分层剖面图
│   └─ 局部剖面图
├─ 断面图
│   ├─ 断面图的形成
│   ├─ 断面图和剖面图的差异
│   │   ├─ 投影内容不一样
│   │   ├─ 投影对象不一样
│   │   └─ 剖切符号不一样
│   ├─ 断面图的绘制要求
│   │   ├─ 剖切符号
│   │   │   ├─ 剖切位置线
│   │   │   └─ 剖切符号的编号
│   │   └─ 图例进行填充
│   └─ 断面图的类型
│   ├─ 移出断面图
│   ├─ 重合断面图
│   └─ 中断断面图
└─ 投影图常用的简化画法
    ├─ 对称图形的简化画法
    │   ├─ 画一半或四分之一
    │   ├─ 对称符号
    │   │   ├─ 对称线
    │   │   └─ 两端的两对平行线
    │   ├─ 对称图形可超出对称线
    │   └─ 对称形体需要画剖面图
    │   ├─ 一半画外形投影
    │   └─ 一半画剖面图
    ├─ 相同要素的简化画法
    │   ├─ 画出少数几个要素的完整形状
    │   └─ 标注相同要素的数量
    └─ 折断图形的简化画法

单元引文

工程上需要对建筑形体进行投影以表达形体的形状和尺寸，当表达的对象、目的不同时，对图样采用的图示方法也不同，本单元研究如何进行组合体投影，以及如何通过剖切表达内部复杂的形体。

4.1   组合体的视图

在工程中，建筑物及构配件可以用一个或几个视图表达，视图的数量取决于是否能将形体表达清楚。

形体分析法是在绘制和阅读工程图时把复杂形体看成是由若干简单形体通过叠加、切割等方式组合而成的分析方法，即将形状复杂的组合体分解为若干个简单形体进行分析研究的方法。它帮助我们化难为易，将复杂的立体分解为简单的立体。

眼界决定境界

4.1.1   叠加体的投影

叠加体由若干基本形体组成，在投影时可以先将基本形体投影，再组合到一起。如图4-1（a）所示形体，可以看作是图4-1（b）中两个基本形体叠加而成。

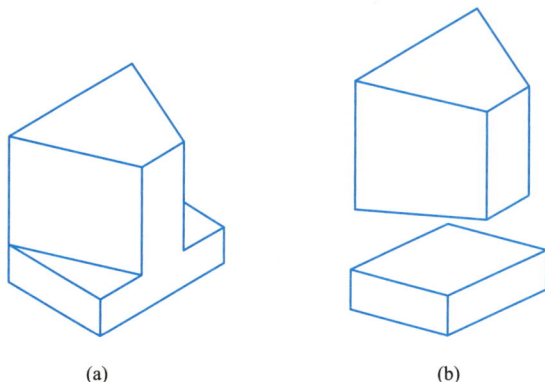

(a)   (b)

图 4-1   叠加体分析

先对下面的长方体投影，在三视图的基础上叠加上部四棱柱的投影，需要注意的是在分析过程中只是假设将形体分开，而实际上形体仍是一个整体，所以叠加后需要将原来不存在的直线删除，如图4-2所示。

4.1.2   切割体的投影

切割体是在基本形体的基础上再减去基本形体，如图4-3（a）所示的形体，是用长方体减去一个三棱柱［图 4-3（b）］，再减去一个四棱柱［图 4-3（c）］。

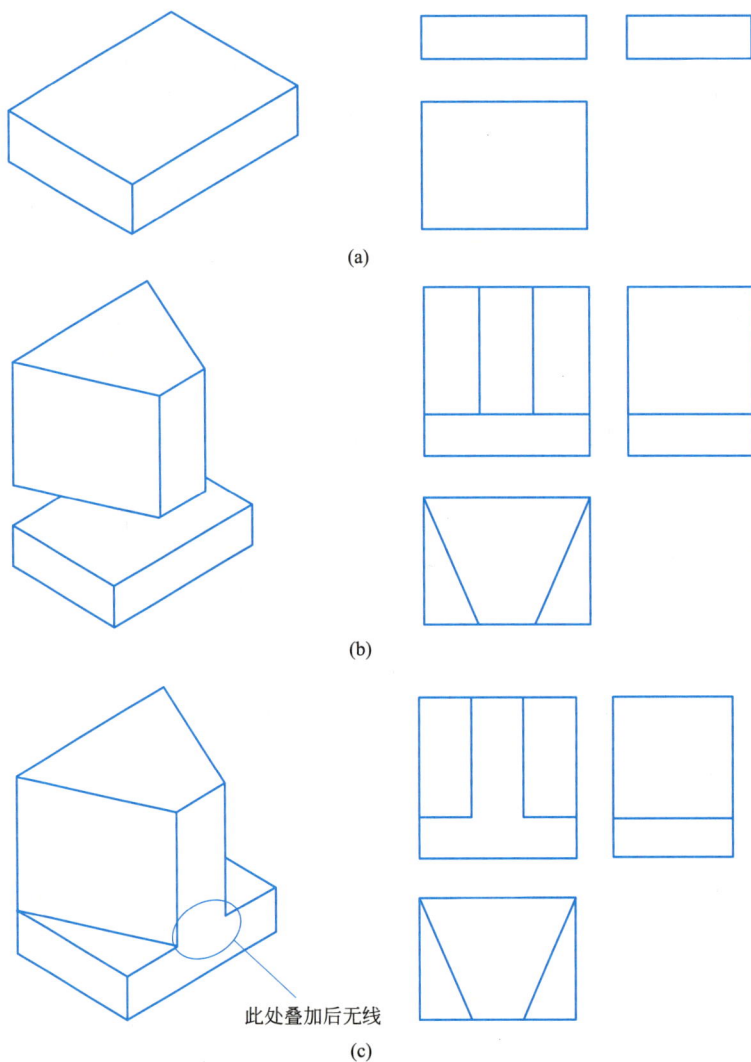

(a)

(b)

此处叠加后无线

(c)

图 4-2　叠加体投影

（a）第一个基本形体投影；（b）叠加第二个基本形体投影；（c）整理图线

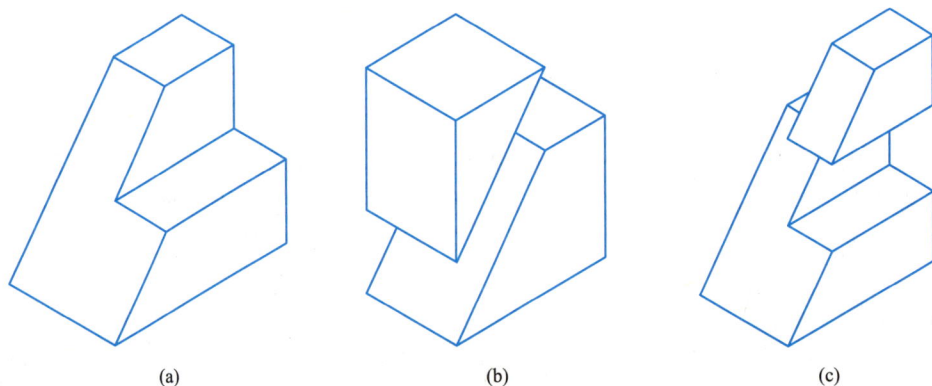

(a)　　　　　　　　　　(b)　　　　　　　　　　(c)

图 4-3　切割体分析

　　先绘制长方体的投影，在三视图的基础上依次绘制减去三棱柱和四棱柱的投影线，最后整理图线，如图 4-4 所示。

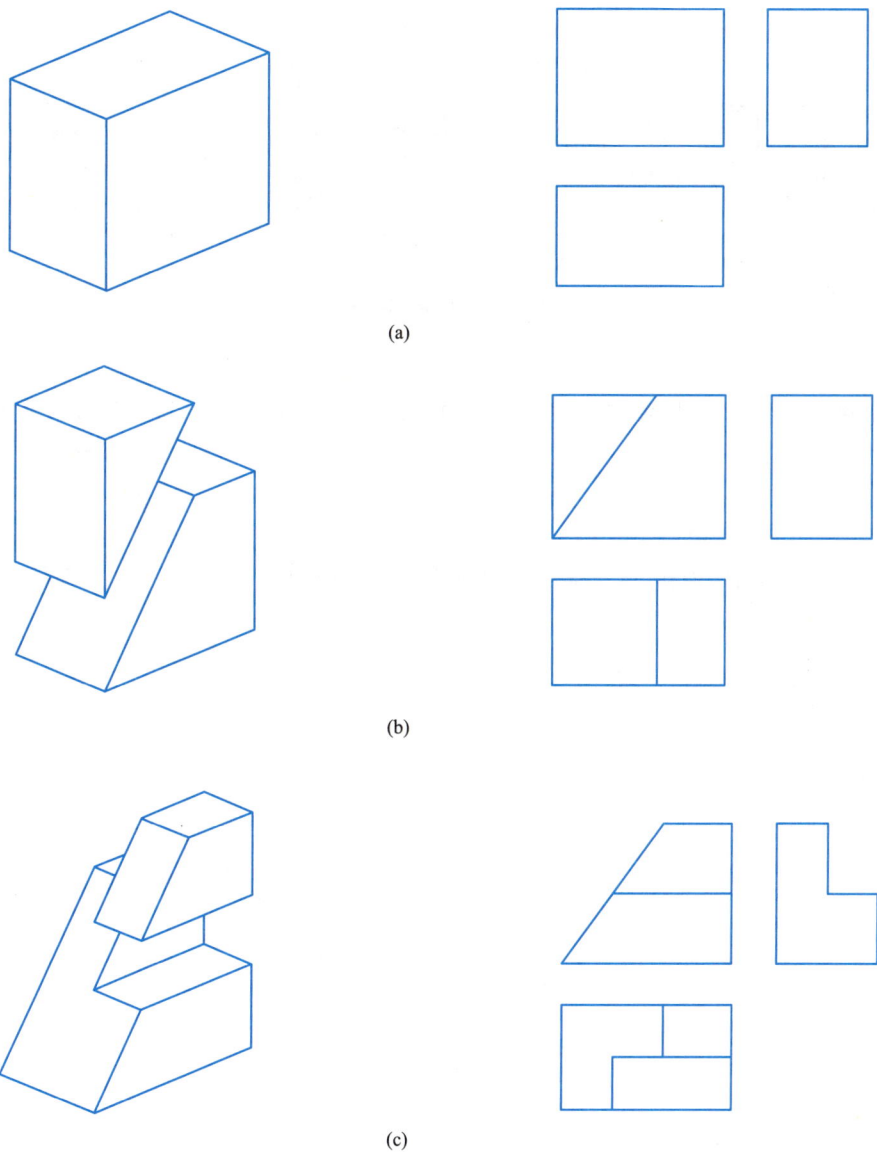

(a)

(b)

(c)

图 4-4　切割体投影

（a）长方体投影；（b）第一次切割投影线；（c）第二次切割投影线并整理图线

4.1.3　组合体的投影

　　由基本形体叠加与切割组合而成。如图 4-5 所示的物体是由上部分的四棱柱和下部分的长方体叠加，再在下部分的长方体上切割掉一个小长方体而成。

一起向
未来

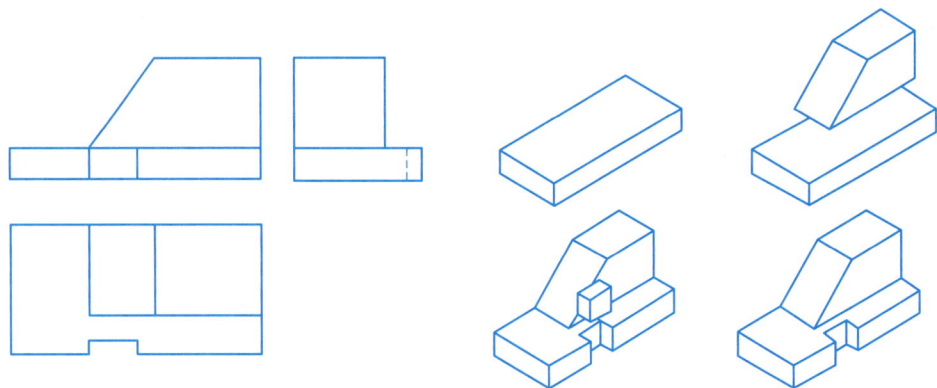

图 4-5　组合体投影

1. 形体表面之间的关系

形体分析法是假想把形体分解为若干基本几何体或简单形体，只是化繁为简的一种思考和分析问题的方法，实际上形体并非被分解，故需注意整体组合时两个形体中平面衔接处的关系。

（1）对齐共面衔接处无线

如图 4-6 所示物体由 1、2、3 三个部分组成，在绘制三面投影图时分别依次绘制 1、

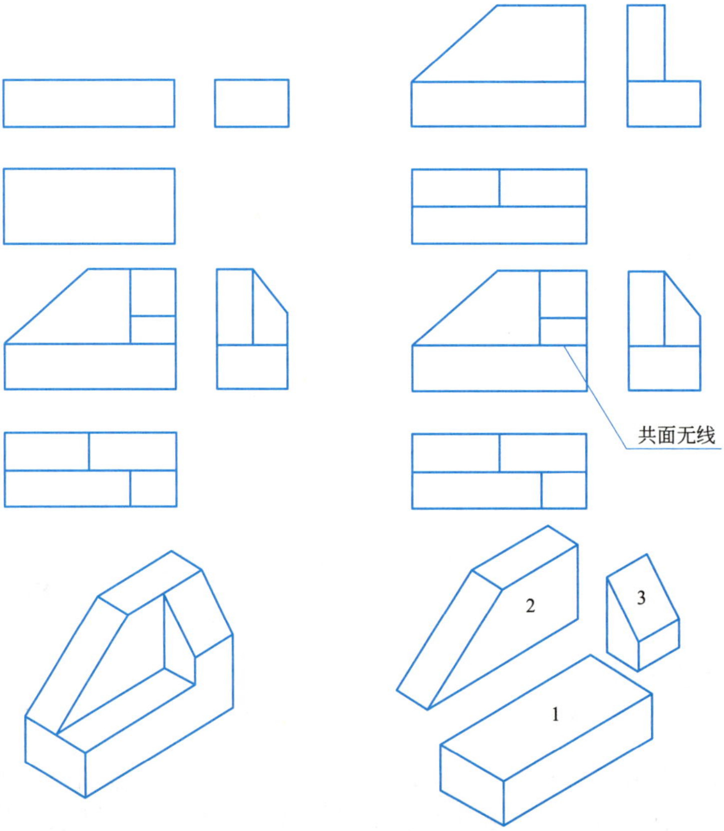

共面无线

图 4-6　对齐共面衔接处无线

2、3 的投影图，但是 1 和 3 组合时前面的平面共面，该处无平面的交线，所以最后在加深图线时取消图中所示图线。

（2）曲面相切处无线

如图 4-7 所示，物体由上部分半圆柱体和下部分长方体组合，在绘制三面投影图时分别绘制两部分的投影图，但两部分不仅在前面两平面共面无交线，侧面还有上部分的圆柱面和下部分的平面相切无线，故在加深图线时将其去掉。

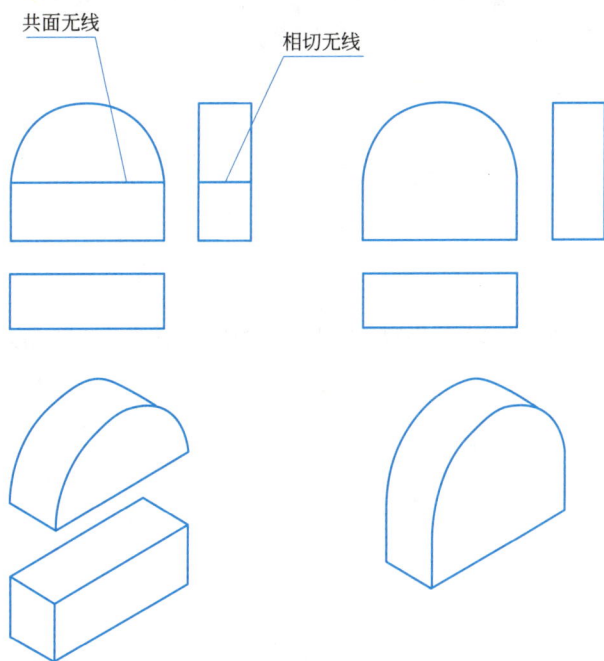

图 4-7　曲面相切处无线

2. 视图的选择

建筑形体的摆放位置不同，投影的结果也不同，应将模型在投影体系中选择合适位置进行摆放，以获得较好的视图效果，摆放模型时应满足以下几个条件：

（1）使物体处于正常的工作状态，一些主要端面与投影面平行。

如图 4-8 中表示建筑模型投影时不同的摆放位置，其中（a）位置是建筑的正常工作状态。

（2）应选择能够反映物体的形状特征和结构特征的方向作为正面投影或水平投影。

如图 4-9 模型的几个投影中，1 面的投影最能反映物体的形状特征，故将物体摆放到图 4-9 所示位置，使 1 面投影到 V 面上形成正面投影。

（3）形体的摆放应使投影产生的虚线较少，虚线越多，越不好识图。如图 4-10 中物体通过不同的摆放位置可以避免虚线的产生。

3. 组合体的尺寸标注

（1）组合体的尺寸分类

形体的三面正投影，只能确定其形状，不能确定尺寸，而要确定组合体的大小及各部分的相对位置，还需要标注出完整的尺寸。在绘制三面投影图

规矩意识

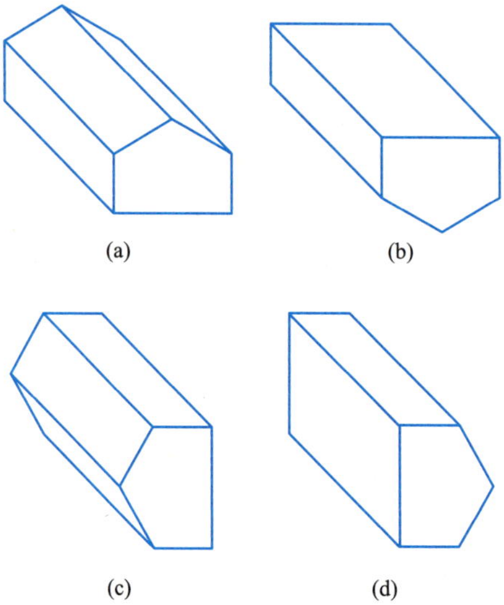

图 4-8　物体的投影摆放位置应使物体处于正常的工作状态

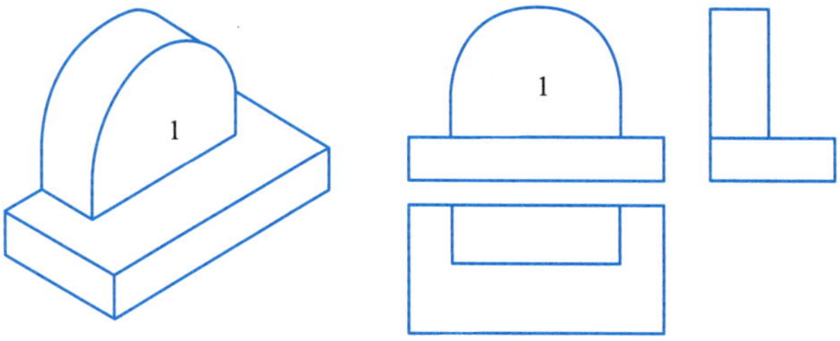

图 4-9　物体的 V 面（或 H 面）投影应显示物体的特征

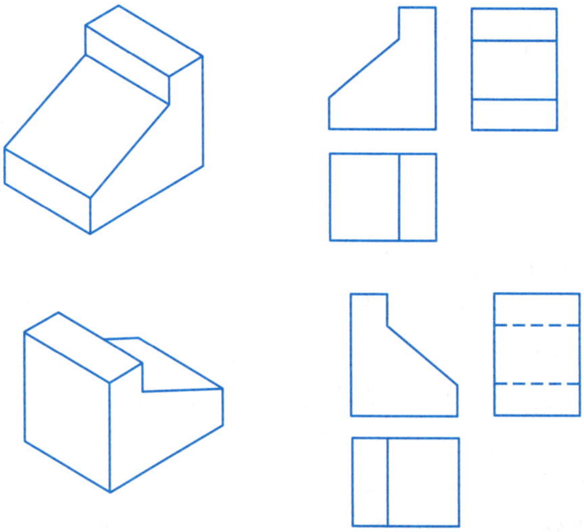

图 4-10　物体摆放位置应使投影虚线尽量少

时，常把组合体分解为基本形体，在标注组合体尺寸时也可以用同样的方法对组合体的尺寸进行分析，除了要标注各基本几何体的尺寸外，还需标注出它们之间的相对位置尺寸以及总体尺寸。因此，组合体的尺寸分为三类，即定形尺寸、定位尺寸和总体尺寸。

1）定形尺寸

定形尺寸为组合体中各个基本体的尺寸。

如图 4-11 中所示，该组合体由上下两部分长方体组成，上部分长方体由 13（长）、10（宽）、15（高）定形，下部分长方体由 25（长）、20（宽）、5（高）定形。下部分中切割掉的圆柱体由 R3 定形。

2）定位尺寸

表示物体各组成部分之间相互位置的尺寸叫作定位尺寸。

如图 4-11 中所示，下部分长方体中切割掉的圆柱体距边缘分别为 4、5，就是该圆柱孔分别在长度和宽度方向的定位尺寸。

3）总体尺寸

表示整个物体外围的尺寸为总体尺寸。如图 4-11 中所示，25、20 既是下部分长方体的定形尺寸，同时也是整个物体的总长和总宽。物体总高度为上下两部分定形尺寸 5 和 15 之和，为 20。

图 4-12 是独立基础的三面投影图，由三个基本形体组成。上部分为长方体，由 600、600、300 定形，中间部分为四棱台，由 1300、1300、600、600 和 550 定形，下部为长方体，由 1500、1500 和 200 定形。下部和中部在长宽两个方向是对称的，所以图中 1500 和 1300 既可看作是四棱台的定形尺寸，又可看作是中部四棱台放置在下部长方体上的定位尺寸，同理图中 1300 和 600 既可看作是四棱台的定形尺寸，又可看作是上部长方体放置在中部四棱台上的定位尺寸。550 既可看作是四棱台的定形尺寸，又可看作是上部长方体放置在中部四棱台上的定位尺寸。

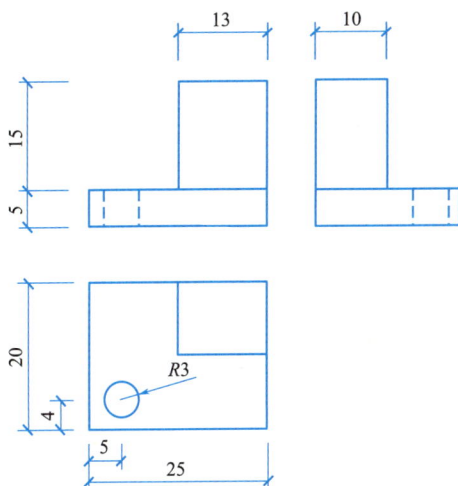

图 4-11　三面投影图的尺寸标注

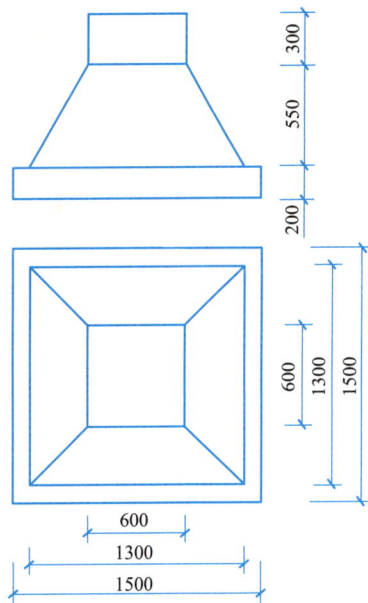

图 4-12　独立基础的尺寸标注

（2）尺寸标注需要注意的问题

1）所标注的尺寸必须能够完整、准确、唯一地表示物体的形状和大小，不能有缺失。

如图 4-13 所示，基本形体 1 的宽度为 90，高度为 100，长度未标注，尺寸标注不全面。形体 2 的长度未标注，尺寸标注不全面。

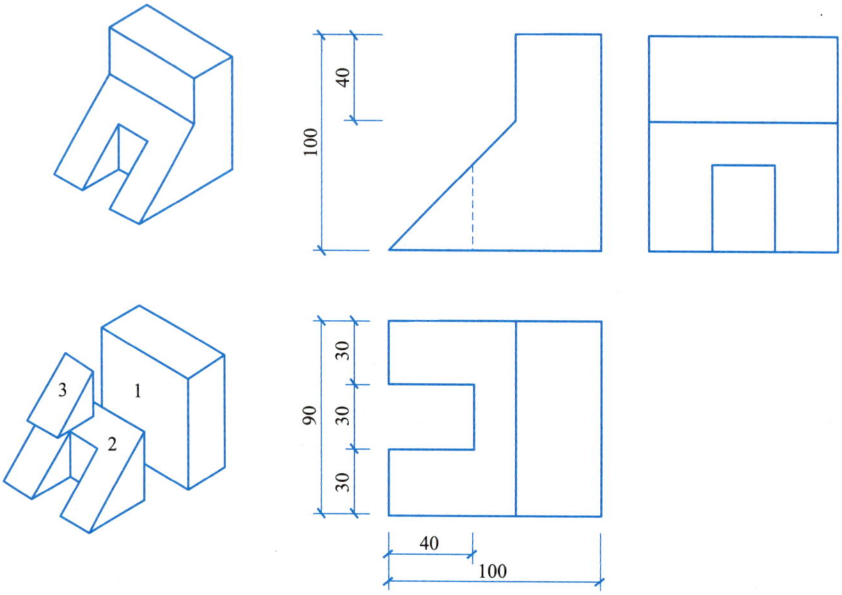

图 4-13　尺寸标注不全

2）标注切割体的尺寸不能标注切割后产生的定形尺寸，应该标注在切割位置的定位尺寸。

如图 4-14 所示，被切割掉的形体 3 的高度 34 为定形尺寸，该切割部分竖直面的定位

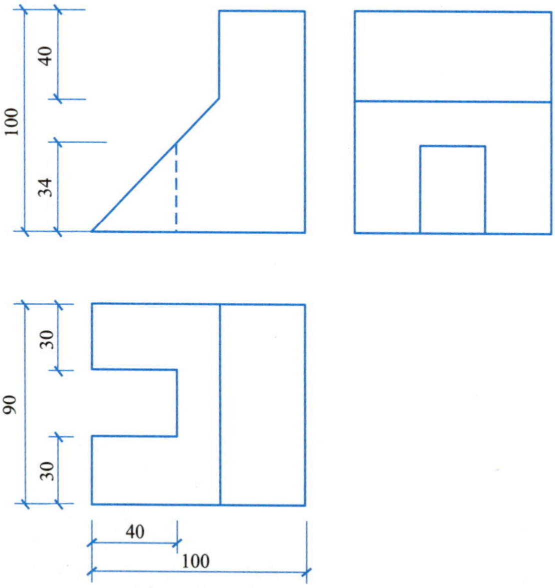

图 4-14　不应标注虚线高度

尺寸应为形体 3 的长度 40，故应只标注形体 3 的长度 40，而不标注形体 3 的高度 34。形体 2 的长度和宽度为 60 和 90，即形体 2 的斜坡面能够唯一确定，则在确定形体 3 长度 40 后，形体 3 的高度自然形成，无需另行确定。

正确的尺寸标注如图 4-15 所示。

图 4-15 正确的尺寸标注

【应用案例 4-1】

图 4-16 中所示为两个房间的单层建筑，在工程中要表示建筑的形状，需要对其进行正投影，图 4-17（a）和图 4-17（b）表示的是建筑的水平投影和正面投影，从中能够识读建筑的形状。但水平投影中屋面将下部墙体遮挡，需要有其他的视图来更清晰地表达建筑的平面布局。

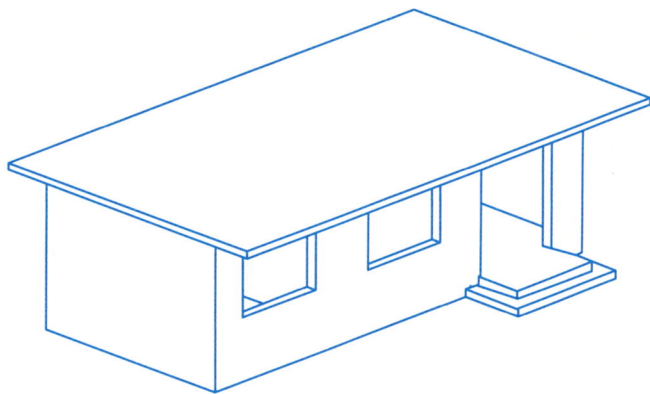

图 4-16 房屋实例

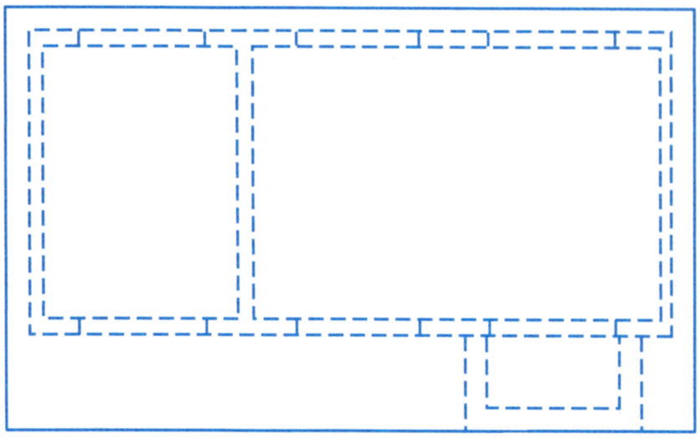

图 4-17　房屋的投影图

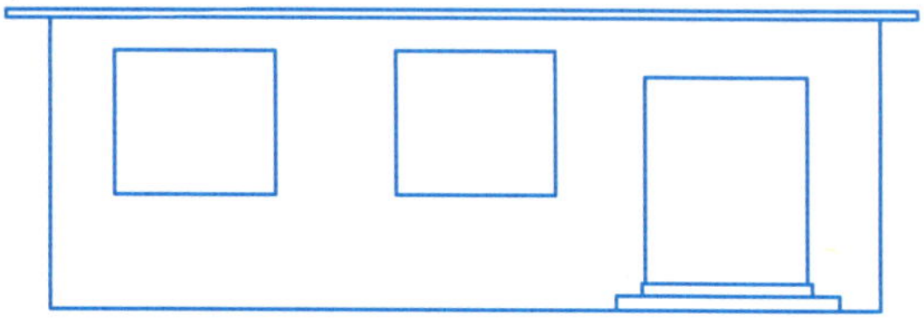

（a）水平投影；（b）正面投影

4.2　剖面图

4.2.1　剖面图的形成

职业使命

　　有些建筑和构件的内部比较复杂，或者表面的形状复杂，以致在投影时产生较多虚线，工程人员在识图时就要进行复杂的分析。如图 4-18 所示，形体内部有复杂的构造，三视图中有较多的虚线，不容易进行分析。

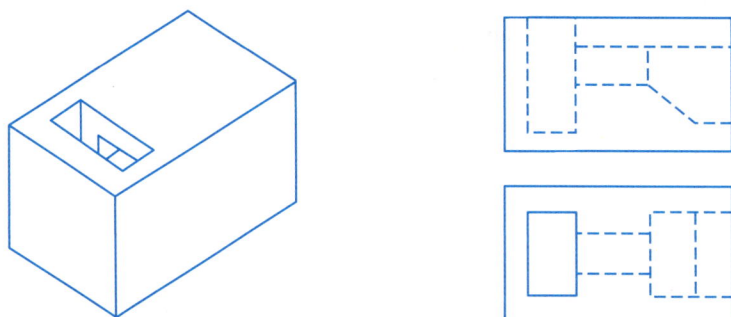

图 4-18　复杂形体

　　对这样的形体，应将其从中间剖切开进行二维投影，这样得到的投影图虚线更少甚至没有虚线，有利于形体分析（图 4-19）。

　　将形体剖开，垂直于某个剖切面进行投影得到的图为剖面图，其中与剖切面接触的面称为断面。

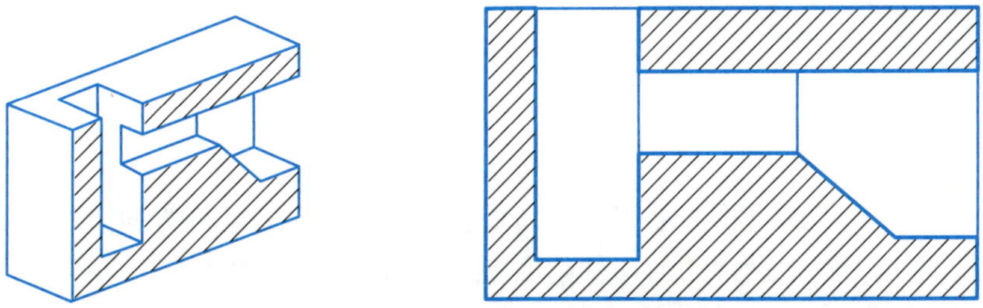

图 4-19　将形体剖开进行投影

4.2.2　剖面图的绘制要求

剖视的剖切符号均应以粗实线绘制，且不应与其他图线接触。剖面图上断面的轮廓线用粗线，剖面图中沿投射方向看到的图线用中粗线。断面内部用图例进行填充，在没有说明材料时，填充 45°方向直线，间距一致、适中，在有材料说明时，按照材料图例进行填充，填充部分一律用细线。绘制完图形后，在图形下面写上图名。如图 4-20 所示。

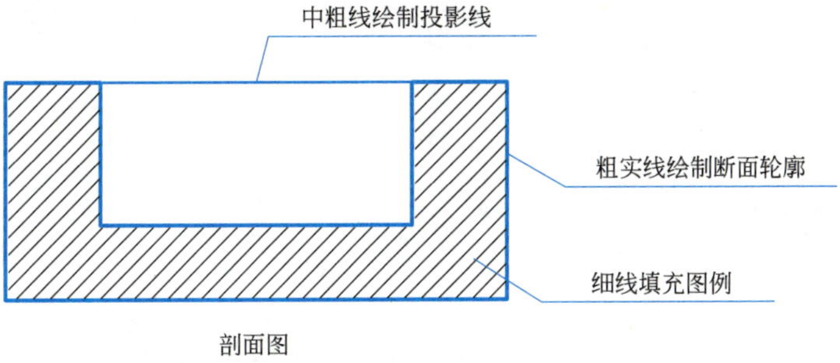

剖面图

图 4-20　剖面图绘制要求

剖面图的剖切符号由剖切位置线和剖视方向线组成，剖切位置线长度宜为 6～10mm，剖视方向线垂直于剖切位置线，长度应短于剖切位置线，宜为 4～6mm。每个剖切位置都要进行编号，剖视剖切符号的编号宜采用阿拉伯数字，按剖切顺序由左至右、由下向上连续编排，并注写在剖视方向线的端部。需要转折的剖切位置线，应在转角的外侧加注与该符号相同的编号。剖切编号的数字一律水平书写。如图 4-21 所示。

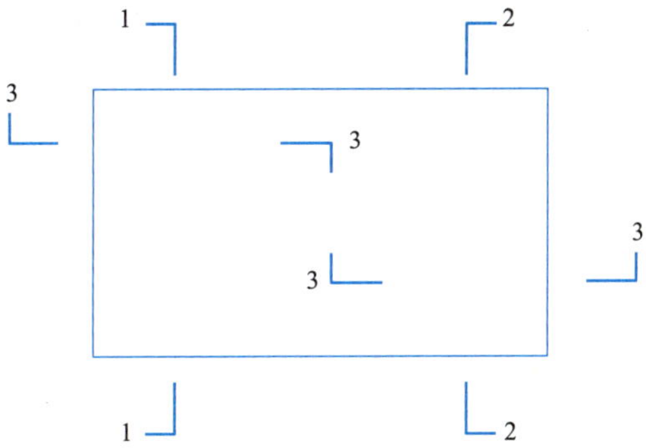

图 4-21　剖面图的剖切符号

4.2.3 剖面图的类型

1. 全剖面图

用一个无限大的平面将物体剖切开，向垂直于剖切平面的某一方向进行正投影，即得到全剖面图。这是工程上最常用的一种剖面图。如图 4-22 所示。

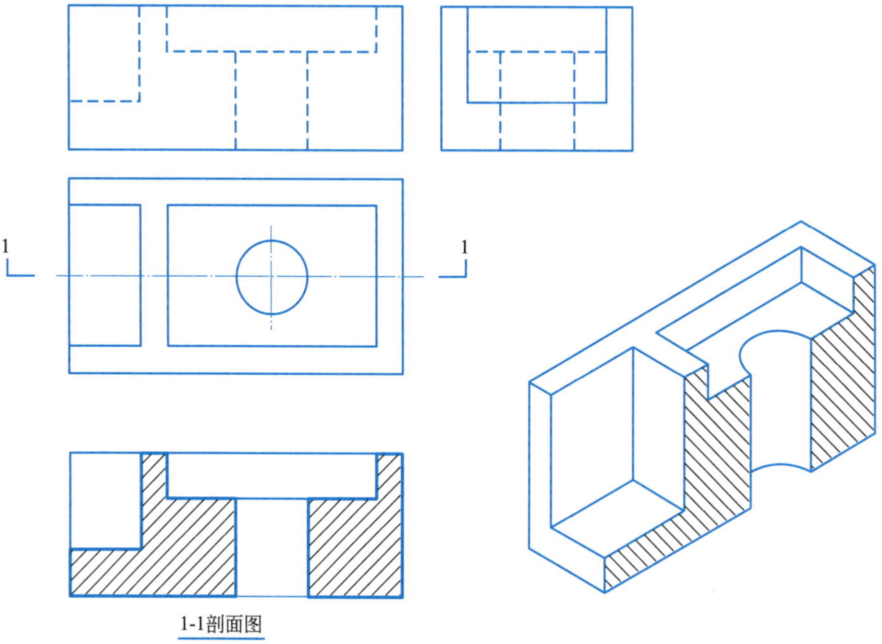

1-1剖面图

图 4-22 全剖面图的绘制

2. 半剖面图

用两个呈一定夹角的剖切平面在物体上剖切，剖切掉物体的一部分，向垂直于其中一个剖切面的方向进行正投影，即得到半剖面图。半剖面图可以同时表达物体的外部和内部构造。如图 4-23 所示。

3. 阶梯剖面图

有时用一个平面不能完整表达物体内部形状特点，可用三个互相垂直的平面剖切物体，剖切掉物体的一部分，向垂直于其中一个剖切面的方向进行正投影，即得到阶梯剖面图。在剖切过程中应剖切到能够表示物体特征的位置。由中间的剖切面造成的投影线可不绘制，如图 4-24 所示。

4. 分层剖面图

将楼板、墙面等装修构造层次逐次显现出来的剖面图为分层剖面图，如图 4-25 所示为木地板铺装的层次。

5. 局部剖面图

如图 4-26 将基础平面图打开局部进行水平投影，在标注基础尺寸的同时，还能够表示出基础配筋。

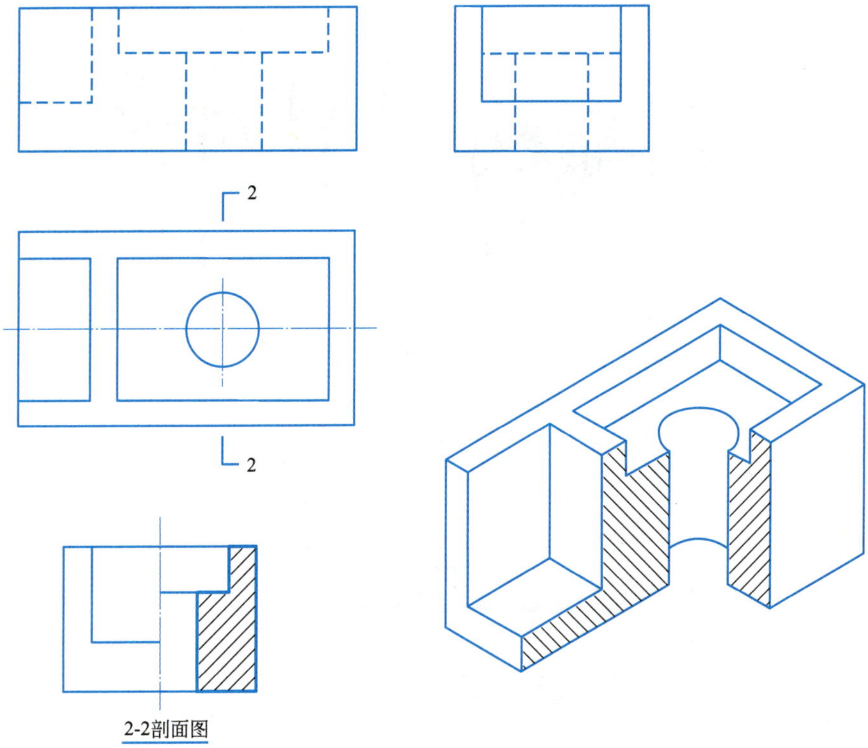

图 4-23 半剖面图的绘制

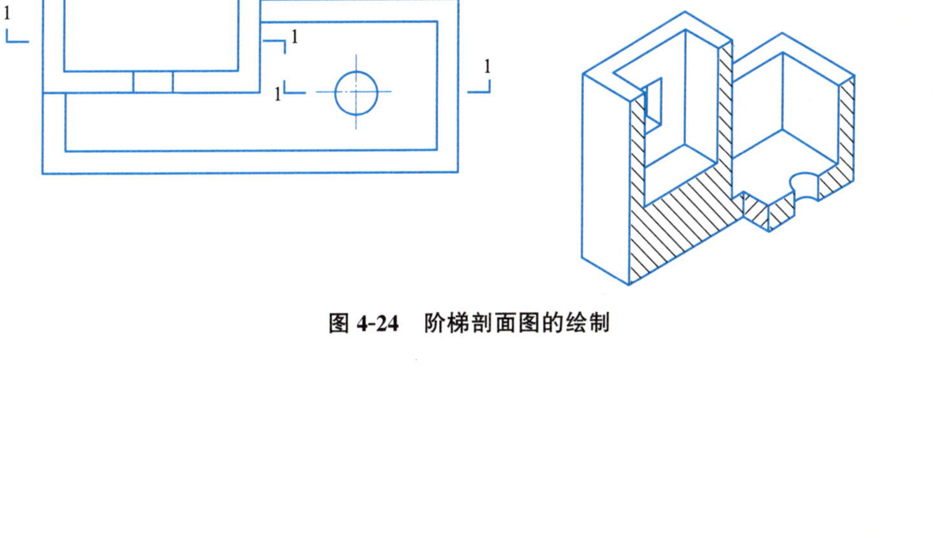

2-2剖面图

1-1剖面图

图 4-24 阶梯剖面图的绘制

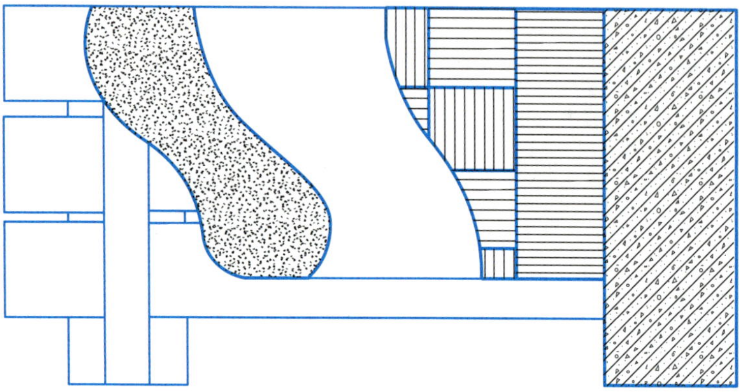

图 4-25　分层剖面图

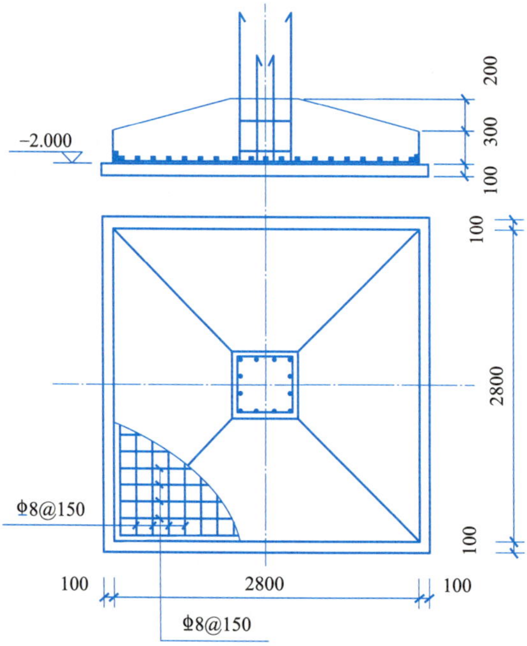

图 4-26　局部剖面图

【应用案例 4-2】

　　图 4-27 中所示为建筑出入口处，正立面投影虚线较多，用 1-1、2-2 剖面图表示各方向的形状和尺寸，便于识图。

　　图 4-28 所示为两个剖切位置的投影方向，1-1 剖切之后向下投影，避免了雨篷对台阶的遮挡，2-2 剖切之后向右投影，将台阶的平台和门洞之间高差显示了出来。由此可见，剖面图是表达形体的一种重要方法，通过剖切绘制的投影图能够更直观地表达。

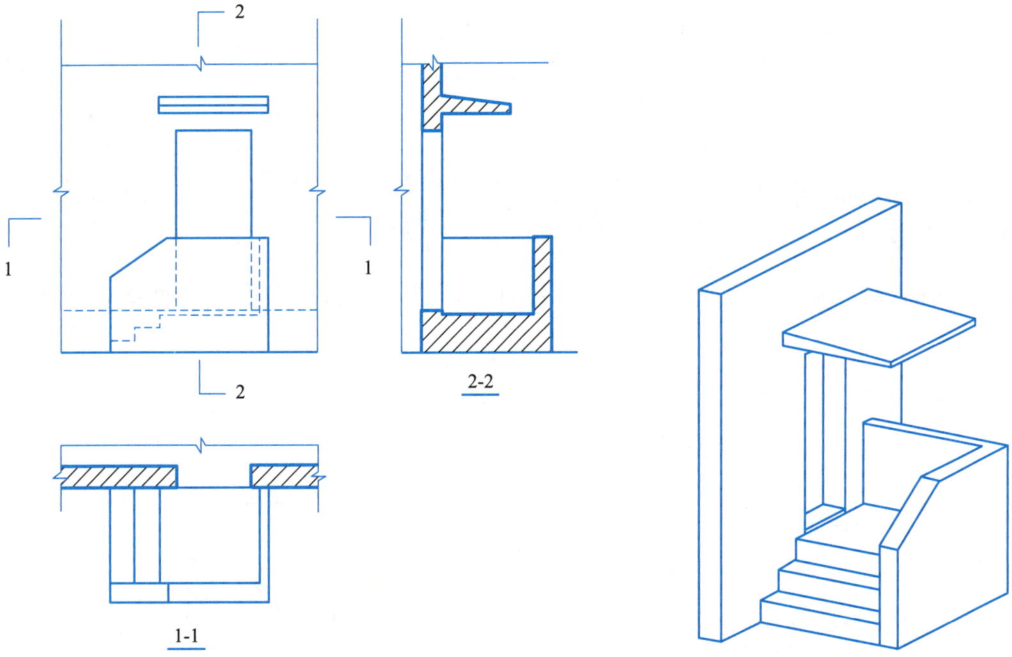

(a)   (b)

图 4-27 建筑出入口投影

（a）三视图；（b）建筑出入口

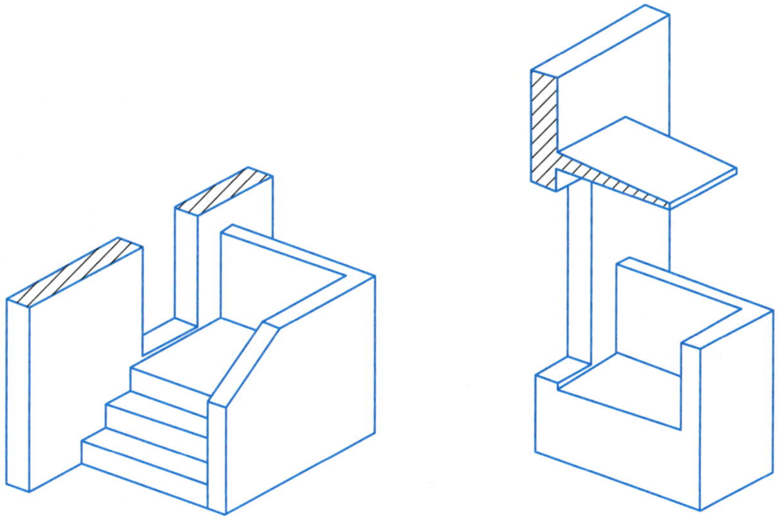

(a)   (b)

图 4-28 建筑出入口剖切

（a）1-1 剖切；（b）2-2 剖切

4.3 断面图

4.3.1 断面图的形成

在剖面图的剖切投影过程中，如果只将断面进行投影，则形成断面图，如图 4-29 所示。

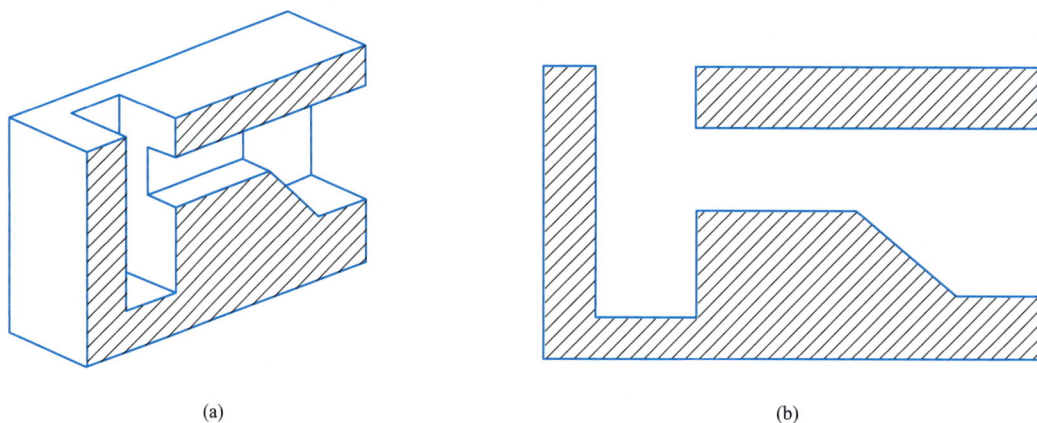

图 4-29 断面图的投影

（a）剖切后的断面；（b）断面正投影

4.3.2 断面图和剖面图的差异

断面图也用于表达形体内部形状，和剖面图比起来两者之间的差异如下：

（1）剖面图是将形体剖切后，减去一侧，剩下的部分在垂直于断面方向进行完全投影，除了将断面绘制出之外，还应将远端可见线进行投影，而断面图在投影时只绘制出断面即可。所以剖面图应该包含断面图的内容。

（2）断面图是一个平面的投影，剖面图是一个形体的投影。

（3）二者剖切符号的标注不同，剖面图的剖切符号要画出剖切位置线和投影方向线，而断面图的剖切符号只画出剖切位置线，用编号写在剖切位置线的哪一侧来表示向这一侧投影。

如图 4-30 所示台阶，在水平投影上标示两个剖切位置 1-1 和 2-2，绘制两个位置在相反方向投影的断面图，1-1 剖切位置向左侧投影，投影结果沿台阶右高左低，2-2 剖切位置向右侧投影，投影结果沿台阶左高右低。同一个形状的断面由于剖视方向的不同造成断面图的不同，在绘图中要注意。

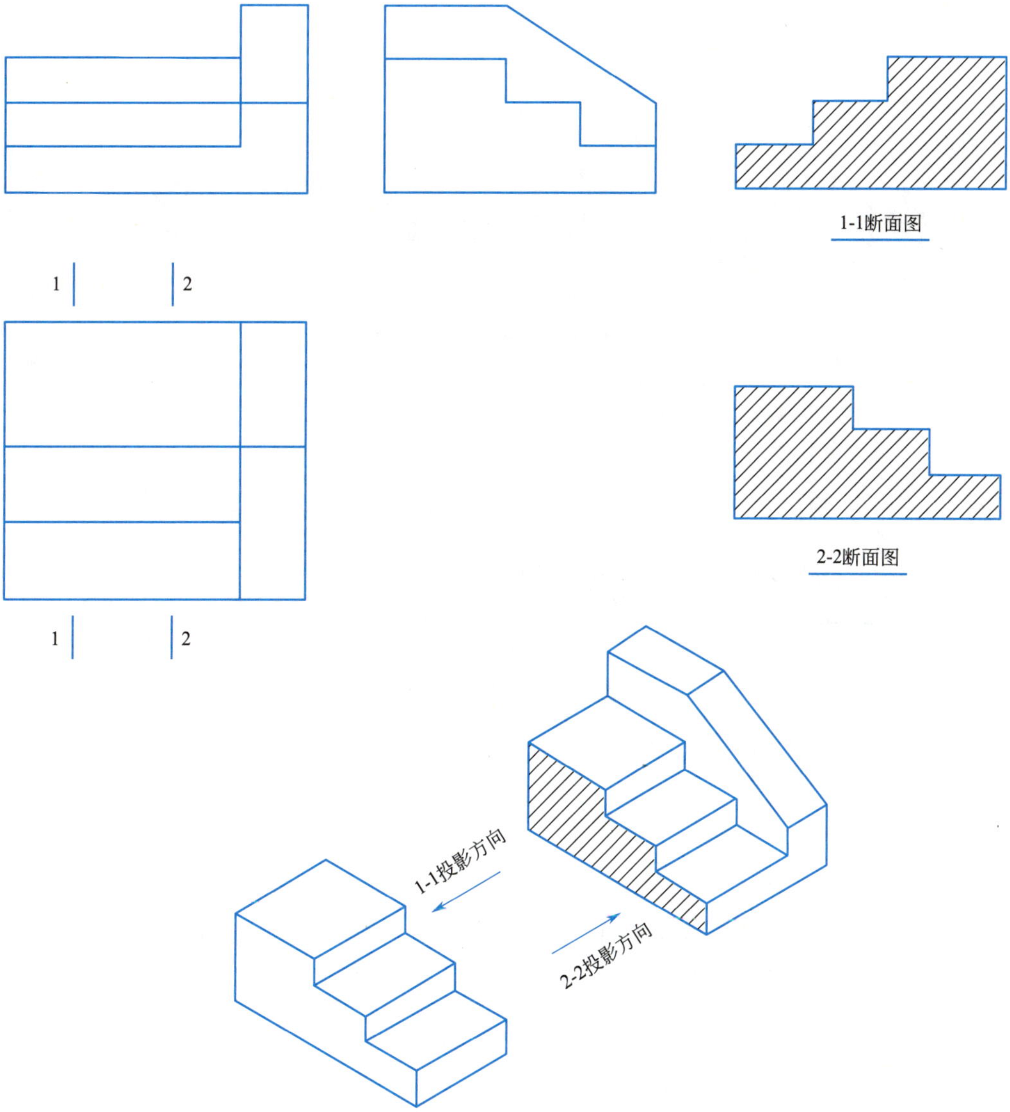

1-1断面图

2-2断面图

1-1投影方向

2-2投影方向

图 4-30　断面的投影方向不同

4.3.3　断面图的绘制要求

　　断面图的剖切符号只用剖切位置线表示，长度宜为 6～10mm。断面剖切符号的编号宜采用阿拉伯数字，按顺序连续编排，并应注写在剖切位置线的一侧，编号所在一侧为该断面的剖视方向。如图 4-31 所示。

　　断面图上断面内部用图例进行填充，在没有说明材料时，填充 45°方向直线，间距一致、适中，在有材料说明时，按照材料图例进行填充，填充部分一律用细线。绘制完图形后，在图形下面写上图名。如图 4-32 所示。

图 4-31　断面图的剖切符号

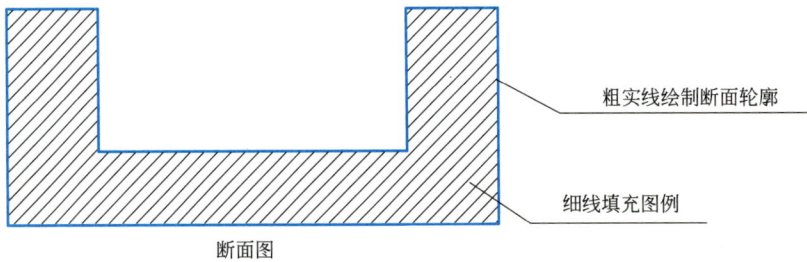

图 4-32　断面图的绘制

4.3.4　断面图的类型

1. 移出断面图

在对物体剖切过程中产生的断面，绘制到与物体三面投影图共面的位置，即为移出断面图。如图 4-33 所示。

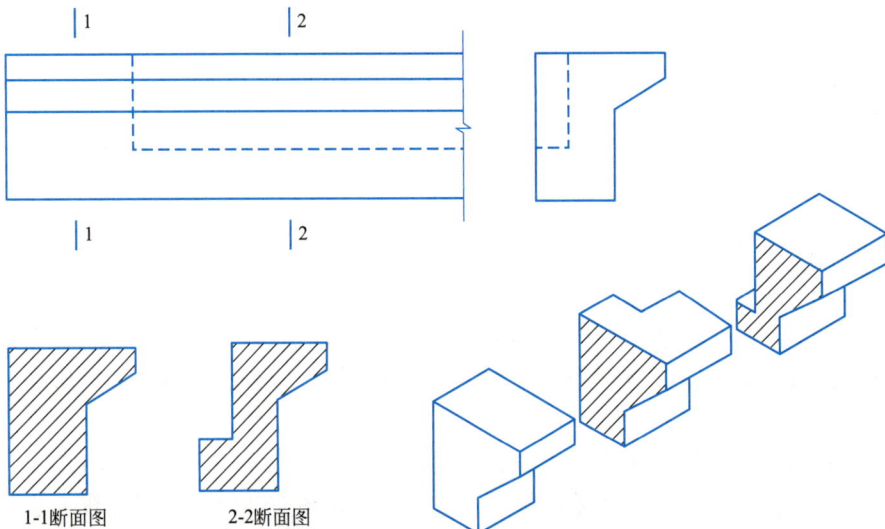

图 4-33　移出断面图的绘制

2. 重合断面图

将断面沿高度绘制在形体的正面投影上即为重合断面图，能够同时表现形体三个方向的特征。图 4-34 中用重合断面图表达角钢和工字钢。

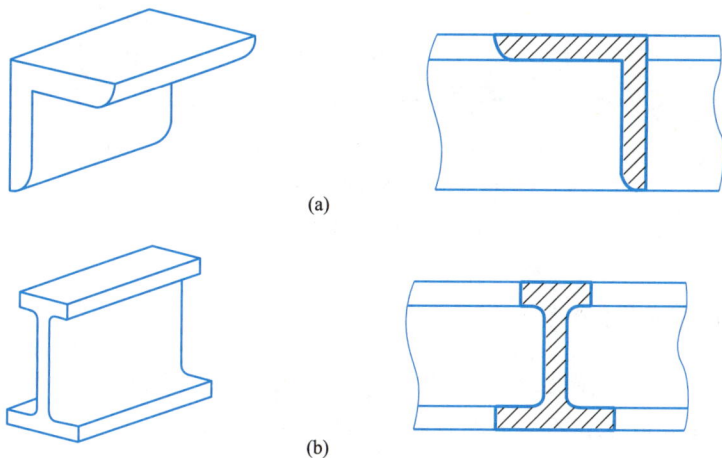

(a)

(b)

图 4-34　重合断面图

（a）角钢的重合断面图；（b）工字钢的重合断面图

3. 中断断面图

将等截面的构件从中间断开，插入两个方向的断面投影图即为中断断面图，图 4-35 中为角钢的中断断面图。

图 4-35　角钢的中断断面图

【应用案例 4-3】

图 4-36 中为一变截面梁的投影，正面投影中线条较多，左侧投影中有虚线，在 1-1 位置剖切，只绘制断面，能够很好表达梁跨中截面的形状和尺寸。

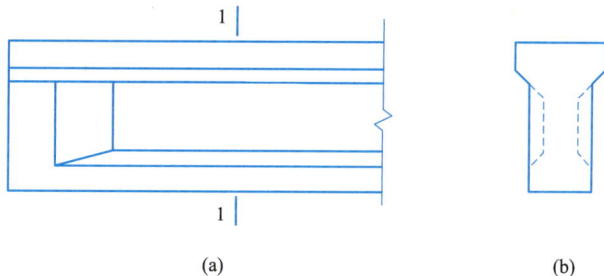

(a)   (b)

图 4-36　梁的断面图（一）

（a）梁的正面投影；（b）梁的左侧投影

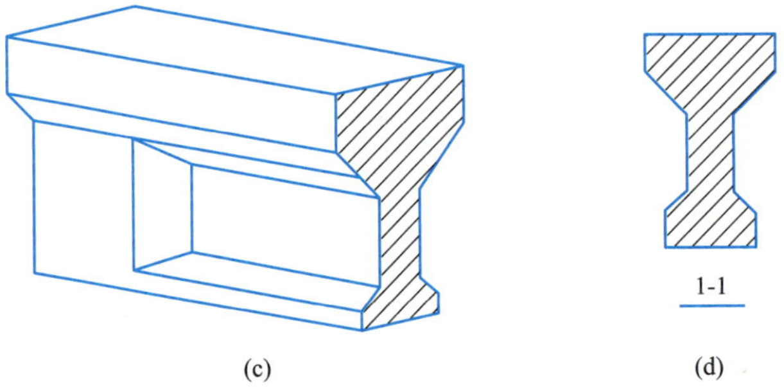

图 4-36 梁的断面图（二）

（c）梁的剖切；（d）1-1 断面图

【应用案例 4-4】

图 4-37 所示为一变截面柱子，其水平投影有较多虚线，分别在 1-1 位置和 2-2 位置剖切后，用断面图显示柱子在不同高度的截面形状和尺寸。

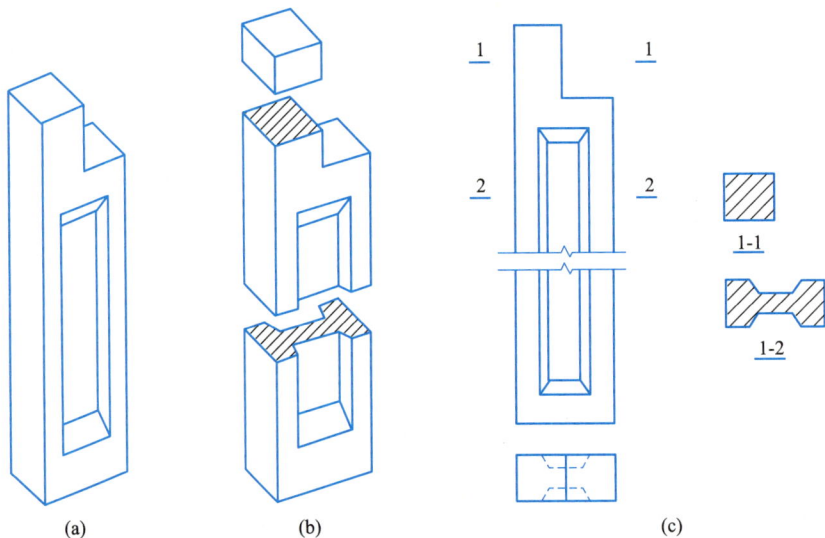

图 4-37 变截面柱的断面图

（a）柱子；（b）剖切；（c）绘制断面图

4.4 投影图常用的简化画法

4.4.1 对称图形的简化画法

对称的图形可以只画一半或四分之一，需要在图中加入对称符号。对称符号应由对称线和两端的两对平行线组成。对称线应用单点长画线绘制，线宽宜为 $0.25b$，平行线应用实线绘制，其长度宜为 6～10mm，每对的间距宜为 2～3mm，线宽宜为 0.5mm，对称线应垂直平分于两对平行线，两端超出平行线宜为 2～3mm。图 4-38 中所示为对称图形的简化画法。

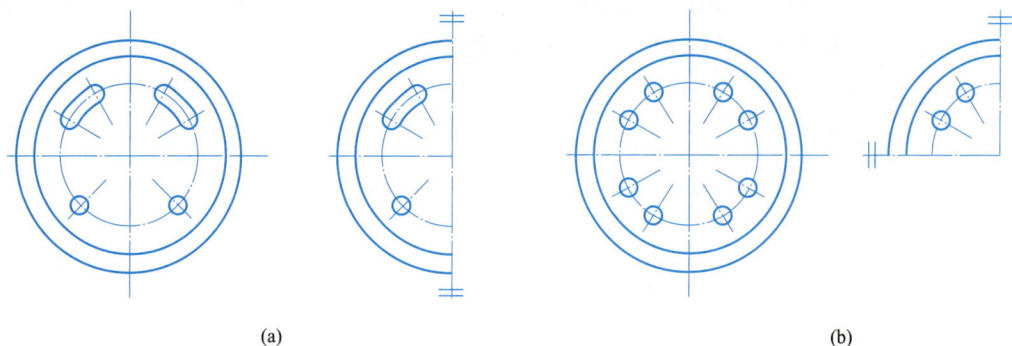

(a)   (b)

图 4-38　对称图形的简化画法

（a）简化为一半；（b）简化为四分之一

对称图形可超出对称线，此时不画对称符号，在超出对称线的部分画上折断线，如图 4-39 所示。

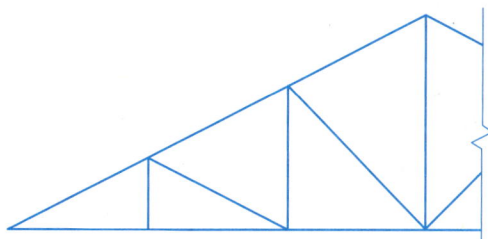

图 4-39　折断线符号对称画法

对称形体需要画断面图时，可以对称符号为界，一半画外形投影，一半画断面图，如图 4-40 所示。

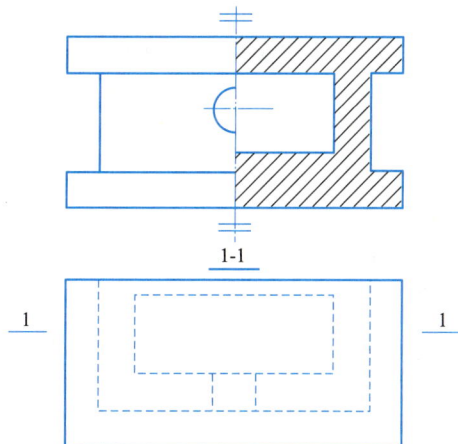

1-1

1   1

图 4-40　一半画外形投影，一半画断面

4.4.2 相同要素的简化画法

当物体上具有多个完全相同并且连续排列的构造要素，可仅在两端或适当位置画出少数几个要素的完整形状，其余部分以中心线或中心线交点表示，然后标注相同要素的数量，如图 4-41 所示为空心砖和预制空心板的简化画法。

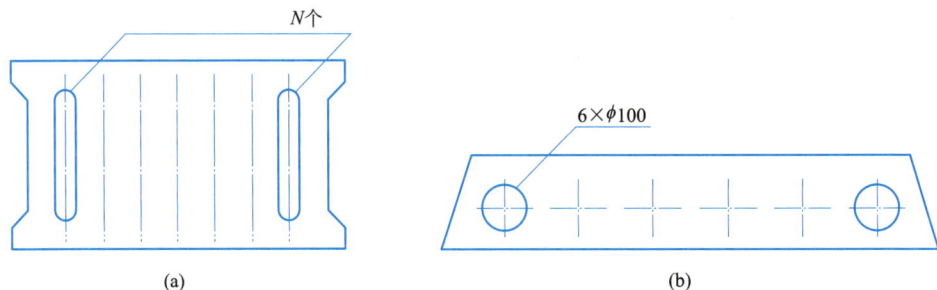

图 4-41 相同要素的简化画法
（a）空心砖；（b）预制空心板

4.4.3 折断图形的简化画法

较长的构件，如果沿着长度的一部分或者全部为等截面，可假想将构件中间折断一段等截面部分，画出两端部分，以方便在较大的绘图比例下绘图。折断构件后在折断位置加上折断线。如图 4-42 为梁的折断图形简化画法。

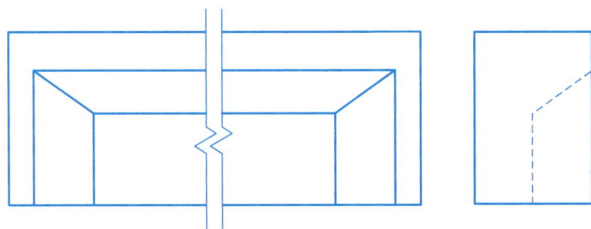

图 4-42 梁的折断图形简化画法

学习启示

在绘制组合体投影图、剖面图和断面图时，要严格按照国家发布的《房屋建筑制图统一标准》等规范进行绘制，规范不允许调整的内容绝对不能调整，要养成严谨、认真、细致、一丝不苟的工作作风，增强新时代学生对国家政策、规范的执行力。青年强，则国家强，广大青年要坚定不移听党话、跟党走，怀抱梦想又脚踏实地，敢想敢为又善作善成，立志做有理想、敢担当、能吃苦、肯奋斗的新时代好青年，让青春在全面建设社会主义现代化国家的火热实践中绽放绚丽之花。

单元总结

　　本单元介绍了组合体的投影以及剖面图、断面图的投影方式，在工程中要对形体进行分析，用三视图表达形体的形状和尺寸，对内部结构复杂的形体，三视图中虚线较多，不能很好地表达形体，需要将形体在适当的位置剖切开再做投影。

Chapter 05

教学单元**5**
建筑工程图的基本知识

教学目标

1. 知识目标：通过本教学单元的学习，了解房屋的组成和作用，房屋建筑工程图的产生过程和分类；掌握定位轴线、标高、索引符号与详图符号、多层构造引出线等有关规定；掌握阅读房屋建筑工程图的方法。

2. 能力目标：

知识要点	能力要求	相关知识
房屋的组成及其作用	了解房屋由哪些基本部分组成	房屋的组成和各部分的作用
建筑工程图的分类	掌握建筑工程图主要由哪几部分图纸组成	建施、结施、设施及各部分包括的图纸
绘制建筑工程图的有关规定	了解并掌握建筑工程图的制图规范	线型、比例、定位轴线、索引符号、详图符号、图例
阅读建筑工程图的方法	了解阅读工程图的步骤	工程图的基本知识、读图步骤

3. 素质目标：养成精细识读比例、图线、定位轴线、标高、索引符号等规范画法的良好作风，精研细磨各种图例画法，培养学生认真负责的工作态度、严谨细致的工作作风、一丝不苟的工匠精神和劳动风尚，凸显"精细意识""责任意识"。

思维导图

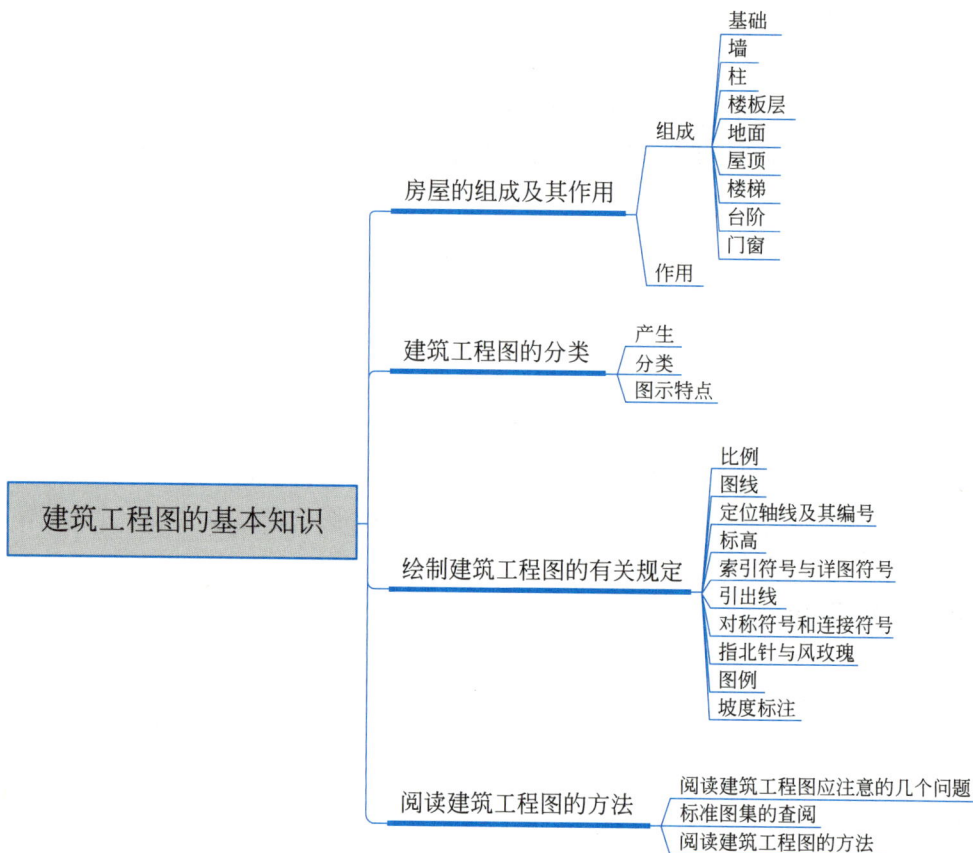

建筑工程图的基本知识

- 房屋的组成及其作用
  - 组成
    - 基础
    - 墙
    - 柱
    - 楼板层
    - 地面
    - 屋顶
    - 楼梯
    - 台阶
    - 门窗
  - 作用
- 建筑工程图的分类
  - 产生
  - 分类
  - 图示特点
- 绘制建筑工程图的有关规定
  - 比例
  - 图线
  - 定位轴线及其编号
  - 标高
  - 索引符号与详图符号
  - 引出线
  - 对称符号和连接符号
  - 指北针与风玫瑰
  - 图例
  - 坡度标注
- 阅读建筑工程图的方法
  - 阅读建筑工程图应注意的几个问题
  - 标准图集的查阅
  - 阅读建筑工程图的方法

单元引文

　　房屋建筑施工图主要用来表示房屋的内外部造型、内部布置、内外装修、细部构造、固定设施及施工要求等。它包括施工图首页、总平面图、平面图、立面图、剖面图和详图，是指导房屋建筑施工的依据，简称建筑施工图。

5.1　房屋的组成及其作用

文化传承

　　人们生产、生活、学习及娱乐所用的场所称为房屋。房屋按照其使用功能和使用对象的不同通常分为厂房、库房及农机站等生产性建筑，以及商场、住宅和体育馆等民用建筑。尽管各种不同的房屋在使用要求、空间组合、外部形状、结构形式等方面各自不同，但是它们的基本构造是类似的，都是由基础、墙、柱、梁、板、屋面、门窗、楼梯、台阶、散水、阳台、走廊、天沟、雨水管、勒脚、踢脚板等组成。它们处在不同的部位，发挥着各自的作用。其中，起承重作用的部分称为构件，如基础、墙、柱、梁和板等；而起围护及装饰作用的部分称为配件，如门、窗和隔墙等。因此，房屋是由许多构件、配件和装修构造组成的。图 5-1 所示为某房屋的组成和构造，为了把房屋内部表示清楚，沿水平和铅垂方向进行了剖切，并注明了各组成部分的名称和位置。

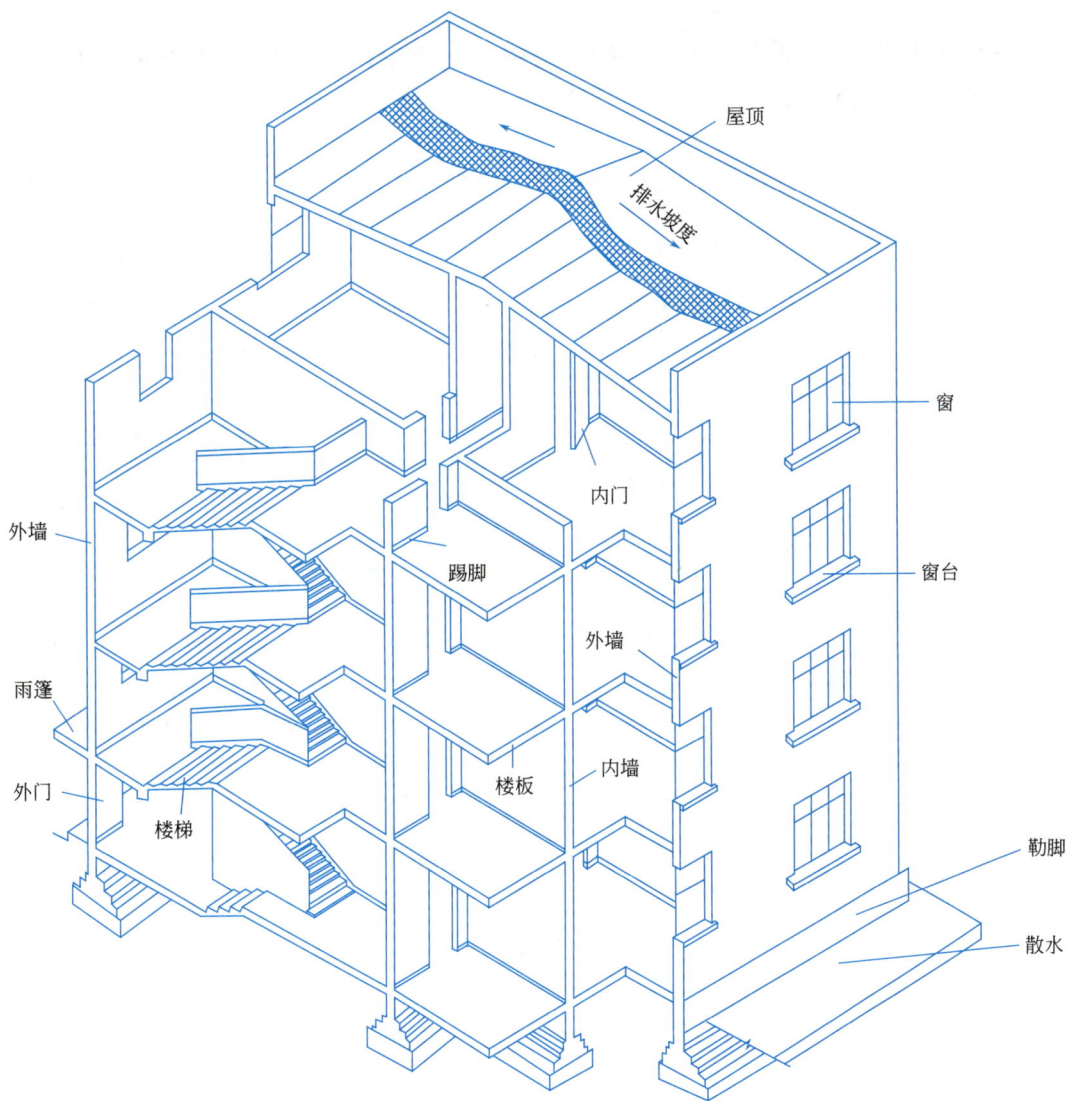

图 5-1　某房屋组成部分示意图

1. 基础

建筑物中埋在地面以下的承重结构是基础，它承受建筑物的全部荷载，并把这些荷载传递给地基。

2. 墙

墙位于基础上部，主要起承重、围护和分隔作用，根据受力情况，一般分为承重墙和非承重墙。承重墙承受屋顶、楼层传来的各种荷载，并将其传给基础；同时，还起围护和分隔作用，抵御风、雨、雪及寒暑对室内的影响，将整体的大空间划分为局部小空间。非承重墙主要起围护和分隔作用。

3. 柱

有些建筑由墙承重，有些建筑则由柱承重。承重的柱一般称为结构柱。除此之外，建筑中还有起提高建筑稳定性和刚度作用的柱，称为构造柱。

4. 楼板层

在楼房建筑中，楼板层是水平承重和分隔构件，将楼层的荷载通过楼板传给柱或墙，同时对墙体起到水平支撑作用。楼板层由楼板、楼面和顶棚组成。

5. 地面

首层室内地坪称为地面，仅承受首层室内的活荷载和本身自重，通过垫层将荷载传到土层上。

6. 屋顶

屋顶是建筑物顶部的承重和围护结构，由承重层、防水层和保温、隔热等其他构造层组成。

7. 楼梯

楼梯是楼房中联系上下层的垂直交通设施，供人们上下楼层、运输货物和紧急疏散之用。

8. 台阶

台阶是室内外高差的构造处理方式，同时供室内外交通之用。

9. 门窗

门是建筑的出入口，也是紧急疏散口，兼作采光通风之用。窗是采光、通风、眺望等功能的设施，要求具有隔声、保温、防风沙等功能。

除以上主要建筑构件之外，还有阳台、走廊、天沟、雨篷、雨水管、勒脚、踢脚板、散水、明沟等起排水和保护墙体作用的构件及建筑装修构件，以及供暖、通风、空气调节、照明、防火消防和隔声等系统。

房屋自下而上，依次叫一层、二层、三层……顶层。一层又叫首层或底层。底层和顶层外的中间各层又叫标准层或中间层。

5.2　建筑工程图的分类

5.2.1　施工图的产生

房屋的建造一般需经设计和施工两大环节，而设计工作又可分为初步设计和施工图设计两个阶段。对一些技术上复杂而又缺乏设计经验的工程，还需要增加技术设计（或称扩大初步设计）阶段，作为协调各工种的矛盾和绘制施工图的准备。

初步设计的目的，是提出方案，说明该建筑的平面布置、立面处理、结构选型等。施工图设计是为了修改和完善初步设计，以符合施工的需要。现将各阶段的设计工作，简单介绍如下。

1. 初步设计阶段

（1）设计前的准备。接受任务，明确要求，收集资料，调查研究。

（2）方案设计。主要通过平面、立面和剖面图等图样表达设计意图。

（3）绘制初步设计图。设计方案确定后，需进一步解决构件的选型、布置和各工种之间的配合等技术问题，并对方案作进一步的修改。用计算机（或用绘图仪器）按一定比例绘制好图样后，送交有关部门审批。

① 初步设计图的内容包括总平面布置图（简称总平面图）、建筑平面图、建筑立面图、建筑剖面图等。

② 初步设计图的表现方法和绘图原理与施工图一样，只是图样的数量和深度（包括表达的内容及尺寸）有较大的区别。同时，初步设计图图面布置可以灵活些，图样的表现方法可以多样些。例如可画上阴影、透视、配景、色彩渲染，或用色纸绘制等，以加强图画效果，显示建筑物竣工后的外貌，便于比较和审查。必要时还可做出小比例的模型。

2. 技术设计

方案图报有关部分审批后，就进入技术设计阶段，即扩大初步设计阶段，是用来解决各工种之间的协调等技术问题，它包括建筑、结构、给水排水、暖通、电气等各专业的设计、计算与协调过程，同时对方案图进行修改，绘制技术设计图。规模较大建筑物的技术设计图还应报有关部门审批。

3. 施工图设计阶段

施工图设计主要是将已经批准的初步设计图，按照施工的要求予以具体化，为施工、安装、编制施工预算、安排材料、设备和非标准构配件的制作等提供完整的、正确的图纸依据。

5.2.2　施工图的分类

房屋建造的全过程包括规划、设计、施工及验收等多个阶段。每个阶段都对图纸有不同的要求。其中，用以指导施工的图纸称为施工图。它是遵照建筑制图国家标准的有关规定，使用正投影法绘制的，是包括图形、尺寸、文字及特定符号等资料的图纸。一份完整的房屋施工图按其内容与作用的不同分为以下三大类：

1. 建筑施工图（简称建施图）

建筑施工图主要用来表示建筑物的规划位置、外部造型、内部各房间的布置、内外装修、构造及施工要求等。它的主要内容包括施工图首页、总平面图、各层平面图、立面图、剖面图和详图。

2. 结构施工图（简称结施图）

结构施工图主要用来表示建筑物承重结构的结构类型，结构布置，构件种类、数量、大小及做法。它的内容包括结构设计说明、结构平面布置图及构件详图。

3. 设备施工图（简称设施图）

设备施工图主要用来表示各种设备、管道和线路的布置、走向及安装施工要求等。设备施工图又分为给水排水施工图（简称水施）、供暖施工图（简称暖施）、通风与空调施工图（简称通施）、电气施工图（简称电施）等。所以说，设备施工图主要用来表达建筑物的给水排水、暖气通风、供电照明、燃气等设备的布置和施工要求等。它主要包括各种设备的布置图、系统图和详图等内容。

图样应按专业顺序排序，一般是按图样目录→总图→建施图→结施图→水施→通施→电施……即各专业图样应按图样内容的主次关系、逻辑关系排序。

5.2.3 施工图的图示特点

1. 施工图中的各图样用正投影法第一角画法绘制。通常，在 H 面上作平面图，在 V 面上作正、背立面图和在 W 面上作剖面图或侧立面图。在图幅大小允许时，可将平、立、剖面等图样，按投影关系画在同一张图纸上，便于阅读。如果建筑物形体较大，平、立、剖面图可分别单独画在几张图纸上。平面图、立面图和剖面图，是建筑施工图中最重要最基本的图样。

2. 由于房屋形体较大，它们的平、立、剖面图一般都用较小的比例（如 1：100，1：200 等）绘制。而房屋内构造较复杂的部位，在平、立、剖面图中无法表达清楚，则需要画出较大比例（如 1：10，1：20 等）的详图。

3. 房屋的构、配件和材料种类较多，为作图简便起见，图标规定了一系列的图形符号以代表建筑构配件、卫生设备、建筑材料等，这种图形符号称为图例。为读图方便，国标还规定了许多标注符号。施工图中往往会大量出现各种图例和符号。

5.3 绘制建筑工程图的有关规定

建筑施工图除了要符合正投影的原理外，为了统一制图表达，提高制图效率，绘制标准化、规范化的图纸，以便于阅读和交流，绘制时必须遵守我国建筑行业的相关规定。我国现行建筑制图规定主要有《房屋建筑制图统一标准》GB/T 50001—2017、《总图制图标准》GB/T 50103—2010、《建筑制图标准》GB/T 50104—2010、《建筑结构制图标准》GB/T 50105—2010 等的规定。现选择下列几项来说明它的主要规定和表示方法。

1. 比例

由于建筑物的实体比图纸大得多，不可能按实际大小绘制，因此要将其缩小后再进行绘制；而精密仪器的零件往往又很小，需要放大后再进行绘制。缩小或放大绘制图样需要按一定的比例。图形与实物相对应的线性尺寸之比称为比例。比值大于 1 的称为放大比例，比值小于 1 的称为缩小比例。比例等于图样上的线段长度除以实物上相应线段的长度。比例的大小是指其比值的大小，如 1：50 就比 1：100 大。

建筑专业制图所选用的比例应符合表 5-1 的规定。

精雕细刻

建筑专业制图所选用的比例　　　　　　　　　　　　　　　　表 5-1

图名	比例
总平面图、管线图、土方图	1∶500、1∶1000、1∶2000
建筑物或构筑物的平面图、立面图、剖面图	1∶50、1∶100、1∶150、1∶200、1∶300
建筑物或构筑物的局部放大图	1∶10、1∶20、1∶25、1∶30、1∶50
配件及构造详图	1∶1、1∶2、1∶5、1∶10、1∶15、1∶20、1∶30、1∶50

　　一般情况下，一个图样选用一个比例。根据专业制图的需要，同一个图样也可选用两种不同的比例（主要用于长度与宽度相差悬殊的构配件），如梁的侧立面与横断面就应采用两个不同的比例。在工程图样上，比例应以阿拉伯数字表示，比例的符号为"∶"，如 1∶1、1∶20、1∶100 等。其他表示方法是不允许的，如 1/100。

2. 图线

　　在房屋图中，为了使绘制的图样重点突出、活泼美观，建筑图常常采用不同线型和宽度的图线来表达。绘图时，首先应根据所绘图样的比例和图样的复杂程度，并按现行国家制图标准有关规定选定。当按表 5-2 的规定绘制较简单的图样时，可采用两种线宽的线宽组，其线宽比宜为 $b∶0.25b$。

图线的宽度　　　　　　　　　　　　　　　　　　　　　表 5-2

名称		线宽	一般用途
实线	粗	b	主要可见轮廓线： 1. 平、剖面图中被剖切的主要建筑构造(包括构配件)的轮廓线 2. 建筑立面图或室内立面图的外轮廓线 3. 建筑构造详图中被剖切的主要部分轮廓线 4. 建筑构配件详图中的外部轮廓线 5. 平、立、剖面的剖切符号
	中粗	$0.7b$	1. 平、剖面图中被剖切的次要建筑构造(包括构配件)的轮廓线 2. 建筑平、立、剖面图中建筑构配件的轮廓线 3. 建筑构造详图及建筑构配件详图中的一般轮廓线
	中	$0.5b$	小于 $0.7b$ 的图形线、尺寸线、尺寸界线、索引符号、标高符号、详图材料做法引出线、粉刷线、保温层线、地面、墙面的高差分界线等
	细	$0.25b$	图例填充线、家具线、纹样线等
虚线	中粗	$0.7b$	1. 建筑物构造详图及建筑构配件不可见的轮廓线 2. 平面图中的起重机(吊车)轮廓线 3. 拟建、扩建建筑物轮廓线
	中	$0.5b$	投影线、小于 $0.5b$ 的不可见轮廓线
	细	$0.25b$	图例填充线、家具线等
单点长画线	粗	b	起重机(吊车)轨道线
	细	$0.25b$	中心线、对称线、定位轴线
折断线	细	$0.25b$	部分省略表示时的断开界限
波浪线	细	$0.25b$	部分省略表示的断开界限；曲线形构件断开界限；构造层次断开界限
加粗实线		$1.4b$	立面图的地坪线

图线的宽度 b 应从下列线宽系列中选取：0.18mm、0.25mm、0.35mm、0.5mm、0.7mm、1.0mm、1.4mm、2.0mm。每个图样应根据其复杂程度与比例大小，先确定基本线宽 b，再选用合适的线宽组。

3. 定位轴线及其编号

为了使建筑物的平面布置和构配件趋于统一，在建筑平面图中采用轴线网划分平面。这些轴线称为定位轴线。

建筑施工图中的定位轴线是施工定位、放线的重要依据。凡主要承重构件如承重墙、柱子等都应画上定位轴线来确定其位置。对于非承重的隔墙、次要的承重构件等，可采用附加轴线来确定其位置。

在《房屋建筑制图统一标准》GB/T 50001—2017 中规定，定位轴线用细点画线来表示，并予以编号，编号应写在轴线端部的圆圈内，编号圆用细实线绘制，其直径为 8～10mm，圆心位于在定位轴线的延长线上或延长线的折线上。平面图上定位轴线的编号，应标注在下方和左侧，也可在上、下、左、右方都标注轴线编号。横向编号从左向右用阿拉伯数字依次注写，竖向编号从下向上用大写的拉丁字母依顺序注写，如图 5-2 所示。但 I、O、Z 三个大写的拉丁字母不得用作轴线编号，以免与阿拉伯数字 1、0、2 发生混淆。

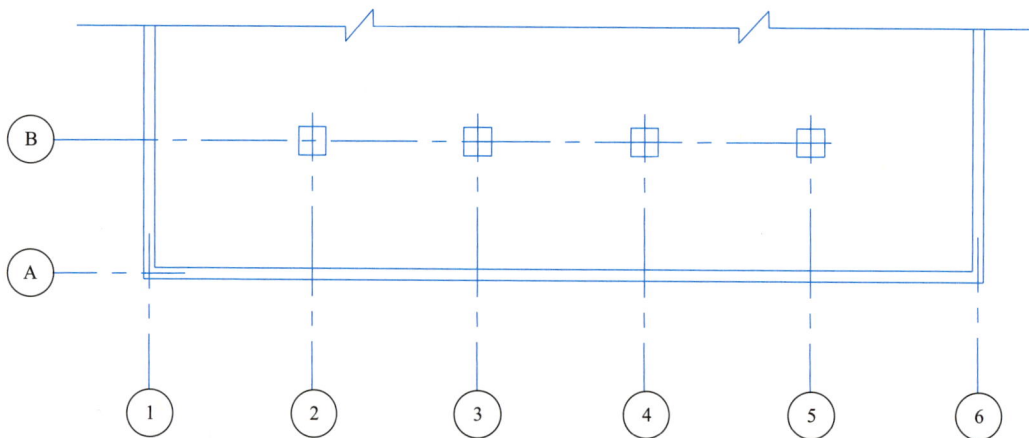

图 5-2　定位轴线的编号顺序

在两根主要定位轴线之间，如需设附加轴线时，附加轴线的编号用分数表示。当附加轴线位于两根轴线之间时，其编号的分母表示前一根轴线的编号，分子表示附加轴线的编号（用阿拉伯数字按顺序编写），如图 5-3 所示。

例如：1/B　表示 B 号轴线之后的第一根附加轴线。

当附加轴线位于横向的 1 号轴线或竖向的 A 号轴线之前时，其编号的分母用 01 或 0A 表示。

例如：1/01　表示 1 号轴线之前的第一根附加轴线。

1/0A 表示 A 号轴线之前的第一根附加轴线。

通用详图的定位轴线只画圆圈，不标注轴线号。

当一个详图适用于几根轴线时，应同时注明各有关轴线的编号，其轴线编号形式如图 5-4 所示。

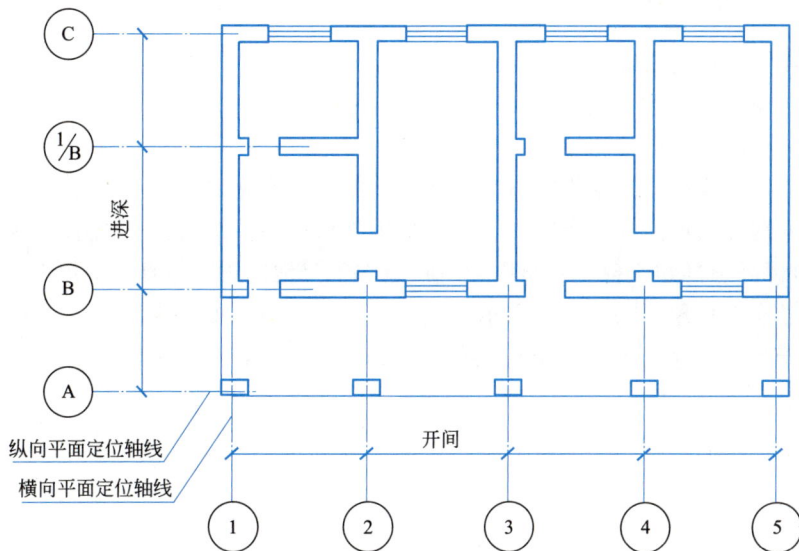

图 5-3　附加轴线的编号

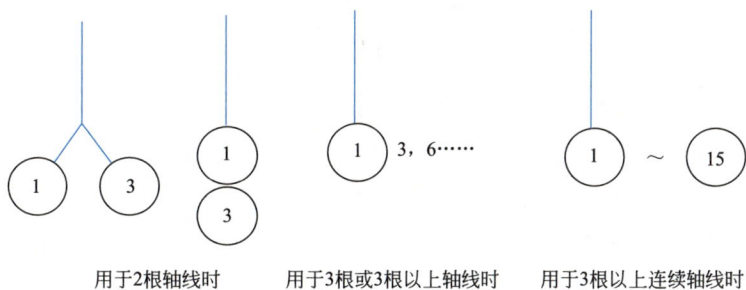

用于2根轴线时　　用于3根或3根以上轴线时　　用于3根以上连续轴线时

图 5-4　详图的轴线编号

圆形平面图中定位轴线的编号，其径向轴线宜用阿拉伯数字表示，从左下角开始，按逆时针顺序编写；其环向轴线宜用大写拉丁字母表示，从外向内顺序编写，如图 5-5 所示。

折线形平面图中定位轴线的编号可按图 5-6 所示的形式编写。

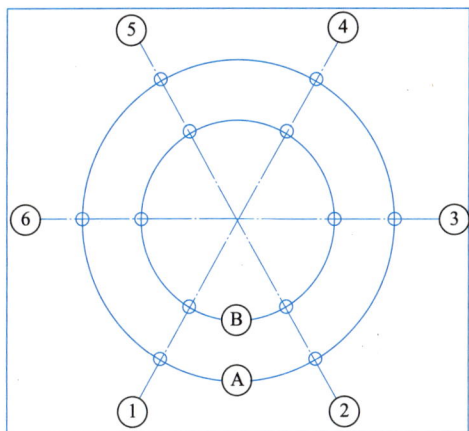

图 5-5　圆形平面图定位轴线的编号

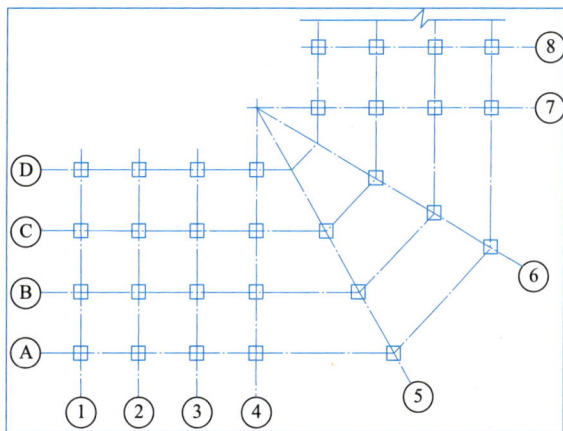

图 5-6　折线形平面图定位轴线的编号

4. 标高

建筑图样中建筑物高度的标注与一般的尺寸标注不同，采用标高符号标注。在总平面图、平面图、立面图和剖面图中经常用标高符号来表示某一部位的高度。按其基准点的不同，标高有两种形式，即绝对标高和相对标高。

绝对标高是以我国青岛附近黄海的平均海平面为零点测出的高度尺寸，在建筑总平面图中，对室外地坪及道路控制点的高度一般采用绝对标高，绝对标高以米为单位（精确到厘米）。相对标高又称建筑标高，是以建筑物室内主要地面为零点计算高度的标高。

标高符号应以直角等腰三角形表示，按图5-7（a）所示形式用细实线绘制。如标注位置不够，可按图5-7（b）所示的形式绘制。标高符号的具体画法如图5-7（c）（d）所示。

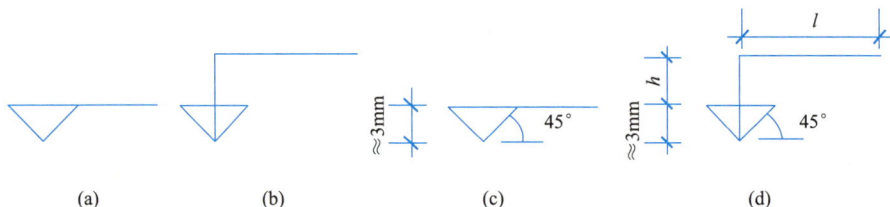

图 5-7　标高符号

l—取适当长度注写标高数字；h—根据需要取适当高度

总平面图室外地坪标高符号宜用涂黑的三角形表示，如图5-8（a）所示，具体画法如图5-8（b）所示。标高符号的尖端应指至被注高度的位置。尖端一般应向下，也可向上。标高数字应注写在标高符号的上侧或下侧，如图5-8（c）所示。在图样的同一位置需表示几个不同标高时，标高数字可按图5-8（d）所示的形式注写。

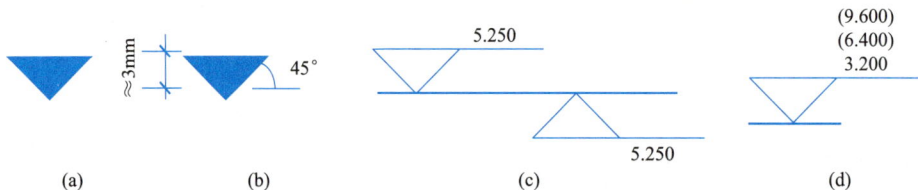

图 5-8　标高符号的表示方法

（a）总平面图室外地坪标高符号；（b）总平面图室外地坪标高符号的具体画法；
（c）标高符号尖端的指向及数字的注写；（d）同一位置注写多个标高数字的画法

5. 索引符号与详图符号

（1）索引符号

在施工图中，有时会因为比例问题而无法表达清楚某一局部，因此为了方便施工需另画详图。一般用索引符号注明详图的位置、详图的编号及详图所在的图纸编号，如图5-9（a）所示。索引符号和详图符号内的详图编号应与图纸编号对应一致。圆的直径为10mm。引出线应对准圆心，在圆内过圆心画一水平线，在上半圆中用阿拉伯数字注明该详图的编号，在下半圆中用阿拉伯数字注明该详图所在图纸的图纸号。

① 如果详图与被索引的图样在同一张图纸内，则在下半圆中间画一水平细实线，如图5-9（b）所示。

② 索引出的详图如与被索引的详图不在同一张图纸内，应在索引符号的上半圆中用阿拉伯数字注明该详图的编号，在索引符号的下半圆中用阿拉伯数字注明该详图所在图纸的编号，如图 5-9（c）所示。

③ 索引出的详图如采用标准图，则应在索引符号水平直径的延长线上加注该标准图册的编号，如图 5-9（d）所示。

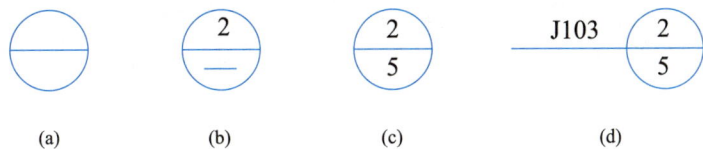

图 5-9   索引符号

（a）索引符号；（b）详图在本张图纸上；（c）详图不在本张图纸上；（d）采用标准图集索引

当索引符号用于索引剖视详图时，应在被剖切的部位绘制剖切位置线，并以引出线引出索引符号，引出线所在的一侧应为投射方向，如图 5-10 所示。

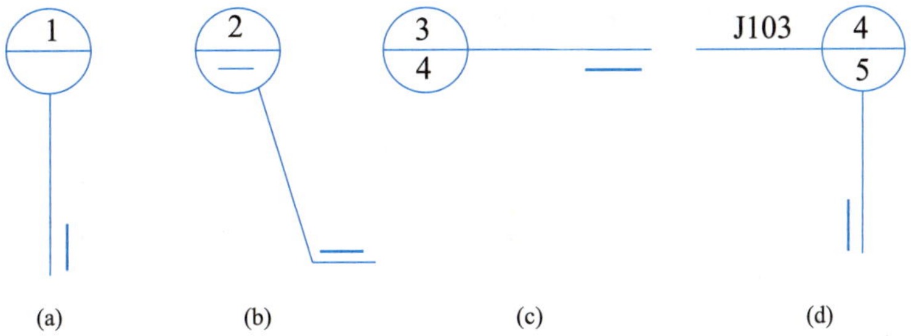

图 5-10   用于索引剖面详图的索引符号

（a）向左剖视索引；（b）向下剖视索引；（c）向上剖视索引；（d）向右剖视索引

（2）详图符号

详图的位置和编号应以详图符号表示。详图符号的圆应以直径为 14mm 的粗实线绘制。详图应按下列规定编号：

① 当详图与被索引的图样同在一张图纸上时，应在详图符号内用阿拉伯数字注明详图的编号，如图 5-11（a）所示。

② 当详图与被索引的图样不在同一张图纸上时，应用细实线在详图符号内画一水平直径，在上半圆中注明详图编号，在下半圆中注明被索引的图纸的编号，如图 5-11（b）所示。

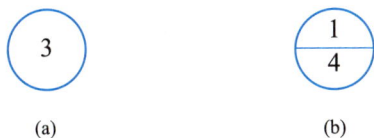

图 5-11   详图符号

（a）详图与被索引图样在同一张图纸上；（b）详图与被索引图样不在同一张图纸上

6. 引出线

引出线应以细实线绘制，宜采用水平方向的直线或与水平方向成 30°、45°、60°、90°的直线，或经上述角度再折为水平线。文字说明宜注写在水平线的上方，如图 5-12（a）所示，也可注写在水平线的端部，如图 5-12（b）所示。同时引出几个相同部分的引出线，宜互相平行，如图 5-12（c）所示。也可画成集中于一点的放射线，如图 5-12（d）所示。索引详图的引出线，应与水平直径线相连接。

图 5-12　引出线和共同引出线

多层构造或多层管道共用的引出线应通过被引出的各层。文字说明宜注写在水平线的上方，或注写在水平线的端部，说明的顺序由上而下，并与被说明的层次对应；如层次为横向排序，则由上至下的说明顺序应与从左至右的层次一一对应，如图 5-13所示。

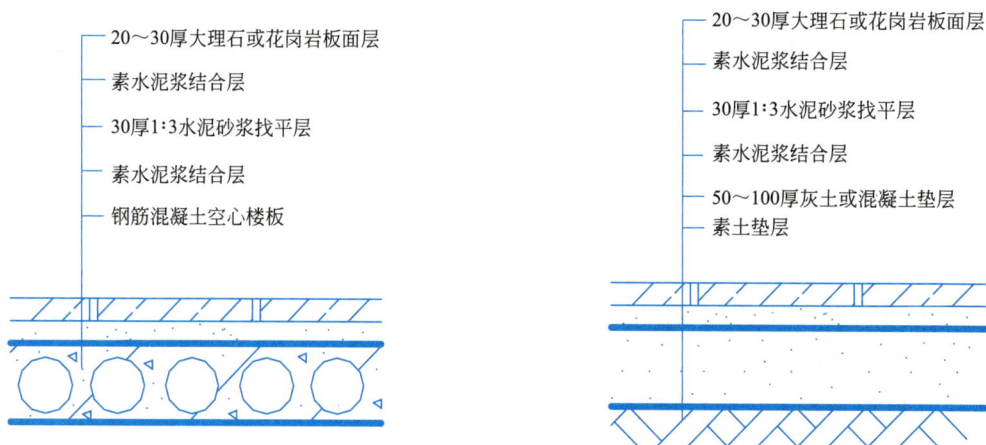

图 5-13　多层构造共用引出线

7. 对称符号和连接符号

（1）对称符号

当房屋施工图的图形完全对称时，可只画该图形的一半，并画出对称符号，以节省图纸篇幅。对称符号由对称线和两端的两对平行线组成。对称线用细单点长画线绘制；平行线用细实线绘制，两对平行线的距离宜为 2～3mm，平行线两侧长短应相等，总长度宜为6～10mm，如图 5-14 所示。

（2）连接符号

对于较长的构件，当其长度方向的形状相同或按一定规律变化时，可断开绘制，断开处应用连接符号表示。连接符号应以折断线表示需连接的部位。当两个部位相距过远时，折断线两端靠图样一侧应标注大写拉丁字母表示连接编号。两个被连接的图样必须用相同的字母编号，如图 5-15 所示。

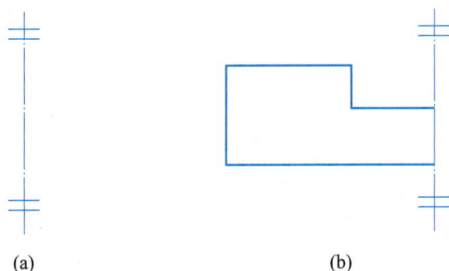

图 5-14　对称符号

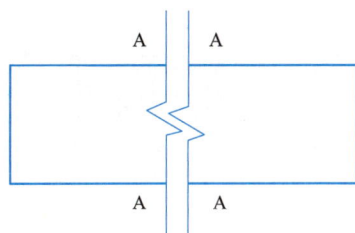

图 5-15　连接符号

8. 指北针与风玫瑰

（1）指北针

在总平面图及底层建筑平面图上，一般都画有指北针，以指明建筑物的朝向。指北针应按标准规定绘制，如图 5-16 所示，其圆用细实线绘制，直径宜为 24mm；指针尾部的宽度宜为 3mm，指针头部应注"北"或"N"字。如需要用较大直径的圆绘制指北针时，指针尾部的宽度宜为圆直径的 1/8。

（2）风玫瑰

风向频率玫瑰图（简称风玫瑰）在 8 个或 16 个方位线上用端点与中心的距离代表当地这一风向在一年中发生次数的多少，粗实线表示全年风向频率，细虚线表示 6、7、8 三个月统计的夏季风向频率。风向由各方位吹向中心，风向线最长者为主导风向，如图 5-17 所示。

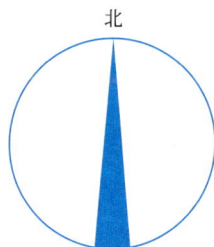

图 5-16　指北针

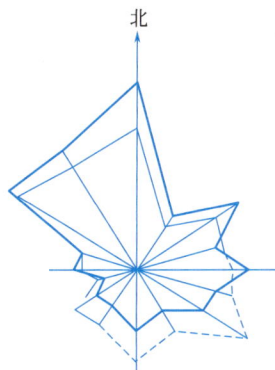

图 5-17　风向频率玫瑰图

9. 图例

建筑施工图中常用建筑材料图例见表 5-3。常用建筑图例见表 5-4。

房屋施工图常见图例   表 5-3

图例	名称	图例	名称
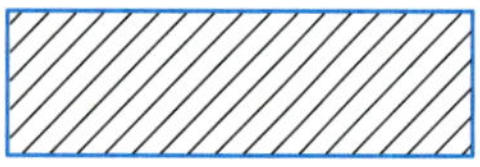	普通砖		砂、灰土
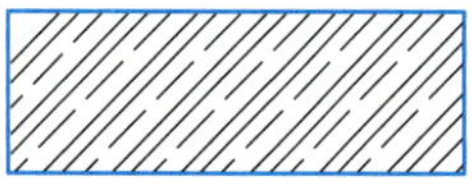	耐火砖	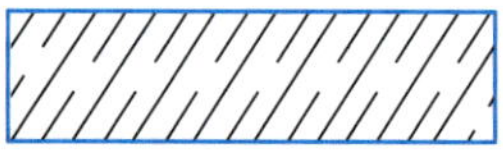	天然石材
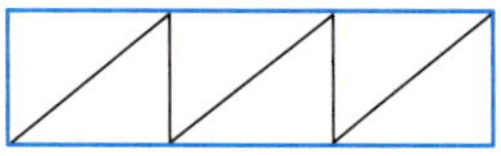	空心砖	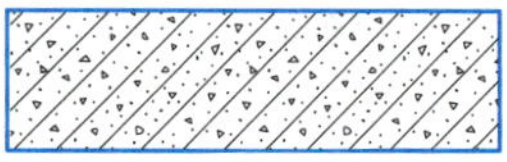	钢筋混凝土

常用建筑图例   表 5-4

序号	名称	图例	说明
1	墙体	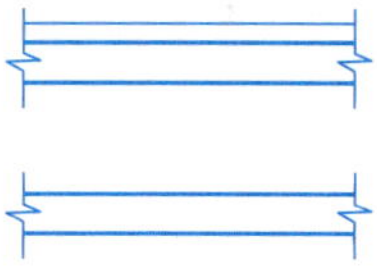	1. 上图为外墙，下图为内墙。 2. 外墙细线表示有保温层或有幕墙。 3. 应加注文字或涂色或图案填充表示各种材料的墙体。 4. 在各层平面图中防火墙宜着重以特殊图案填充表示
2	隔断		加注文字或涂色或图案填充表示各种材料的轻质隔断。适用于到顶与不到顶隔断
3	栏杆		
4	楼梯	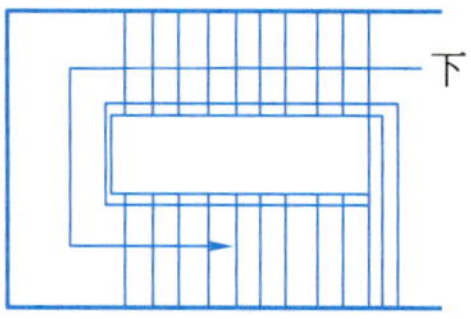 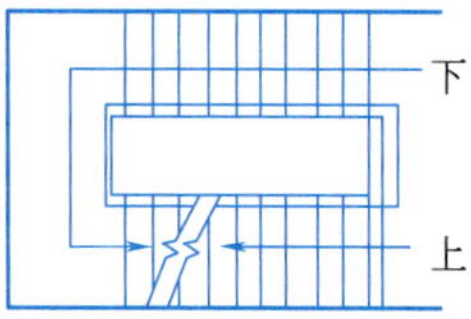 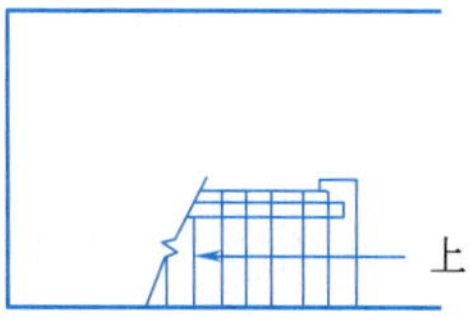	1. 上图为顶层楼梯平面；中图为中间层楼梯平面；下图为底层楼梯平面。 2. 需设置靠墙扶手或中间扶手时，应在图中表示

序号	名称	图例	说明
5	门口坡道	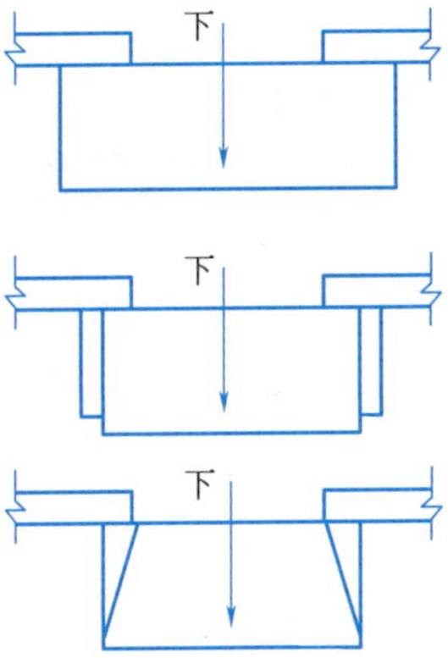	上图为两侧垂直的门口坡道；中图为有挡墙的门口坡道；下图为两侧找坡的门口坡道
6	长坡道	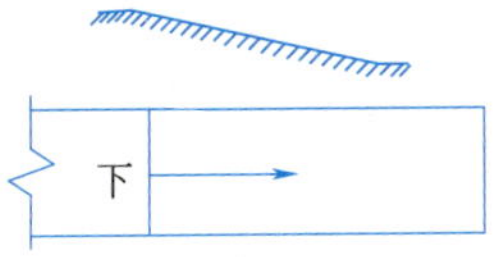	
7	检查孔	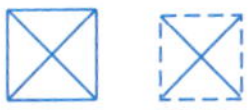	左图为可见检查孔，右图为不可见检查孔
8	孔洞		阴影部分亦可填充灰度或涂色代替
9	坑槽		
10	烟道	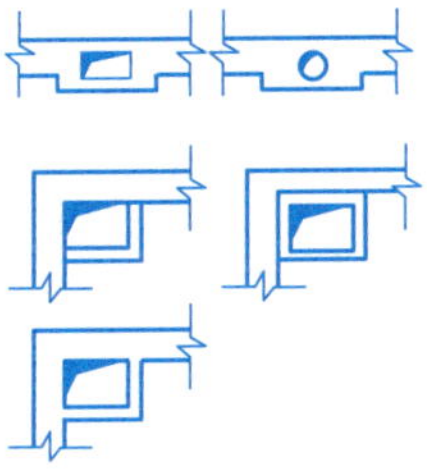	1. 阴影部分亦可填充灰度或涂色代替。 2. 烟道、风道与墙体为相同材料，其相接处墙身线应连通。 3. 烟道、风道根据需要增加不同材料的内衬
11	风道	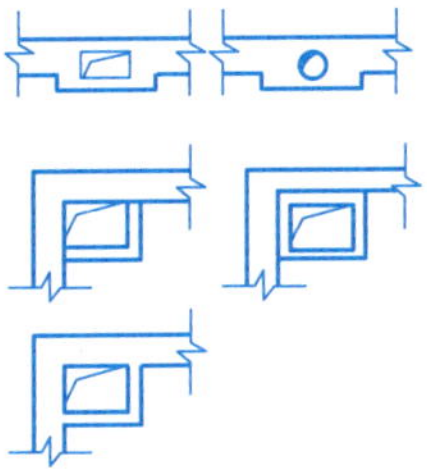	

序号	名称	图例	说明
12	单面开启单扇门（包括平开或单面弹簧）	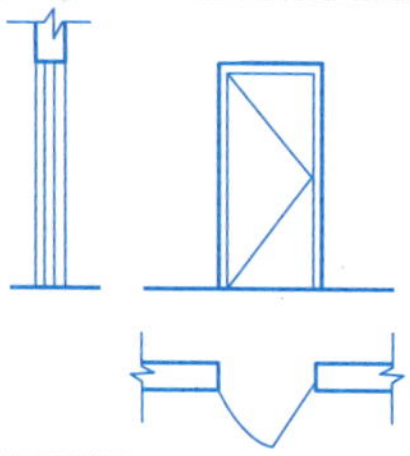	
	双面开启单扇门（包括平开或单面弹簧）	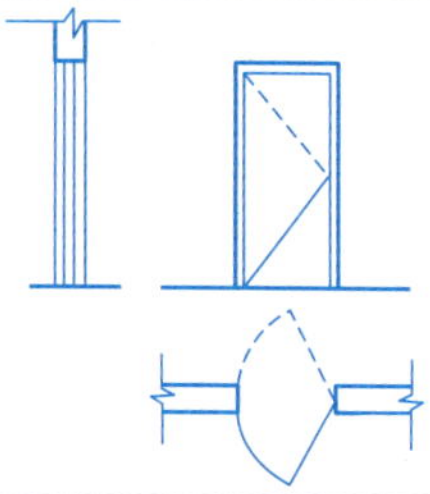	
	双层单扇平开门	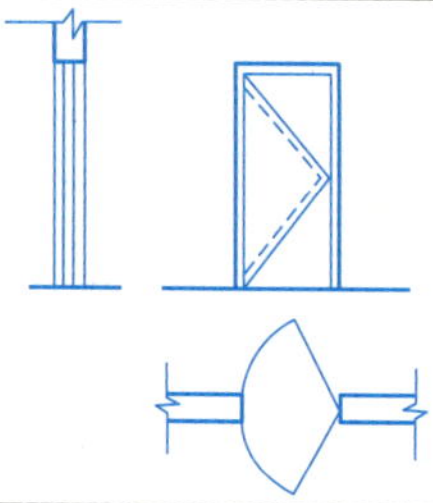	1. 门的名称代号用 M 表示。 2. 平面图中下为外，上为内。门开启线为 90°、60° 或 45°，开启弧线宜绘出。 3. 立面图中，开启线实线为外开，虚线为内开；开启线交角的一侧为安装合页一侧；开启线在建筑立面图中可不表示，在立面大样图中可根据需要绘出。 4. 剖面图中，左为外，右为内。 5. 附加纱扇应以文字说明，在平、立、剖面图中均不表示。 6. 立面形式应按实际情况绘制
	单面开启双扇门（包括平开或单面弹簧）	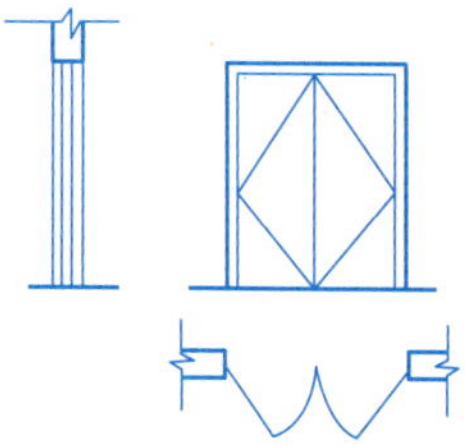	
	双面开启双扇门（包括双面平开或双面弹簧）	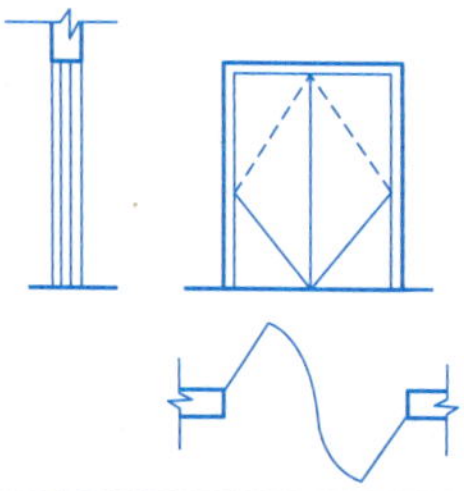	
	双层双扇平开门	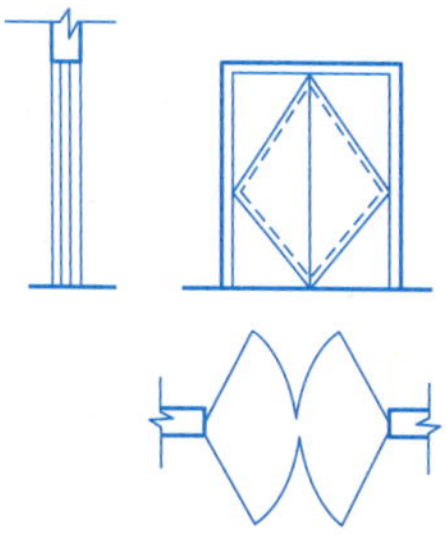	

续表

序号	名称	图例	说明
13	折叠门	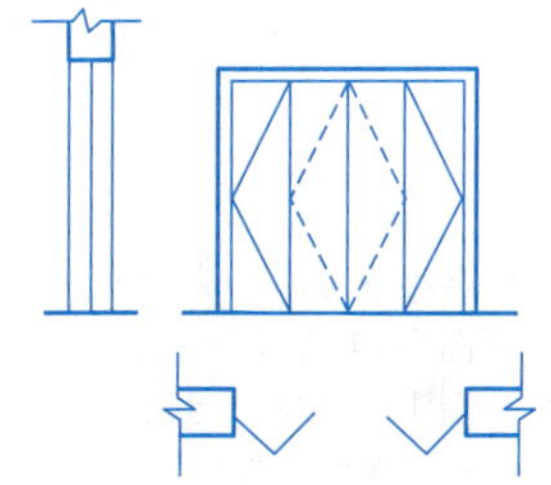	1. 门的名称代号用 M 表示。 2. 平面图中下为外,上为内。 3. 立面图中,开启线实线为外开,虚线为内开;开启线交角的一侧为安装合页一侧。 4. 剖面图中,左为外,右为内。 5. 立面形式应按实际情况绘制
	推拉折叠门	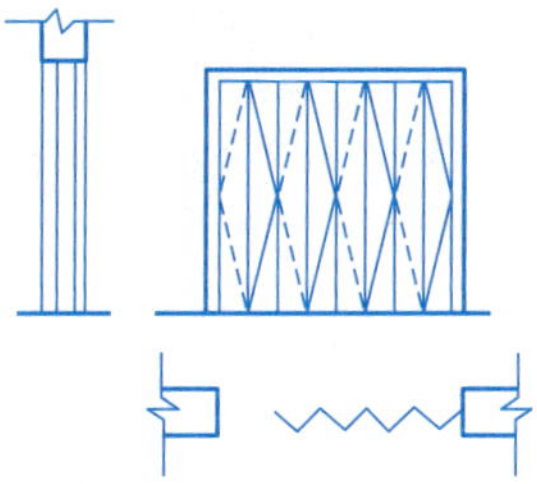	
14	旋转门	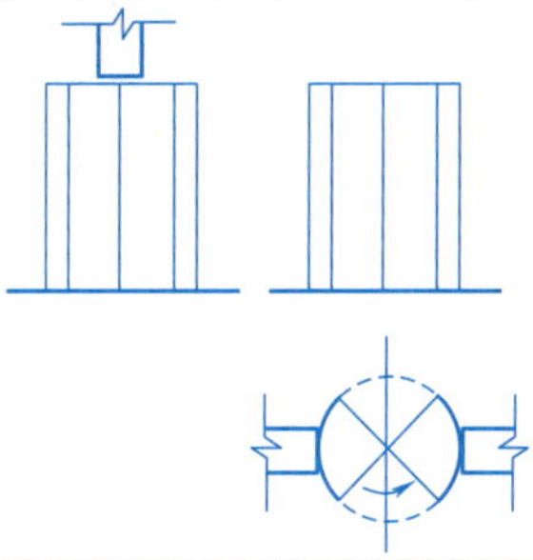	1. 门的名称代号用 M 表示。 2. 立面形式应按实际情况绘制
15	自动门	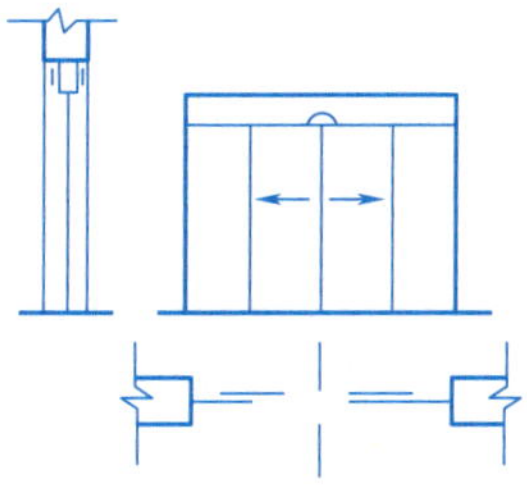	
16	竖向卷帘门	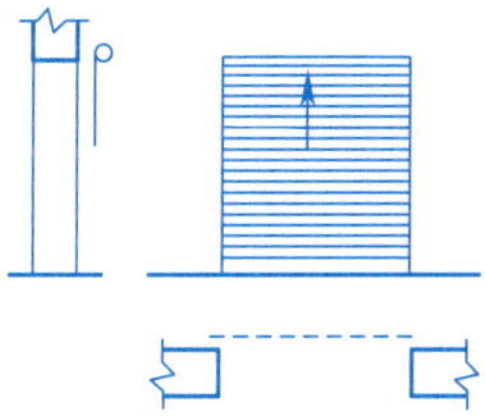	
17	固定窗	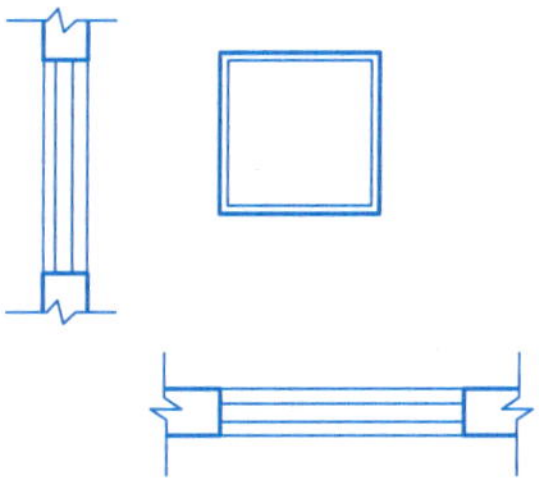	

续表

序号	名称	图例	说明
18	单层外开平开窗	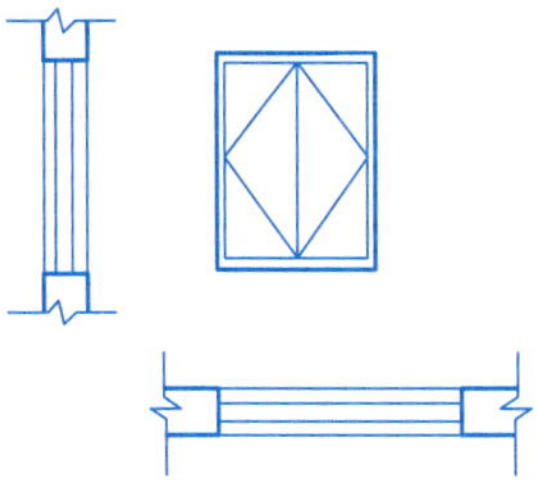	1. 窗的名称代号用 C 表示。 2. 平面图中，下为外，上为内。 3. 立面图中，开启线实线为外开，虚线为内开；开启方向线交角的一侧为安装合页一侧。开启线在建筑立面图中可不表示，在立面大样图中根据需要绘出。 4. 剖面图中，左为外，右为内。 5. 附加纱窗应以文字说明，在平、立、剖面图中均不表示。 6. 立面形式应按实际情况绘制
19	单层内开平开窗	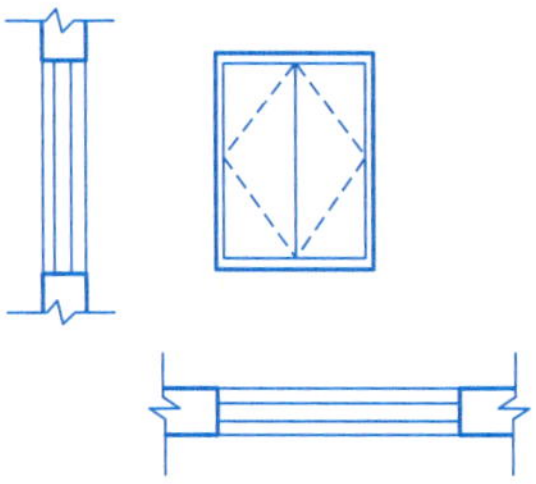	
20	单层推拉窗	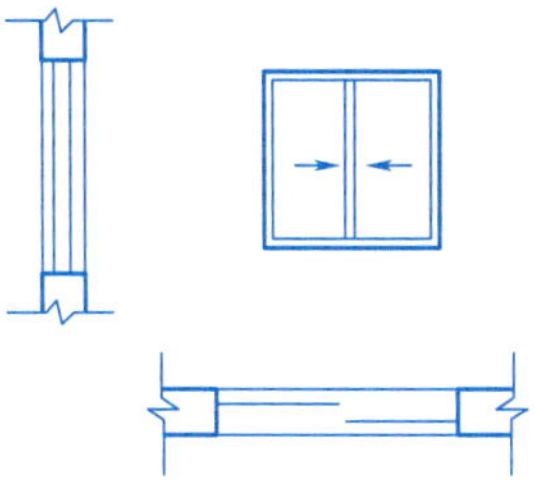	
21	双层推拉窗	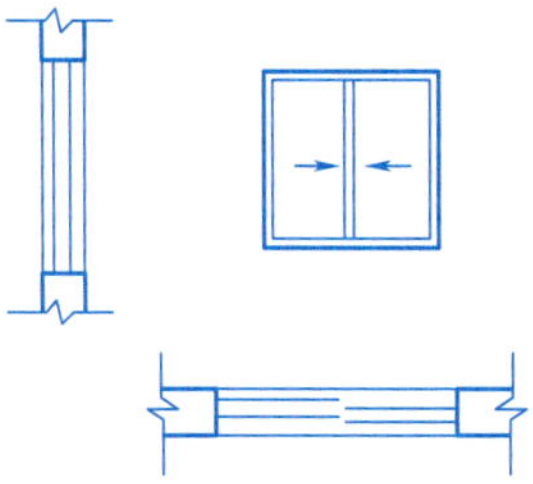	1. 窗的名称代号用 C 表示。 2. 立面形式应按实际情况绘制
22	百叶窗	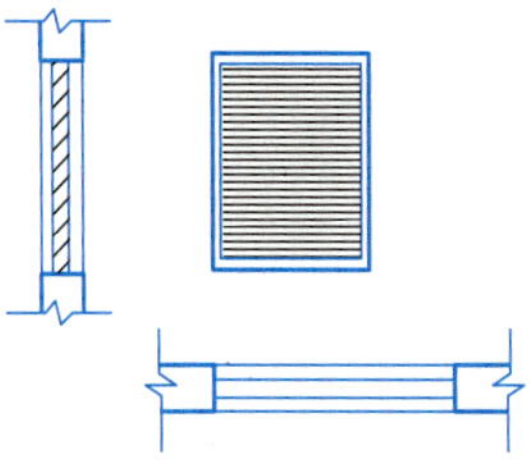	
23	高窗	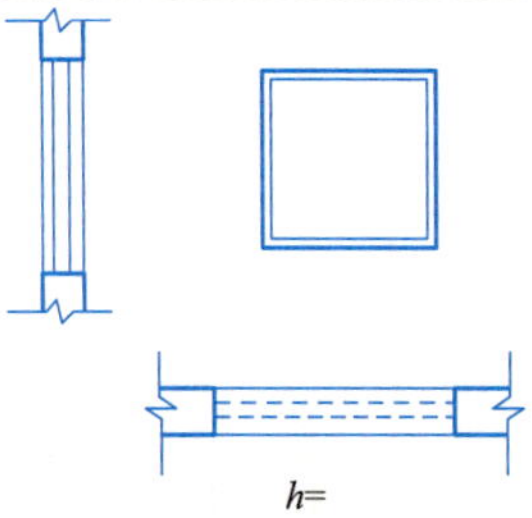 $h=$	1. 窗的名称代号用 C 表示。 2. 立面图中，开启线实线为外开，虚线为内开；开启方向线交角的一侧为安装合页一侧。开启线在建筑立面图中可不表示，在立面大样图中根据需要绘出。 3. 剖面图中，左为外，右为内。 4. 立面形式应按实际情况绘制。 5. h 表示高窗底距本层地面高度。 6. 高窗开启方式参考其他窗型

10. 坡度标注

在房屋施工图中，其倾斜部分通常加注坡度符号，一般用箭头表示。箭头应指向下坡方向，坡度的大小用数字注写在箭头上方，如图 5-18（a）（b）所示。

对于坡度较大的坡屋面、屋架等，可用直角三角形的形式标注它的坡度，如图 5-18（c）所示。

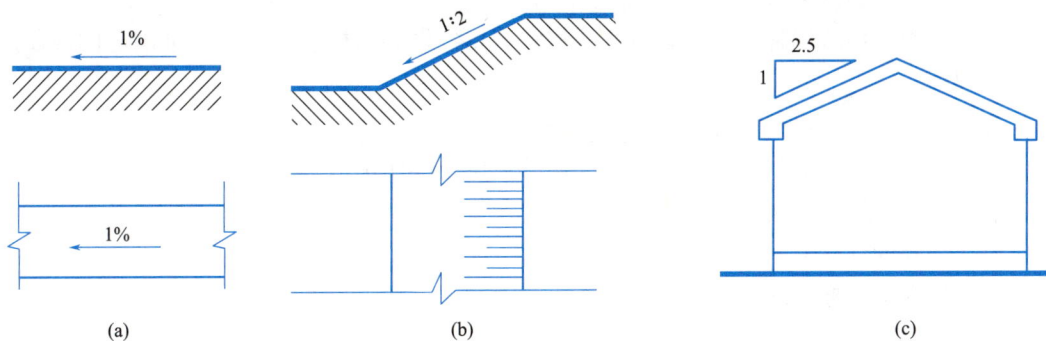

图 5-18　坡度标注

5.4　阅读建筑工程图的方法

5.4.1　阅读建筑工程图应注意的几个问题

1. 熟练掌握正投影原理。施工图是按一定的比例采用正投影原理绘制的建筑工程图样，所以，要具备一定的正投影知识，才能看懂施工图。

2. 由于建筑的总平面图、平面图、立面图、剖面图等图的绘图比例较小，对于某些建筑细部、构件形状以及建筑材料等不可能如实画出，也难以用文字注释来表达清楚，因此，建筑工程图制图规定采用图例符号来表达一些建筑构配件、建筑材料等，以得到简单而明了的效果。所以，阅读建筑工程图前一定要熟悉常用的图例符号。

3. 各类图纸都是采用从整体到局部逐渐深入详细的表达方式，读图时要先粗看后细看，先整体后局部。先将建筑工程图样粗略浏览一遍，了解工程的概貌、性质、规模等，然后再仔细阅读各种专业的工程图样。

4. 一套完整的施工图包括多个专业的工程图样，各图样之间相互配合紧密联系。因此要有联系地综合看图。

5.4.2　标准图集的查阅

建筑施工图中常采用标准图集里的构配件类型及某些构造做法，因此，阅读施工图前要熟悉标准图集的查阅。

为了加快设计和施工速度，提高设计和施工质量，把常用的、大量性的构配件按统一模数、不同规格设计出系列施工图，供设计部门、施工企业选用，这样的图称为标准图，装订成册后称为标准图集。

1. 标准图的分类

标准图按使用范围的不同，可分为三类：

（1）经国家标准化管理委员会（或住房和城乡建设部）批准，可以在全国范围内使用的标准图集。

（2）经地区批准，在本地区范围内使用的标准图集。

（3）各设计单位编制的标准图集，在设计单位内部使用。

标准图按工种的不同，可分为两类：

（1）建筑配件标准图，一般用"J"表示。

（2）建筑构件标准图，一般用"G"表示。

2. 标准图的查阅方法

（1）根据施工图中所采用的标准图集名称及编号，查找相应的标准图集。

（2）阅读标准图集的总说明，了解其设计依据、使用范围、施工要求和注意事项等。

（3）查阅标准图，核对有关尺寸及施工要求。

5.4.3 阅读建筑工程图的方法

建筑工程中各专业图样的编排顺序是：全局性的在前，局部性的在后；重要的在前，次要的在后；先施工的在前，后施工的在后。阅读图样时，应按顺序进行。

（1）首页图

建筑工程图首页的内容包括图纸目录、设计总说明、门窗表和经济技术指标等。通过首页图先了解建筑工程概况及图纸目录，便于查阅图纸。

（2）总平面图

总平面图用来表明建筑工程所在位置的总体布置，内容包括建筑红线位置、新建建筑物的位置、道路、绿化、地形、地貌等。

（3）建筑施工图

先从平、立、剖面图开始，了解建筑平面形状、立面造型和内部组成情况，然后是各部分详图、内部构造形式等，了解细部构造、装修、材料等。

（4）结构施工图

首先是结构设计说明，了解结构设计的依据、材料组成、施工要求、标准图集的采用等。然后依次阅读基础图、结构布置平面图、钢筋混凝土构件详图等。

（5）设备施工图

阅读给水排水管道平面布置图、系统图、设备安装图、采暖通风施工图、电气施工图等。

阅读工程图的过程中要注意各专业施工图之间的紧密联系，前后照应。

学习启示

　　建筑材料种类繁多，又分若干等级，如果读图与施工环节出现偏差，就可能影响建筑物的建造质量，甚至导致施工返工。例如黏土实心砖是国家明令禁止使用的砌筑材料，其保温性能较差，不符合建筑节能工作要求，且生产过程能耗高、污染大、毁地严重，因此，正确选择建筑材料，对于提高建筑能效水平、推动大气污染防治具有重要作用。中国式现代化是人与自然和谐共生的现代化，人与自然是生命共同体，无止境地向自然索取甚至破坏自然必然会遭到大自然的报复。我们坚持可持续发展，坚持节约优先、保护优先、自然恢复为主的方针，像保护眼睛一样保护自然和生态环境，坚定不移走生产发展、生活富裕、生态良好的文明发展道路，实现中华民族永续发展。

单元总结

　　本单元作为建筑工程制图的准备知识，主要介绍了房屋的组成、建筑工程图的分类、绘制建筑工程图的有关规定和建筑工程图识读方法四方面内容。

　　1. 房屋的组成简单介绍了房屋的基本组成部分和各部分的作用，了解一幢房屋的最基本内容，为合理制图和阅读做好准备工作。

　　2. 建筑工程图的分类主要介绍了一套建筑工程图应由建施图、结施图、设施图三部分组成及每部分所包括的图纸。

　　3. 建筑工程图的有关规定是本单元的重点内容，主要介绍了比例、图线、定位轴线及其编号、标高、索引符号与详图符号、引出线、对称符号和连接符号、指北针与风玫瑰、图例、坡度标注。这些都是在工程制图中要严格遵守的相关标准，尤其要熟悉掌握图线的使用、定位轴线的编制和索引符号、详图符号、各种图例的意义。

　　4. 本单元还概括介绍了建筑工程图的识读方法，掌握制图的基本原理和读图的基本步骤，对于精确制图、准确读图非常重要。

Chapter 06

教学单元**6**

建筑施工图

教学目标

1. 知识目标：了解建筑施工图的一般组成；理解图纸目录、建筑设计说明、工程做法表及门窗表等内容；理解建筑总平面图、建筑平面图、建筑立面图、建筑剖面图等的成图原理和作用；掌握建筑平面图、建筑立面图、建筑剖面图、建筑详图等的分类、图示内容及图示方法。

2. 能力目标：具备熟练识读和绘制建筑总平面图、建筑平面图、建筑立面图、建筑剖面图及建筑详图等能力。

3. 素质目标：养成精细识读与绘制建筑平面图、建筑立面图、建筑剖面图等的良好作风，精研细磨建筑详图构造做法；建筑内外墙体既是建筑的"脊梁"，又是建筑的"围护"，学生既是企业的栋梁，又是企业的希望，要培养学生增强岗位认同感、责任感、归属感，培养精益求精、抗击风险的工匠精神。

教学单元
6图纸

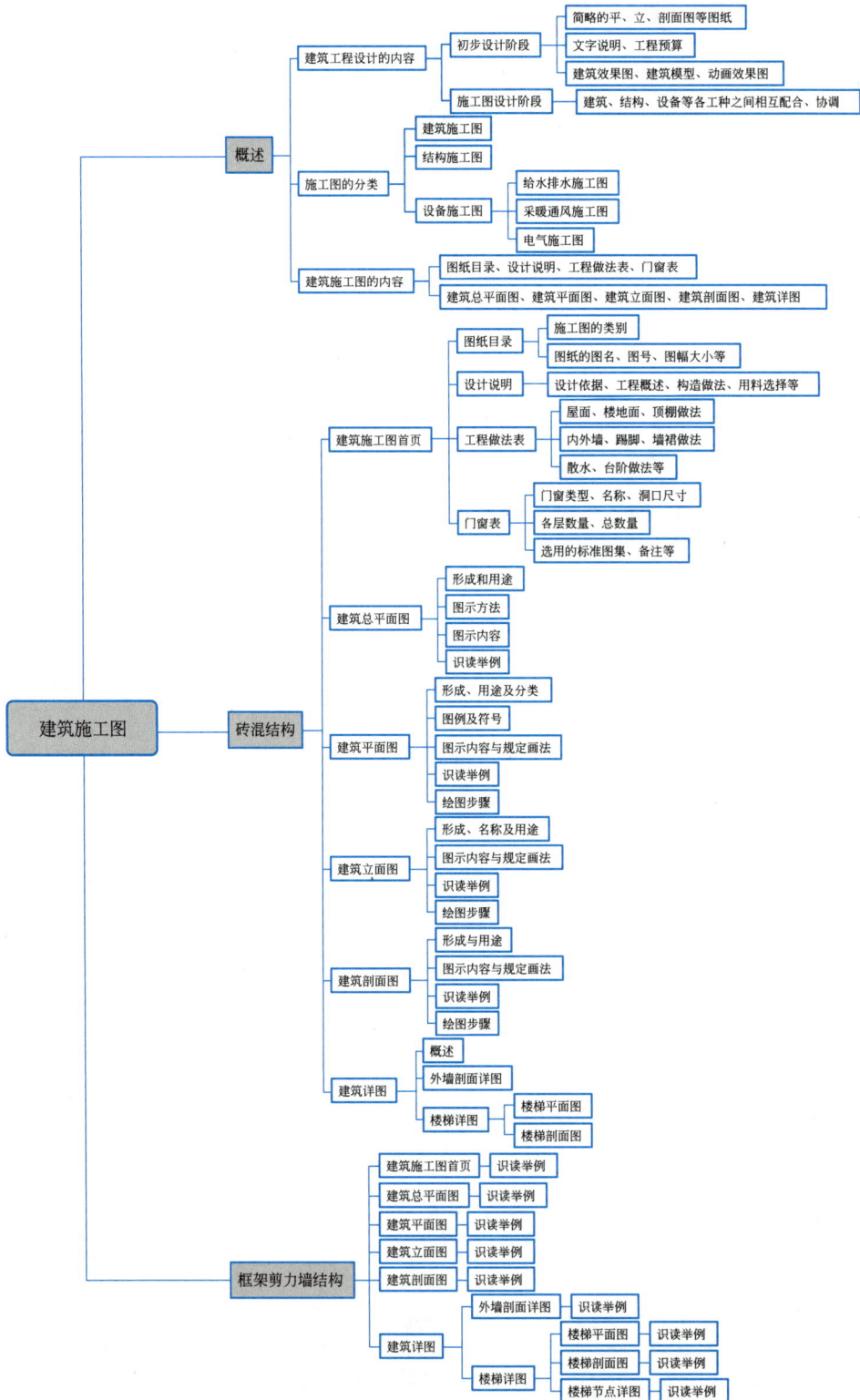

思维导图

建筑施工图
- 概述
  - 建筑工程设计的内容
    - 初步设计阶段
      - 简略的平、立、剖面图等图纸
      - 文字说明、工程预算
      - 建筑效果图、建筑模型、动画效果图
    - 施工图设计阶段
      - 建筑、结构、设备等各工种之间相互配合、协调
  - 施工图的分类
    - 建筑施工图
    - 结构施工图
    - 设备施工图
      - 给水排水施工图
      - 采暖通风施工图
      - 电气施工图
  - 建筑施工图的内容
    - 图纸目录、设计说明、工程做法表、门窗表
    - 建筑总平面图、建筑平面图、建筑立面图、建筑剖面图、建筑详图
- 砖混结构
  - 建筑施工图首页
    - 图纸目录
      - 施工图的类别
      - 图纸的图名、图号、图幅大小等
    - 设计说明
      - 设计依据、工程概述、构造做法、用料选择等
    - 工程做法表
      - 屋面、楼地面、顶棚做法
      - 内外墙、踢脚、墙裙做法
      - 散水、台阶做法等
    - 门窗表
      - 门窗类型、名称、洞口尺寸
      - 各层数量、总数量
      - 选用的标准图集、备注等
  - 建筑总平面图
    - 形成和用途
    - 图示方法
    - 图示内容
    - 识读举例
  - 建筑平面图
    - 形成、用途及分类
    - 图例及符号
    - 图示内容与规定画法
    - 识读举例
    - 绘图步骤
  - 建筑立面图
    - 形成、名称及用途
    - 图示内容与规定画法
    - 识读举例
    - 绘图步骤
  - 建筑剖面图
    - 形成与用途
    - 图示内容与规定画法
    - 识读举例
    - 绘图步骤
  - 建筑详图
    - 概述
    - 外墙剖面详图
    - 楼梯详图
      - 楼梯平面图
      - 楼梯剖面图
- 框架剪力墙结构
  - 建筑施工图首页
    - 识读举例
  - 建筑总平面图
    - 识读举例
  - 建筑平面图
    - 识读举例
  - 建筑立面图
    - 识读举例
  - 建筑剖面图
    - 识读举例
  - 建筑详图
    - 外墙剖面详图
      - 识读举例
    - 楼梯详图
      - 楼梯平面图
        - 识读举例
      - 楼梯剖面图
        - 识读举例
      - 楼梯节点详图
        - 识读举例

单元引文

该单元包括建筑施工图的分类、建筑施工图首页、建筑总平面图、建筑平面图、建筑立面图、建筑剖面图、建筑详图等内容。建筑施工图首页要求正确阅读图纸目录、设计说明、工程做法表、门窗表等内容；建筑总平面图要求了解总平面图的形成和用途，掌握总平面图的图示方法和图示内容；建筑平面图要求了解建筑平面图的形成、用途及分类，掌握建筑平面图的图例及符号、图示内容及规定画法；建筑立面图要求了解建筑立面图的形成、名称及用途，掌握建筑立面图的图示内容与规定画法；建筑剖面图要求了解建筑剖面图的形成与用途，掌握建筑剖面图的图示内容与规定画法；建筑详图要求掌握外墙剖面详图、楼梯详图的图示内容与规定画法。

6.1　概述

6.1.1　建筑工程设计的内容

一般建设项目要按两个阶段进行设计，即初步设计阶段和施工图设计阶段。对于技术要求复杂的项目，可在两个设计阶段之间，增加技术设计阶段，用来深入解决各工种之间的协调技术问题。

1. 初步设计阶段

设计人员接受任务后，首先根据业主要求和有关政策性文件、地质条件等进行初步设计，画出比较简单的初步设计图，简称方案图纸。它包括简略的平面、立面、剖面等图纸，文字说明及工程预算。有时还要向业主提供建筑效果图、建筑模型及电脑动画效果图，以便用直观地反映建筑真实情况的方案图报业主征求意见，并报规划、消防、卫生、交通、人防等部门批准。

2. 施工图设计阶段

在已经批准的方案图纸的基础上，综合建筑、结构、设备等工种之间的相互配合、协调和调整，从施工要求的角度对设计方案予以具体化，为施工企业提供完整的、正确的施工图和必要的有关计算的技术资料。

6.1.2　施工图的分类

房屋建筑施工图由于专业分工不同，一般分为：建筑施工图，简称建施（JZ）；结构施工图，简称结施（JG）；给水排水施工图，简称水施；采暖通风施工图，简称暖施；电气施工图，简称电施。有时也把水施、暖施、电施统称为设备施工图，简称设施。

一套完整的建筑工程施工图应按建施、结施、设施的专业顺序编排。各专业的图纸，应按图纸内容的主次关系、逻辑关系有序排列。

6.1.3　建筑施工图的内容

建筑施工图是表示建筑物的总体布局、外部造型、内部布置、细部构造、建造规模的图纸，是建筑施工放线、砌筑、安装门窗、室内外装修和编制施工图概（预）算及施工组织设计的主要依据。无论是设计阶段还是施工阶段，建筑施工图都是首先被绘制和识读的设计文件，它包含了工程项目的大部分信息，并且是其他专业工作的基础。因此，在整套施工图中，建筑施工图处于主导地位。

建筑施工图由一系列图样及必要的表格和文字说明组成，分别被绘制在若干图纸上，图纸大小按建筑规模取用，规格尽量统一。图样的编排顺序并不固定，可根据布图需要灵活调整，尽可能按图纸内容的主次关系、逻辑关系，有序排列。

合理的编排顺序一般为：图纸目录、设计说明、工程做法表、门窗表、建筑总平面图、建筑平面图、建筑立面图、建筑剖面图以及建筑详图。

6.2　砖混结构

6.2.1　建筑施工图首页

在建筑施工图中，除了各种图样外，还包括图纸目录、设计说明、工程做法表、门窗统计表等文字性说明。这部分内容通常集中编写，放于施工图的前部，一些中小工程当内容较少时，可以全部绘制于施工图的第一张图纸上，称为施工图首页图。

施工图首页服务于全套图纸，但习惯上多由建筑设计人员编写，所以可认为是建筑施工图的一部分。

1. 图纸目录

图纸目录的主要作用是便于查找图纸。由于整套施工图最终要折叠装订成 A4 大小的设计文件，所以图纸目录常单独绘制于 A4 幅面的图纸上，并置于全套图的首页，内容较多时，可分页绘制。

图纸目录一般以表格形式编写，说明该套施工图有几类，各类图纸分别有几张，每张图纸的图名、图号、图幅大小等。

如表 6-1 所示，为某工程的图纸目录实例（设施部分略去）。

图纸目录　　　　　　　　　　　　　　　　　　　　　　　表 6-1

序号	图别	图号	图样名称	图幅	备注
1	建施	1	建筑设计说明、工程做法表、门窗统计表	A1	

续表

序号	图别	图号	图样名称	图幅	备注
2	建施	2	总平面定位图	A2	
3	建施	3	首层平面图	A1	
4	建施	4	二层平面图、三层平面图	A1	
5	建施	5	四层平面图、屋顶平面图	A1	
6	建施	6	①～㉑立面图、㉑～①立面图	A1	
7	建施	7	Ⓐ～Ⓓ立面图、Ⓓ～Ⓐ立面图、1-1 剖面图	A1	
8	建施	8	墙身详图、T1 平面及剖面图	A1	
9	建施	9	T2 平面及剖面图	A1	
10	建施	10	T3 平面及剖面图、玻璃幕墙立面分隔图	A1	
11	建施	11	卫生间放大图	A2	
12	结施	1	结构设计说明	A1	
13	结施	2	基础平面图、断面图	A1	
14	结施	3	二层结构平面布置图	A1	
15	结施	4	三、四层结构平面布置图	A1	
16	结施	5	平屋面结构布置图、坡屋面结构布置图	A1	
17	结施	6	T1 详图、A-A 详图	A1	
18	结施	7	T2 详图	A1	
19	结施	8	T3 详图	A1	
20	水施	……	……	……	
21	暖施	……	……	……	
22	电施	……	……	……	
23	……	……	……	……	

2. 设计说明

建筑设计说明是针对建筑施工图不易表达的内容，如设计依据、工程概述、构造做法、用料选择等，用文字加以说明。一般包括以下内容：

（1）本工程施工图设计的依据性文件、批文和相关规范。

（2）项目概况：内容一般应包括建筑名称、建设地点、建设单位、建筑面积、设计使用年限、建筑层数和建筑高度、防火设计、建筑分类和耐火等级、人防工程防护等级、屋面防水等级、地下室防水等级、抗震设防烈度等，以及能反映建筑规模的主要技术经济指标，如住宅的户型和套数（包括每套的建筑面积、使用面积、阳台建筑面积、房间的使用面积等都可在图中注写）。

（3）设计标高：主要说明本工程的相对标高与总图绝对标高之间的关系。

（4）用料说明和室内外装修：墙体、墙身防潮层、地下室防水、屋面、外墙面、勒脚、散水、台阶、坡道等的材料和做法，可用文字说明或部分文字说明直接在图上引注或加注索引符号；室内装修部分除用文字说明以外，也可用表格形式表达，在表上填写相应的做法或代号。

（5）门窗表及门窗性能（防火、隔声、防护、抗风压、保温、空气渗透、雨水渗透等）、用料、颜色、玻璃、五金件等的设计要求。

（6）幕墙工程（包括玻璃、金属、石材等）及特殊的屋面工程（包括金属、玻璃、膜结构等）的性能及制作要求，平面图、预埋件安装图等以及防火、安全、隔声构造。

（7）电梯（自动扶梯）选择及性能说明（功能、载重量、速度、停站数、提升高度等）。

（8）墙体及楼板预留孔洞封堵方式说明。

以下为某工程的设计说明实例。

建筑设计说明

一、设计依据

1. ××市规划局《规划设计要求通知书》××规管建字〔2019〕第×号。

2. 甲方提供的详细规划图及地形图。

3. ××部门关于××单位新建建筑的批复〔2019〕建字第×号。

4. ××单位认可的设计方案。

5. 本工程依据的主要设计规范：

(1)《建筑设计防火规范》GB 50016—2014（2018 年版）。

(2)《工程建设标准强制性条文 房屋建筑部分》（2013 年版）。

(3)《建筑内部装修设计防火规范》GB 50222—2017。

(4)《民用建筑设计统一标准》GB 50352—2019。

(5)《建筑装饰装修工程质量验收标准》GB 50210—2018。

(6)《屋面工程质量验收规范》GB 50207—2012。

二、项目概况

1. 建筑名称：××建筑用房。

2. 建筑地点：××市。

3. 建设单位：××公司。

4. 工程概况：本建筑共四层，坡屋顶，耐火等级为二级。本建筑结构的设计使用年限为 50 年，结构形式为砖混结构，基础采用条形基础。本工程按民用建筑工程设计等级为三级，按 6 度抗震设防，屋面防水等级 Ⅱ 级。建筑面积 4237.6m²，建筑高度 15.90m。

三、总图设计

1. 总平面图根据××市规划局《规划设计要求通知书》××规管建字〔2019〕第×号文件及甲方提供的地形图和详细规划图绘制而成，与周围建筑的间距满足规划定点要求及防火要求。

2. 本施工图不包括环境设计。

......

3. 工程做法表

对房屋的屋面、楼地面、顶棚、内外墙、踢脚、墙裙、散水、台阶等建筑细部，其构造做法可以绘出详图进行局部图示，也可以用列成表格的方法集中加以说明，这种表格称作工程做法表。工程做法表的内容一般包括：工程构造的部位、名称、做法及备注说明等，因为多数工程做法属于房屋的基本土建装修，所以又称为建筑装修表。

表 6-2 为某工程的工程做法表实例。

工程做法表　　　　　　　　　　表 6-2

类别	编号	名称	适用范围	备注
屋面	屋 8	平瓦保温屋面		
墙身		240/370 黄河淤泥实心砖墙	所有承重墙	
		120 黄河淤泥空心砖墙	卫生间隔墙	
		240 加气混凝土砌块墙	非承重隔墙	
外墙	外墙 32	贴面砖墙面		外墙及柱面,色彩详见立面图
散水	散 1	混凝土水泥散水		宽 900
地面	地 27	大理石防潮地面	门厅、底层楼梯间	将大理石板改为花岗石板
	地 26	铺地砖防潮地面	除门厅、楼梯间外所有房间和走廊	洗漱间、卫生间采用防滑地砖
楼面	楼 29	大理石楼面	楼梯间	
	楼 17	铺地砖楼面	除库房、卫生间、楼梯间外所有房间和走廊	采用 500×500 地砖
	地 26	铺地砖防水楼面	洗漱间、卫生间、淋浴间	采用 200×200 防滑地砖
踢脚	踢 11	大理石板踢脚	门厅、底层楼梯间	高度 150
	踢 9	地砖踢脚	除门厅、楼梯间和走廊外所有房间	高度 150
墙裙	裙 14	瓷砖墙裙	走廊	高度 1500
内墙	内墙 9	水泥砂浆抹面	除洗漱间、卫生间外所有房间和走廊	刷白色 106 涂料
	内墙 39	防水瓷砖墙面	洗漱间、卫生间、淋浴间	乳白色面砖
顶棚	棚 5	水泥砂浆顶棚	除洗漱间、卫生间和走廊外所有房间	刷白色 106 涂料
	棚 13	纸面石膏板吊顶	洗漱间、卫生间、淋浴间	刷白色 106 涂料,吊顶高 2700
	棚 38	PVC 板顶棚	洗漱间、卫生间	
油漆	油 1	木材面油漆(调和漆)	用于木制作	

4. 门窗表

为了方便门窗的制作和安装，需将建筑的门窗进行编号，统计汇总后列成表格。门窗统计表用于说明门窗类型，每种类型的名称、洞口尺寸、每层数量和总数量以及可选用的标准图集、其他备注等。

表6-3为某工程的门窗表实例。

门窗表   表6-3

类别	代号	编号	洞口尺寸		数量					采用标准图集	备注
			宽	高	一层	二层	三层	四层	合计		
门	M1	M2-57	900	2100	23	27	18	31	99	L13J4-1	木制
	M2	DLM100-18	1800	2700	3	2	2	2	10	L13J4-1	铝合金
	M3	DLM100-98	5400	3000	1				1	L13J4-1	铝合金
	M4	M2-522	1500	2100	1	1	1	1	4	L13J4-1	木制
	M5	M2-58	900	2100	7	7	9	4	27	L13J4-1	木制
	M6	M2-383	1300	2100	2		9		11	L13J4-1	木制
窗	C1	TLC70-52	2100	1800		29	30	30	89	L13J4-1	铝合金，磨砂玻璃
	C2	TLC70-09	900	2100				62	62	L13J4-1	铝合金
	C3	TLC70-27	1500	1800	2	1	1	1	5	L13J4-1	铝合金
	C4	TLC70-92	3000	1200			1	1	2	L13J4-1	铝合金
	C5	TLC70-50	2100	1200	5	3	3	3	14	L13J4-1	铝合金
注	1. 所有尺寸均须核实后方可下料施工；2. 所有首层外窗均外装防盗网；3. 所有外窗均一玻一纱。										

6.2.2　建筑总平面图

精益求精

1. 总平面图的形成和用途

总平面图是建筑工程及其邻近建筑物、构筑物、周边环境等的水平正投影图，是表明基地所在范围内总体布置的图样。它主要反映当前工程的平面轮廓形状和层数、与原有建筑物的相对位置、周围环境、地形地貌、道路和绿化的布置等情况。总平面图是建筑工程房屋定位、土方施工及设计其他专业管线平面图和施工总平面布置图的依据。

2. 总平面图的图示方法

总平面图应按上北下南方向绘制。根据场地形状或布局，可向左或向右偏转，但不宜超过45°。

总平面图一般采用1∶500、1∶1000或1∶2000的比例绘制，因为比例较小，图示内容多按《总图制图标准》GB/T 50103—2010中相应的图例要求进行简化绘制，与工程无关的对象可省略不画。表6-4摘录了一部分总平面图图例。

总平面图图例　　　　　　　　　　　　　　　　　　　　表 6-4

序号	名称	图例	备注
1	新建建筑物	$X=$　$Y=$　①　12F/2D　H=59.00m	1. 新建建筑物以粗实线表示与室外地坪相接处±0.000 外墙定位轮廓线； 2. 建筑物一般以±0.000 高度处的外墙定位轴线交叉点坐标定位，轴线用细实线表示，并标明轴线号； 3. 根据不同设计阶段标注建筑编号，地上、地下层数，建筑高度，建筑出入口位置（两种表示方法均可，但同一图纸采用一种表示方法）； 4. 地下建筑物以粗虚线表示其轮廓； 5. 建筑上部（±0.000 以上）外挑建筑用细实线表示； 6. 建筑物上部连廊用细虚线表示并标注位置
2	原有建筑物		用细实线表示
3	计划扩建的预留地或建筑物		用中粗虚线表示
4	拆除的建筑物		用细实线表示
5	散装材料露天堆场		需要时可注明材料名称
6	其他材料露天堆场或露天作业场		需要时可注明材料名称
7	水池、槽坑		也可以不涂黑

序号	名称	图例	备注
8	烟囱	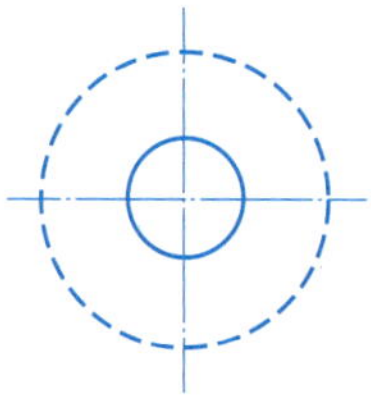	实线为烟囱下部直径，虚线为基础，必要时可注写烟囱高度和上、下口直径
9	围墙及大门		—
10	台阶及无障碍坡道	1. 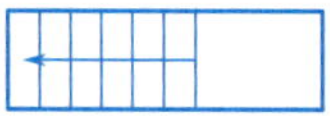 2. 	1. 表示台阶(级数仅为示意)； 2. 表示无障碍坡道
11	坐标	1. 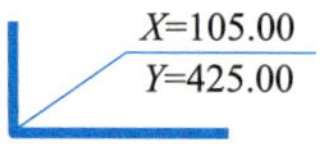 $X=105.00$ $Y=425.00$ 2. $A=105.00$ $B=425.00$ 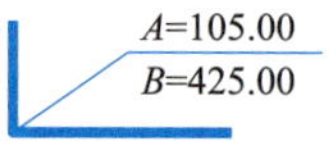	1. 表示地形测量坐标系； 2. 表示自设坐标系。 坐标数字平行于建筑标注
12	室内地坪标高	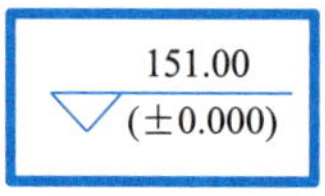 151.00 (±0.000)	数字平行于建筑物书写
13	室外地坪标高	 143.00	室外地坪标高也可采用等高线

3. 总平面图的图示内容

总平面图通常包括以下内容：

（1）建筑物。分为新建、扩建、原有及拆除建筑物。以±0.000 标高处的外墙轮廓线表示新建建筑物，需要时可用▲表示出入口，在图形右上角用点（●）数或数字表示层数。

（2）道路。分为新建、扩建、原有和拆除道路以及人行通道、铁路等。

（3）构筑物。常见的构筑物有围墙（大门）、挡土墙、边坡、台阶、水池、桥涵、烟囱等。

（4）绿化。包括树木、草地、花坛、绿篱等。

（5）其他地物和设施。如消火栓、管线、水井、电线杆等，当对工程有重要影响时，需要绘出。

（6）标注。主要有相对尺寸、坐标、标高和坡度。相对尺寸和坐标用于平面定位，只在水平方向进行度量，其中，通过相互之间的尺寸和角度进行定位的方法，比较直观方便，因此应用较多。标高用于竖向定位。坡度则显示了连续变化的竖向关系，多用于道路、场地、坡道等。总图中的坐标、标高、距离宜以米为单位，并应至少取至小数点后两位，不足时以"0"补齐。

（7）文字说明和其他符号。文字说明有图名、比例、建筑物名称或编号、道路名称等。总图中应绘制指北针或风玫瑰图。

4. 总平面图的识读举例

现以某工程为实例，进行建筑总平面图的识读。

总平面图主要用于建筑的水平和竖向的定位，图 6-1 为某工程的总平面图，绘图比例是 1:500，图中的指北针给出了图样的方位。基地围墙的东面紧邻城市干道南湖路，北面是东风渠，东北角为得月桥，据此可以确定基地在城市中的位置。

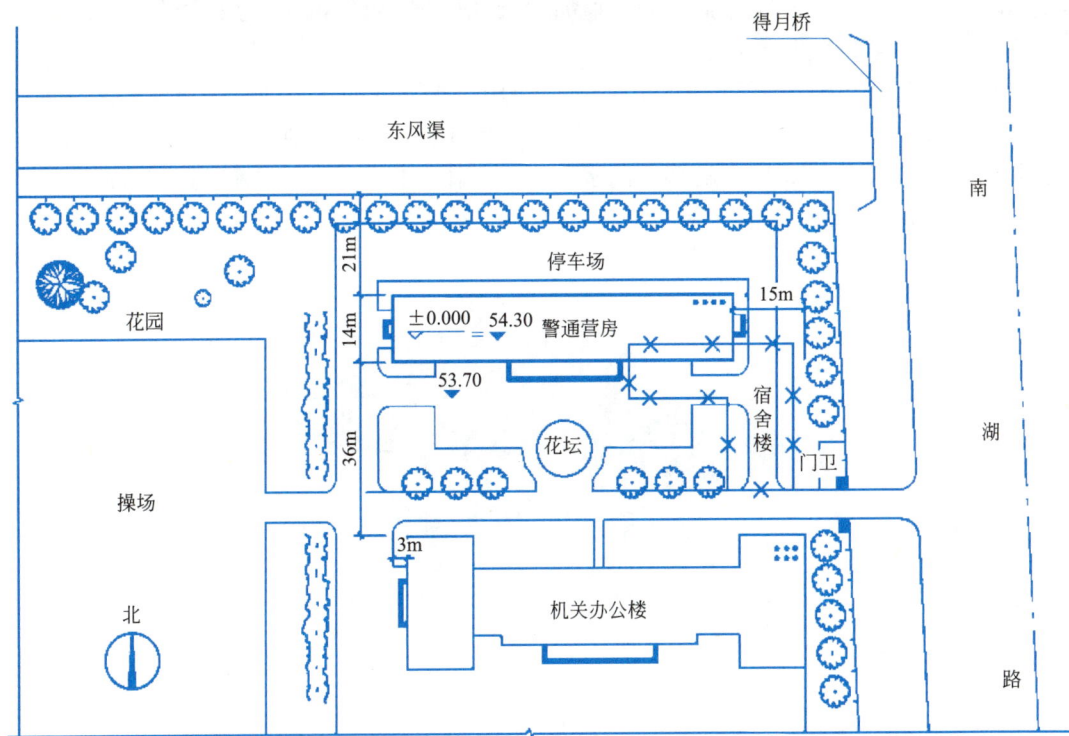

图 6-1　建筑总平面图 1:500

基地中，粗线框显示出本设计的主体——警通营房，右上角以四个圆点表示该建筑物共四层。营房北为停车场，东、西两侧为基地内道路。南侧主入口前是一小片空地，中间有个圆形花坛，四周围均有绿地。空地向南和东、西分别有通路与基地道路相连。

花坛再向南，隔一条道路是基地内的原有机关办公楼，从楼右上角的圆点看出，办公楼共有六层高。新建工程西侧，隔基地道路是另一块绿地，绿地与基地内的北端小花园连成一片，花园南为整个营区的操场。

在新建工程的东南角和花坛东侧，是原有宿舍楼，从图例可以看出，这是一座需拆除的建筑。基地北面和东面沿围墙植有树木，东面围墙上还有基地的侧门与南湖路相通，门口有门卫的值班室。从侧门向西为直通操场的基地道路。

从图中的标注可知，新建营房与北侧围墙间距 21m，与南侧原有办公楼间距 36m，东端在办公楼东墙以西 15m 处，西端在办公楼西墙以西 3m 处。据此，通过与原有办公楼的相对尺寸，可以对新建营房准确定位。另外，图中还分别标出了室外地坪的绝对标高为 53.70m，室内地坪的绝对标高为 54.30m，相当于室内相对标高±0.000，以便对营房进行竖向定位。

6.2.3 建筑平面图

1. 建筑平面图的形成、用途及分类

将建筑物所处位置的水平面视为水平投影面（即 H 面），建筑物置于 H 面之上，凡是向水平投影面做正投影所产生的图样统称为平面图。

（1）形成与分类

1）建筑工程中所指的建筑平面图，是假想用一水平的剖切平面，在窗台上沿（通常距离本层楼、地面 1m 左右，在楼梯上行的第一个梯段内）水平剖开整个建筑，然后移去剖切平面上方的房屋，将留下的部分向水平投影面作正投影所得到的图样，简称平面图。其形成过程如图 6-2 所示。

（a）

水平剖切平面
（要通过门窗洞口）

~1m

（b）

图 6-2 平面图形成过程（一）

（a）某工程立体示意图；（b）水平剖切平面

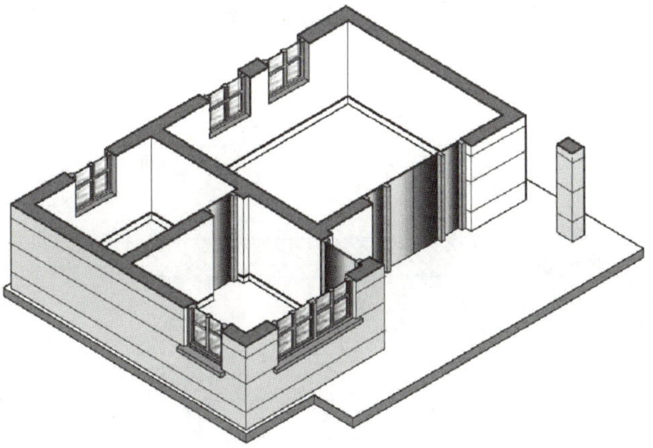

(c)

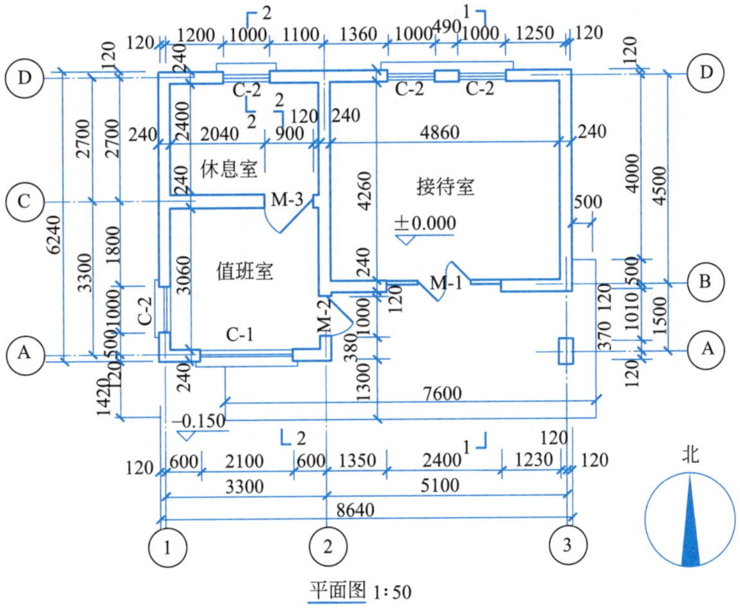

平面图 1:50

(d)

图 6-2　平面图形成过程（二）

（c）移去上部；（d）形成平面图

2）当建筑物有楼层时，应每层剖切，得到的平面图以所在楼层命名，称为×层平面图（×为楼层号），如一（底）层平面图、二层平面图、三层平面图……顶层平面图。如果上下各楼层的房间数量、大小和布置都一样，则相同的楼层可用一个平面图表示，称为标准层平面图或×～×层平面图，如二～四层平面图。

底层平面图，除了要图示本层的房间布置及墙、柱、门窗等构配件的位置、尺寸以外，还要图示与本建筑有关的台阶、散水、坡道、花池及垃圾箱等的水平外形图。二层或二层以上楼层平面图，除了要图示本层的房间布置及墙、柱、门窗等构配件的位置、尺寸以外，还要图示下面一层的雨篷、窗楣等构件水平外形图。

3）当建筑物的某一部分较为特殊或需要详细表达时，需将其水平剖视图单独绘出，称为局部平面图，常以所绘部位命名，如卫生间平面图、楼梯间平面图等。局部平面图的作用与一般建筑平面图的作用基本相同，且多用作建筑详图，如图 6-3 所示。

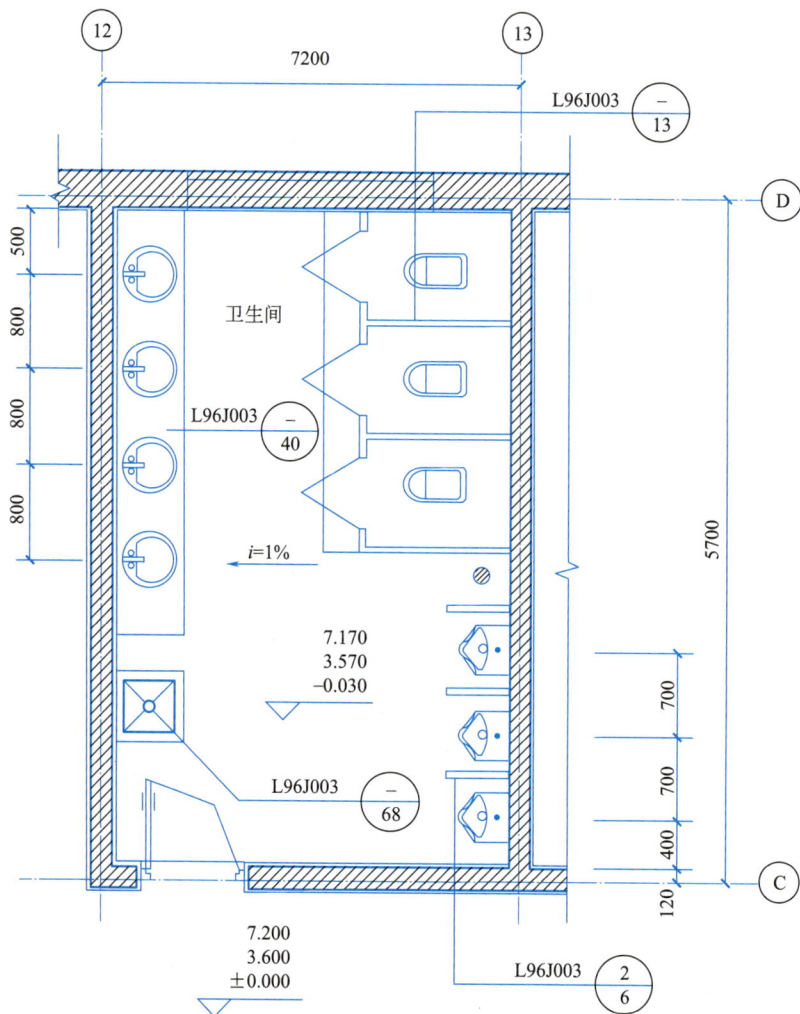

图 6-3　某公共卫生间局部平面图

4）将完整的房屋建筑向水平投影面作正投影所得到的图样，称为屋顶平面图。屋顶平面图表明了屋顶的形状，屋面排水组织及屋面上各构配件的布置情况，如图 6-4 所示。

（2）用途

建筑平面图主要用来表达房屋的平面布置情况，标定了主要构配件的水平位置、形状和大小，在施工过程中是进行放线、砌筑、安装门窗、编制工程预（结）算等工作的重要依据。

2. 建筑平面图的图例及符号

（1）图例

由于建筑施工图的绘图比例较小，某些内容无法用真实投影绘制，如门、窗、孔洞、坑槽等一些尺度较小的建筑构配件，可以使用图例来表示。图例应按《建筑制图标准》GB/T 50104—2010 中的规定绘制，详见教学单元 5 表 5-4。

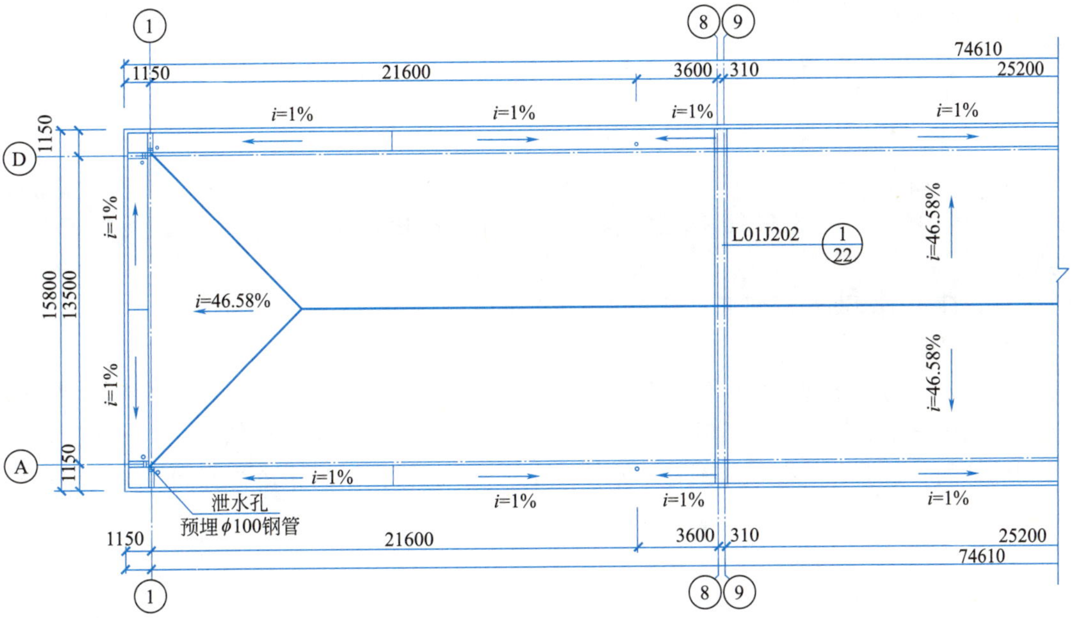

图 6-4　某工程屋顶平面图

（2）符号

施工图中的符号不是建筑物的投影组成，而是人为规定的专用图形，这些图形具有特定的样式和含义，有着不可替代的作用。

例如，图纸上常见的定位轴线，在现实的墙体或柱中并不存在，它是一根假想的辅助线。绘图时将承重结构的特定位置与其重合，这样，当这根线的位置确定了，与之对齐的承重结构也就定位了。如果对每一根轴线进行编号，则位于轴线上的墙体或柱也同时具有了各自的编号。

如图 6-5 所示，由细的单点长画线与圆圈组成的定位轴线及其编号，只是一种图示符号，是施工图常用符号中的一种，这些符号并非任何实体在投影面上的投影，但它们对于施工图的使用有着重要意义，是施工图的重要内容。

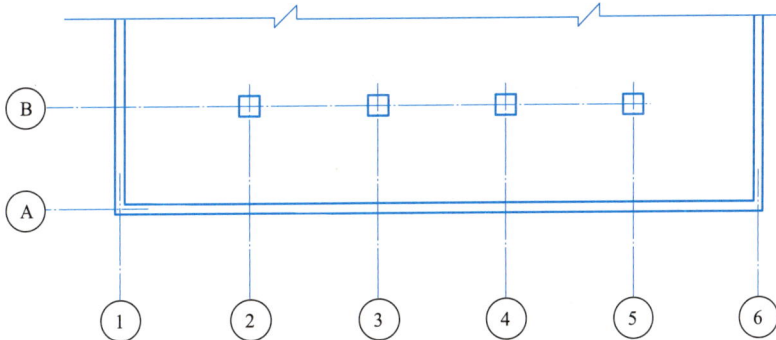

图 6-5　定位轴线及编号

为了保证图纸的规范性与统一性，符号必须按国家规定绘制和使用。一套完整的建筑施工图常常包括以下符号：

定位轴线及其编号、索引符号与详图符号、引出线、标高、指北针与风玫瑰图、剖切符号、箭头、折断线与连接符号、对称符号等，这些符号已在本书前面相关单元中有所介绍，此处不再赘述。

3. 建筑平面图的图示内容与规定画法

建筑平面图一般采用 1∶200～1∶100 的比例绘制；当内容较少时，屋顶平面图常按 1∶200 的比例绘制；局部平面图根据需要，可采用 1∶100、1∶50、1∶20、1∶10 等比例绘制。

（1）建筑平面图和局部平面图通常包括以下内容：

1）轴线及其编号

定位轴线是确定建筑构配件位置及相互关系的基准线，主要承重构件一般直接位于轴线上，纵横交错的轴线网也给其他构配件的定位带来方便。通过定位轴线，大体可以看出房间的开间、进深和规模。如图 6-6 所示，横向定位轴线之间的距离为开间，纵向定位轴

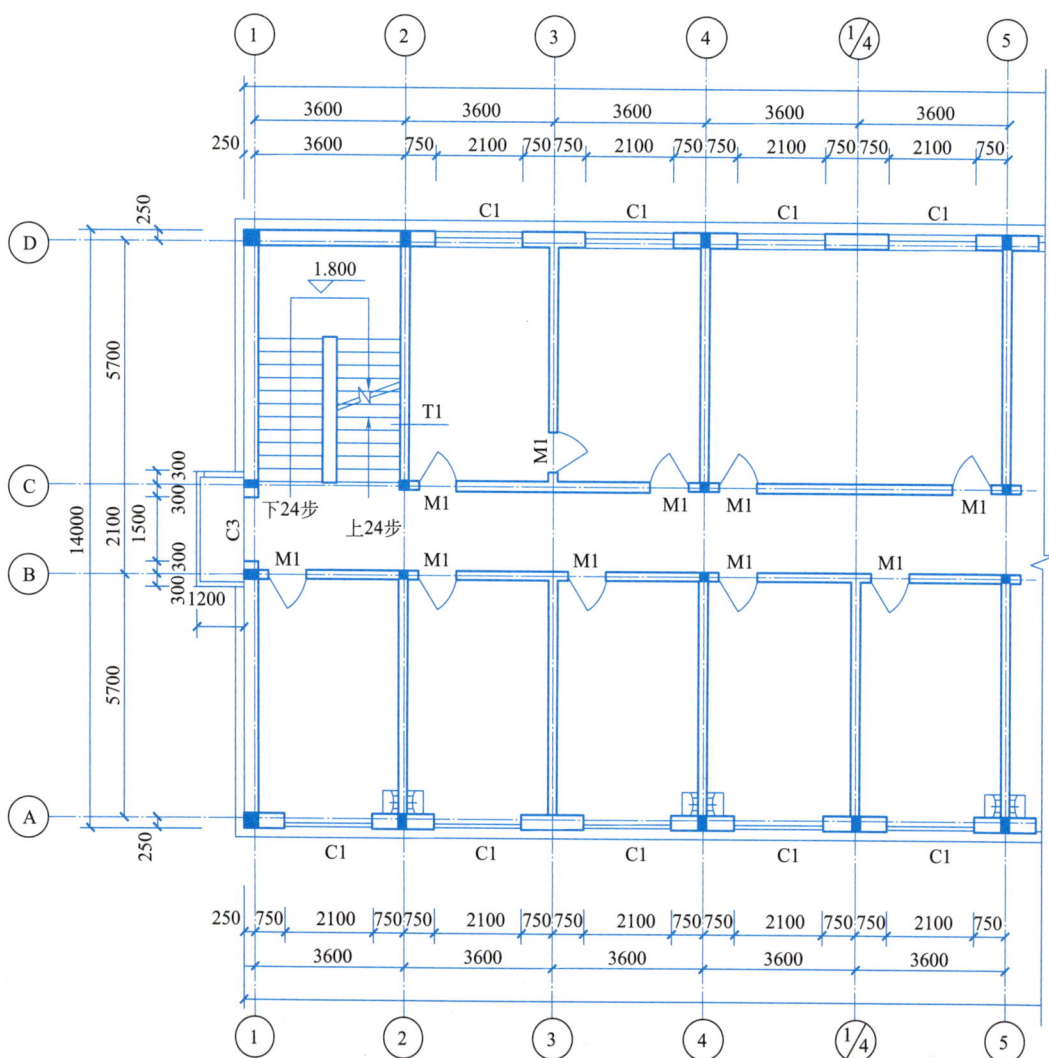

图 6-6　某工程局部平面图

线之间的距离为进深，如②～③轴线与Ⓐ～Ⓑ轴线之间的房间，开间尺寸为 3.6m，进深尺寸为 5.7m，面积为 $3.6 \times 5.7 = 20.52 \text{m}^2$。

2）墙体和柱

墙体和柱围合出各种形状的房间，显示了建筑空间的平面组成，是平面图的主要内容。

墙体指各种材料的承重墙和非承重墙，包括轻质隔断。柱指各种材料的承重柱、构造柱等。

墙体和柱应按真实投影进行绘制，图线分为剖切轮廓线（粗实线）和可见轮廓线（中实线）。同时，还应注意不同比例的平面图，其抹灰层、材料图例的省略画法：

① 比例大于 1：50 的平面图，应画出抹灰层，并宜画出材料图例。

② 比例等于 1：50 的平面图，抹灰层的面层线应根据需要而定。

③ 比例小于 1：50 的平面图，可不画出抹灰层。

④ 比例为 1：200～1：100 的平面图，可画简化的材料图例（如砖砌体墙涂红、钢筋混凝土涂黑等）。

⑤ 比例小于 1：200 的平面图，可不画材料图例，面层线可不画出。

3）门窗及其编号

门窗一般位于墙体上，与墙体共同分隔空间。门的位置还显示了建筑的交通组织。

门窗实际是墙体上的洞口，多数可以被剖切到，绘制时将此处墙线断开，以相应图例显示。对于不能剖切到的高窗，则不断开墙线，窗用虚线绘制。

门窗应编号，编号直接注写于门窗旁边。如门的编号：M1、M2 或 M-1、M-2 等；窗的编号：C1、C2 或 C-1、C-2 等；同一规格的门或窗均各编一个号，以便统计列门窗表。

4）楼梯

在平面图中，楼梯是交通流线的起点或终点。楼梯的形式多样，但都可以按楼层分为三类，底层、中间层和顶层。因为楼梯竖向贯穿楼层，所以除顶层外，楼梯段在每层都会被剖断，剖断处以折断线示意。中间层与底层的区别是，中间层梯段被剖断后，向下投影还可见下层楼梯，而底层则没有。

楼梯参照《建筑制图标准》GB/T 50104—2010 中的图例绘制，其中，楼梯段、休息平台、楼梯井、踏步和扶手应为真实投影线，此外还包括折断线和指示行进方向的箭头与文字，如图 6-7 所示。

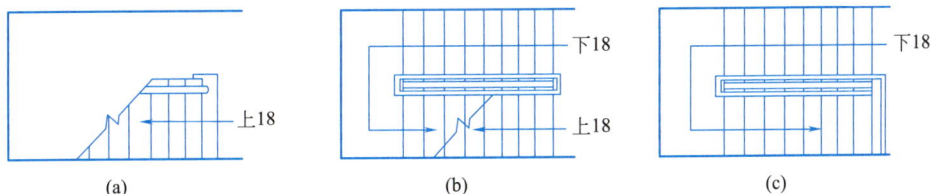

图 6-7　楼梯平面示意图

（a）底层平面图；（b）中间层平面图；（c）顶层平面图

5）其他建筑构配件

常见的有：卫生洁具、门口线（门槛）、操作平台、设备基座、雨水管、阳台等。底层平面图还会有散水、明沟、花坛、台阶、坡道等；楼层平面图则还要表示下一层的雨篷顶面、窗楣和局部屋面等。

某些不可见或位于水平剖切面之上的构配件，当需要表达时，应使用虚线绘制，如地沟、高窗、吊柜等。

在建筑施工图中，各种设备管线、电气设施、暖气片等无需绘制，家具按需要绘制。

6）尺寸标注

建筑施工图的尺寸标注可以分为外部尺寸和内部尺寸两种。

在建筑物四周，沿外墙应标注三道尺寸，即外部尺寸。最靠近建筑物的一道是表示外墙的细部尺寸，如门窗洞口及墙垛的宽度及定位尺寸等；中间一道用于标注轴线尺寸；最外一道则标注整个建筑的总尺寸（局部平面图不标注总尺寸）。

除外部尺寸外，图上还应当有必要的局部尺寸，即内部尺寸。如墙体厚度和位置、洞口位置和宽度、踏步位置和宽度、柱位置大小、室内固定设备位置大小等，凡是在图上无法确定位置和大小，又未经专门说明的，都应标注其定位尺寸和定形尺寸。

尺寸标注以线性尺寸为主，此外，还包括径向尺寸、角度和坡度。为了方便施工，宜少用角度标注，而转换为线性尺寸进行定位。

7）标高

标高是标注建筑物各部位高度的另一种尺寸形式，有绝对标高和相对标高之分，其具体标注方法详见前面单元所述内容。

8）文字说明

常见的文字说明有图名、比例、房间名称或编号、门窗编号、构配件名称、做法引注等。

9）索引符号

图中如需另画详图或引用标准图集来表达局部构造，应在图中的相应部位以索引符号索引，如图 6-3 所示。相同的建筑构造或配件，索引符号可仅在一处绘出。

10）指北针和剖切符号

在首层平面图应绘制指北针和剖切符号。指北针用于确定建筑朝向；剖切符号用于指示剖面图的剖切位置及剖视方向。剖切符号应当编号以便查找，剖切符号与剖面图应一一对应。

11）其他符号

如箭头、折断线、连接符号、对称符号等。

箭头多用于指示坡度和楼梯走向。指示坡度箭头应指向下坡方向，指示楼梯走向时以图样所在楼层为起始面。此外，在进行角度标注、径向标注及标注弧长时，尺寸起止符号也使用箭头，具体标注方法详见前面单元所述内容。

（2）屋顶平面图通常包括以下内容：

1）轴线及其编号

屋顶平面图内容较少，可只绘制端部和主要转折处的轴线及编号。

2）屋面构配件

平屋面一般包括女儿墙、挑檐、檐沟、上人孔、天窗、水箱、烟囱、通气道、爬梯等。坡屋面一般包括屋面瓦、屋脊线、挑檐、檐沟、天沟、天窗、老虎窗、烟囱、通气道等。

3）排水组织

平屋面应绘出排水方向和坡度，分水线位置。有组织排水还应确定雨水口位置。坡屋面采用有组织排水时，应绘出檐沟的排水方向和坡度，分水线、雨水口位置。

4）尺寸标注

屋顶平面图四周可只画两道尺寸，即细部尺寸和总尺寸，而省略轴线尺寸。局部尺寸主要是屋面构配件和分水线、雨水口的定位定形尺寸。

5）文字说明及索引符号

文字说明主要有图名、比例、构配件注释、做法引注等。当图中有需要另画详图或引用标准图集的构造时，应在相应部位以索引符号索引。

4. 建筑平面图的识读举例

现以某传达室单层建筑工程为实例，进行建筑平面图的识读。

【应用案例 6-1】

某传达室单层建筑工程，如图 6-8 所示。

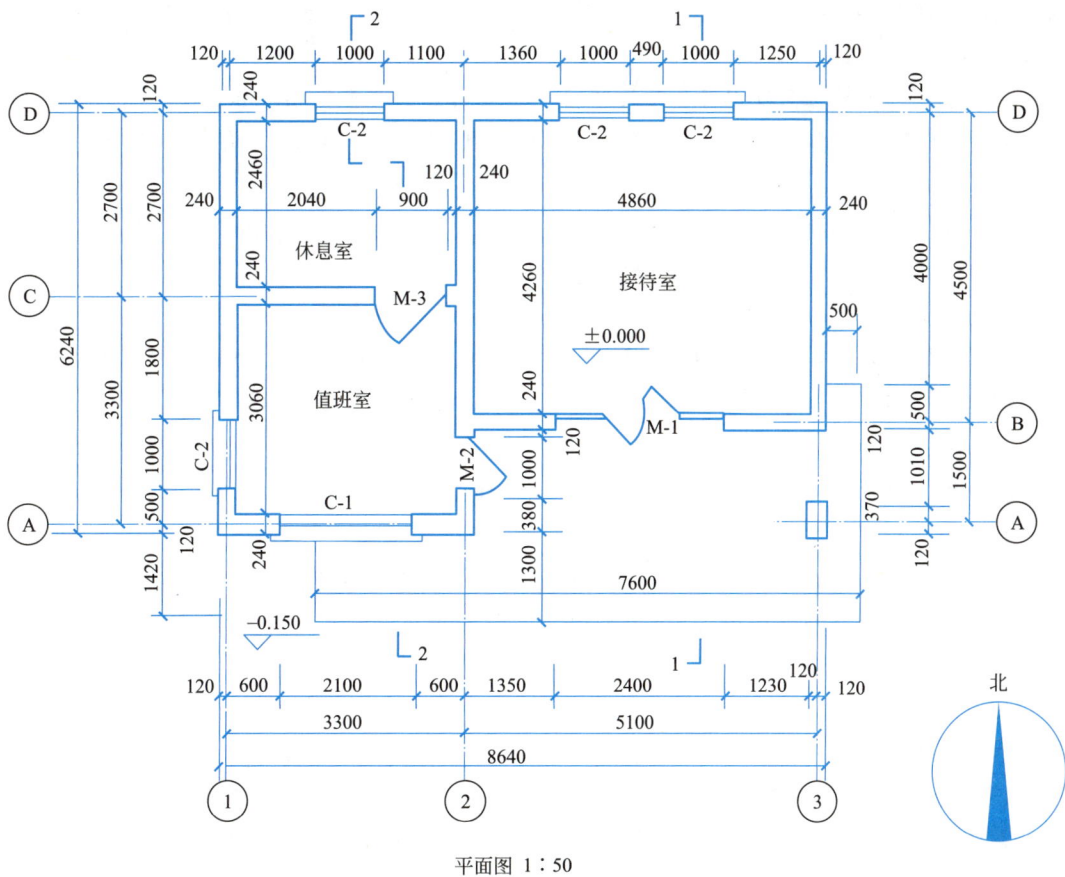

平面图 1：50

图 6-8　某传达室一层平面图

（1）了解平面图的图名、比例。从图中可知该平面图是一层平面图，比例是 1∶50。

（2）了解房屋的朝向。从图中指北针可知房屋坐北朝南。

（3）了解定位轴线，内外墙的位置。该平面图中，横向定位轴线从①到③，共 3 道轴线；纵向定位轴线从Ⓐ到Ⓓ，共 4 道轴线。定位轴线确定了墙体、柱子的位置，也可以了解房间的大小。

（4）了解房屋的平面布置情况。从图中可了解到该图由三个房间组成，分别为值班室、休息室和接待室。值班室和休息室的开间为 3300mm，进深为 3300mm 和 2700mm；接待室的开间为 5100mm，进深为 4500mm。

（5）从图中标注的外部和内部尺寸，了解到各个房间的开间、进深、外墙与门窗的大小和位置。外部尺寸从外向里分别为：第一道尺寸表示外轮廓的总尺寸，图中传达室总长为 8640mm、总宽为 6240mm。第二道尺寸表示轴线间的距离，即房间的开间和进深尺寸，如 3300mm、5100mm 和 3300mm、2700mm 等。第三道尺寸表示各细部的尺寸，以①～②轴线间值班室为例，值班室开间尺寸为 3300mm，值班室 C-1 窗洞口宽度尺寸为 2100mm，窗洞边距①轴和②轴分别为 600mm。

（6）了解建筑物中各组成部分的标高情况。在平面图中，对于建筑物各组成部分，如楼地面、室内外地坪面，一般都分别注明标高。这些标高均采用相对标高，并将建筑物的室内地坪面的标高定为±0.000，室外标高为−0.150。由此可知，传达室的室内外高差为 0.15m。

（7）了解门窗的位置及编号。从图中可以看到门窗的类型、编号和位置。如Ⓐ轴上有一个 C-1，Ⓑ轴上有推拉门 M-1，Ⓒ轴上有 M-3，Ⓓ轴上有三个 C-2，①轴上有一个 C-2，②轴上有一个 M-2。

（8）了解其他构配件情况。该建筑入口有两处，入口处有室外平台，紧贴建筑外墙；平台处有一独立柱；C-1、C-2 下方均设有窗台。

（9）了解建筑剖面图的剖切位置。图中在②、③轴线间和①、②轴线间分别标明了剖切符号 1-1 和 2-2，表示剖面图的剖切位置，1-1 剖视方向向左，2-2 剖视方向向右，以便与剖面图对照查阅。

5. 建筑平面图的绘图步骤

建筑平面图通常可按照以下三个步骤进行绘制。

（1）定比例，选图幅

正确的顺序应当是，根据建筑的规模和复杂程度确定绘图比例，然后按图样大小挑选合适的图幅。普通建筑的比例以 1∶100 居多，图样大小应将外部尺寸和轴线编号一并考虑在内。除图纸目录常用 A4 幅面外，一套图的图幅数不宜多于两种。

（2）绘制底稿

底稿必须利用绘图工具和仪器，使用稍硬的铅笔按如下顺序绘制。

1）绘制图框和标题栏，均匀布置图面，按开间和进深尺寸绘出定位轴线。

2）绘出全部墙、柱断面和门窗洞口，同时补全未定轴线的次要的非承重墙。

3）绘出房屋的细部（如窗台、阳台、楼梯、雨篷、室外台阶、坡道、卫生器具的图例或外形轮廓等细部）。

4）安排好书写文字、标注尺寸和符号。

对轴线编号圆、尺寸标注、门窗编号、标高符号、文字说明如房间名称等位置进行安排调整。先标外部尺寸，再标内部和细部尺寸，按要求轻画字格和数字、字母字高导线。

5）底层平面图需要画出指北针、剖切位置符号及其编号。

6）校核。底稿完成后，需要仔细地校核，在校核无误后，再上墨或加深图线。

下面以图 6-9 为例说明绘图的具体步骤，其步骤参见图 6-9。

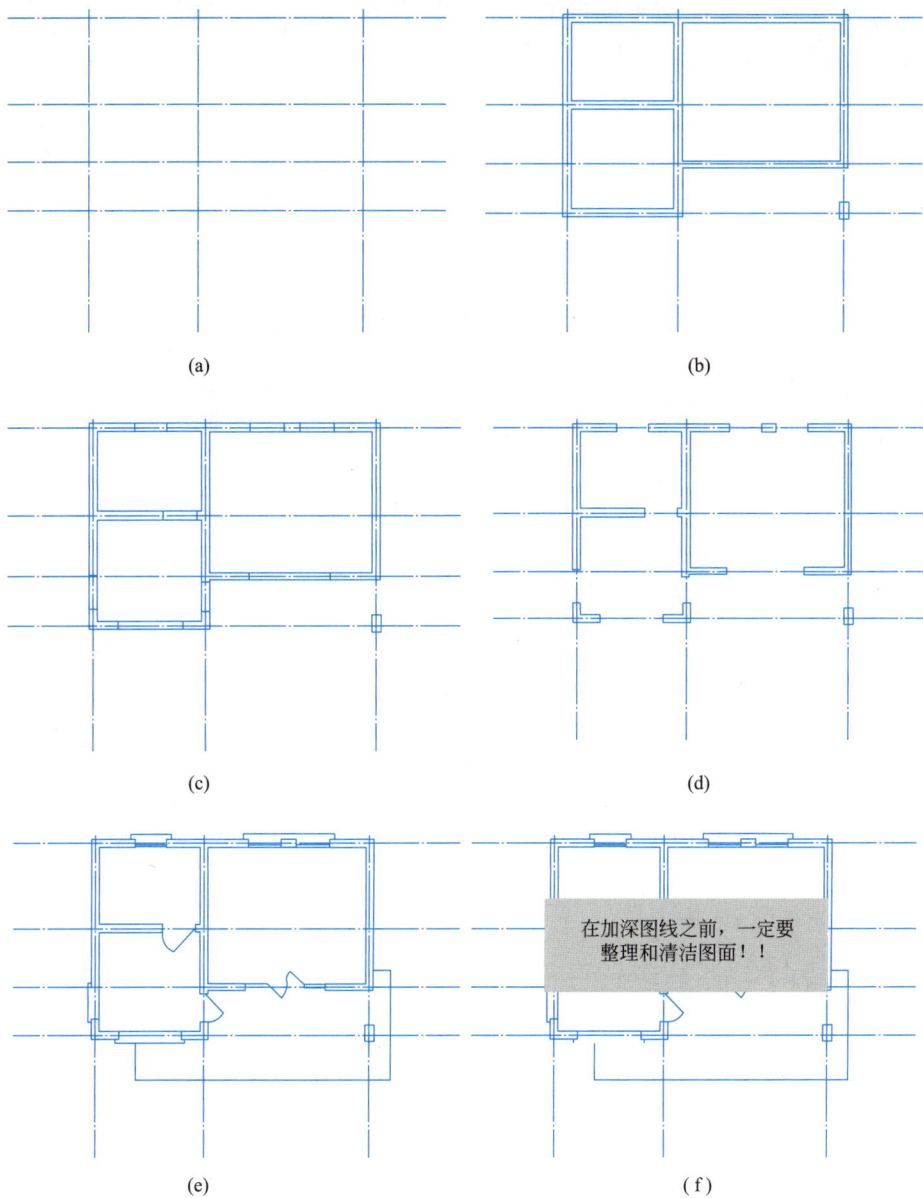

图 6-9 绘图步骤（一）

（a）绘制定位轴线；（b）绘制墙体、柱的边线；（c）确定门窗洞口边线；

（d）确定出门窗洞口位置；（e）绘制门窗图例、窗台、室外台阶边线；

（f）加深图线前的准备工作

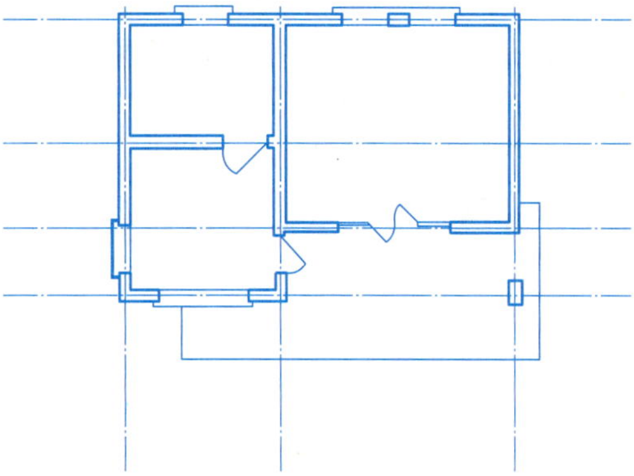

(g)

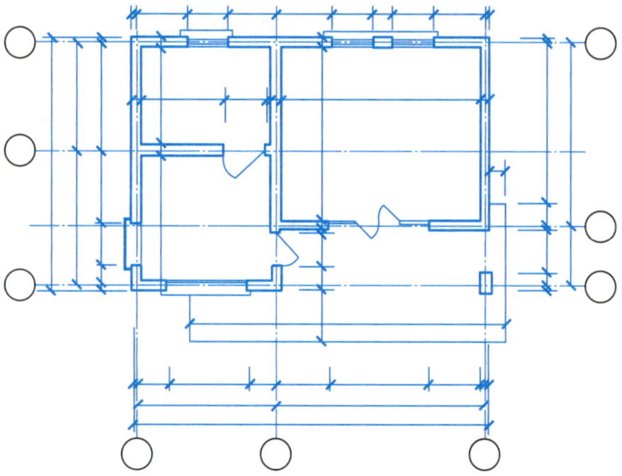

(h)

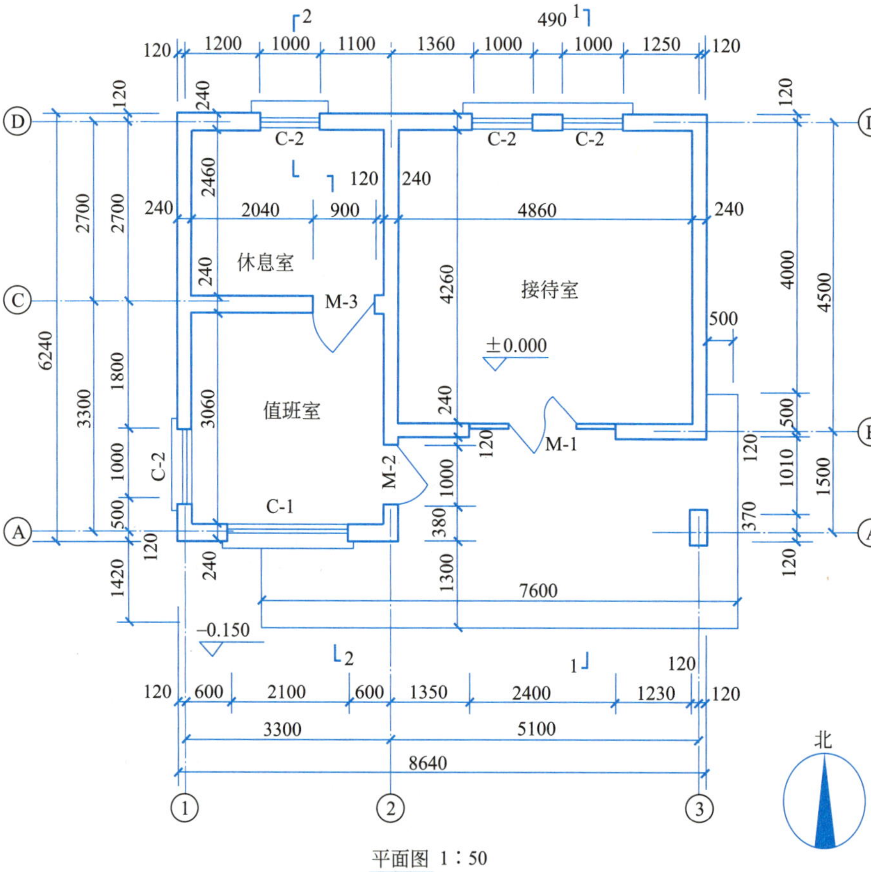

平面图 1∶50

(i)

图 6-9　绘图步骤（二）

（g）加深图线；（h）标注定位轴线、标注尺寸；

（i）标注剖切符号、指北针、门窗编号、轴线编号、尺寸数字、标高、文字说明

（3）绘制正图

正规的建筑施工图应使用墨线绘制在描图纸上，称为底图。底图并不能直接使用，而是需要经过晒图处理，影印到白纸上才能交付施工。因为影印后的图线呈深蓝色，所以又称为蓝图。作为平时练习的施工图，也可以用铅笔描深，方法和要求与使用墨线相同。

绘制正图应按照从上到下、从左到右、从细线到粗线的步骤进行，作为最终的成果图，应极为认真仔细。

6.2.4　建筑立面图

1. 建筑立面图的形成、名称及用途

（1）形成

1）假设在建筑物四周放置四个竖直投影面，即 V 面、W 面、V 面的平行面和 W 面的平行面，将建筑物向这四个投影面作正投影所得到的图样，统称为建筑立面图，如图 6-10 所示。

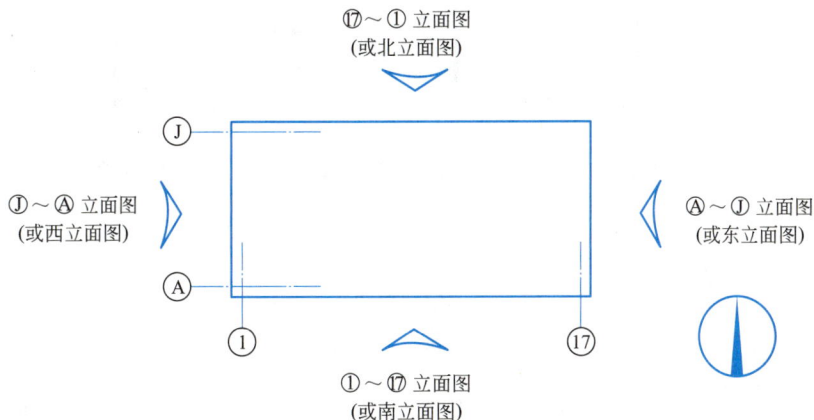

图 6-10　建筑立面图的投影方向与名称

2）投影面的位置并不固定，可以根据建筑物的形状确定，以能够方便清晰地表达建筑形体为准，一般选择与建筑主体走向相一致。

3）建筑立面图与屋顶平面图共同组成了建筑的多面投影图，在工程中它主要用来表明房屋的外形外貌，反映房屋的高度、层数，屋顶的形式，墙面的做法，门窗的形式、大小和位置，以及窗台、阳台、雨篷、檐口、勒脚、台阶等构造和构配件各部位的标高。

如图 6-10 和图 6-11 所示，如果从前向后做正立面投影，就可以得到该工程的正立面图，如图 6-12 所示。

（2）名称

立面图的名称，通常有以下三种命名方式：

1）按立面的主次命名。把房屋的主要出入口或反映房屋外貌主要特征的立面图称为正立面图，而把其他立面图分别称为背立面图、左侧立面图和右侧立面图等。

2）按房屋的朝向命名。可把房屋的各个立面图分别称为南立面图、北立面图、东立

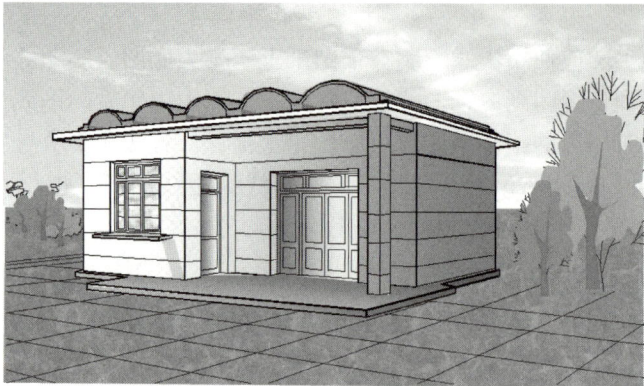

图 6-11 某工程正面透视图

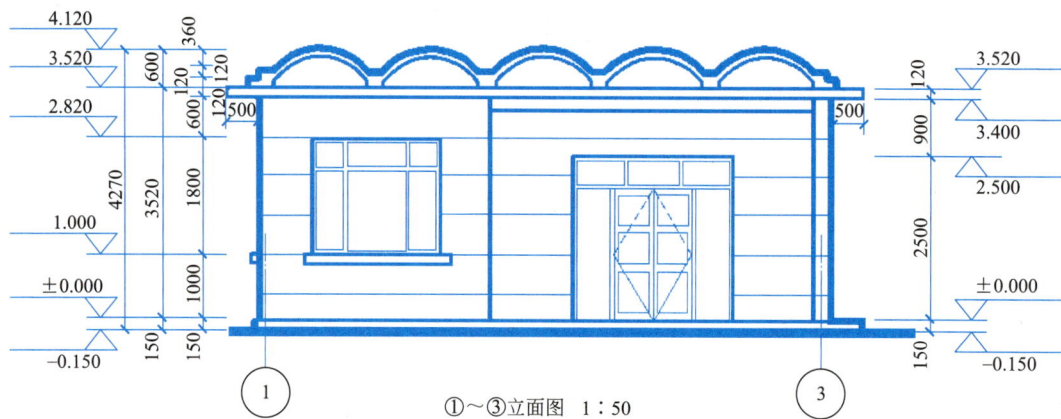

①～③立面图 1：50

图 6-12 某工程正立面图

面图和西立面图。

3）按立面图两端的定位轴线编号来命名。如图 6-12 中的①～③立面图等。有定位轴线的建筑物宜按此方式命名。

平面形状曲折的建筑物，可绘制展开立面图，圆形或多边形平面的建筑物，可分段展开绘制立面图，但均应在图名后加注"展开"二字。

（3）用途

建筑立面图主要表达建筑的外部造型、装饰、高度方向尺寸等，如门窗位置及形式、雨篷、阳台、外墙面装饰及材料做法等，是外墙面装饰的重要依据。

2. 建筑立面图的图示内容与规定画法

建筑立面图一般采用 1：200～1：100 的比例绘制，一般与相应的平面图相同，通常包括以下内容：

（1）轴线及其编号

立面图只需绘出建筑两端的定位轴线和编号，用于标定立面，以便与平面图对照识读，如图 6-12 所示。

（2）构配件投影线

立面图是建筑物某一侧面在投影面上的全部投影，由该侧所有构配件的可见投影线组成。因为建筑的立面造型丰富多彩，所以立面图的图线也往往十分繁杂，其中，最重要的是墙、屋顶及门窗的投影线。

外墙与屋顶（主要是坡屋顶）围合成了建筑形体，其投影线构成了建筑的主要轮廓线，对建筑的整体塑造具有决定性的作用。外门窗在建筑表面常占大片面积，与外墙一起共同围合了建筑物，是立面图中的主要内容。图示时，外墙和屋顶轮廓一般以真实投影绘制，其饰面材料以图例示意，如面砖、屋面瓦等。门窗的细部配件较多，当比例较小时不易绘制，因此，门窗一般按《建筑制图标准》GB/T 50104—2010 中规定的图例表达，但应如实反映主要参数。

其他常见的构配件还有阳台、雨篷、立柱、花坛、台阶、坡道、勒脚、栏杆、挑檐、水箱、室外楼梯、雨水管等，应注意表达和识读。

（3）尺寸标注

立面图的尺寸标注以线性尺寸和标高为主，有时也有径向尺寸、角度标注或坡度（直角三角形形式），如图 6-12 所示。

1）水平方向的线性尺寸一般注在图样最下部的两轴线间，如需要，也可标注一些局部尺寸，如建筑构造、设施或构配件的定形定位尺寸。

2）竖直方向外部的线性尺寸一般标注三道尺寸，即高度方向总尺寸、定位尺寸（两层之间楼地面的垂直距离即层高）和细部尺寸（楼地面、阳台、檐口、女儿墙、台阶、平台等部位）。

3）标高：立面图上应标注某些重要部位的标高，如室外地坪、台阶或平台、楼面、阳台、雨篷、檐口、女儿墙、门窗等。

（4）文字说明

包括图名、比例和注释。

建筑立面图在施工过程中，主要用于室外装修。因此，立面图上应当使用引出线和文字表明建筑外立面各部位的饰面材料、颜色、装修做法等。

（5）索引符号

如需另画详图或引用标准图集来表达局部构造，应在图中的相应部位以索引符号索引。

3. 建筑立面图的识读举例

现以某传达室单层建筑工程为实例，进行建筑立面图的识读。

【应用案例 6-2】

某传达室单层建筑工程，如图 6-13 所示，下面以传达室的两个立面图为例来说明立面图的识读方法。

（1）南立面图的识读

1）了解立面图的图名、比例。图 6-13（a）为南立面图，从轴线的编号可知，该图是表示①～③轴的立面图，比例与平面图一样为 1∶50，以便对照阅读。

2）了解房屋的外貌和墙体细部构造等情况。从图中可以看到该房屋的整个外貌形状，也可以了解该房屋的屋顶、门、窗、台阶等细部的形式和位置。该传达室的屋顶形式为平屋顶，带有架空隔热构造，立面的形状为矩形，在③轴处有一柱子，该图还能看到接待室

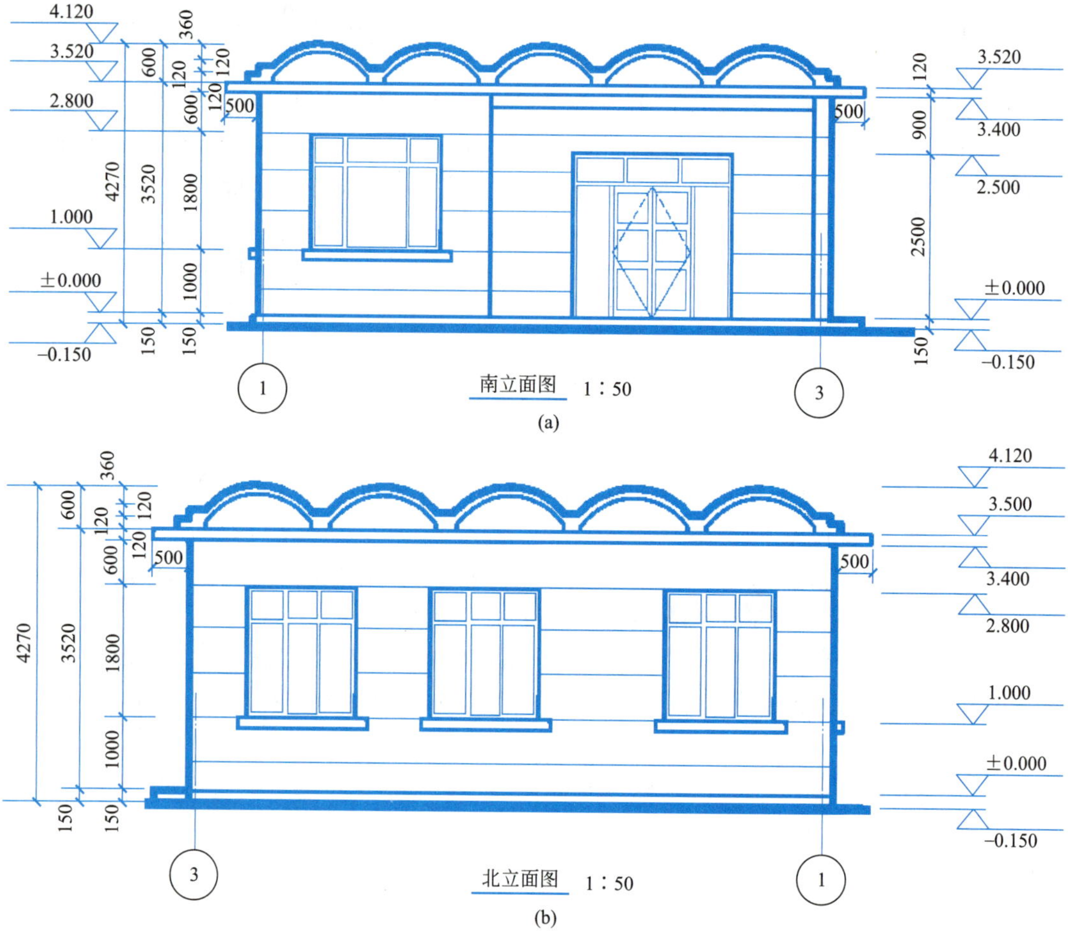

图 6-13 立面图

（a）南立面图；（b）北立面图

入口的大门样式。

3）了解房屋立面各部分的标高及高度关系。从图中可以看到，在立面图的左侧和右侧注有标高，从所标注的标高可知，建筑物最高处的标高是 4.120m，屋面板顶部标高为 3.520m，板底部标高为 3.400m。该房屋室外地坪标高为 −0.150m，比室内±0.000 低 150mm，即室内外高差为 150mm。门顶处的标高为 2.500m，窗顶处的标高为 2.800m，窗台标高为 1.000m。

4）了解房屋外墙面装修的做法。从图中可见，该墙面设有装饰线，具体材料做法可从建筑设计说明或工程做法表中查阅。

（2）北立面图的识读

图 6-13（b）为北立面图，从轴线编号可知，该图是表示③～①轴的立面图。通过比较可知，南立面图中的内容与北立面基本相同，与南立面图的主要不同之处是该图看不到门和柱子。

4. 建筑立面图的绘图步骤

绘制建筑立面图与绘制建筑平面图一样，也是先选定比例和图幅，然后绘制底稿，最后上墨线或用铅笔加深。

（1）画地坪线，根据平面图画首尾定位轴线及外墙线。

（2）依据层高等高度尺寸画各层楼面线（为画门窗洞口、标注尺寸等作参照基准）、檐口、女儿墙轮廓、屋面等横线。

（3）画房屋的细部，如门窗洞口、窗线、窗台、室外阳台、楼梯间超出屋面的小屋、柱子、雨水管、外墙面分格等细部的可见轮廓线。

（4）标注尺寸：布置标高（如楼地面、阳台、檐口、女儿墙、台阶、平台等处标高）、尺寸标注、索引符号及文字说明的位置等，只标注外部尺寸，也只需对外墙轴线进行编号，按要求轻画字格和数字、字母字高导线。

（5）检查无误后整理图面，按要求加深、加粗图线。

（6）书写数字、图名等文字。

下面以图 6-12 为例说明绘图的具体步骤，其步骤参见图 6-14。

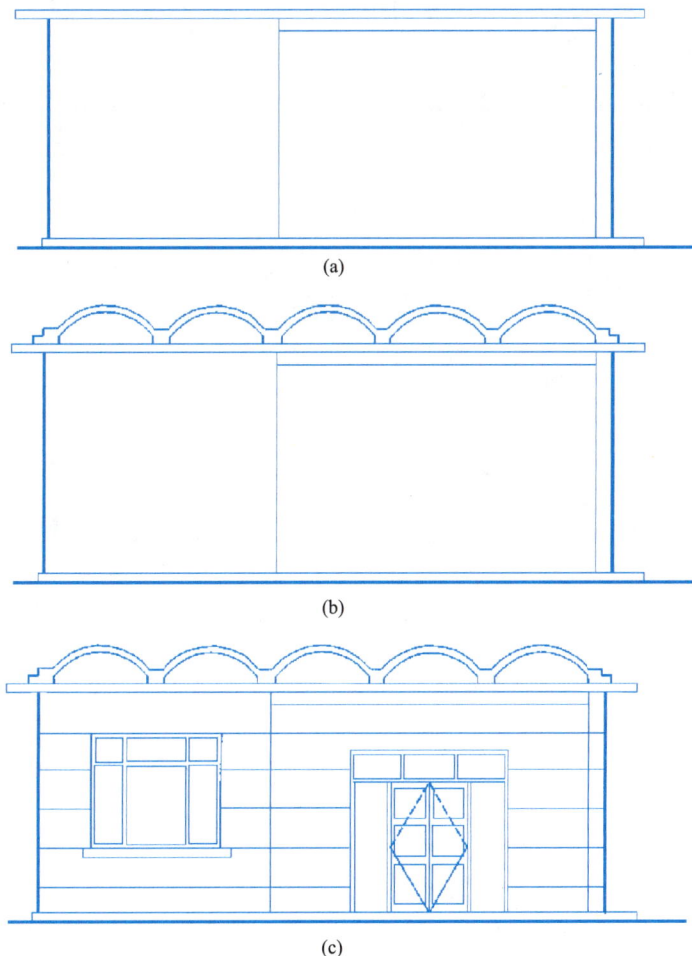

(a)

(b)

(c)

图 6-14 立面图绘图步骤（一）

（a）绘制室外地坪线、外部轮廓线；（b）绘制屋顶轮廓线；

（c）绘制门窗图例及外墙装饰线

161

(d)

(e)

①～③立面图　1∶50

(f)

图 6-14　立面图绘图步骤（二）

（d）加深图线；（e）绘制定位轴线、尺寸线和标高线；（f）标注尺寸数字、标高数字和图名、比例

6.2.5　建筑剖面图

1. 建筑剖面图的形成与用途

（1）建筑物具有复杂的内部组成，仅仅通过平面图和立面图，并不能完全表达这些内部构造。为了显示出建筑物的内部结构，可以假想一个竖直剖切平面，将房屋剖开，移去剖开平面与观察者之间的部分，并作出剩余部分的正投影图，此时得到的图样称为建筑剖面图。

匠心永恒

（2）假想的剖切面可以是一个，也可以是多个。当多个剖切面是相互平行的正垂面时，得到的剖面图称为阶梯剖面图；当多个剖切面是相交的正垂面时，得到的剖面图称为旋转（或展开）剖面图。

（3）剖面图主要用来表示房屋内部的竖向分层、结构形式、构造方式、材料做法、各部位间的联系及高度等情况。如：楼板的竖向位置、梁板的相互关系、屋面的构造层次等。它与建筑平面图、立面图相配合，是建筑施工图中不可缺少的基本图样之一。

（4）剖面图的剖切位置应选在房屋的主要部位或建筑构造较为典型的部位，通常应通过门窗洞口和楼梯间。剖面图的数量应根据房屋的复杂程度和施工实际需要而定。两层以上的楼房一般至少要有一个通过楼梯间剖切的剖面图。

（5）剖面图的图名、剖切位置和剖视方向，由底层平面图中的剖切符号确定。

2. 建筑剖面图的图示内容与规定画法

建筑剖面图的比例视建筑的规模和复杂程度选取，一般采用与平面图相同或较大些的比例绘制。下面以图 6-15 为例说明建筑剖面图通常包括的内容：

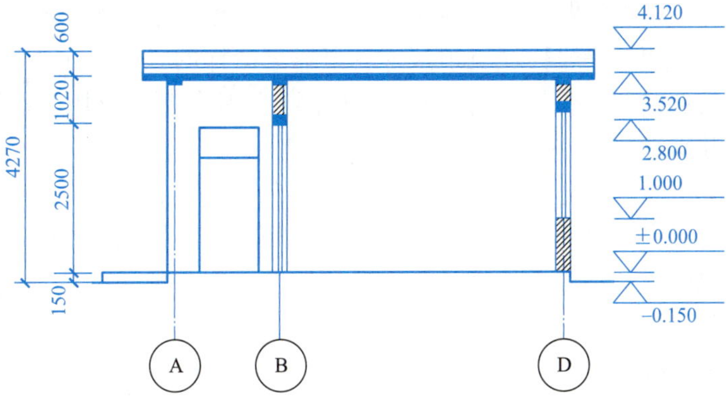

1-1剖面图　1：50

图 6-15　某工程剖面图

（1）轴线及其编号

在剖面图中，凡是被剖到的承重墙、柱都应标出定位轴线及其编号，以便与平面图对照识读，对建筑进行定位。

（2）梁、板、柱和墙体

1）建筑剖面图的主要作用就是表达各构配件的竖向位置关系。作为水平承重构件的各种框架梁、过梁、各种楼板、屋面板以及圈梁、地坪等，在平面图和立面图中通常是不可见或者不直观的构件，但在剖面图中，不仅能清晰地显示出这些构件的断面形状，而且可以很容易地确定其竖向位置关系，如图 6-15 中涂黑部分即为剖切到的圈梁、过梁和混凝土楼板。

2）建筑物的各种荷载最终都要经过墙和柱传给基础，因此，水平承重构件与墙、柱的相互位置关系也是剖面图表达的重要内容，对指导施工具有重要意义。

3）梁、板、柱和墙体的投影图线分为剖切部分轮廓线（粗实线）和可见部分轮廓线（中实线），都应按真实投影绘制。其中，被剖切部分是图示内容的主体，需重点绘制和识读。墙体和柱在最底层地面之下以折断线断开，基础可忽略不画。

（3）门窗

剖面图中的门窗可分为两类：一是被剖切的门窗，一般都位于被剖切的墙体上，显示了其竖向位置和尺寸，是重要的图示内容，应按图例要求绘制；二是未剖切到的可见门窗，其实质是该门窗的立面投影。剖面图中的门窗不用注写编号。

（4）楼梯

凡是有楼层的建筑，至少要有一个通过楼梯间剖切的剖面图，并且在剖切位置和剖视方向的选择上，应尽可能多地显示出楼梯的构造组成。

楼梯的投影线一般也是包括剖切和可见两部分。从剖切部分可以清楚地看出楼梯段的倾角、板厚、踏步尺寸、踏步数以及楼层平台板和中间休息平台板的竖向位置等。可见部分包括栏杆扶手和梯段，栏杆扶手一般简化绘制；梯段则分为明步楼梯和暗步楼梯，暗步楼梯常以虚线绘出不可见的踏步。

（5）尺寸标注

建筑剖面图的尺寸标注也可以分为外部尺寸和内部尺寸两种。

图样底部应标注轴线间距和端部轴线间的总尺寸，上方的屋顶部分通常不标。图样左右两侧应至少标注一侧，一般标注三道尺寸：最靠近图样的一道显示外墙上的细部尺寸，主要是门窗洞口的位置和间距；中间一道标注地面、楼板的间距，用于显示层高；最外层为总尺寸，显示建筑总高。

（6）标高

标高主要用于竖向位置的标注，因此，建筑剖面图中除使用线性尺寸进行标注外，还必须注明重要部位的标高，以方便施工。需要注明的部位一般包括：室内外地坪、楼面、平台面、屋面、门窗洞口以及吊顶、雨篷、挑檐、梁的底面。楼地面和平台面应标注建筑标高，即工程完成面标高。

（7）文字说明

常见的文字说明有图名、比例、构配件名称、做法引注等。

3. 建筑剖面图的识读举例

现以某传达室单层建筑工程为实例，进行建筑剖面图的识读。

【应用案例 6-3】

某传达室单层建筑工程，如图 6-16 所示，下面以传达室的 1-1 和 2-2 剖面图为例来说明建筑剖面图的识读方法。

在识读建筑剖面图之前，应当首先翻看首层平面图，找到相应的剖切符号，以确定该剖面图的剖切位置和剖视方向。在识读过程中，也不能离开各层平面图，而应当随时对照。

（1）1-1 剖面图的识读

1）弄清楚图名、比例及剖切平面的位置。如图所示为传达室的 1-1 剖面图，绘图比例是 1:50。据一层平面图可知，1-1 剖面是一个剖切面通过接待室，剖切后向左进行投影所得的剖面图。

2）了解被剖切到的墙体、地面、楼面、屋顶等的构造。从图中画出的房屋地面至屋

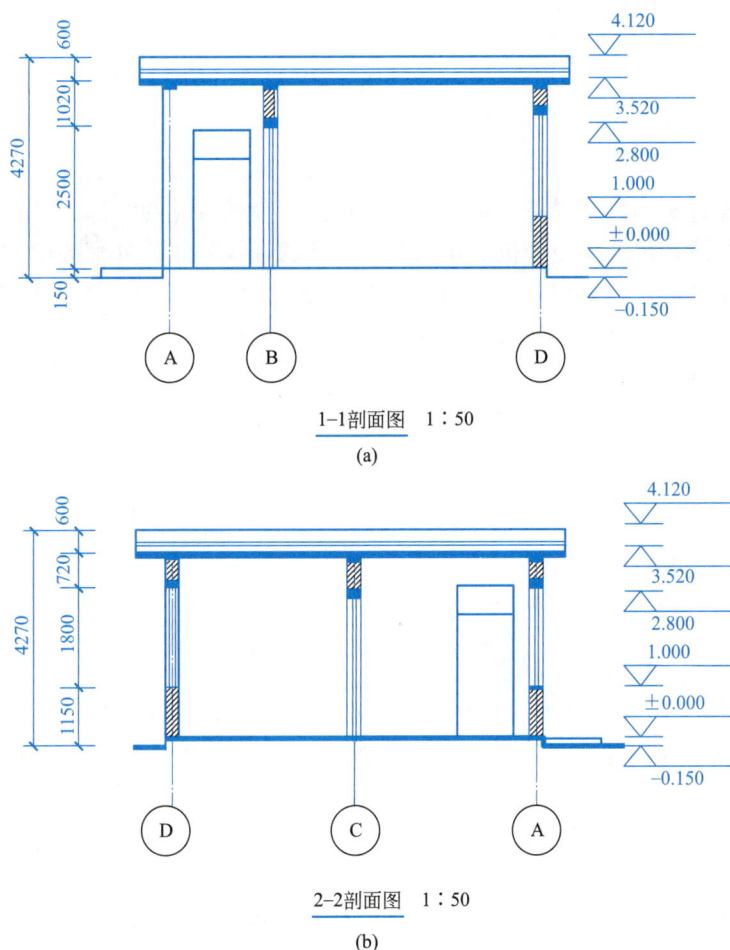

1-1剖面图　1∶50

(a)

2-2剖面图　1∶50

(b)

图 6-16　剖面图

顶的结构形式和构造内容可知，此房屋为砖混结构，砖墙为承重构件，剖切到的梁板截面均涂黑表示为钢筋混凝土现浇梁板。

3）了解房屋各部位的尺寸和标高情况。1-1 剖面图左侧和右侧都作了尺寸标注。从 1-1 剖面图中可以看出，建筑共一层，层高为 3520mm，室内外高差为 150mm。Ⓐ轴到Ⓓ轴上的墙体从基础一直砌至屋面下，材料为实心砖，其中Ⓑ轴和Ⓓ轴处的墙体为外墙，与平面图对照可知，墙体厚为 240mm，此处剖切不到内墙。处于剖切位置的门窗与所在墙体一同被剖切，从图中可以看出，门高为 2500mm，窗高为 1800mm，窗上有矩形断面的过梁。

（2）2-2 剖面图的识读

从一层平面图中 2-2 剖切线的位置可知 2-2 剖面图是从①、②轴之间作的剖面图。该剖面图主要表示值班室、休息室之间的竖向高度情况。

此图可参照 1-1 剖面图来识读。2-2 剖面图中剖切到的Ⓐ、Ⓓ轴墙体均为外墙，中间Ⓒ轴处的墙体为内墙，其厚度也为 240mm。

4. 建筑剖面图的绘图步骤

（1）画室内外地坪线、被剖切到的和首尾定位轴线、各层楼面、屋面等。

（2）根据房屋的高度尺寸，画所有被剖切到的墙体断面及未剖切到的墙体等轮廓。

（3）画被剖切到的门窗洞口、阳台、楼梯平台、屋面女儿墙、檐口、各种梁（如门窗洞口上面的过梁、可见的或剖切到的承重梁）等的轮廓或断面及其他可见细部轮廓。

（4）画楼梯、室内固定设备、室外台阶、花池及其他可见的细部。

（5）布置标注。尺寸标注如被剖切到的墙、柱的轴线间距；外部高度方向的总高、定位、细部三道尺寸；其他如墙段、门窗洞口等高度尺寸；标高标注如室外地坪、楼地面、阳台、檐口、女儿墙、台阶、平台等处的标高；索引符号及文字说明等。按要求轻画字格和数字、字母字高导线。

（6）检查无误后整理图面，按要求加深、加粗图线。

（7）书写数字、图名等文字。

其绘制方法和图线要求与绘制建筑平面图、立面图时类似，此处不再赘述。

6.2.6 建筑详图

一丝不苟

1. 概述

（1）建筑平、立、剖面图一般采用较小的比例绘制，而某些建筑构配件（如门窗、楼梯、阳台及各种装饰等）和某些建筑剖面节点（如檐口、窗台、散水以及楼地面面层和屋面面层等）的详细构造无法表达清楚。为了满足施工要求，必须将这些细部或构配件用较大的比例绘制出来，以便清晰表达构造层次、做法、用料和详细尺寸等内容，便于指导施工，这种图样称为建筑详图，也称为大样图或节点详图。

（2）建筑详图是建筑平、立、剖面图等基本图的补充和深化，它不是建筑施工图的必有部分，是否使用详图根据需要来定。对于某些十分简单的工程可以不画详图。但是，如果建筑含有较为特殊的构造、样式、做法等，仅靠建筑平、立、剖面图等基本图无法完全表达时，必须绘制相应部位的详图，不得省略。对于采用标准图或通用详图的建筑构配件和剖面节点，只要注明所采用的图集名称、编号或页次，则可不必再画详图。

（3）建筑详图并非是一种独立的图样，它实际上是前面讲过的平、立、剖面图样中的一种或几种的组合。因此，各种详图的绘制方法、图示内容和要求也与前述的平、立、剖面图基本相同，可对照学习。所不同的是，详图只绘制建筑的局部，且详图的比例较大，因而其轴线编号的圆圈直径可增大为 10mm 绘制。详图也应注写图名和比例。另外，详图必须注写详图编号，编号应与被索引的图样上的索引符号相对应。

（4）在建筑详图中，同样能够继续用索引符号引出详图，既可以引用标准图集，也可以专门绘制。

（5）在建筑施工图中，详图的种类繁多，不一而足，如：楼梯详图、檐口详图、门窗节点详图、墙身详图、台阶详图、雨篷详图、变形缝详图等。凡是不易表达清楚的建筑细部，都可绘制详图。其主要特点是，用能清晰表达所绘节点或构配件的较大比例绘制，尺寸标注齐全，文字说明详尽。

下面仅对较为常见的外墙剖面详图和楼梯详图进行简单介绍。

2. 外墙剖面详图

外墙剖面详图又称为墙身大样图，是建筑外墙剖面的局部放大图，它显示了从地面（有时是从地下室地面）至檐口或女儿墙顶的几乎所有重要的墙身节点，因此，是使用最多的建筑详图之一。其主要表达内容如图 6-17 所示。

图 6-18 为某工程的外墙剖面详图，绘图比例是 1：20。该详图是某工程主入口处的墙身剖面图。由于比例较大，致使图样过长，此时，常将门窗等沿高度方向完全相同的部分断开略去，中间以连接符号相连，但简化绘制的构件仍应按原尺寸进行标注。

此外墙剖面详图的左侧以一条竖直的折断线断开，表明它是建筑物的一个局部，墙身下的轴线编号指明了图示的主体是 A 轴外墙，图样右侧为三道外部尺寸及标高。图中主要表达了以下几个节点：入口台阶、雨篷、外墙门窗、玻璃幕墙、檐沟。

（1）从详图的下部可以看出，入口台阶的平台出墙面 3000mm 宽，其下为素土夯实，平台面有 1% 的坡度坡向建筑外侧，最高处低于室内地坪 30mm。台阶踏步共有四级，踏步宽 300mm，踏步高据实际总高均分（即每步台阶高度为 $(600-30)/4=142.5mm$）。整个台阶为混凝土材料，表面贴石材，具体做法参见标准图集 L03J004 第 11 页的 3A 详图。

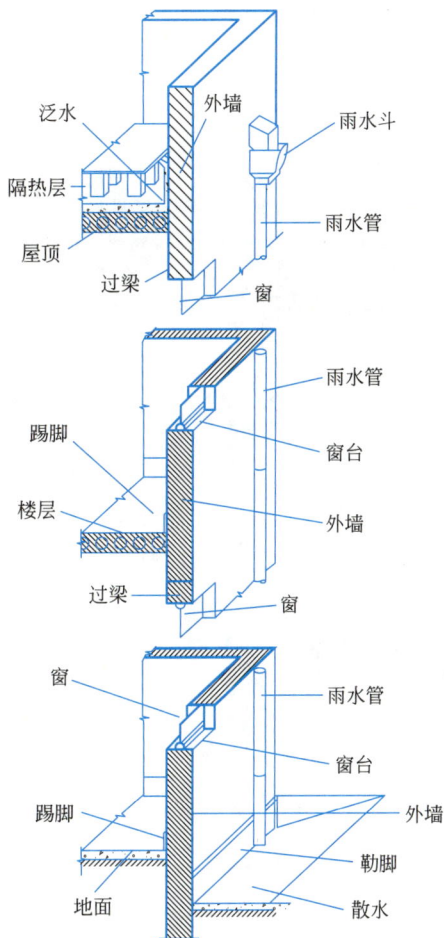

图 6-17 外墙剖面详图主要表达内容

（2）台阶上面是主入口雨篷。雨篷底即为雨篷的结构板，板出外墙面 3400mm 宽，厚 100mm，顶标高 3.600m。板的外侧是雨篷的外围挡板，垂直于雨篷板，高 900mm。雨篷底板比竖向的挡板向外凸出 100mm，从而形成一圈线脚。

雨篷立柱（板下的两条竖直可见轮廓线）上方，是纵向的雨篷梁，因梁上翻，所以梁内预埋直径 100mm 的钢管用于泄水。雨篷板、挡板以及左面的门过梁和二层楼板都是钢筋混凝土结构，整体现浇。

因为比例较大，图中绘出了面层线。雨篷板上方的坡度标注，说明了面层抹灰应向外侧抹成 1% 斜面，以利排水。坡度标注之上的水平可见轮廓线是横向的雨篷梁，再向上的一道水平可见轮廓线是雨篷东端挡板的上边沿线。雨篷最右端，是紧贴竖直挡板的预制玻纤水泥构件，主要用于装饰，图中标注了详细的定形尺寸和定位尺寸。

（3）详图最上部是檐沟节点。从图中可以看出，檐沟为钢筋混凝土结构，与坡屋面板整体浇筑在一起，向外出外墙面 900mm 宽，翻沿高 400mm，顶标高 15.300m。檐沟板底面为斜面，外端比根部高 100mm，底板下是一段 400mm 高的矮墙，墙厚 240mm，较其

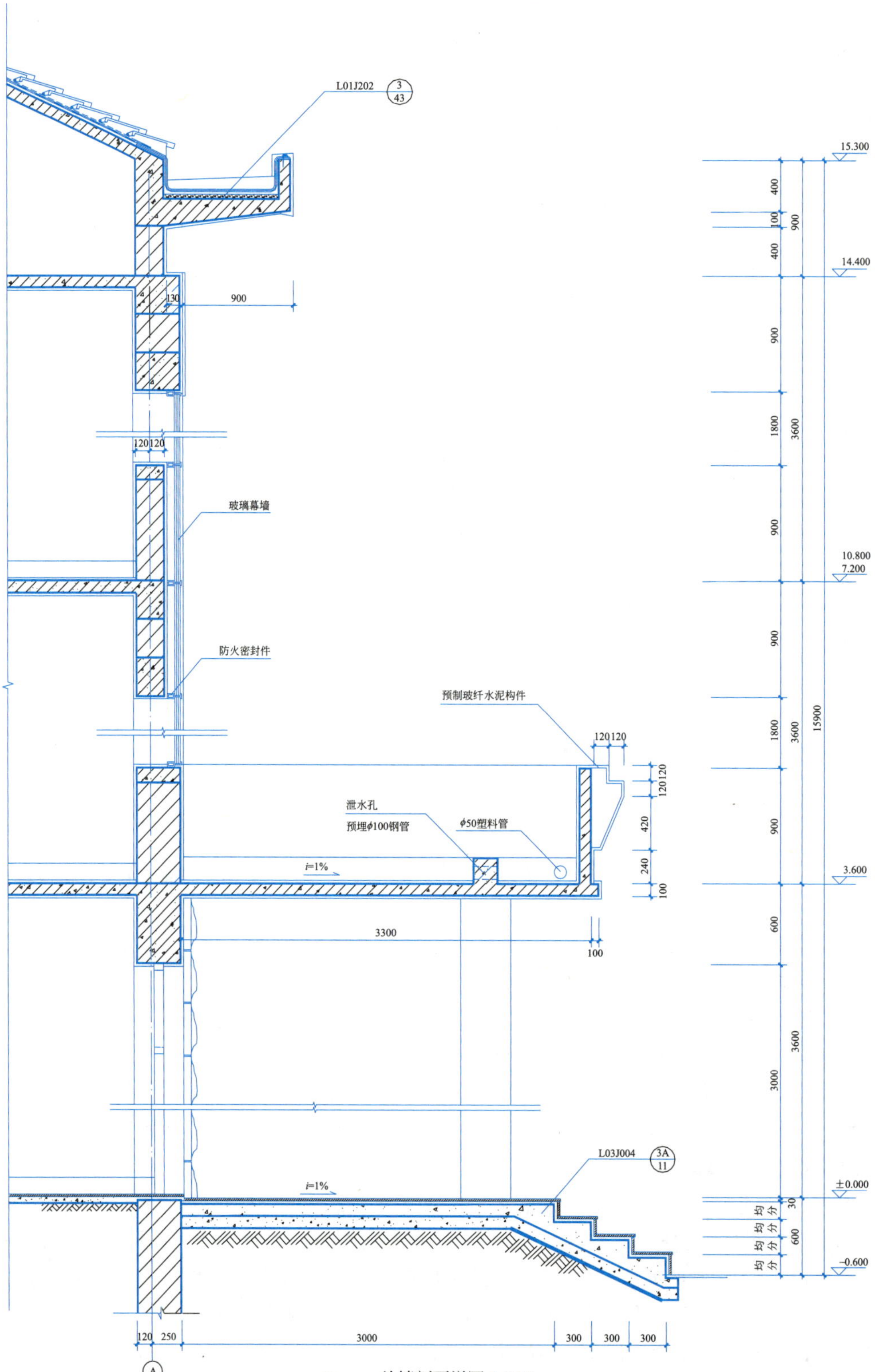

L01J202 ③/43

15.300
400
100 900
400

14.400
900
3600
1800

玻璃幕墙

900
10.800
7.200

防火密封件

900

预制玻纤水泥构件

120 120
120 120
420
240
100

泄水孔
预埋φ100钢管
φ50型料管
i=1%
15900
1800
3600
900
3.600
3300
100
600

i=1%
3000
3600

L03J004 ③A/11

±0.000
均分 均分 均分 均分 均分
30
600
-0.600

120 250
3000
300 300 300

Ⓐ

②/③ 外墙剖面详图 1 : 20

图 6-18　外墙剖面详图

他外墙面向内缩进 130mm。檐沟内的投影线显示了沟内的卷材防水层和远处的分水线，沟沿上还示意了卷材的收头构造。檐沟具体做法参见标准图集 L01J202 第 43 页的 3 号详图。

（4）详图 Ⓐ 轴上是外墙墙身，厚 370mm，以实心砖砌筑。墙身最下部是主入口大门，高 3000mm，因采用成品门，此处仅作示意。沿墙身向上可见二～四层的外窗，窗高 1800mm。因窗外侧为玻璃幕墙（右侧的四根竖直细实线），所以未安装窗扇而只留窗洞口，每个窗洞上有过梁，下有窗台梁。二～四层窗洞之间的墙身厚 240mm，向内缩进 130mm。

3. 楼梯详图

在建筑平面图和剖面图中都包含了楼梯部分的投影，但因为楼梯踏步、栏杆、扶手等各细部的尺寸相对较小，图线又十分密集，所以不易表达和标注，绘制建筑施工图时，常常将其放大绘制成楼梯详图。楼梯详图表示楼梯的组成和结构形式，一般包括楼梯平面图和楼梯剖面图，必要时画出楼梯踏步和栏杆的详图。

（1）楼梯的组成

如图 6-19 所示，楼梯由梯段、踏步、中间平台、楼层平台、平台梁、栏杆和扶手等组成，而踏步又由踏面和踢面组成。

（2）楼梯的形式

主要的楼梯形式如图 6-20 所示。

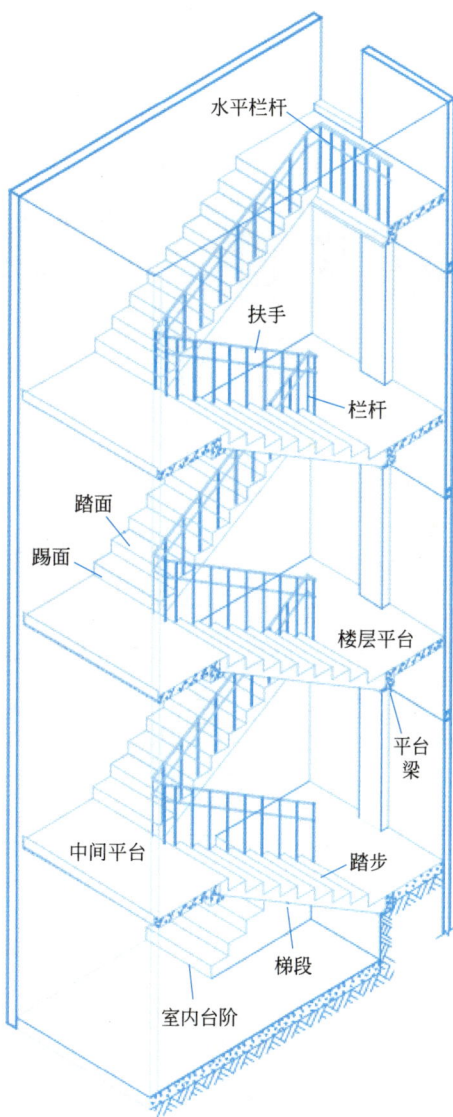

图 6-19　楼梯的组成

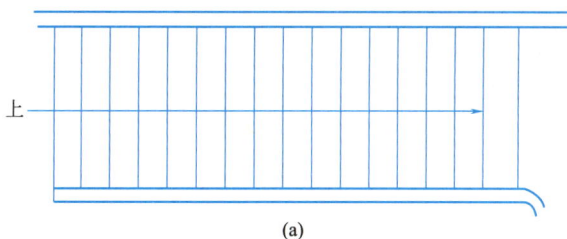

(a)

图 6-20　楼梯的形式（一）

（a）单跑直楼梯

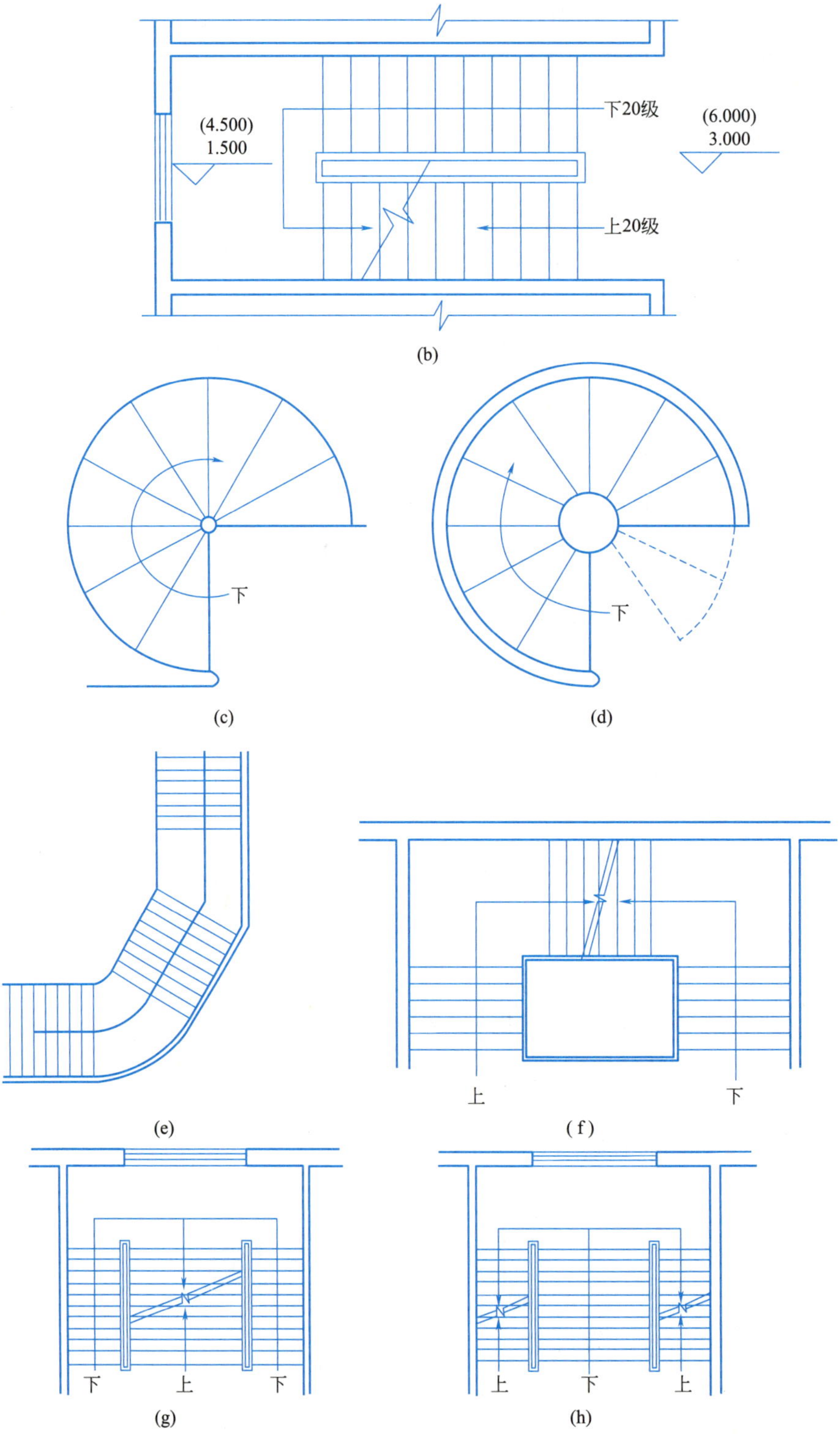

(b)

(4.500)
1.500

下20级

(6.000)
3.000

上20级

(c)

下

(d)

下

(e)

上   下

（f）

下   上   下

(g)

上   下   上

(h)

图 6-20   楼梯的形式（二）

（b）双跑平行楼梯；（c）中柱螺旋楼梯；（d）无中柱螺旋楼梯；（e）转角楼梯；

（f）三跑楼梯；（g）双分平行楼梯；（h）双合平行楼梯

2－2

(i)

图 6-20 楼梯的形式（三）

(i) 剪刀楼梯

（3）楼梯平面图

楼梯平面图是楼房各层楼梯间的局部平面图，相当于建筑平面图的局部放大。因为一般情况下，楼梯在中间各层的平面几乎完全一样，仅仅是标高不同，所以中间各层可以合并为一个标准层来表示，又称为中间层。这样，楼梯平面图通常由底层、中间层和顶层三个图样组成。

1）图示内容

楼梯平面图主要表达楼梯位置、墙身厚度、各层梯段、平台和栏杆扶手的布置以及梯段的长度、宽度和各级踏步宽度。

2）形成

以图 6-19 为例说明楼梯各层平面图的形成。

① 底层楼梯平面图

如图 6-21 所示为底层楼梯平面轴测图，如果从室内地面以上 1m 左右进行水平剖切，然后移去上部，向下做正投影，就可以得到底层楼梯平面图，如图 6-22 所示。

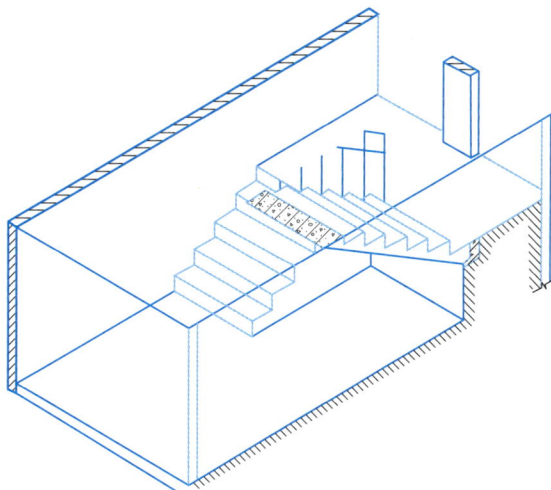

图 6-21 底层楼梯平面轴测图

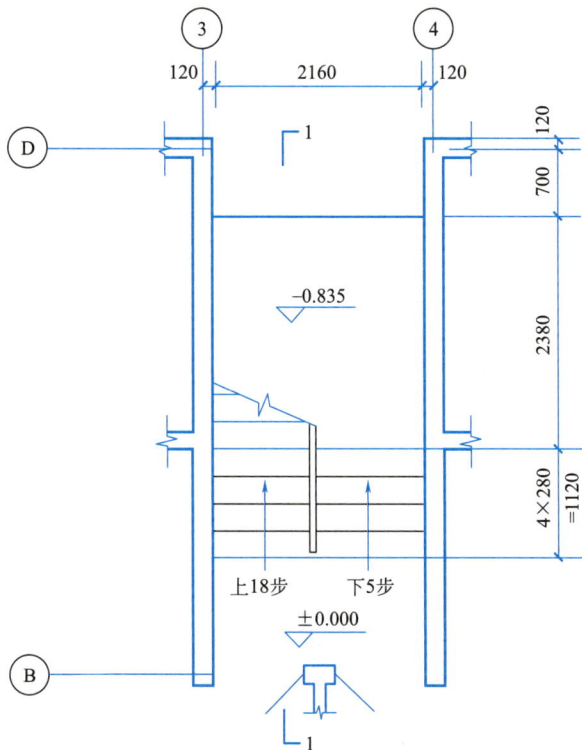

底层楼梯平面图 1∶50

图 6-22 底层楼梯平面图

② 标准层楼梯平面图

如图 6-23 所示为标准层楼梯平面轴测图，如果从楼面以上 1m 左右进行水平剖切，然后移去上部，向下做正投影，就可以得到标准层楼梯平面图，如图 6-24 所示。

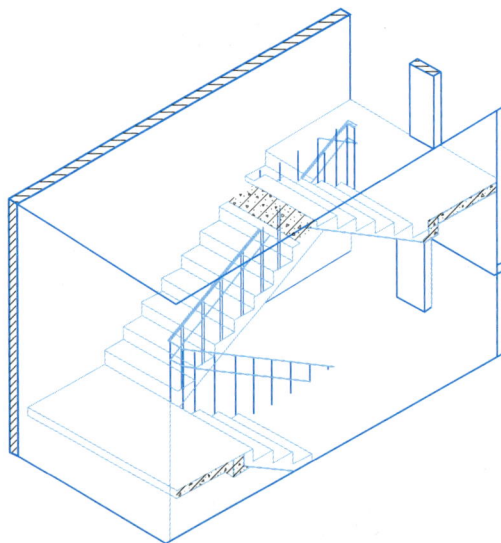

图 6-23 标准层楼梯平面轴测图

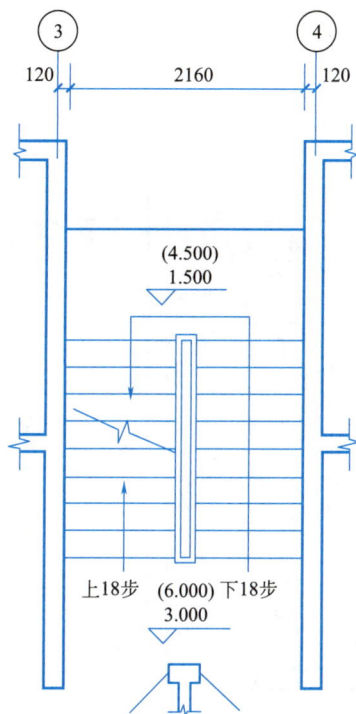

标准层楼梯平面图　1∶50

图 6-24　标准层楼梯平面图

③ 顶层楼梯平面图

如图 6-25 所示为顶层楼梯平面轴测图，如果从楼面以上 1m 左右进行水平剖切，然后移去上部，向下做正投影，就可以得到顶层楼梯平面图，如图 6-26 所示。

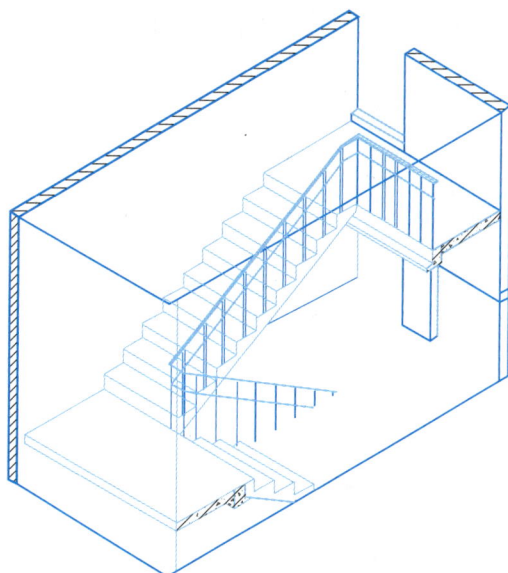

图 6-25　顶层楼梯平面轴测图

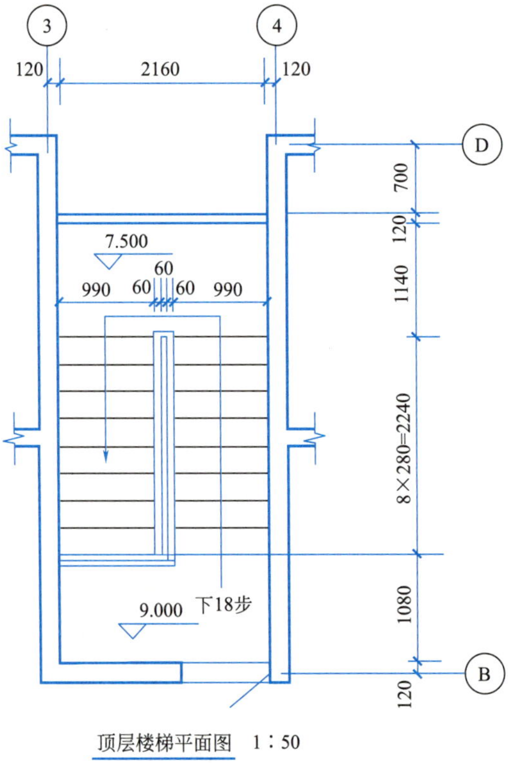

顶层楼梯平面图 1：50

图 6-26 顶层楼梯平面图

（4）楼梯剖面图

1）图示内容

楼梯剖面图主要表达楼梯的形式、结构类型、楼梯间的梯段数、各梯段的步级数、楼梯段的形状、踏步和栏杆扶手（或栏板）的形式、高度及各配件之间的连接等构造做法。

2）剖切位置。最好通过上行第一梯段和楼梯间的门窗洞剖切，剖切位置如图 6-22 所示。

3）投射方向。向未剖切到的梯段方向投射。

楼梯剖面图表达的内容如图 6-27 所示。

【应用案例 6-4】

阅读××工程楼梯建筑施工图。

如图 6-28、图 6-29 所示，为××工程的楼梯 T1 详图，由平面图和剖面图两种图样组成，绘图比例都是 1：50。

（1）T1 平面图

从图 6-28 中可以看出，楼梯 T1 为双跑平行楼梯，开敞式楼梯间。楼梯间轴线间宽 3600mm，净宽 3360mm，梯段宽 1580mm，梯井宽 200mm。上下楼梯的每梯段踏步数完全相同，总步数 24 步，每梯段都是 12 步，右侧上左侧下，起始踏步距ⓒ轴 120mm，梯段水平方向长 3300mm，分为 11 个踏面，踏面宽 300mm。休息平台板宽 3360mm，深 2160mm。地面、楼层平台及休息平台的标高见相应标注。此外，图中还标出了剖面详图

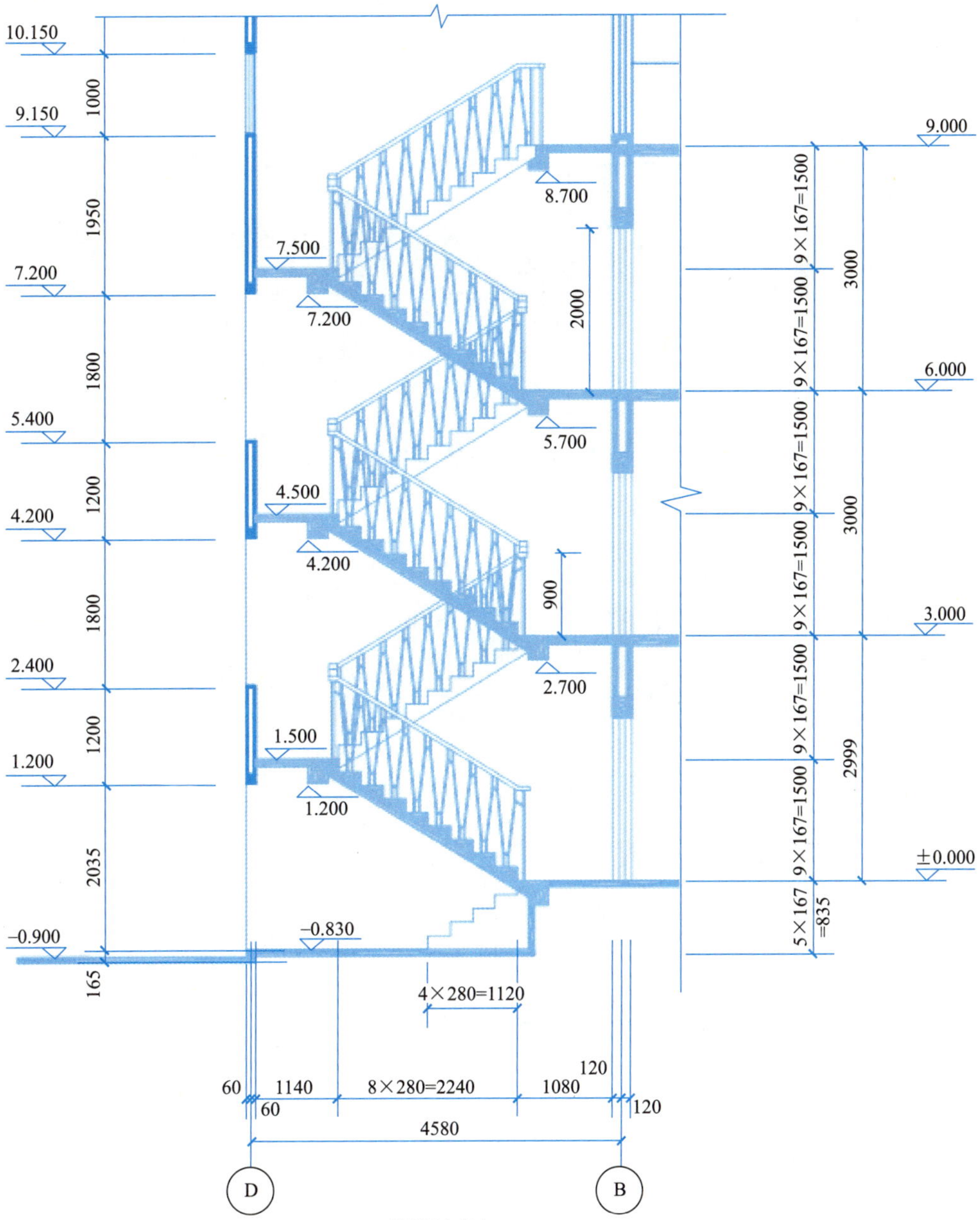

楼梯剖面图 1∶50

图 6-27　楼梯剖面图

的剖切符号。

（2）T1 剖面图

根据平面详图中的剖切符号，可知剖面详图的剖切位置和剖视方向。

楼梯剖面详图相当于建筑剖面图的局部放大，因此，其绘制和识读方法与剖面图基本相同。从图 6-29 中可以看出，楼梯休息平台板深 2160mm，标高分别为 1.800m、5.400m、9.000m。楼梯梯段水平方向长 3300mm，每梯段 12 步，踏步宽 300mm，高 150mm，起始踏步距 C 轴 120mm。楼梯为钢筋混凝土现浇板式楼梯，面层为大理石石板，

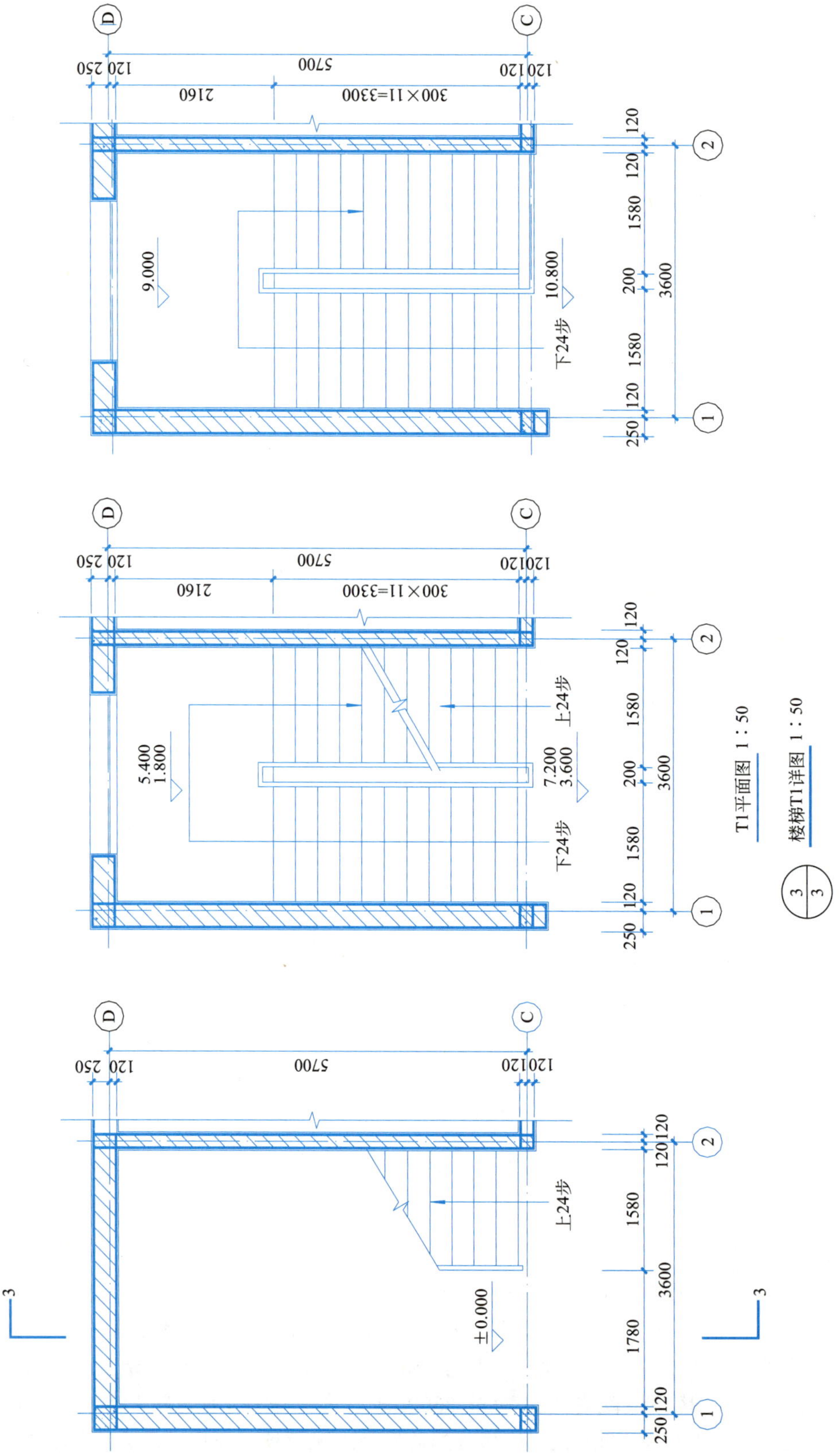

T1平面图 1：50

楼梯T1详图 1：50

图 6-28　T1 平面图

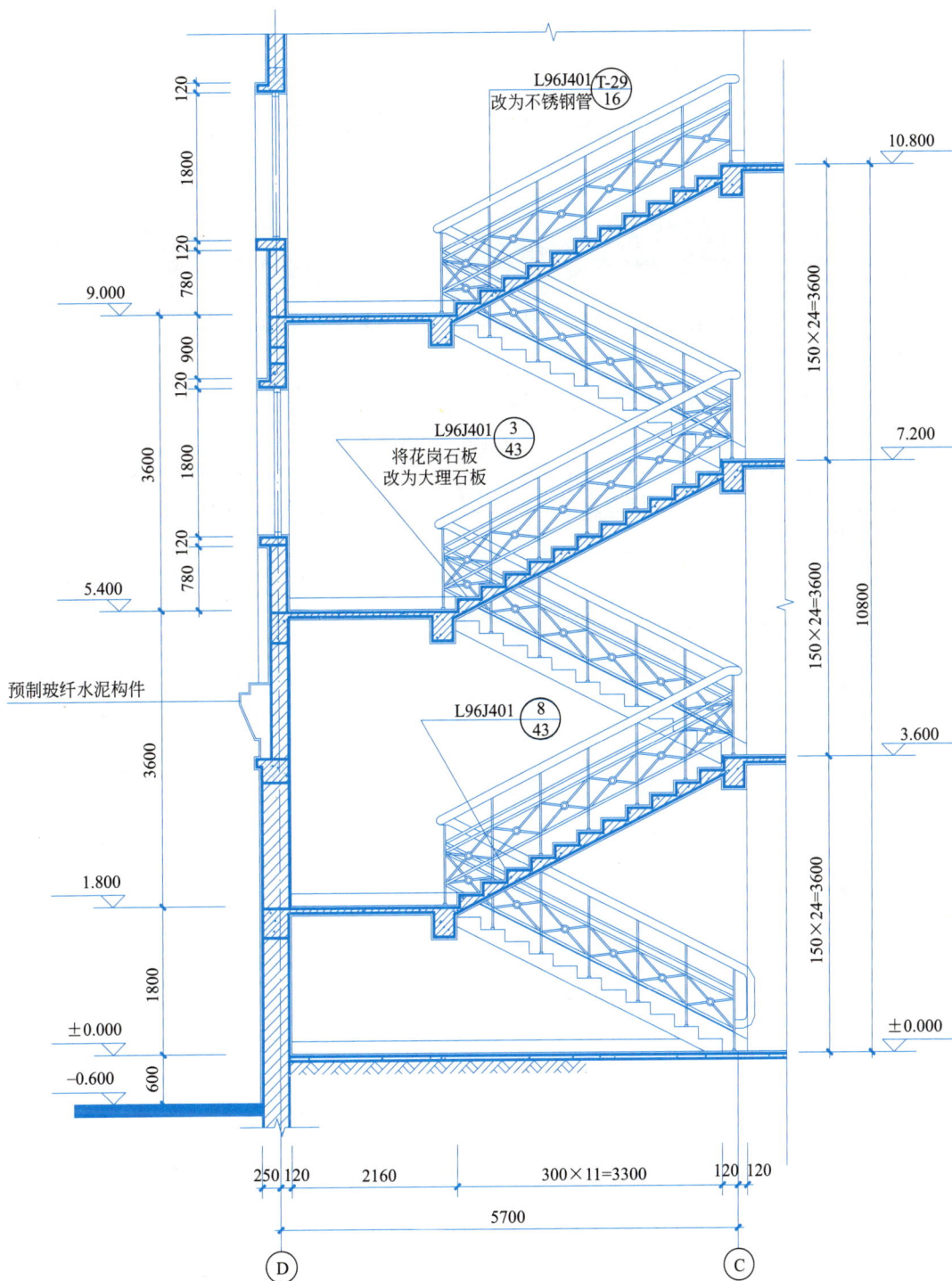

L96J401 T-29 16
改为不锈钢管

L96J401 3 43
将花岗石板
改为大理石板

L96J401 8 43

预制玻纤水泥构件

10.800

150×24=3600

7.200

150×24=3600

10800

3.600

150×24=3600

±0.000

120

1800

120

780　120

9.000

120　900

1800

3600

120

780　120

5.400

3600

1.800

1800

±0.000

−0.600

600

250　120　　2160　　　300×11=3300　　120　120

5700

D　　　　　　　　　　　　　　　　C

T1 3-3剖面图　1∶50

图 6-29　T1 3-3 剖面图

楼梯踏步及扶手的具体做法见相应的标准图集 L96J401。此外，楼梯剖面图中还显示了栏杆样式和楼梯间外窗的竖向位置。

6.3 框架剪力墙结构

6.3.1 建筑施工图首页

施工图首页包括图纸目录、建筑设计说明、工程做法表、门窗表等文字性说明。

1. 图纸目录

表 6-5 为某工程的图纸目录实例（建施部分）。

图纸目录   表 6-5

序号	图别	图号	图样名称	图幅	备注
1	建施	1	建筑设计说明	A2+1/4l	
2	建施	2	工程做法表	A2	
3	建施	3	门窗表　门窗详图	A2	
4	建施	4	地下一层平面图	A2+1/4l	
5	建施	5	一层平面图	A2+1/4l	
6	建施	6	二层平面图	A2+1/4l	
7	建施	7	三层平面图	A2+1/4l	
8	建施	8	四～六层平面图	A2+1/4l	
9	建施	9	七层平面图	A2+1/4l	
10	建施	10	顶层平面图	A2+1/4l	
11	建施	11	构架平面图　坡道详图	A2+1/4l	
12	建施	12	①～⑫立面图	A2+1/4l	
13	建施	13	⑫～①立面图	A2+1/4l	
14	建施	14	Ⓐ～Ⓓ立面图、Ⓓ～Ⓐ立面图	A2+1/4l	
15	建施	15	1-1 剖面图、详图(1)	A2+1/4l	
16	建施	16	节点详图(2)	A2+1/4l	
17	建施	17	T1 楼梯详图(1)	A2	
18	建施	18	T1 楼梯详图(2)	A2	
19	建施	19	T2 楼梯详图(1)	A2	
20	建施	20	T2 楼梯详图(2)	A2	

从图纸目录中，可以得知每张图纸的图名、图号、图幅大小等。以一层平面图为例，由表 6-5 可知，该内容在 5 号建施图上，其图幅大小为 A2+1/4l。A2+1/4l 为加长图纸，将 A2 图纸的长边加长 1/4l，尺寸为 743mm×420mm。

2. 建筑设计说明

建筑设计说明是针对建筑施工图不易表达的内容，如设计依据、工程概述、构造做法、用料选择等，用文字加以说明。一般包括以下内容：

以下为某工程的建筑设计说明实例。

建筑设计说明

一、设计依据

1. 经批准的本工程建筑初步设计文件，建设方的意见。

2. ××市规划局提供的规划红线图及用地规划条件，××市发展和改革局关于本工程初步设计审查会议纪要。

3. 相关规范及规定：

(1)《民用建筑设计统一标准》GB 50352—2019。

(2)《建筑设计防火规范》GB 50016—2014（2018 年版）。

(3)《办公建筑设计标准》JGJ/T 67—2019。

(4) 浙江省标准《公共建筑节能设计标准》DB33/1036—2007。

(5) 其他现行的国家及行业有关建筑设计规范、规程和规定。

二、项目概况

1. 本工程为××有限公司办公楼，建设地点浙江省××，建设单位××有限公司。

2. 本工程建筑占地面积 867.90m²，总建筑面积 7174.97m²。

3. 建筑层数：地下一层，地上七层，建筑高度 24.9m。

4. 设计合理使用年限为 50 年。

5. 本工程为二类高层建筑，建筑物耐火等级为二级。

6. 建筑防雷类别为三类。

三、标高设计

1. 本工程尺寸除标高以米（m）计，总平面尺寸以米（m）计外，其余均以毫米（mm）为单位。

2. 图中室内外高差为 300mm，室内设计标高±0.000 相当于黄海高程数值待当地规划部门现场确认后再定。

3. 各层标注标高为完成面标高（建筑标高），屋面标高为结构面标高。

四、通用工程

1. 本工程室内水、电等管道，务请土建、设备安装单位在施工前仔细对照各专业图中预留孔洞（或预埋）位置及时对位配合施工，避免碰撞交叉，严禁事后打凿。

2. 从管道间，电缆沟，上下水管网等处引出的穿墙穿楼板孔洞的缝隙应用沥青矿棉填塞密实，再用 1：2 水泥砂浆封盖。

3. 所有内墙阳角，门窗立角均做 20mm 厚 1：2 水泥砂浆护角线，距地高 2100mm，每边宽 50mm；凡图中未标注者，所有门垛均为 120mm 或贴柱边，墙厚为 240mm，轴线居中。

4. 凡外墙通窗与垂直内墙交接处，缝隙应用沥青矿棉填实；凡外墙门，窗套、阳台、檐口、装饰等外挑部分下部均做塑料滴水线。

5. 如发现本工程设计图有不明或错漏碰缺处，请及时与我院沟通解决，图纸中有未定之处，在施工中应与设计人员联系研究确定，未经设计人员同意，不得随意更改设计。

五、墙体工程

1. 墙体材料、做法，基础部分及钢筋混凝土构件尺寸详见结施。

2. 内墙做法详见结构图纸。

（1）所有框架填充墙均砌至结构梁板底，最上一层斜砌，并在两侧以 4mm 厚钢筋网片，水泥砂浆粉刷加固，应必须由上层到下层。

（2）凡矮墙或砖墙与上部结构脱开者，均应做钢筋混凝土压顶，宽度同墙，高度 120mm，C20 混凝土内配 3φ8，φ6@250。

3. 墙身防潮层：在室内地坪下 60mm 处做 20mm 厚 1∶2 水泥砂浆内加 5％防水剂的墙身防潮层，遇地梁处可不设。

4. 墙体留洞及封堵：砌筑墙留洞待管道设备安装完毕后，用 C20 细石混凝土填实。

六、楼地面工程

1. 普通卫生间地面标高比相应楼地面低 30mm。

2. 楼地面防水处理：卫生间等有水房间在浇筑混凝土梁时在四周做 120mm 高同强度等级混凝土翻口，地面向地漏找 1％坡度，防水层在墙、柱部位翻起 250mm 高。

3. 管道井洞须按层预留钢筋网，与楼板钢筋拉通，除注明外，管道安装好后层层封板，孔周边采取密封隔声措施。

4. 卫生间内各种落水管施工时需注意间距要紧凑，以节省空间，如产生管子遮挡门窗的事情，需及时与设计单位协商。

5. 层顶水箱基座与结构层相连处，防水层应包裹在基座的上部，并在地脚螺栓周围做密封处理。

......

3. 工程做法表

工程做法表对房屋的屋面、楼地面、顶棚、内外墙面、踢脚、墙裙、散水、台阶等建筑细部的构造做法进行了说明。

表 6-6 为某工程的工程做法表。

工程做法表　　　　　　　　　　　　　　　　　　表 6-6

类别	编号	名称	工程做法	使用部位
屋面	屋面1	上人保温屋面	1）现浇钢筋混凝土屋面板	办公楼顶层屋面
			2）1∶8 焦渣混凝土找坡 2％,最薄处 30 厚	
			3）20 厚 1∶3 水泥砂浆找平层,油毡一层隔气	
			4）35 厚挤塑聚苯板保温层	
			5）20 厚 1∶3 水泥砂浆找平层	

续表

类别	编号	名称	工程做法	使用部位
屋面	屋面 1	上人保温屋面	6)1.5 厚高分子防水卷材一道	办公楼顶层屋面
			7)4 厚纸筋灰隔离层	
			8)40 厚 C20 细石混凝土内配φ4@150 双向钢筋,随浇随压光	
	屋面 2	非上人保温屋面	1)现浇钢筋混凝土屋面板	楼梯间屋面 电梯机房屋面
			2)1:8 焦渣混凝土找坡 2%,最薄处 30 厚	
			3)20 厚 1:3 水泥砂浆找平层,油毡一层隔气	
			4)35 厚挤塑聚苯板保温层	
			5)20 厚 1:3 水泥砂浆找平层	
			6)1.5 厚高分子防水卷材一道	
			7)浅色铝基反光涂料	
楼地面	地面 1	水泥地面	1)20 厚 1:2 水泥砂浆压光面层	办公室
			2)纯水泥浆一道	
			3)70 厚 C25 混凝土垫层	
			4)80 厚压实碎石	
			5)素土夯实	
	地面 2	磨光花岗石地面	1)20 厚石材面层,稀水泥擦缝(缝宽<1)	楼梯间 走廊
			2)纯水泥浆一道	
			3)15 厚 1:3 干硬性水泥砂浆结合层	
			4)纯水泥浆一道	
			5)70 厚 C25 混凝土垫层	
			6)80 厚压实碎石	
			7)素土夯实	
	楼面 1	磨光花岗石楼面	1)20 厚石材面层,稀水泥擦缝(缝宽<1)	楼梯间 走廊
			2)纯水泥浆一道	
			3)15 厚 1:3 干硬性水泥砂浆结合层	
			4)纯水泥浆一道	
			5)现浇钢筋混凝土楼板	
	楼面 2	防滑地砖楼面	1)8~10 厚地砖楼面,干水泥擦缝	卫生间
			2)5 厚 1:1 水泥细砂浆结合层	
			3)15 厚 1:3 水泥砂浆找平层	
			4)40~50 厚 C20 细石混凝土层,找向地漏	
			5)JS 涂膜防水层,厚2,四周卷起 150 高	
			6)20 厚 1:3 水泥砂浆找平层,四周抹小八字角	办公室等房间
			7)现浇钢筋混凝土楼板	
	楼面 3	水泥楼面	1)13 厚 1:2 水泥砂浆面层压实抹光	
			2)12 厚 1:3 水泥砂浆找平层	
			3)纯水泥浆一道	
			4)现浇钢筋混凝土楼板	

续表

类别	编号	名称	工程做法	使用部位
顶棚	顶棚1	铝合金条板顶棚	1）0.5～0.8厚铝合金条板面层	卫生间
			2）中龙骨中距＜1200	
			3）大龙骨 60×30×1.5（吊点附吊挂）中距＜1200	
			4）φ8钢筋吊竿，双向中距 900～1200	
			5）钢筋混凝土板内预留φ6铁环，双向中距 900～1200	
	顶棚2	板顶抹灰平顶	1）刷平顶涂料	办公室楼梯间
			2）3厚细纸筋（麻刀）石灰粉面	
			3）8厚 1∶0.3∶3 水泥石灰膏砂浆	
			4）刷素水泥浆一道（内掺水重 3％～5％的 108 胶）	
			5）现浇钢筋混凝土板	
内墙	内墙1	纸筋灰抹面	1）刷内墙涂料	办公室走廊楼梯间
			2）2厚细纸筋灰光面	
			3）18厚 1∶2.5 粗纸筋灰砂分层抹平	
	内墙2	釉面砖墙面	1）5厚釉面砖白水泥擦缝	卫生间
			2）6厚 1∶2.5 水泥石灰膏砂浆结合层	
			3）12厚 1∶3 水泥砂浆打底	
外墙	外墙1	外墙面砖墙面	1）内墙粉刷	面砖使用部位及颜色与涂料操作颜色须现场观看样板后确定
			2）混凝土多孔砖墙体，界面砂浆	
			3）40厚胶粉聚苯颗粒保温材料	
			4）10厚抗裂砂浆复合热镀锌电焊网一层	
			5）8厚 1∶0.2∶2 水泥石灰膏砂浆粘结层	
			6）面砖	
	外墙2	涂料墙面	1）内墙粉刷	
			2）混凝土多孔砖墙体，界面砂浆	
			3）40厚胶粉聚苯颗粒保温材料	
			4）5厚抗裂砂浆耐碱玻纤网格布一层	
			5）弹性底涂，柔性耐水腻子	
			6）外墙涂料	
踢脚	踢脚1	水泥踢脚	1）8厚 1∶2 水泥砂浆面层，压实抹光	办公室
			2）12厚 1∶3 水泥砂浆底层，扫毛	
	踢脚2	花岗石踢脚	1）混凝土多孔砖墙体	楼梯间走廊电梯间
			2）10厚 1∶3 水泥砂浆打底	
			3）10厚 1∶2 水泥浆灌缝	
			4）20厚花岗石面层，稀水泥砂浆擦缝，高150	

　　由表 6-6 可知，以卫生间为例，其楼面采用的是防滑地砖楼面，顶棚采用的是铝合金条板顶棚，内墙采用的是釉面砖墙面（卫生间常规的装修做法，与其经常与水接触的环境有关）。

4. 门窗表

门窗表用于说明门窗类型，每种类型的名称、洞口尺寸、每层数量和总数量以及可选用的标准图集、其他备注等。

表 6-7 为某工程的门窗表。

门窗表　　　　　　　　　　　　　　　　　　　　表 6-7

设计编号	洞口尺寸(mm)		樘数	采用标准图及编号		备注
	宽	高		图集代号	编号	
FM1	1500	2100	18	参 12J609	2M01-1521	乙级防火门
FM2	1000	2100	5		2M01-1021	甲级防火门
FM3	600	1800	14	厂家定制	2M01-1521	乙级防火门
M1	1500	2400	2	参 16J607	49-2.78	节能门
M2	1500	2100	44	参 2002 浙 J46	1ZM1521	装饰木门
M3	1000	2100	69	参 2002 浙 J46	1ZM1521	装饰木门
M4	1500	2100	2	参 16J607	49-2.78	节能门
M5	900	2100	14	参浙 J2-93	19M0921	带通风百叶胶合板门
MLC1	7200	6900	1	—	尺寸见详图	专业厂家定制
C1	2900	6600	19	—	尺寸见详图	节能玻璃,厂家定制
C2	2540	6600	1		尺寸见详图	节能玻璃,厂家定制
C3	2500	6600	1		尺寸见详图	节能玻璃,厂家定制
C4	2900	6600	19		尺寸见详图	节能玻璃,厂家定制
C5	2100	1200	14	参 16J607	尺寸见详图	节能窗
C6	2500	2400	1		尺寸见详图	
C7	2260	2100	13		尺寸见详图	
C8	2620	1800	1		尺寸见详图	
C9	3620	1800	1		尺寸见详图	
C10	3530	1800	1		尺寸见详图	
C11	3270	1800	1		尺寸见详图	
C12	3090	1800	1		尺寸见详图	
C13	3400	1800	15		尺寸见详图	
C14	2900	1800	2		尺寸见详图	
C15	3700	1500	2		尺寸见详图	
C16	3400	1500	2		尺寸见详图	
C17	2100	1800	14		尺寸见详图	
C18	1500	1800	4		尺寸见详图	
C19	7100	1800	4		尺寸见详图	转角节能窗
C20	2400	1800	53		尺寸见详图	节能窗
C21	2600	1800	8		尺寸见详图	
C22	2000	1800	5		尺寸见详图	

　　表中的 FM 指的是防火门，M 指的是门，MLC 指的是门连窗，C 指的是窗。由表 6-8 可知，FM1 指的是编号为 1 的防火门，其洞口尺寸为 1500×2100，共有 18 樘，做法参照 12J609 图集 2M01-1521，为乙级防火门。MLC1 指的是编号为 1 的门连窗，其洞口尺寸为 7200×6900，共有 1 樘，其形式详见图 6-30，下半部分是门，上半部分是窗，由专业厂家定制。C7 指的是编号为 7 的窗，其洞口尺寸为 2260×2100，共有 13 樘，做法参照 16J607 图集，其形式详见图 6-30，所用玻璃为节能玻璃，由厂家定制。

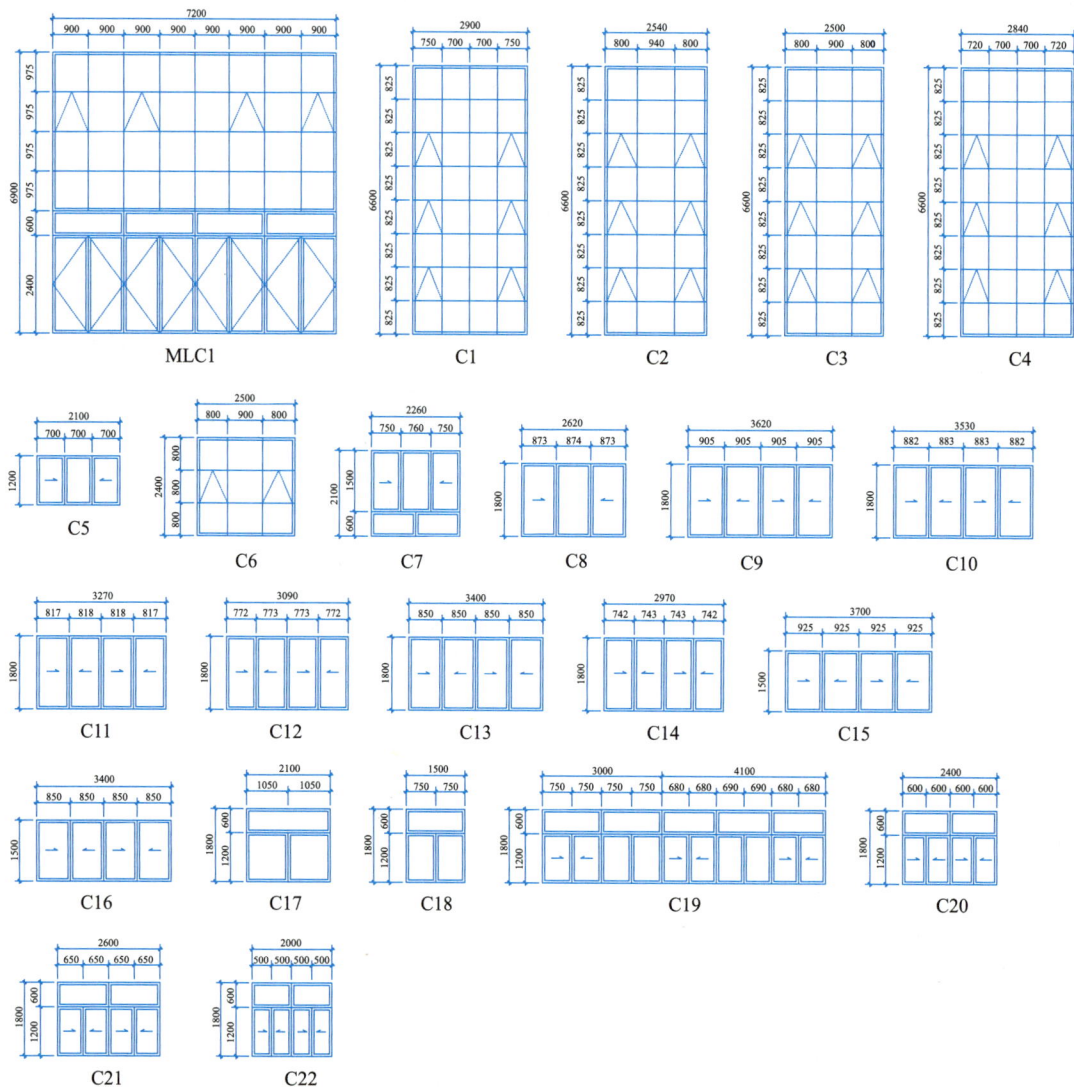

图 6-30　门窗详图

6.3.2　建筑总平面图

　　建筑总平面图主要反映的是当前工程的平面轮廓形状和层数、与原有建筑物的相对位置、周围环境、地形地貌、道路和绿化的布置等情况。现以某工程为实例，介绍建筑总平面图的识读。

图 6-31 为某工程的建筑总平面图，绘图比例是 1：500，图中的指北针给出了图样的方位。出入口在南面，入口处有花坛，东侧是门卫室，西侧是非机动车停车处，基地围墙的南面紧邻城市干道。

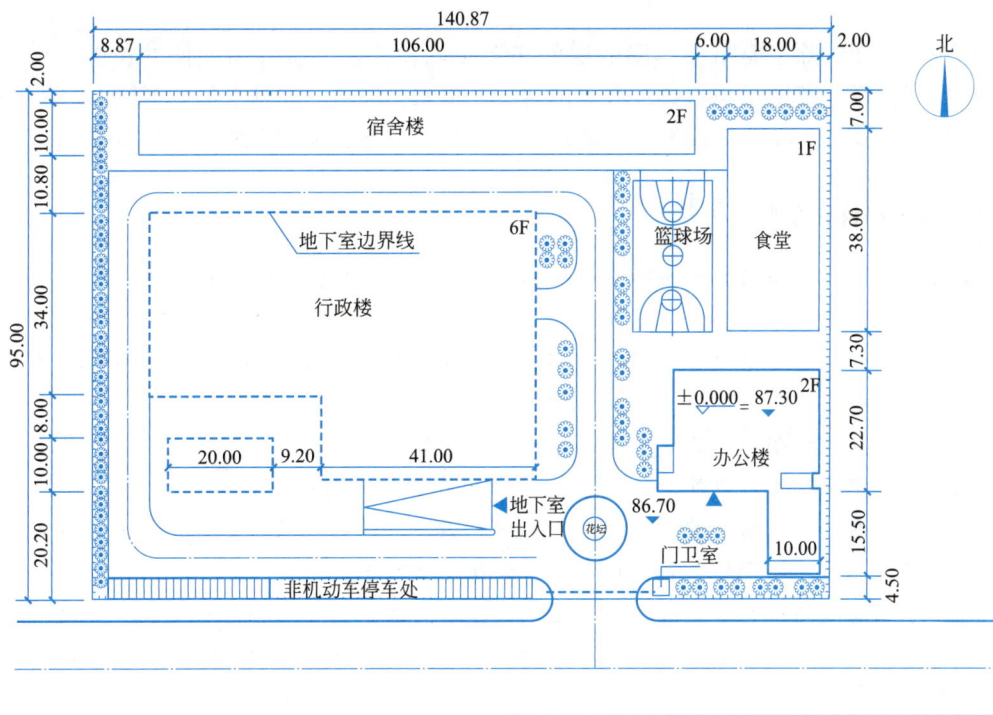

总平面图 1：500

图 6-31　建筑总平面图

基地中，粗线框显示出本设计的主体——办公楼，位于基地东南角，右上角以数字表示建筑物的层数，由图可知，办公楼的层数为 2 层。办公楼的出入口在南侧，西侧和北侧为基地内道路，北侧为篮球场和食堂。办公楼西侧和南侧有绿地。

篮球场再向北，隔一条道路是 2 层的宿舍楼，宿舍楼东西两侧有绿地。宿舍楼隔一条道路是 6 层的行政楼，行政楼带地下室，地下室的边界线如图 6-31 所示。地下室出入口在行政楼南侧。行政楼出入口在其南侧，东西两侧有绿地。

在行政楼西南角有一块地，从图例可以看出，这是一块预留地，未来将在这块地上建造建筑物或构筑物。

从图中标注可知，新建办公楼与南侧围墙的间距为 4.50m，与东侧围墙的间距为 2.00m，据此，可以对新建办公楼进行准确定位。办公楼的南北向总尺寸为 38.20m，办公楼与食堂之间的道路宽 7.30m。食堂南北向总尺寸为 38.00m，东西向总尺寸为 18.00m，与东侧围墙的间距为 2.00m，与北侧围墙的间距为 7.00m，与宿舍楼的间距为 6.00m。宿舍楼东西向总尺寸为 106.00m，南北向总尺寸为 10.00m，与东侧围墙的间距为 2.00m。宿舍楼与行政楼之间的间距为 10.80m，行政楼与预留地北侧之间的间距为

8.00m，与预留地东侧的距离为9.20m，预留地的长为20.00m，宽为10.00m，与南侧围墙的间距为20.20m。另外，图中还分别标出了室外地坪的绝对标高为86.70m，室内地坪的绝对标高为87.30m，相当于室内相对标高±0.000，以便对办公楼进行竖向定位。

6.3.3 建筑平面图

建筑平面图，除了要图示本层的房间布置及墙、柱、门窗等构配件的位置、尺寸以外，底层平面图还要图示与本建筑有关的台阶、散水、坡道、花池及垃圾箱等的水平外形图；二层或二层以上楼层平面图还要图示下面一层的雨篷、窗楣等构件水平外形图。

【应用案例6-5】

某办公建筑，下面以办公楼的三个平面图为例来说明平面图的识读方法。

1. 一层平面图

（1）了解平面图的图名、比例。从图6-32中可知该平面图是一层平面图，比例是1：100。

（2）了解房屋的朝向。从图中指北针可知该建筑坐北朝南。

（3）了解定位轴线、内外墙的位置。该平面图中，横向定位轴线从①到⑫，共12道轴线，另外，图中还包括3道横向的附加轴线；纵向定位轴线从Ⓐ到Ⓓ，共4道轴线。定位轴线确定了墙体、柱子的位置，也可以了解房间的大小。

（4）了解房屋的平面布置情况。从图中可了解到该图包含五个办公室、一个大开间办公室、一个会议室、一个值班室、一个接待室、一个卫生间和两个楼梯。五个办公室中，①～②轴、②～③轴、⑧～⑨轴、⑨～⑩轴之间的办公室的开间为7800mm，进深为6500mm；⑩～⑫轴之间的办公室的开间为7500mm，进深为6500mm；大开间办公室的开间为15600mm，进深为6500mm；会议室的开间为11700mm，进深为6500mm；值班室的开间为3900mm，进深为6500mm；接待室的开间为3900mm，进深为6500mm；卫生间的开间为6600mm，进深为6500mm；楼梯的开间为3600mm，进深为6500mm。

（5）从图中标注的外部和内部尺寸，了解到各个房间的开间、进深、外墙与门窗的大小和位置。外部尺寸从外向里分别为：第一道尺寸表示外轮廓的总尺寸，图中办公楼总长为54900mm、总宽为15500mm。第二道尺寸表示轴线间的距离，即房间的开间和进深尺寸，如7800mm、7500mm、3900mm和6500mm等。第三道尺寸表示各细部的尺寸，以①～②轴线间办公室为例，办公室开间尺寸为7800mm，办公室C4窗洞口宽度尺寸为2840mm，C1窗洞口尺寸为2900mm，两个窗洞之间的距离为1000mm，C4窗洞边距①轴560mm，C1窗洞边距②轴500mm。

（6）了解建筑物中各组成部分的标高情况。在平面图中，对于建筑物各组成部分，如楼地面、室内外地坪面，一般都分别注明标高。这些标高均采用相对标高，并将建筑物的室内地坪面的标高定为±0.000m，室外标高为−0.300m。由此可知，办公楼的室内外高差为0.300m。由建筑设计说明可知，卫生间标高比相应楼地面低30mm，因此一层卫生间地面标高为−0.030m。

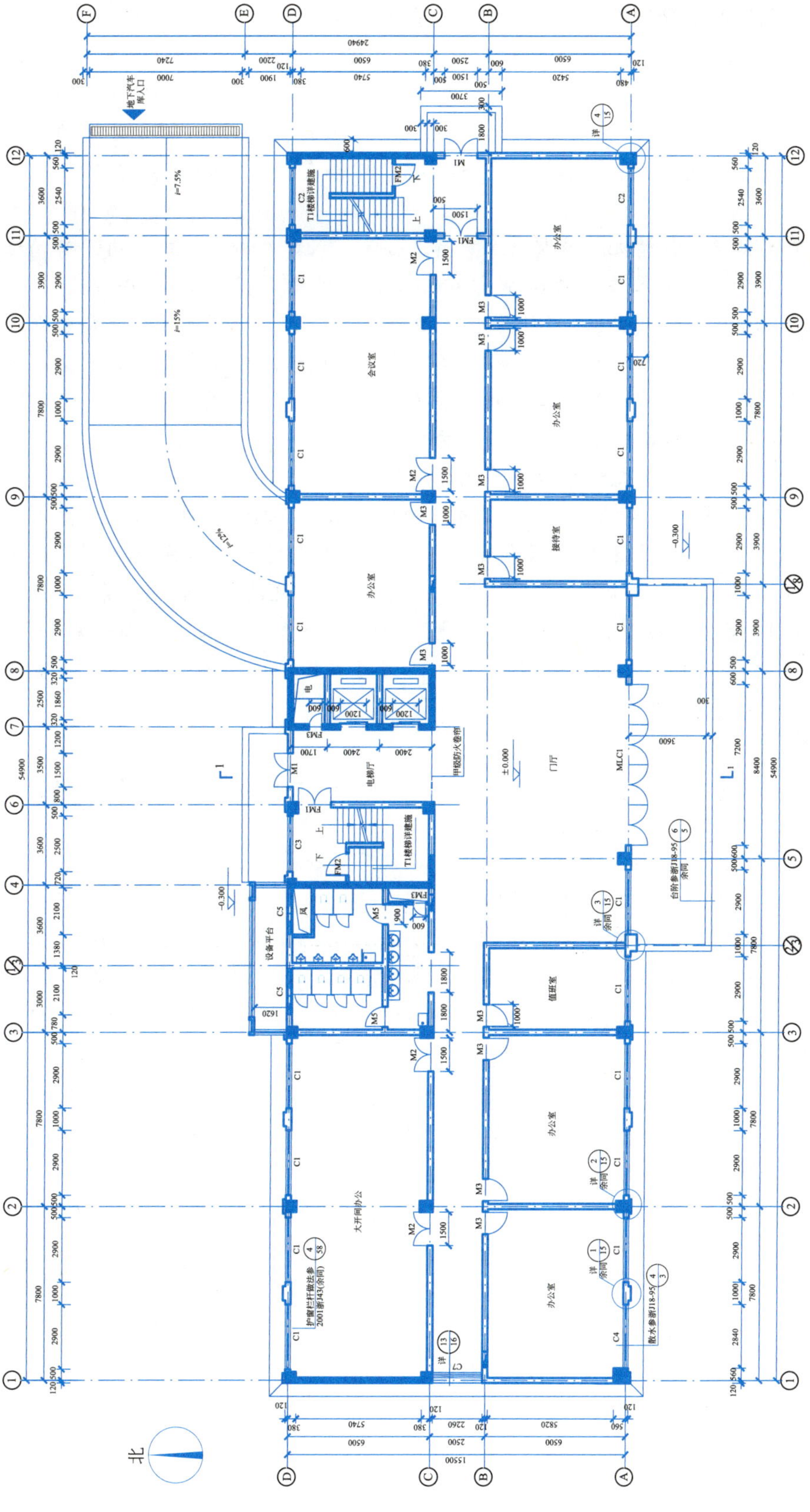

一层平面图 1:100

图6-32 一层平面图

187

（7）了解门窗的位置及编号。从图中可以看到门窗的类型、编号和位置。如Ⓐ轴上有十个 C1，一个 C4，一个 MLC1，一个 C2；Ⓑ轴上有八个 M3；Ⓒ轴上有四个 M2，两个 M3；Ⓒ、Ⓓ轴线与③、④轴线之间的卫生间有两个 M5；Ⓓ轴上有九个 C1，两个 C5，一个 C3，一个 M1，一个 C2；①轴上有一个 C7；③、④轴线与Ⓒ、Ⓓ轴线之间的水管井有一个 FM3；⑥轴有一个 FM1；⑦轴有一个 FM3；⑪轴有一个 FM1；⑫轴上有一个 M1；两个 T1 楼梯处各自设有一个 FM2。

（8）了解其他构配件情况。该建筑入口有三处，主入口处和次入口处均设有两级室外台阶，紧贴建筑外墙，主入口处的台阶宽 300mm，室外平台宽度为 3600mm，Ⓑ～Ⓒ轴之间的次入口的台阶宽 300mm，室外平台宽度为 1800mm；建筑物四周设有散水，散水宽度为 600mm；③～④轴线间有一设备平台，宽 1620mm；该建筑配有地下室，地下室的入口在建筑物北侧。图中涂黑的墙体表示剪力墙，在Ⓒ～Ⓓ轴线与①、④、⑦、⑧、⑫轴相交处，④～⑧轴线与Ⓒ轴相交处设有剪力墙。

（9）了解建筑剖面图的剖切位置和详图索引做法。图中在⑥、⑦轴线间标明了剖切符号 1-1，表示剖面图的剖切位置，1-1 剖视方向向右，以便与剖面图对照查阅。主入口处台阶的做法参见标准图集浙 J18-95 第 5 页第 6 号详图；散水的做法参见标准图集浙 J18-95 第 3 页第 4 号详图；①、②轴线间的墙体做法参见 15 号建施图 1 号详图（余同）；②轴处的墙体做法参见 15 号建施图 2 号详图（余同）；③、⑤轴线间的墙体做法参见 15 号建施图 3 号详图（余同）；⑫轴处的墙体做法参见 15 号建施图 2 号详图（余同）；护窗栏杆的做法参见标准图集 2001 浙 J43 第 58 页第 4 号详图。

2. 标准层平面图

（1）了解平面图的图名、比例。从图 6-33 中可知该平面图是四～六层平面图，比例是 1：100。

（2）了解定位轴线，内外墙的位置。该平面图中，横向定位轴线从①到⑫，共 12 道轴线；纵向定位轴线从Ⓐ到Ⓓ，共 4 道轴线。

（3）了解房屋的平面布置情况。从图中可知该图包含六个办公室、三个大开间办公室、一个卫生间和两个楼梯。六个办公室中，①～②轴、②～③轴、⑧～⑨轴、⑨～⑩轴线间的五个办公室的开间为 7800mm，进深为 6500mm，⑩～⑫轴线间的办公室的开间为 7500mm，进深为 6500mm；三个大开间办公室中，①～③轴大开间办公室的开间为 15600mm，进深为 6500mm，③～⑧轴大开间办公室的开间为 16200mm，进深为 6500mm，⑨～⑪轴大开间办公室的开间为 11700mm，进深为 6500mm；卫生间的开间为 6600mm，进深为 6500mm；楼梯的开间为 3600mm，进深为 6500mm。

（4）从图中标注的外部和内部尺寸，了解到各个房间的开间、进深、外墙与门窗的大小和位置。外部尺寸从外向里分别为：第一道尺寸表示外轮廓的总尺寸，图中办公楼总长为 54900mm、总宽为 15500mm。第二道尺寸表示轴线间的距离，即房间的开间和进深尺寸，如 15600mm、7800mm、3900mm 和 6500mm 等。第三道尺寸表示各细部的尺寸，以⑨～⑩轴线间办公室为例，办公室开间尺寸为 7800mm，办公室 C20 窗洞口宽度尺寸为 2400mm，C17 窗洞口尺寸为 2100mm，两个窗洞之间的距离为 2750mm，C20 窗洞边距⑨轴 300mm，C17 窗洞边距⑩轴 250mm。

（5）了解建筑物中各组成部分的标高情况。四～六层的楼面标高分别为 11.000m、

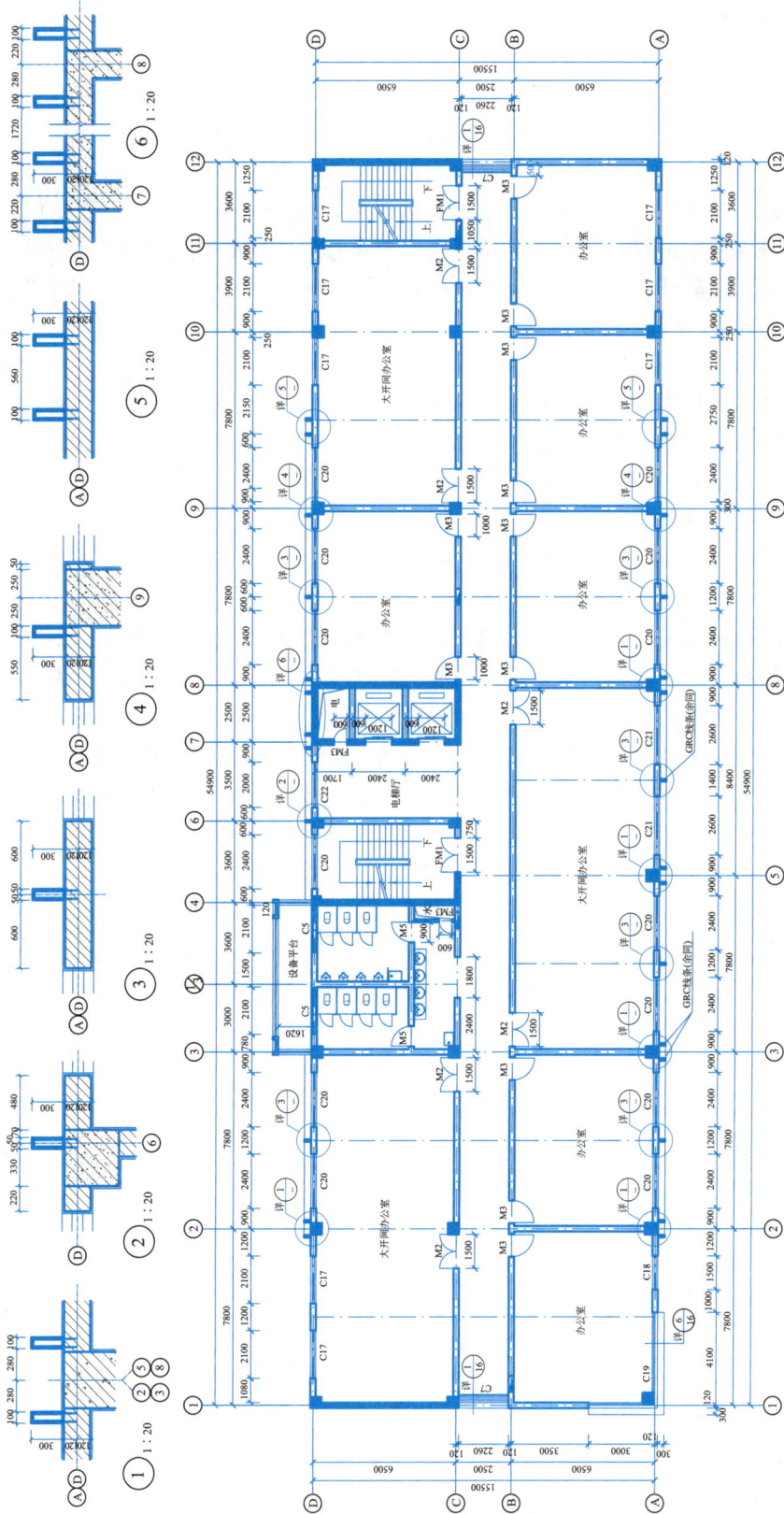

图 6-33　四～六层平面图

14.400m、17.800m，由建筑设计说明可知，卫生间标高比相应楼地面低 30mm，因此四～六层卫生间楼面标高为 10.970m、14.370m、17.770m。

（6）了解门窗的位置及编号。Ⓐ轴上有一个 C19，一个 C18，七个 C20，两个 C21，三个 C17；Ⓑ轴上有九个 M3，两个 M2；Ⓒ轴上有四个 M2，两个 FM1，两个 M3；Ⓒ、Ⓓ轴线与③、④轴线之间的卫生间有两个 M5；Ⓓ轴上有五个 C17，六个 C20，两个 C5，一个 C22；①轴上有一个 C19（注意：C19 是 L 形窗，既在Ⓐ轴上，又在①轴上），一个 C7；③、④轴线与Ⓒ、Ⓓ轴线之间的水管井有一个 FM3；⑫轴上有一个 C7。

（7）了解其他构配件情况。③～④轴线间有一设备平台，宽 1620mm；图中涂黑的墙体表示剪力墙，在Ⓒ～Ⓓ轴线与①、④、⑦、⑧、⑫轴相交处，④～⑧轴线与Ⓒ轴相交处设有剪力墙；墙面有 GRC 装饰线条。

（8）了解建筑详图索引做法。①轴和⑫轴 C7 处墙体和窗的做法参见 16 号建施图 1 号详图；①轴 C19 处窗的做法参见 16 号建施图 6 号详图；Ⓐ轴和Ⓓ轴处 GRC 装饰线条做法分别参见本张图纸 1～6 号详图。

3. 顶层平面图

（1）了解平面图的图名、比例。从图 6-34 中可知该平面图是顶层平面图，比例是 1：100。

（2）了解定位轴线。该平面图中，横向定位轴线从①到⑫，共 12 道轴线，另外，图中还包括一道横向的附加轴线；纵向定位轴线从Ⓐ到Ⓓ，共 4 道轴线。其中，楼梯和电梯机房局部突出，其顶面的横向定位轴线从④到⑧，纵向定位轴线从Ⓒ到Ⓓ。

（3）从图中标注的尺寸，了解到门窗、洞口的大小和位置。屋顶平面图的尺寸一般只画两道尺寸，外部尺寸从外向里分别为：第一道尺寸表示外轮廓的总尺寸，图中屋顶总长为 54900mm、总宽为 15500mm。第二道尺寸表示细部尺寸，以④～⑥轴线间的楼梯为例，楼梯开间尺寸为 3600mm，楼梯 M4 门洞口宽度尺寸为 1500mm，M4 门洞边距⑥轴 750mm。

（4）了解屋顶中各组成部分的标高情况。在屋顶平面图中，标注的标高一般为结构标高。由图可知，除⑦～⑧轴线与Ⓒ～Ⓓ轴线间的部分的标高为 26.200m 以外，其他处的屋顶标高为 24.600m；楼梯和电梯机房处的顶面标高为 29.000m。

（5）了解门窗的位置及编号。从图中可以看到门窗的类型、编号和位置。如Ⓒ轴上有两个 M4；Ⓓ轴上有一个 C20，一个 C22。

（6）了解其他构配件情况。楼梯和电梯机房各设置一个出口通向屋顶，③～④轴与Ⓓ轴相交处设置一个雨篷，④～⑧轴与Ⓒ轴相交处设置一个雨篷，宽 1000mm；屋面设置分仓缝，间距为 4000mm；屋面共有四根雨水管，排水坡度为 1% 和 2%，为有组织排水；③～④轴与Ⓓ轴相交处雨篷有两根雨水管，排水坡度为 1%；楼梯和电梯机房处的顶面有两根泄水管，排水坡度为 2%。

（7）了解建筑详图索引做法。分仓缝的做法参见标准图集 99 浙 J14 第 24 页第 3 号详图；楼梯和电梯机房通向屋面的出口做法参见 16 号建施 8 号详图；Ⓐ轴的墙体装饰条做法参见 16 号建施 9 号详图（余同）；分仓缝间隙处的做法参见 16 号建施 10 号详图；女儿墙做法参见 16 号建施 11 号详图；Ⓑ～Ⓒ轴之间的墙体做法参见 16 号建施 12 号详图；③～④轴与Ⓓ轴相交处雨篷的做法参见 16 号建施 15 号详图。

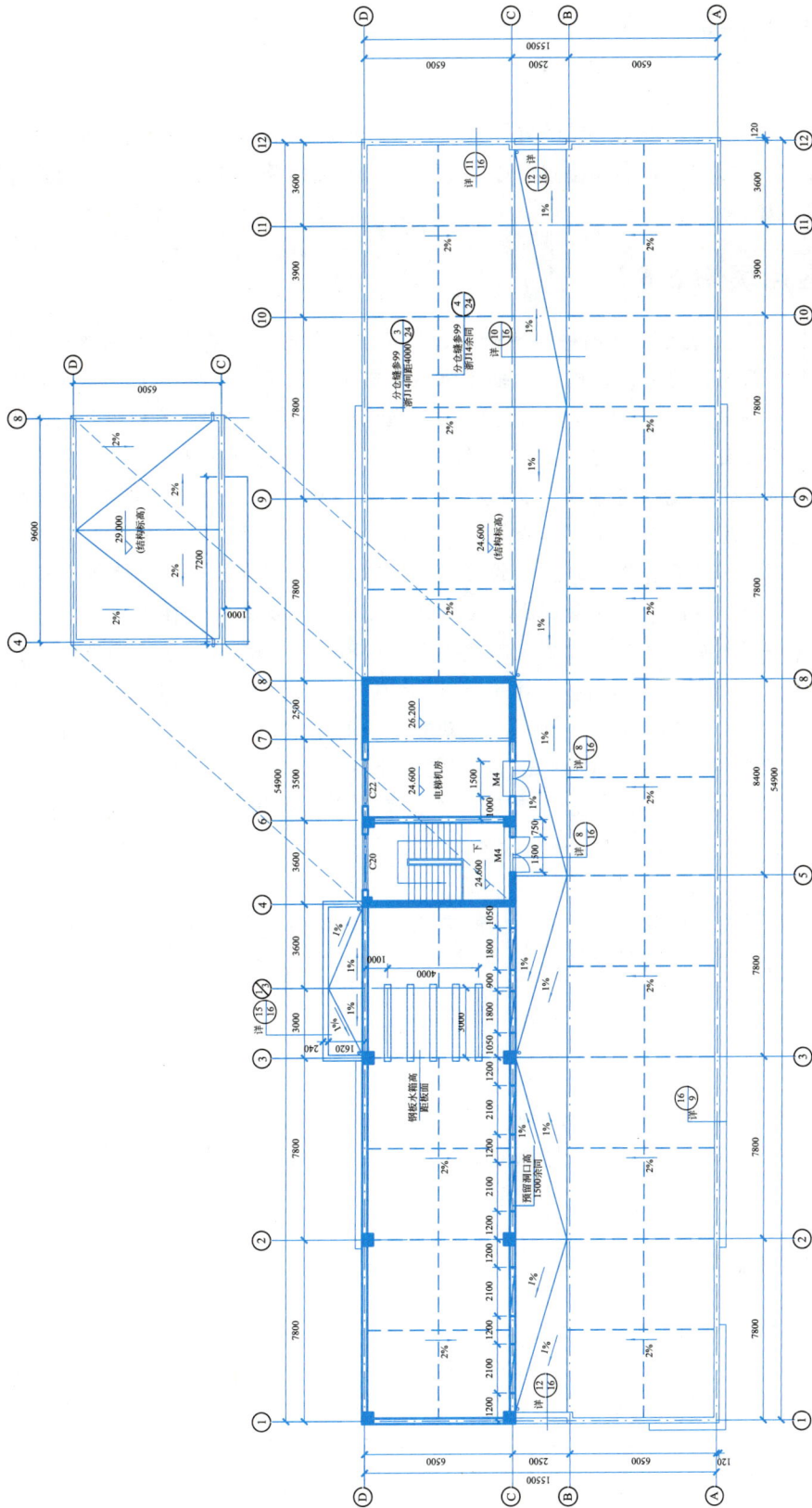

顶层平面图　1：100

图6-34　顶层平面图

6.3.4　建筑立面图

建筑立面图主要用来表明房屋的外形外貌，反映房屋的高度、层数，屋顶的形式，墙面的做法，门窗的形式、大小和位置，以及窗台、阳台、雨篷、檐口、勒脚、台阶等构造和构配件各部位的标高。

【应用案例6-6】

如图6-35所示为某办公楼的一个立面图，下面以此为例来说明立面图的识读方法。

（1）了解立面图的图名、比例。从轴线的编号可知，该图表示的是①～⑫立面图；结合图6-32一层平面图的指北针，可知该图为南立面图；由图6-32所示主要出入口所在位置可知该图为正立面图。比例与平面图一样为1∶100，以便对照阅读。

（2）了解房屋的外貌和墙体细部构造等情况。从图中可以看到建筑的整体外貌形状，也可以了解建筑的屋顶、门、窗、台阶等细部的形式和位置。该办公楼的屋顶形式为平屋顶，设置有女儿墙，屋面有构架，立面的形状为矩形，在其正立面和右侧立面各设置有一个雨篷和两级台阶，该图中还能看到办公楼入口的大门样式及各窗的样式。

（3）了解房屋立面各部分的标高及高度关系。从图中可以看到，在立面图的右侧注有标高，从所标注的标高可知，建筑物最高处的标高是29.600m，屋面板顶部标高为24.600m，女儿墙顶部标高为26.100m，构架顶部标高为27.800m。该房屋室外地坪标高为—0.300m，比室内±0.000低300mm，即室内外高差为300mm。主入口上方的雨篷标高为4.500m，一层窗台高600mm，三层及以上窗台除最左侧一列窗台高300mm，其余均为900mm高，窗顶与上一层楼板顶面的距离为700mm。一层层高为4200mm，其余层高为3400mm。

（4）了解房屋外墙面装修的做法。从图中可见，该墙面设有装饰条，具体材料做法可从建筑设计说明或工程做法表中查阅。

6.3.5　建筑剖面图

剖面图主要用来表示房屋内部的竖向分层、结构形式、构造方式、材料做法、各部位间的联系及高度等情况。如：楼板的竖向位置、梁板的相互关系、屋面的构造层次等。

【应用案例6-7】

如图6-36所示为某办公建筑的一个剖面图，下面以此为例来说明剖面图的识读方法。

（1）了解剖面图的图名、比例及剖切平面的位置。如图所示为办公楼的1-1剖面图，绘图比例是1∶100，方便与平面图和立面图对照阅读。据一层平面图可知，1-1剖面是一个剖切面通过电梯厅和门厅，剖切后向右进行投影所得的剖面图。

（2）了解被剖切到的墙体、地面、楼面、屋顶等的构造。从图中画出的房屋地面至屋

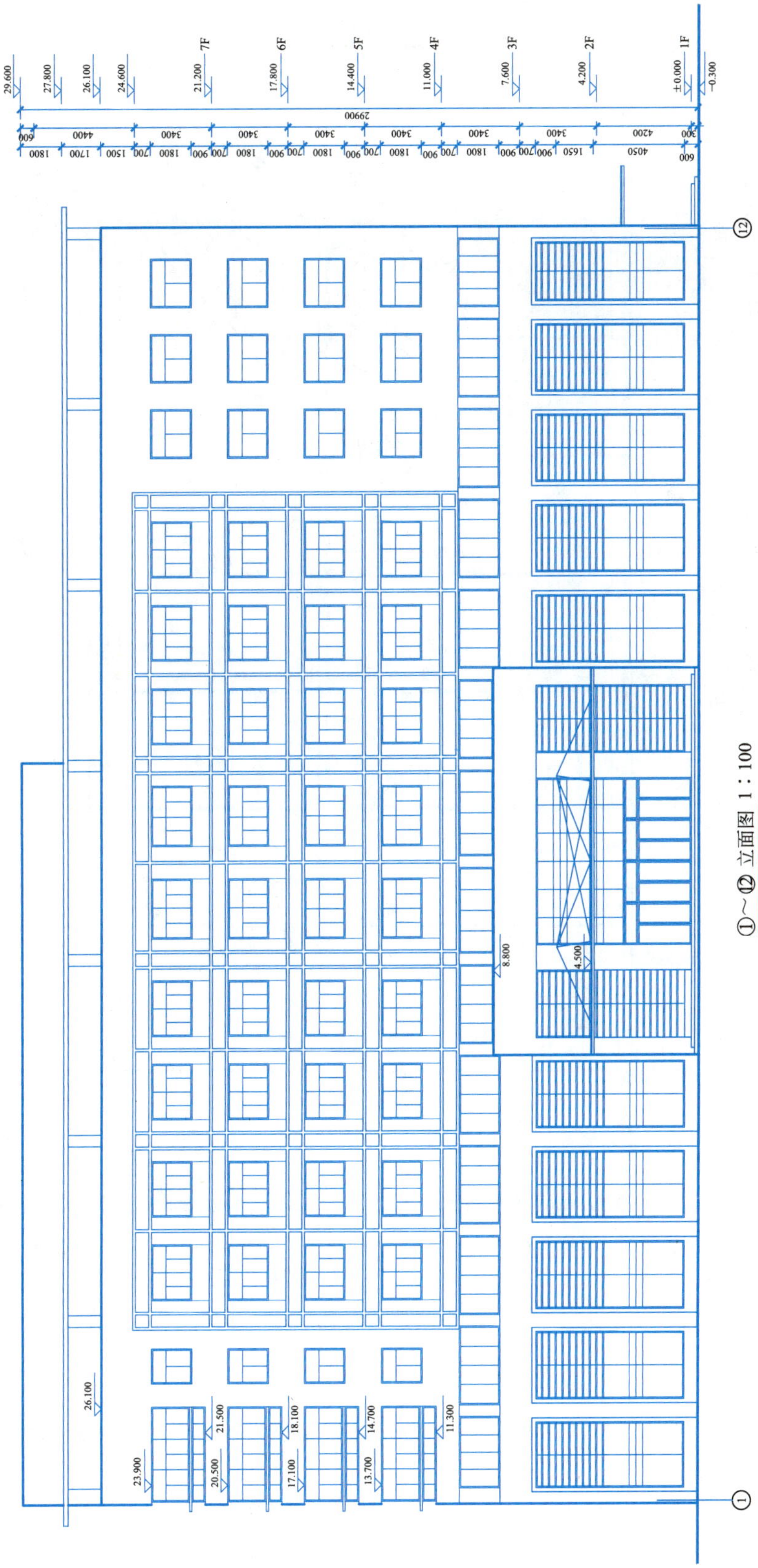

①～⑫立面图 1∶100

注：立面材质、色彩、分隔等事项待选定厂家提供选定样板后确定。

图 6-35 ①～⑫立面图

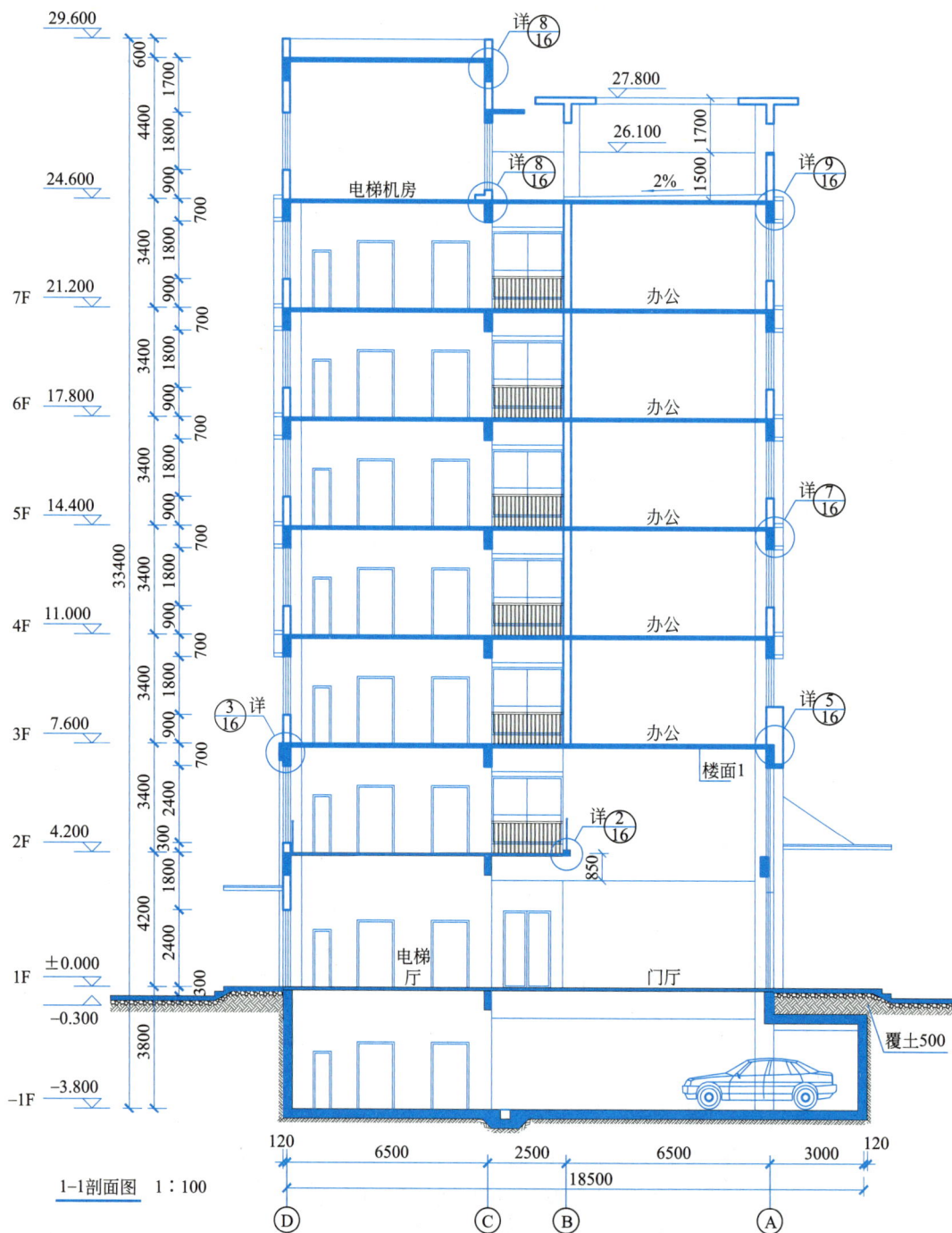

图 6-36　1-1 剖面图

顶的结构形式和构造内容可知，此房屋砖墙不是承重构件，剖切到的梁板截面均涂黑表示为钢筋混凝土现浇梁板。

（3）了解房屋各部位的尺寸和标高情况。1-1 剖面图左侧作了尺寸标注。从 1-1 剖面图中可以看出，该建筑地下一层，地上共七层。地下室层高为 3800mm，一层层高为

4200mm，其余层层高为 3400mm，室内外高差为 300mm。地下室顶部局部有 500mm 厚覆土。Ⓐ轴和Ⓓ轴处的墙体为外墙，此处剖切不到内墙。处于剖切位置的门窗与所在墙体一同被剖切，从图中可以看出，左侧一层门高为 2400mm，二层窗台高 300mm，窗高为 2400mm，窗顶与上一层楼面的距离为 700mm。三层至七层窗台高 900mm，窗高为 1800mm，窗顶与上一层楼面的距离为 700mm，窗上有矩形断面的框架梁兼过梁。电梯机房的窗台高 900，窗高 1800mm，与机房顶面的距离为 1700mm，机房顶部设 600mm 高的女儿墙。屋面层设有女儿墙，高度为 1500mm。构架处的排水坡度为 2%。

（4）了解其他构配件情况。屋面层有电梯机房、女儿墙和构架；电梯机房顶部有女儿墙，其入口处有一个雨篷；在剖面图左右两侧入口处各设置了一个雨篷，剖面图左右两侧均设置了装饰线条。

（5）了解建筑详图索引做法。二层门厅上方走廊护栏的做法参见 16 号建施图第 2 号详图；三层左右两侧异形梁及下方玻璃幕墙的做法分别参见 16 号建施图第 3 号详图和第 5 号详图；五层楼面处装饰线条做法参见 16 号建施图第 7 号详图（余同）；电梯机房顶面做法和出入口处做法参见 16 号建施图第 8 号详图；屋面处装饰线条及泛水做法参见 16 号建施图第 9 号详图。

6.3.6　建筑详图

建筑详图指的是将建筑的一些细部或构配件用较大的比例绘制出来，以便清晰地表达构造层次、做法、用料和详细尺寸等内容，便于指导施工的图样。以常见的外墙剖面详图和楼梯详图为例，介绍建筑详图的识读。

1. 外墙剖面详图

外墙剖面详图是建筑外墙剖面的局部放大图，它显示了从地面（有时是从地下室地面）至檐口或女儿墙顶的几乎所有重要的墙身节点。图 6-37 为某工程的墙身剖面详图，以此为例介绍外墙剖面详图的识读。

（1）了解剖面图的图名、比例。从图中可知，该图图名为墙身大样（二），比例为 1∶20。

（2）从详图的下部可以看出，室外地坪标高 −0.450m，即室内外高差为 450mm。入口台阶的级数为 3 级，其下为素土夯实，最高处略低于室内地坪。由于绘图比例较大，外墙结构层外表面绘有保温层和面层，内表面绘有保温层，楼板绘有面层线。

（3）台阶上方是主入口雨篷。雨篷板出外墙面 1500mm 宽，标高 4.300m，比二层楼板低 200mm。板的外侧是雨篷的外围挡板，垂直于雨篷板，高 600mm，挡板压顶高 60mm，出板外 60mm，设有滴水。雨篷下方是雨篷梁，高 450mm。雨篷做法为现浇钢筋混凝土板，上方有 20mm 厚 1∶3 水泥砂浆找坡，面层铺 3mm 厚 APP 防水卷材防水层，防水卷材收口处用油膏密封，收口处构造如图所示，高 60mm，左侧构造处出挡板 60mm，右侧构造处出外墙 60mm，与雨篷板的距离为 290mm，并设有 120mm×150mm 素混凝土翻边。

（4）屋面板为钢筋混凝土板，与下方的钢筋混凝土梁整体浇筑在一起，厚度为 120mm，

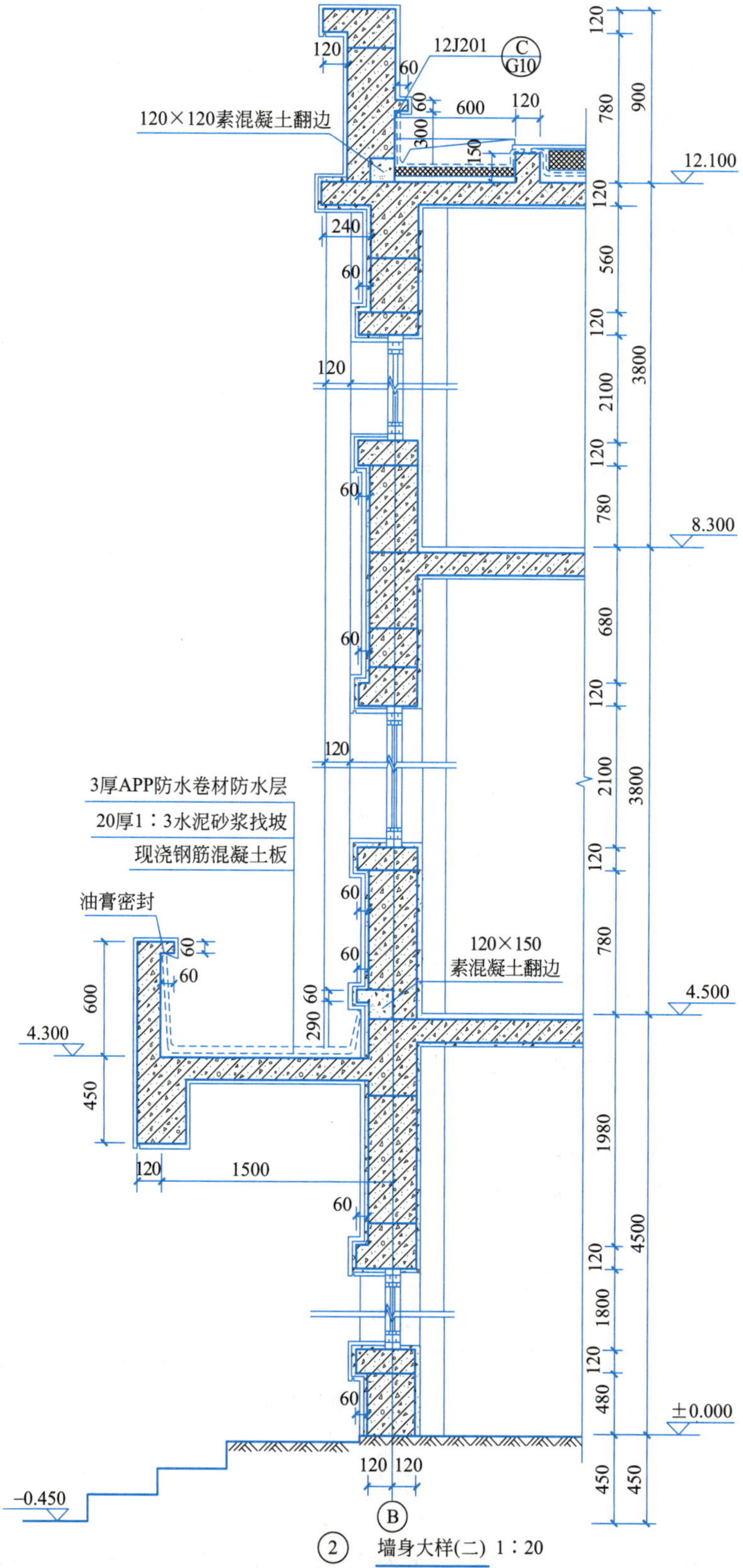

120×120素混凝土翻边

12J201

C
G10

3厚APP防水卷材防水层
20厚1：3水泥砂浆找坡
现浇钢筋混凝土板

油膏密封

120×150
素混凝土翻边

12.100

8.300

4.500

4.300

4.300

1500

120

±0.000

−0.450

2
墙身大样(二) 1：20

B

图 6-37　墙身剖面详图

出外墙面 240mm，设有滴水。女儿墙 900mm 高，女儿墙压顶挑出墙面 120mm。女儿墙内侧设有 600mm 宽檐沟，120mm×120mm 素混凝土翻边，泛水高度 300mm，泛水收头做法参见标准图集 12J201 第 G10 页第 C 号详图，收口处尺寸如图所示，高 60mm，出女儿墙边 60mm。檐沟内的投影线显示了沟内的找坡层、卷材防水层和保温层，屋面板上方的投影线显示了屋面上方的找平层、卷材防水层和保温层，上铺细石混凝土板。

（5）详图Ⓑ轴上是外墙墙身，厚 240mm，以实心砖砌筑。一层层高为 4500mm，窗台高 600mm，窗台厚 120mm，出外墙面 60mm，窗台设置滴水，窗高 1800mm，窗上方有钢筋混凝土过梁。二层和三层的层高为 3800mm，窗台高 900mm，窗台厚 120mm，出外墙面 60mm，窗台设置滴水，窗高 2100mm，窗上方有钢筋混凝土过梁。距外墙外表面 120mm 的竖向的线为未被剖切到，但是可以看到的墙边线，与外墙内表面有一定距离的竖向的线为未被剖切到，但是可以看到的柱边线。

2. 楼梯详图

（1）楼梯详图包括楼梯平面图和楼梯剖面图。楼梯平面图主要表达楼梯位置、墙身厚度、各层梯段、平台和栏杆扶手的布置以及梯段的长度、宽度和各级踏步宽度。楼梯剖面图主要表达楼梯的形式、结构类型、楼梯间的梯段数、各梯段的步级数、楼梯段的形状、踏步和栏杆扶手（或栏板）的形式、高度及各配件之间的连接等构造做法。

【应用案例 6-8】

阅读某工程楼梯建筑施工图。

如图 6-38、图 6-39 所示，为某工程的楼梯 T2 详图，由平面图和剖面图两种图样组成，绘图比例都是 1∶50。

（1）T2 平面图

从图中可以看出，楼梯 T2 为双跑平行楼梯，为封闭式楼梯。楼梯间轴线间宽 3600mm，净宽 3360mm，梯段宽 1600mm，梯井宽 160mm，踏面宽 260mm。上下楼梯的每梯段踏步数不完全相同，地下一层总步数 23 步，一层总步数 25 步，二层总步数 21 步，三～六层每层总步数 20 步。左侧上右侧下，梯段水平方向长、楼层平台宽和休息平台宽不完全相同，具体数值见图中标注。地面、楼层平台及休息平台的标高见相应标注。此外，图中还标出了剖面详图的剖切符号，剖切位置在左边梯段，向右进行投影。

（2）T2 剖面图

根据平面详图中的剖切符号，可知剖面详图的剖切位置和剖视方向。

地下一层楼梯踏步高 165.2mm，宽 260mm，总踏步数 11＋12＝23 步，休息平台标高为 −1.983m；一层楼梯踏步高 168mm，宽 260mm，总踏步数 14＋11＝25 步，休息平台标高为 2.352m；二层～六层楼梯踏步高 170mm，宽 260mm，每层楼梯总踏步数 10＋10＝20 步，休息平台标高分别为 5.900m、9.300m、12.700m、16.100m、19.500m。

楼梯为钢筋混凝土现浇板式楼梯，−3.800m 至 4.200m 处阴影部分为防火墙，设置在两个梯段中间梯井处。楼梯栏杆做法参见标准图集 2001 浙 J43 第 6 页第 1 号详图，扶手做法参见标准图集 2001 浙 J43 第 58 页第 4 号详图。此外，楼梯剖面图中还显示了扶手栏杆样式。

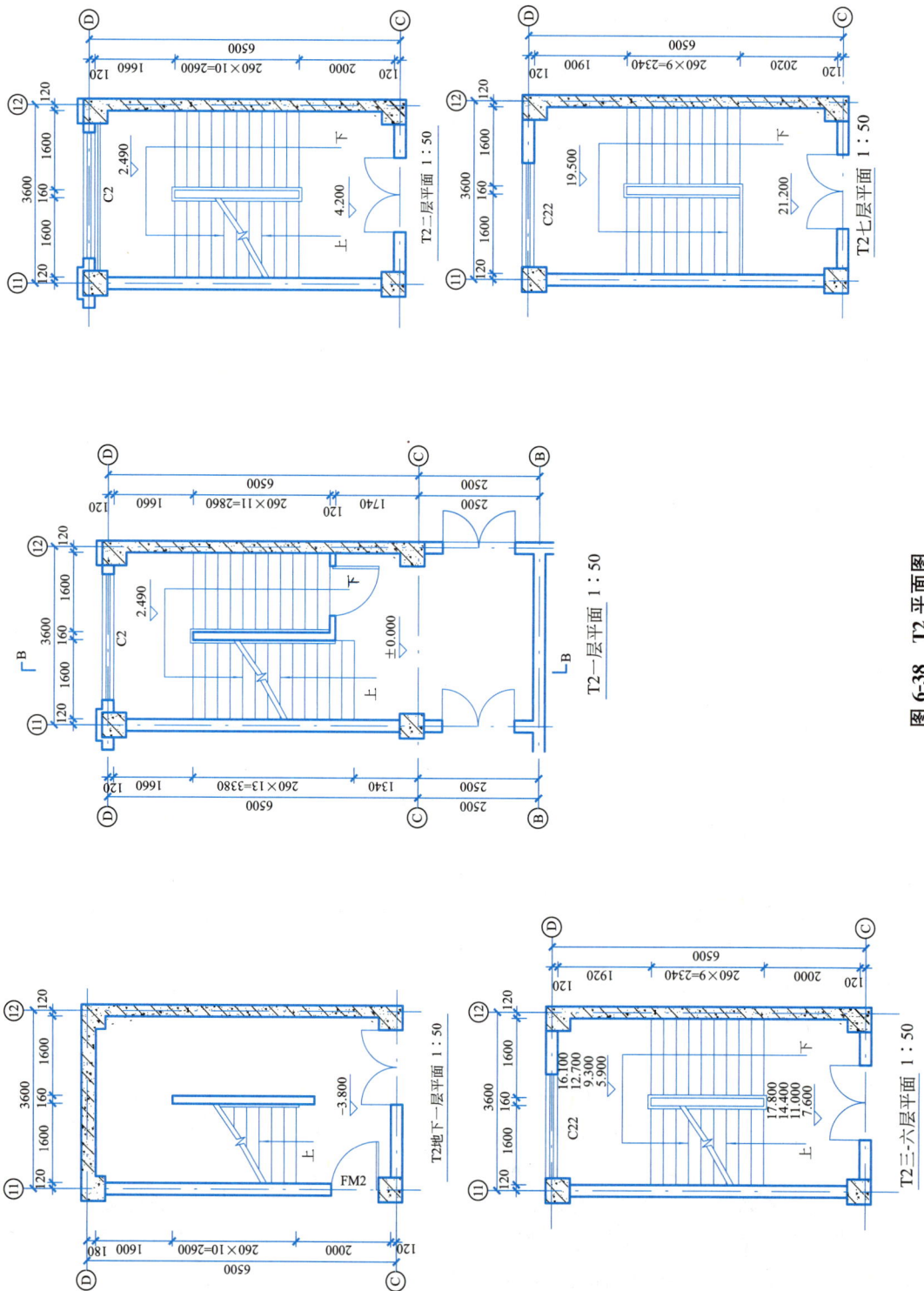

图 6-38　T2 平面图

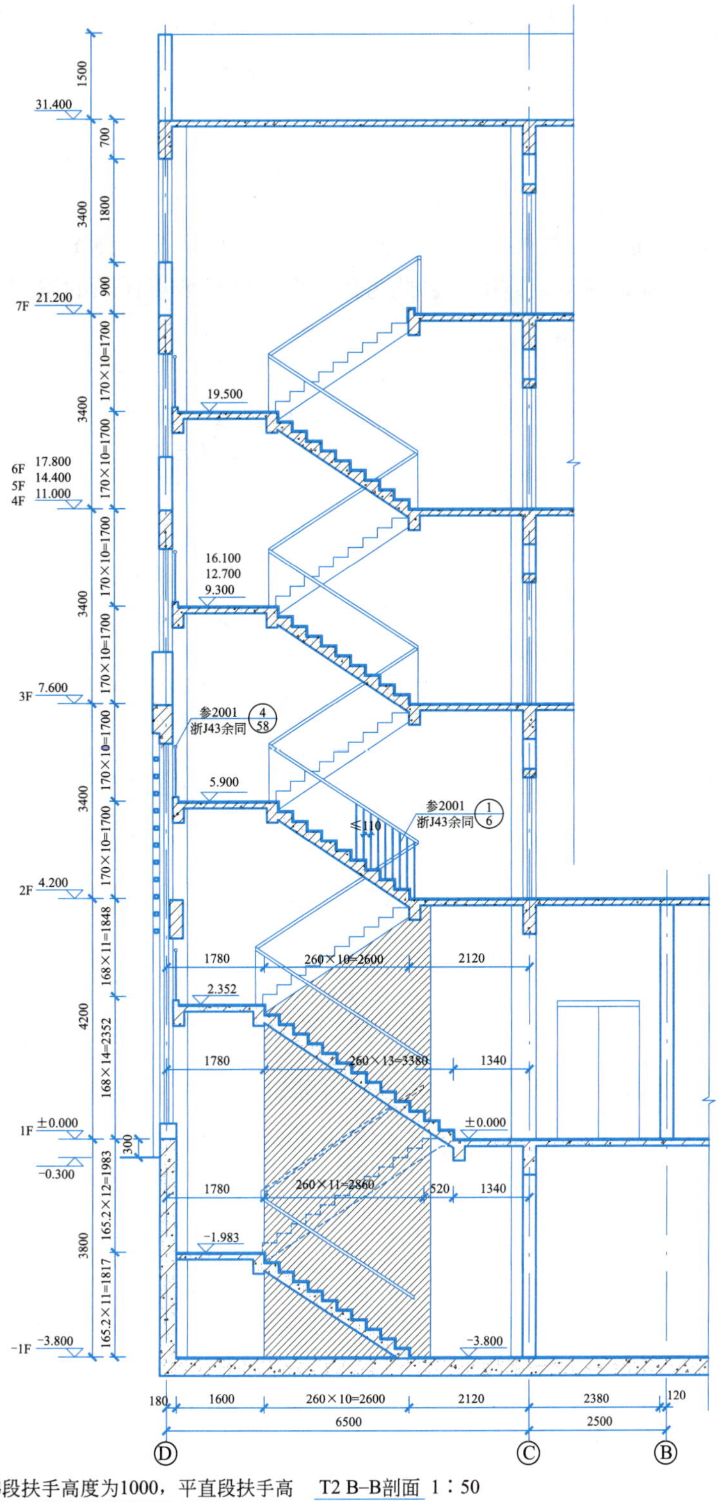

注: 1.楼梯梯段扶手高度为1000, 平直段扶手高
　　度为1050, 护窗栏杆高度为1050
　　2.楼梯扶手预埋件做法参2001浙J43 $\frac{1}{63}$ $\frac{1}{67}$ $\frac{3}{67}$
　　3.楼梯防滑条做法参2001浙J43 $\frac{16}{65}$

图 6-39　T2 B-B 剖面

由图中文字说明可知，楼梯梯段扶手高度为 1000mm，平直段扶手高度为 1050mm，护窗栏杆高度为 1050mm；楼梯扶手预埋件做法参见标准图集 2001 浙 J43 第 63 页第 1 号详图、第 67 页第 1 号详图、第 67 页第 3 号详图。楼梯防滑条做法参见标准图集 2001 浙 J43 第 65 页第 16 号详图。

（2）楼梯节点详图

除了楼梯平面图和楼梯剖面图，有时候还会用楼梯节点详图来补充说明楼梯的构造。图 6-40 是某工程楼梯节点详图，以此为例来介绍楼梯节点详图的识读。

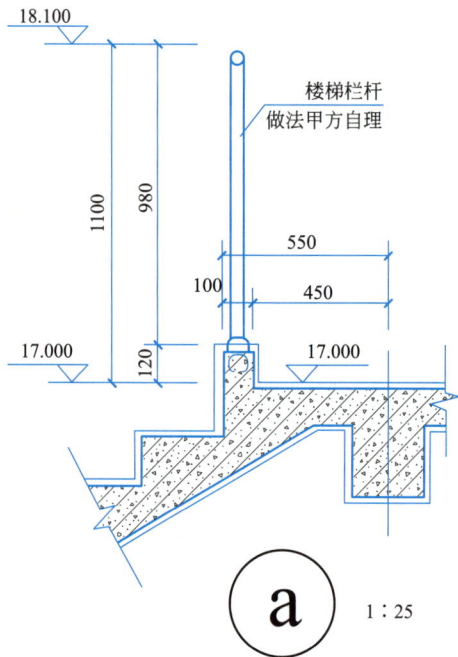

图 6-40　楼梯节点详图

该图为ⓐ号详图，比例为 1∶25。由图可知，栏杆的高度为 1100mm，栏杆顶部标高为 18.100m，楼面标高为 17.000m。栏杆底部固定在高 120mm，宽 100mm 的翻边里，翻边与楼梯梁中心的距离为 450mm。由图中文字说明可知，楼梯栏杆的做法由甲方自理。

学习启示

目前美日等发达国家低污染涂料所占比重达 65％～70％，德国则高达 80％，而我国尚不足 50％。造成雾霾天气的主要污染源 PM$_{2.5}$ 的一个重要来源是 VOC（挥发性有机化合物），涂料涂装行业 VOC 排放量约占 VOC 总排放量的 1/5，是造成雾霾的祸首之一，所以环境友好型涂料的发展是必然趋势。未来几年，国家鼓励环境友好型、资源节约型涂料的生产，践行"环保与绿色同行"理念，坚决打好污染防治攻坚战、推动生态文明建设迈上新台阶。建设现代化产业体系，推进新型工业化，加快建设制造强国、质量强国、航天强国、交通强国、网络强国、数字中国。推动战略性新兴产业融合集群发展，构建新一代信息技术、人工智能、生物技术、新能源、新材料、高端装备、绿色环保等一批新的增长引擎。

单元总结

　　本单元介绍了建筑施工图的一般组成；图纸目录、建筑设计说明、工程做法表及门窗表等内容；建筑总平面图、建筑平面图、建筑立面图、建筑剖面图等的成图原理和作用；如何识读和绘制建筑总平面图、建筑平面图、建筑立面图、建筑剖面图及建筑详图等。

教学单元7

结构施工图

Chapter 07

📱 教学单元
7图纸

教学目标

1. 知识目标：了解结构施工图的分类、内容和一般规定；理解钢筋混凝土的相关知识，掌握钢筋混凝土构件的图示方法和识读方法；掌握基础施工图、楼层结构施工图、楼梯结构施工图等的图示内容、有关规定，以及制图与识图的方法和步骤；掌握钢筋混凝土构件的平法标注内容和装配式混凝土结构的图示内容。

2. 能力目标：具备熟练识读和绘制基础施工图、框架结构施工图、剪力墙结构施工图、楼梯结构施工图等能力。

3. 素质目标：养成精细识读基础施工图、结构施工图、楼梯施工图等的良好作风，精研细磨框架柱、梁、墙、板等构件构造做法；框架柱、梁、墙、板纵横交错连接在一起，共同搭建一个整体坚实稳固的建筑框架，要培养学生团队意识、爱岗敬业的职业素质，以凝聚团结之力，共创美好未来。

思维导图

结构施工图
├─ 概述
│ ├─ 结构施工图的内容
│ │ ├─ 结构设计说明
│ │ ├─ 结构平面布置图
│ │ └─ 构件详图
│ ├─ 钢筋混凝土结构简介
│ │ ├─ 混凝土及钢筋混凝土
│ │ ├─ 钢筋混凝土构件
│ │ ├─ 钢筋等级和混凝土强度等级
│ │ └─ 钢筋的分类和作用
│ └─ 结构施工图的相关规定
│   ├─ 钢筋的弯钩
│   ├─ 钢筋的保护层
│   ├─ 钢筋的图例
│   └─ 常用构件代号
├─ 砖混结构
│ ├─ 结构施工图首页
│ │ └─ 结构设计说明
│ ├─ 基础施工图
│ │ ├─ 基础、地基、垫层等术语
│ │ ├─ 基础的形式
│ │ ├─ 基础施工图的组成
│ │ ├─ 基础平面图的形成及图示内容
│ │ ├─ 基础详图的形成及图示内容
│ │ ├─ 基础施工图的绘制方法
│ │ └─ 基础施工图的阅读
│ ├─ 结构施工图
│ │ ├─ 结构平面布置图
│ │ ├─ 构件详图
│ │ └─ 结构平面布置图的绘制方法
│ └─ 楼梯施工图
│   ├─ 楼梯结构平面布置图
│   └─ 楼梯结构详图
├─ 框架剪力墙结构
│ ├─ 结构施工图首页
│ ├─ 基础施工图
│ ├─ 结构施工图
│ └─ 楼梯施工图
└─ 装配式混凝土结构
   ├─ 预制混凝土剪力墙
   │ ├─ 预制墙板类型与编号规定
   │ ├─ 预制墙板列表注写内容
   │ ├─ 后浇段表示内容
   │ └─ 预制墙板识读
   ├─ 预制混凝土叠合楼板
   │ ├─ 叠合板类型与编号规定
   │ ├─ 叠合板现浇层标注方法
   │ ├─ 叠合板底板标注方法
   │ └─ 叠合板识读
   └─ 预制混凝土楼梯
      ├─ 双跑楼梯编号规定
      ├─ 双跑楼梯标注内容
      └─ 双跑楼梯识读

单元引文

该单元包括钢筋混凝土基础知识、基础施工图、结构施工图、楼梯施工图等内容。基础知识要求了解结构施工图的内容，掌握钢筋及混凝土的强度等级、分类及作用，掌握结构施工图的相关规定；基础施工图要求了解基础施工图的形式、基础平面图与详图的形成，掌握基础平面图与详图的内容；结构施工图和楼梯施工图要求了解结构施工图的形成与用途，掌握结构平面布置图的内容，掌握结构详图的主要内容，掌握楼梯施工图的主要内容；钢筋混凝土构件的平法标注要求了解钢筋混凝土构件平面整体表示法的概念，掌握柱、梁、墙、板等构件平面配筋图的画法；装配式混凝土结构施工图要求掌握预制混凝土外墙板、内墙板、叠合板、楼梯等预制构件的图示内容和方法。

7.1　概述

任何一幢建筑物，都是由基础、墙体、柱、梁、楼板或屋面板等构件所组成。这些构件承受着建筑物的各种荷载，并按一定的构造和连接方式组成一空间结构体系，这种结构体系称为建筑结构。

建筑结构由上部结构和下部结构组成。上部结构有墙体、柱、梁、板及屋架等构件，下部结构有基础和地下室。建筑结构按照主要承重构件所采用的材料不同，一般可分为钢筋混凝土结构、钢结构、砖混结构（由钢筋混凝土与砖石混合使用的结构）、木结构及砖石结构五大类。目前我国最常用的是钢筋混凝土结构和砖混结构，其中钢结构以其优良的承载能力正逐步地得以普及。如图 7-1 所示为一内框架结构示意图，图中说明了基础、柱、梁、板等构件在房屋中的位置及相互关系。

要设计一幢房屋，除了从事建筑设计的人员要画出建筑施工图外，从事结构设计的人员还要按照建筑设计各方面的要求进一步进行结构设计，包括结构平面布置、各承重构件（如基础、柱、梁、板、墙体等）的力学计算，在此计算的基础上决定各承重构件的具体形状、大小、所用材料、内部构造及它们之间的相互关系，最后将设计成果绘制成图样，用以指导施工（如施工放线、混凝土浇筑及梁、板的安装等），这种图样称之为结构施工图，简称"结施"。

7.1.1　结构施工图的内容

结构施工图的内容包括结构设计说明、结构平面布置图和构件详图三部分。

1. 结构设计说明

结构设计说明是结构施工图的纲领性文件，它结合现行规范要求，针对工程结构的特殊性，将设计的依据、材料、所选用的标准图和对施工的特殊要求等，用文字的方式进行表述。它一般要表述以下内容：

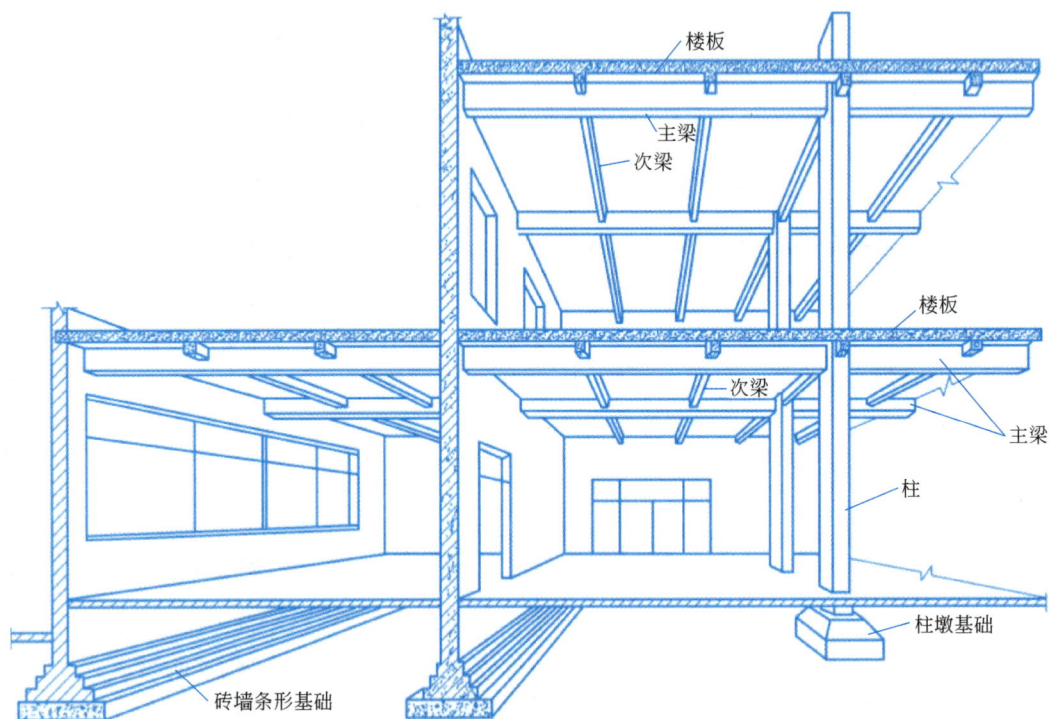

楼板

主梁

次梁

楼板

次梁

主梁

柱

柱墩基础

砖墙条形基础

图 7-1　内框架结构示意图

（1）工程概况，如建设地点、抗震设防烈度、结构抗震等级、荷载选用、结构形式、结构设计使用年限、砌体结构质量控制等级等。

（2）选用材料情况，如混凝土的强度等级、钢筋的级别以及砌体结构中块材和砌筑砂浆的强度等级等，钢结构中所选用的结构用钢材的情况以及对焊条或螺栓的要求等。

（3）上部结构的构造要求，如混凝土保护层厚度、钢筋的锚固、钢筋的接头、钢结构焊缝的要求等。

（4）地基基础的情况，如地质情况、不良地基的处理方法和要求、对地基持力层的要求、基础的形式、地基承载力特征值或桩基的单桩承载力特征值、试桩要求、沉降观测要求以及地基基础的施工要求等。

（5）施工要求和质量标准，如对施工顺序、方法、质量标准的要求及与其他工种配合施工方面的要求等。

（6）选用的标准图集及有关构造做法的说明。

（7）其他必要的说明。

为使初学者对结构设计说明有一个比较全面的认识，下面将某工程的结构设计说明摘录如下：

结构设计说明

一、工程概况

1. 本工程结构体系为砖混结构。

---

2. 抗震设防分类为丙类建筑，建筑结构安全等级为二级。

3. 建筑场地类别为二类，本建筑主体结构按 6 度抗震设防设计。

4. 该设计说明中未注明事宜，均按国家现行施工验收规范中的有关规定施工。

二、基础部分

1. 本工程以石灰岩作为地基持力层，地基承载力特征值取 450kPa。

2. 基槽开挖后应通知勘察设计人员验槽，如遇特殊情况另行处理。

3. 本工程采用钢筋混凝土条形基础，基础底板保护层厚度 40mm，梁、柱 35mm。

4. 材料：混凝土 C25；墙体：烧结砖 MU10，水泥砂浆 M10；钢筋：HPB300、HRB400；基础底部做 C25 混凝土垫层 100mm。

三、上部结构

1. 材料：烧结砖 MU10，混合砂浆 M10。

2. 混凝土 C25；钢筋 HPB300、HRB400；钢筋保护层厚：梁 25mm，板 15mm，柱 30mm。

3. 承重墙楼层处均设圈梁，圈梁转角及高低圈梁交接做法详见图集 L03G313 页 20。

本工程中的混凝土构造柱在施工中应按构造柱的要求进行，与承重墙相连的柱，先砌墙，后浇柱，构造柱与砖墙连接处应砌成马牙槎，其构造详见 L03G313 页 5。

4. 图中现浇板未注明的分布钢筋为 φ8@200，未经设计人员许可，不得在楼板、梁柱上任意开洞口。

5. 结构图中梁、柱的断面及配筋按国标图集 22G101 平面整体表示方法标注。

……

2. 结构平面布置图

结构平面布置图表示承重构件的布置情况、类型、数量及现浇板的钢筋配置情况等。主要内容包括：

（1）基础平面图及断面图。

（2）楼层结构平面布置图。

（3）屋顶结构平面布置图。

3. 构件详图

构件详图表示构件的形状、大小、所用材料的强度等级和制作安装要求等。主要内容包括：

（1）基础、柱、梁、板等构件详图。

（2）楼梯结构详图。

（3）其他结构详图，如挑檐、天沟、雨篷等。

7.1.2　钢筋混凝土结构简介

1. 混凝土及钢筋混凝土

混凝土是由水泥、砂子、石子和水按一定比例配合后，浇筑在模板内，经振捣密实和养护而形成的一种人造石材。凝固后的混凝土构件具有较高的

抗压强度，但抗拉强度很低，容易因受拉而断裂。为了提高混凝土构件的抗拉能力，常在混凝土构件的受拉区域内配置一定数量的钢筋，使两种材料粘结成一个整体，共同承受外力，这种配有钢筋的混凝土，称为钢筋混凝土。

2. 钢筋混凝土构件

用钢筋混凝土制成的基础、柱、梁、板等构件，称为钢筋混凝土构件。钢筋混凝土构件根据其浇筑位置的不同分为两种，一种是在各构件所在位置直接浇筑的，称为现浇钢筋混凝土构件，如图7-2所示；另一种是在预制构件厂预先制作好，然后进行运输与吊装的，称为预制钢筋混凝土构件，如图7-3所示。此外，为了提高构件的抗拉和抗裂性能，在构件制作时，通过张拉钢筋对混凝土预加一定的压力（分为先张法和后张法），这种构件称为预应力钢筋混凝土构件，如图7-4所示。

图7-2 现浇钢筋混凝土柱、梁、板构件

(a)

(b)

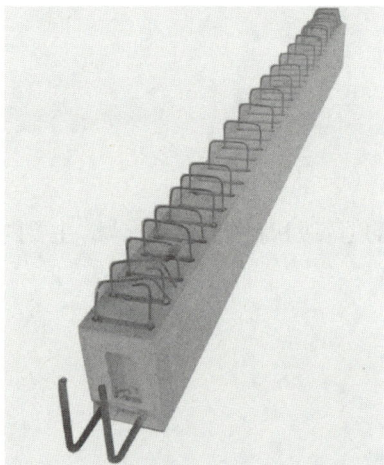

(c)

(d)

图7-3 装配式建筑预制钢筋混凝土构件

（a）预制叠合楼板；（b）预制保温外墙挂板；（c）预制梁；（d）预制剪力墙

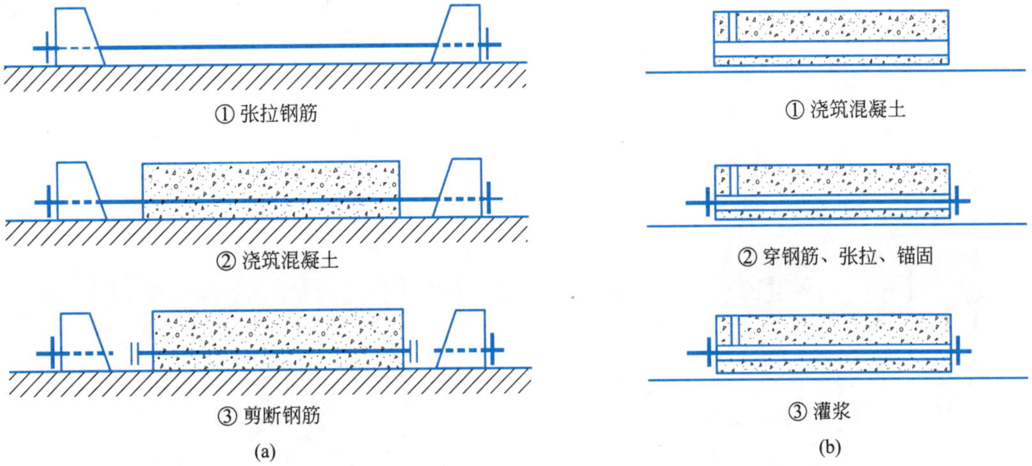

① 张拉钢筋

② 浇筑混凝土

③ 剪断钢筋

(a)

① 浇筑混凝土

② 穿钢筋、张拉、锚固

③ 灌浆

(b)

图 7-4　预应力钢筋混凝土构件

（a）先张法；（b）后张法

3. 钢筋等级和混凝土强度等级

（1）根据混凝土结构设计规范要求，钢筋可分为普通钢筋和预应力钢筋，建筑工程中常用的钢筋牌号（种类）、符号及公称直径见表 7-1。

钢筋牌号（种类）、符号及公称直径　　　　　　　表 7-1

普通钢筋			预应力钢筋			
牌号	符号	公称直径 d(mm)	牌号		符号	公称直径 d(mm)
HPB300	φ	6～14	中强度预应力钢丝	光面螺旋肋	ϕ^{PM} ϕ^{HM}	5、7、9
HRB400 HRBF400 RRB400	Φ Φ^F Φ^R	6～50	预应力螺纹钢筋	螺纹	ϕ^T	18、25、32、40、50
			消除应力钢丝	光面螺旋肋	ϕ^P ϕ^H	5、7、9
HRB500 HRBF500	Φ Φ^F	6～50	钢绞线	1×3（三股）	ϕ^S	8.6、10.8、12.9
				1×7（七股）		9.5、12.7、15.2、17.8、21.6

（2）混凝土的强度等级应按立方体抗压强度标准值确定。立方体抗压强度标准值系指按照标准方法制作养护的边长为 150mm 的立方体试件，在 28d 龄期用标准试验方法测得的具有 95% 保证率的抗压强度。

混凝土按抗压强度的不同分为 13 个强度等级，即：C20、C25、C30、C3、C40、C45、C50、C55、C60、C65、C70、C75 和 C80。

钢筋混凝土结构的混凝土强度等级不应低于 C20；当采用 HRB400 和 RRB400 级钢筋以及承受重复荷载的构件时，混凝土强度等级不得低于 C25。

4. 钢筋的分类和作用

在钢筋混凝土构件中所配置的钢筋，有的是因为受力需要而配制的，有的是因为构造需要而配置的，这些钢筋的形状和作用各不相同。一般可分为下列几种，如图 7-5 所示。

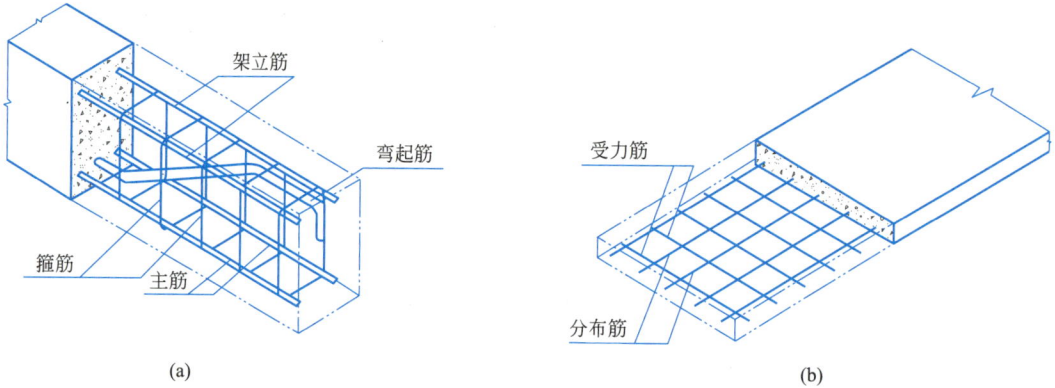

图 7-5　钢筋的分类

（a）梁；（b）板

（1）受力筋（主筋）：是钢筋混凝土构件中主要的受力钢筋，如图 7-5 所示。根据受力筋所承受力的情况，承受压力的称为受压筋，承受拉力的称为受拉筋；根据受力筋的形状还可以分为直筋和弯起筋两种。

（2）箍筋（钢箍）：主要作用是抵抗剪力，加强受压钢筋的稳定性，同时可固定受力钢筋的位置。一般用于梁和柱内，如图 7-6 所示。

图 7-6　梁、柱内箍筋

（3）架立筋：用以固定梁内箍筋和受力筋的位置，位于梁的上部，构成梁内的钢筋骨架。

（4）分布筋：与板内的受力钢筋垂直布置，将承受的荷载均匀地传给受力筋，与板内的受力钢筋一起构成钢筋骨架，并固定受力钢筋的位置。主要用于基础、屋面板、楼板、雨篷等板内。

（5）其他钢筋：因构件构造要求或施工安装需要而配置的构造钢筋，如腰筋（用于高断面梁中）、预埋在构件中的锚固筋（用于钢筋混凝土柱与墙砌在一起，起拉结作用，又叫拉结筋）、吊环等。

7.1.3　结构施工图的相关规定

1. 钢筋的弯钩

当构件中受力筋采用光圆钢筋时，为了增强钢筋与混凝土之间的粘结力，通常将钢筋的两端做成弯钩，避免钢筋在受拉时发生滑动，钢筋端部的弯钩通常有三种形式：半圆弯钩、直角弯钩和斜弯钩，如图 7-7 所示。

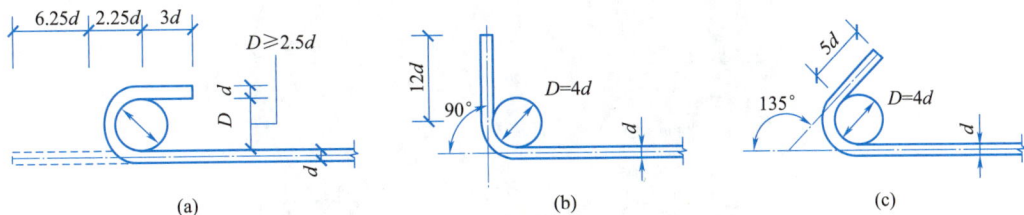

图 7-7　钢筋的弯钩形式

（a）光圆钢筋末端 180°弯钩；（b）末端带 90°弯钩；（c）末端带 135°弯钩

2. 钢筋的保护层

为了防止钢筋锈蚀，增强钢筋与混凝土之间的粘结力及钢筋的防火能力，在钢筋混凝土构件中钢筋的外边缘至构件表面应留有一定厚度的混凝土，称为保护层，如图 7-8 所示。

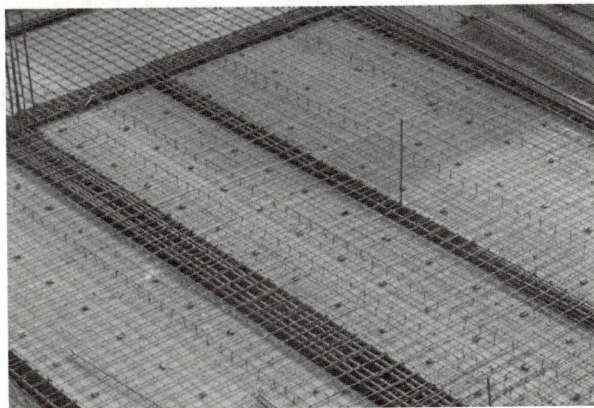

（a）

图 7-8　钢筋的保护层（一）

（a）板的钢筋保护层

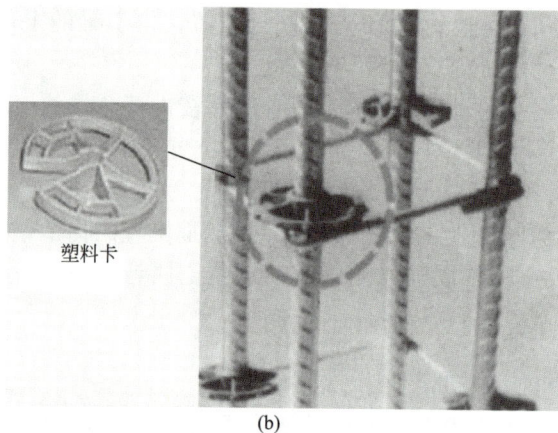

塑料卡

(b)

(c)

图 7-8　钢筋的保护层（二）

（b）柱的钢筋保护层；（c）墙的钢筋保护层

混凝土保护层的最小厚度应符合表 7-2 的规定。

混凝土保护层的最小厚度（单位：mm）　　　　　　　表 7-2

环境类别	板、墙	梁、柱
一	15	20
二 a	20	25
二 b	25	35
三 a	30	40
三 b	40	50

注：1. 表中混凝土保护层厚度指最外层钢筋外边缘至混凝土表面的距离，适用于设计工作年限为 50 年的混凝土结构。

2. 构件中受力钢筋的保护层厚度不应小于钢筋的公称直径。

3. 设计工作年限为 100 年的混凝土结构，一类环境中，最外层钢筋的保护层厚度不应小于表中数值的 1.4 倍；二、三类环境中，应采取专门的有效措施。

4. 混凝土强度等级 C25 时，表中保护层厚度数值应增加 5mm。

5. 基础底面钢筋的保护层厚度，有混凝土垫层时应从垫层顶面算起，且不应小于 40mm，无垫层时不应小于 70mm。

知识链接

混凝土结构的环境类别如表 7-3 所示。

混凝土结构的环境类别　　　　　　　　　　　　　　表 7-3

环境类别	条件
一	室内干燥环境；无侵蚀性静水浸没环境
二 a	室内潮湿环境； 非严寒和非寒冷地区的露天环境； 非严寒和非寒冷地区与无侵蚀性的水或土壤直接接触的环境； 严寒和寒冷地区的冰冻线以下与无侵蚀性的水或土壤直接接触的环境
二 b	干湿交替环境； 水位频繁变动环境； 严寒和寒冷地区的露天环境； 严寒和寒冷地区冰冻线以上与无侵蚀性的水或土壤直接接触的环境
三 a	严寒和寒冷地区冬季水位变动区环境； 受除冰盐影响环境； 海风环境
三 b	盐渍土环境； 受除冰盐作用环境； 海岸环境

3. 钢筋的图例

在结构施工图中，通常用单根的粗实线表示钢筋的立面，用黑圆点表示钢筋的横断面。现将结构施工图中常见的钢筋图例列于表 7-4。

钢筋表示图例　　　　　　　　　　　　　　表 7-4

名称	图例	说明
钢筋横断面	●	
无弯钩的钢筋端部		表示长短钢筋投影重叠时，可以短钢筋的端部用 45°短画线表示
预应力钢筋横断面	 ＋	
预应力钢筋或钢绞线		用粗双点长画线
无弯钩的钢筋搭接		
带半圆形弯钩的钢筋端部		
带半圆形弯钩的钢筋搭接		

名称	图例	说明
带直弯钩的钢筋端部		
带直弯钩的钢筋搭接		
带丝扣的钢筋端部		
套筒接头		

4. 常用构件代号

建筑工程中所使用的钢筋混凝土构件种类繁多，为了使构件区分清楚，便于设计、施工和识图，《建筑结构制图标准》GB/T 50105—2010 中规定将构件的名称用代号表示。表示方法为：用构件名称的汉语拼音第一个字母大写表示，如表 7-5 所示。

常用构件代号　　　　　　　　　表 7-5

序号	名称	代号	序号	名称	代号
1	板	B	22	屋架	WJ
2	屋面板	WB	23	托架	TJ
3	空心板	KB	24	天窗架	CJ
4	槽形板	CB	25	框架	KJ
5	折板	ZB	26	刚架	GJ
6	密肋板	MB	27	支架	ZJ
7	楼梯板	TB	28	柱	Z
8	盖板或沟盖板	GB	29	基础	J
9	挡雨板或檐口板	YB	30	设备基础	SJ
10	吊车安全走道板	DB	31	桩	ZH
11	墙板	QB	32	柱间支撑	ZC
12	天沟板	TGB	33	水平支撑	SC
13	梁	L	34	垂直支撑	CC
14	屋面梁	WL	35	梯	T
15	吊车梁	DL	36	雨篷	YP
16	圈梁	QL	37	阳台	YT
17	过梁	GL	38	梁垫	LD
18	连系梁	LL	39	预埋件	M
19	基础梁	JL	40	天窗端壁	TD
20	楼梯梁	TL	41	钢筋网	W
21	檩条	LT	42	钢筋骨架	G

7.2 砖混结构

7.2.1　结构施工图首页

结构施工图首页主要指结构设计说明，其具体内容详见 7.1.1 内容。

敬畏职业

7.2.2　基础施工图

1. 相关术语

以图 7-9 为例介绍与基础图相关的几个术语。

奉献精神

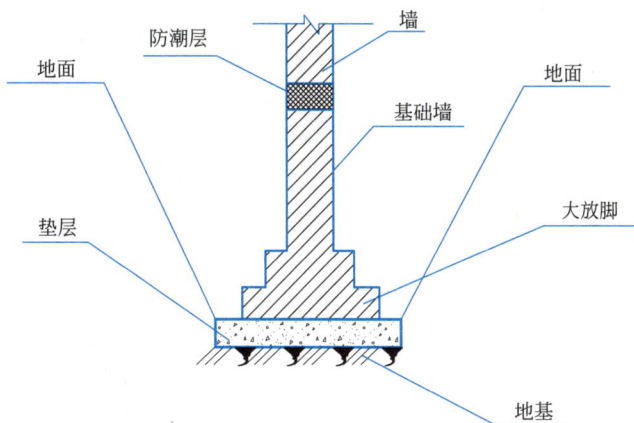

图 7-9　基础图的组成

（1）基础：基础是建筑物地面以下的承重构件，承受建筑物上部结构（柱和墙）传来的全部荷载，并把荷载传递给下部的地基，它在建筑结构中起着上承下传的作用，是建筑物的一个组成部分。

（2）地基：基础下部的土层受到建筑物的荷载作用后，其原先的应力状态就会发生变化，使土层产生附加应力和变形，并随着深度增加而向四周土中扩散并逐渐减弱，我们把土层中附加应力和变形所不能忽略的那一部分土层称为地基。因此，建筑物的地基是有一定深度和范围的。

（3）垫层：把基础传递来的荷载均匀地传递给地基的结合层，称为垫层。

（4）基础墙：把条形基础埋入±0.000 以下部分的墙体称为基础墙。

（5）大放脚：当采用砖基础墙和砖基础时，我们把在基础墙和垫层之间做成逐渐放大的阶梯形的砖砌体称为大放脚。

（6）防潮层：为了防止地下水因毛细水作用上升而腐蚀上部的墙体，常在室内地面以下（－0.060）处设置一层能防水的建筑材料来隔潮，这一层称为防潮层。

（7）基坑：是为基础施工而在地面开挖的土坑，坑底就是基础的底面，基坑的边线即是施工时测量放线的灰线。

（8）基础的埋置深度：是指基础底面至地面（一般指室外地面）的垂直高度。

2. 基础的形式

基础的形式根据上部结构的结构形式和地基承载力大小来划分：如果房屋的上部结构是承重墙，基础一般采用墙下条形基础（或墙下桩基础），如图 7-10（a）所示；如果房屋的上部结构由柱子承重，基础一般采用柱下独立基础（或柱下条形基础、柱下交叉基础、柱下桩基础），如图 7-10（b）（c）所示。此外，还有筏形基础、箱形基础等，如图 7-10（d）（e）所示。

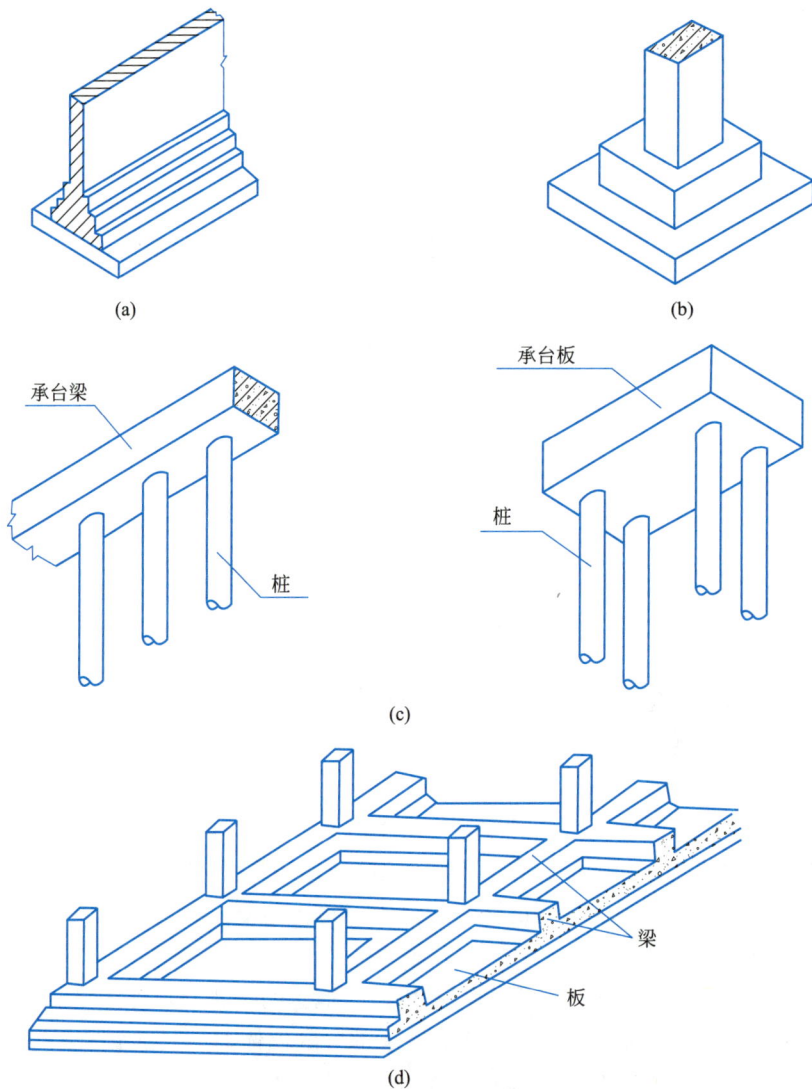

图 7-10　基础的形式（一）
（a）条形基础；（b）柱下独立基础；（c）桩基础；（d）筏形基础

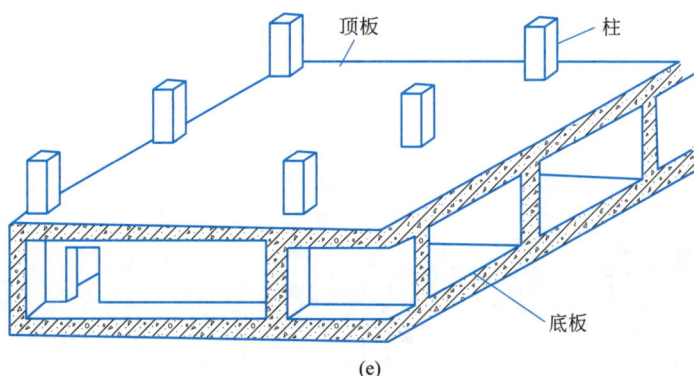

图 7-10　基础的形式（二）

（e）箱形基础

3. 基础施工图的组成

基础图是建筑物室内地面以下承重结构的施工图，包括基础平面图、基础详图和文字说明三部分。它是施工时放灰线、开挖基坑、基础施工和计算基础工程量的重要依据。

4. 基础平面图的形成及图示内容

（1）基础平面图的形成

1）基础平面图是假想用一水平剖切平面沿建筑物首层室内地面以下适当位置进行剖切，然后移去上部建筑物及基础两侧的回填土，作剩余部分的水平正投影，就得到基础平面图，如图 7-11 所示。

2）基础平面图常采用 1：100 的比例绘制，在平面图中只画出剖切到的基础墙（或柱）及基础底面垫层的外边线。至于基础的细部轮廓（或大放脚）投影则省略不画。

3）凡被剖切到的基础墙、柱的轮廓线，用粗实线，未剖切到的可见轮廓线（垫层外边线）用细实线，地沟、预留孔洞等不可见轮廓线用细虚线。当基础墙内设有基础圈梁时，应用粗单点长画线表示。

（2）基础平面图的图示内容

基础平面图的主要内容有：

1）图名、比例。

2）纵向、横向定位轴线及编号。

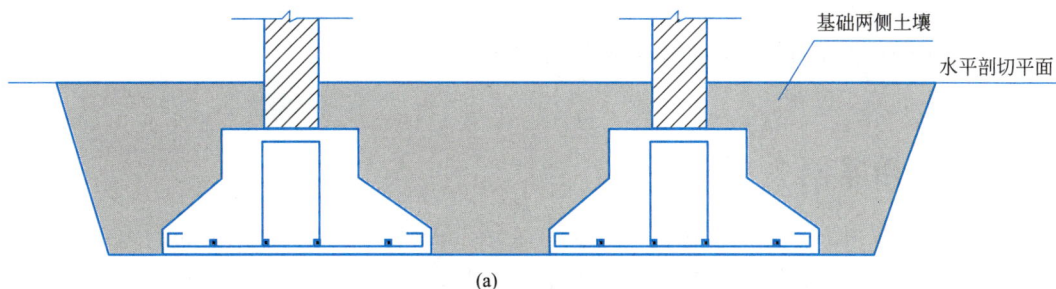

图 7-11　基础平面图形成过程（一）

（a）基础剖切面示意图

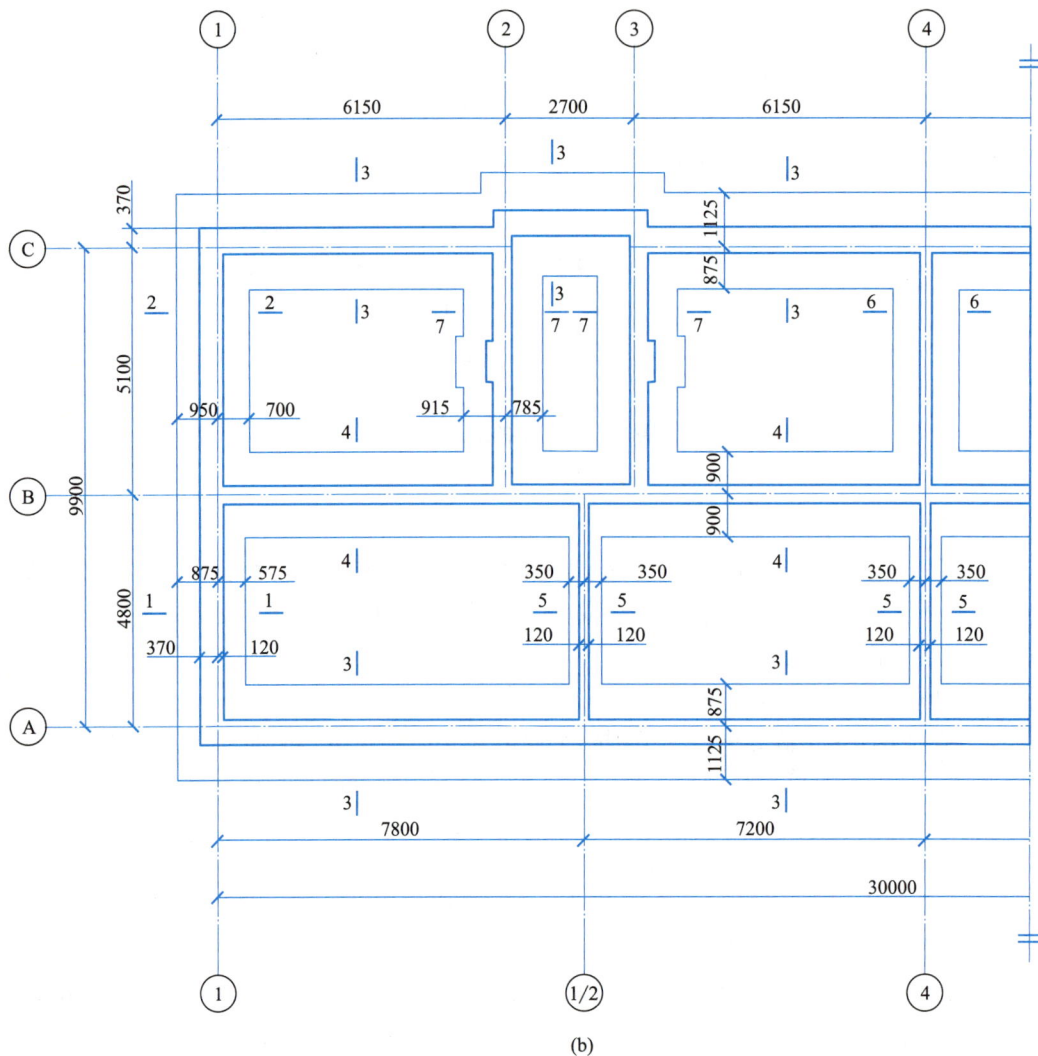

(b)

图 7-11　基础平面图形成过程（二）

（b）基础平面示意图

3）基础平面布置，即基础墙、柱、基础底面的形状（大小）与定位轴线的关系。

4）基础梁的位置与编号。

5）基础断面图的剖切位置线及编号。

6）基础的定形尺寸、定位尺寸和轴线间尺寸。

7）必要的施工说明。

【应用案例 7-1】

如图 7-12 所示，为某单层传达室的条形基础平面图。从图中可以看出，基础平面图的比例、轴线及轴线尺寸与建筑平面图相同。本图采用 1∶100 的比例，除了③轴与Ⓐ轴相交处的基础是独立基础外，该房屋的其余基础均为墙下条形基础。图中定位轴线两侧的粗线是基础墙轮廓线，细实线是基础或垫层的底边线。以①轴线为例，图中标注出基础底部宽度尺寸为 1360mm，墙厚为 240mm，左右墙边到轴线的定位尺寸为 120mm，基底左右边线到墙边线的定位尺寸为 560mm。图中沿墙身轴线画的粗点画线表示基础圈梁 JQL 的位置，构造柱在图中涂黑表示，构造柱尺寸均为 240mm×240mm。

同时，在基础平面图中需用剖切位置线标出基础断面图的位置，凡基础断面有变化的地方，都要画出它的断面图。图中用 1-1、2-2 剖切符号标明了断面图的位置，编号数字注写的一侧为剖视方向。

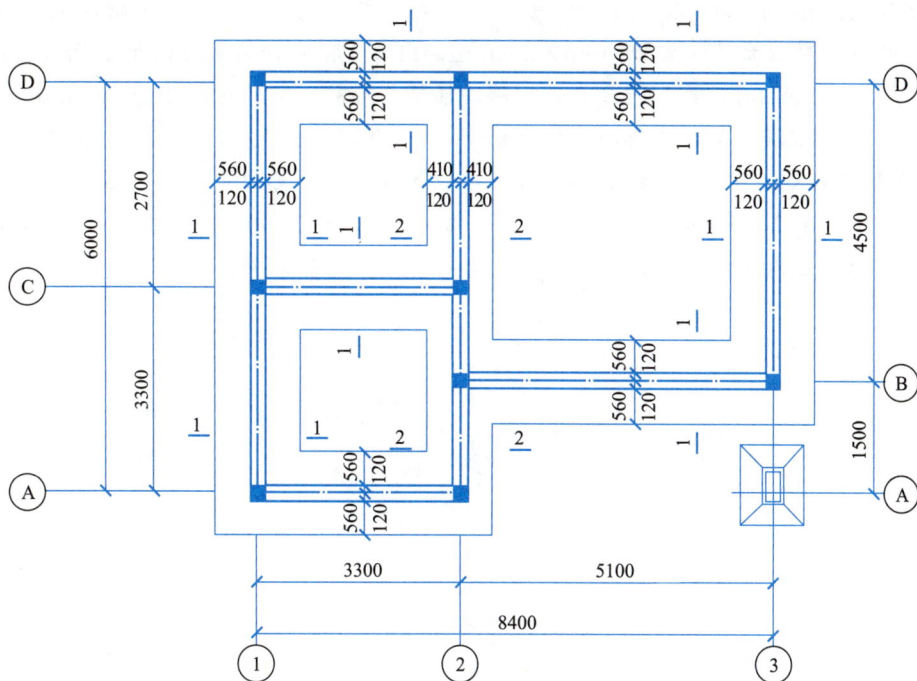

基础平面图 1：100

图 7-12　某传达室条形基础平面图

5. 基础详图的形成及图示内容

（1）基础详图的形成

所谓基础详图，就是沿基础的某一处铅垂剖切所得到的断面图，该断面图详细地表示出基础的断面形状、尺寸、与轴线的关系、基础底面标高、材料及其他构造做法。

（2）基础详图的图示内容

① 图名（或基础代号）、比例。

② 基础断面图中轴线及其编号（若为通用断面图，则轴线圆圈内不予编号），表明轴线与基础各部位的相对位置，需标注出大放脚、基础墙、基础圈梁与轴线的关系。

③ 基础的断面形状、大小、材料以及配筋情况。

④ 基础梁（或圈梁）的高度、宽度以及配筋情况。

⑤ 基础断面的详细尺寸和室内外地面、基础垫层底面的标高。

⑥ 防潮层的位置和做法。

⑦ 必要的施工说明。

【应用案例7-2】

如图7-13所示，为图7-12中条形基础1-1和2-2断面的详图，由于1-1和2-2断面的结构形式完全一致，仅尺寸有所不同，因此只需用一个通用断面图，再附上表中所列出的基础底面宽度B、b_1，就能把各个条形基础的形状、大小、构造和配筋表达清楚。通过表格可以看出J_1（1-1断面）基础宽度B为1360mm，b_1为320mm；J_2（2-2断面）基础宽度B为1060mm，b_1为170mm。图中基础圈梁顶标高为-0.500，基础底面标高为-1.500，基础圈梁截面尺寸为240mm×240mm，内配4根直径为16mm的HPB300级纵向钢筋，箍筋为直径8mm的HPB300级钢筋，箍筋与箍筋之间的中心距为200mm。从图中还可以看出基础混凝土垫层的断面形状为矩形，1-1基础断面尺寸为1360mm×200mm，基础的上面是砖砌大放脚，每边放出60mm，高120mm。图中标出室内地坪标高±0.000，室外地坪标高-0.150，基础底面标高-1.500。此外还标注出防潮层的做法和位置，离室内地坪30mm，防潮层做法为60mm厚钢筋混凝土，内配纵向钢筋3φ8和横向分布筋φ6@300。

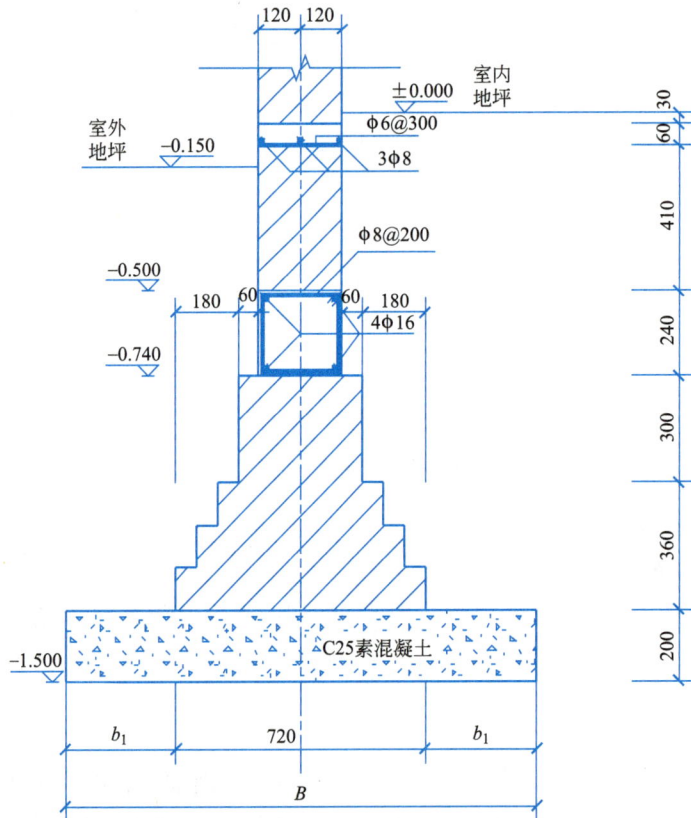

基础	类别	基础宽度B	b_1
基础	J_1(1-1断面)	1360	320
	J_2(2-2断面)	1060	170

图7-13　条形基础断面图

　　如图 7-14 所示，为图 7-12 中③轴与Ⓐ轴相交处独立基础详图。图中给出了基础平面图中独立柱基础的详图 ZJ$_1$。该基础形式为锥形独立基础，分为两阶，高度均为 300mm。独立基础的下方还有 100mm 厚的素混凝土垫层，基础底面标高为−1.500。由平面图中可

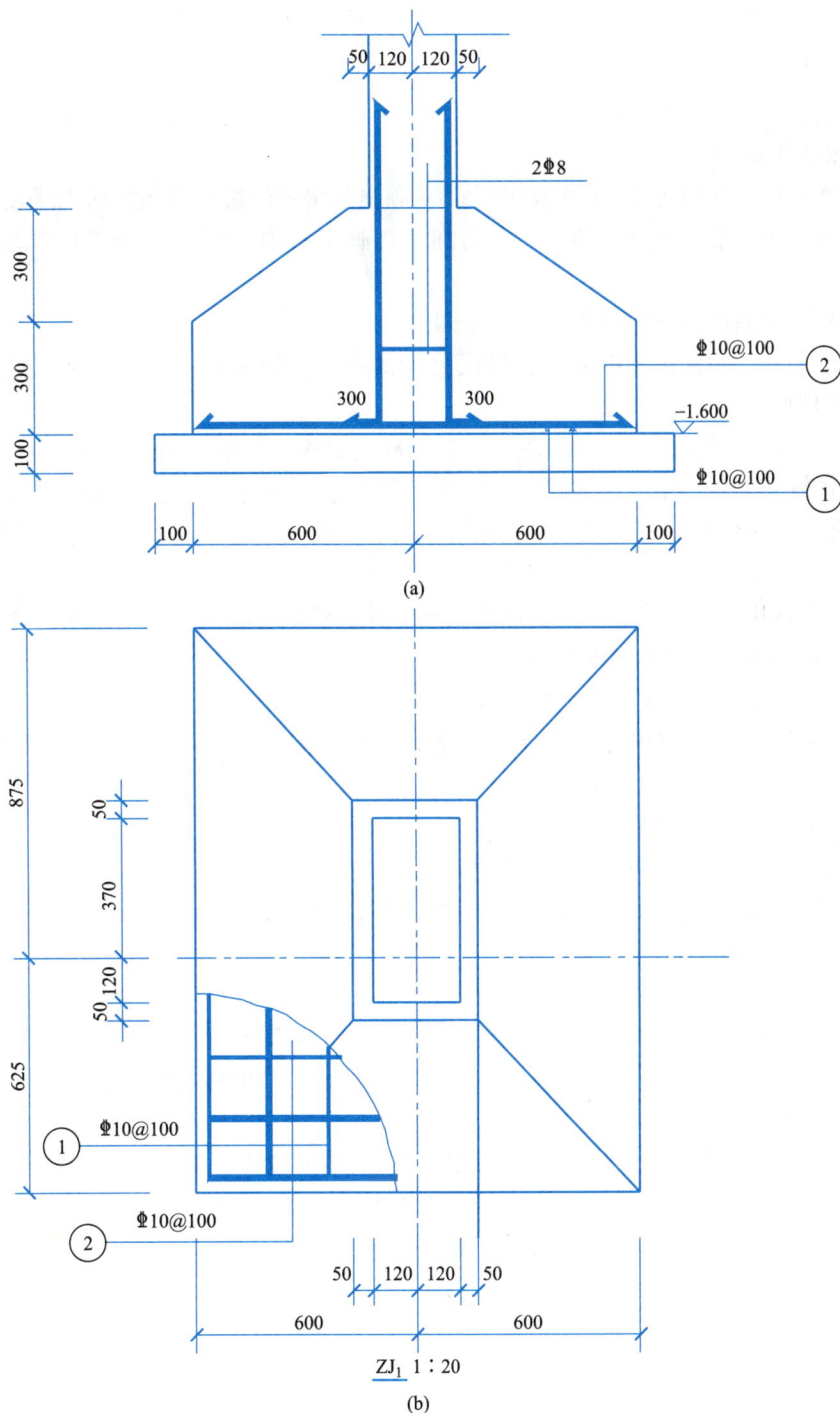

图 7-14　独立柱基础详图

（a）基础断面图；（b）基础平面图

以看出，平面图采用了局部剖面图的形式表达纵横向钢筋的配置情况。ZJ_1 基础外形尺寸为 1200mm×1500mm，在这个柱基础中，柱子的上部钢筋通到基础底部并有 90°弯钩，长 300mm（俗称插筋）。独立柱基础平面图中可见的投影轮廓用细实线表示，局部剖面中的钢筋网及柱子的断面配筋用粗实线表示。本图中双向钢筋网均为直径 10mm 的 HRB400 钢筋，间距 100mm。

6. 基础施工图的绘制方法

（1）基础平面图

① 先按比例（比例为 1：100 或 1：200）画出与房屋建筑平面相同的轴线及编号。

② 用粗线画出墙（或柱）的边线，用细实线画出基础底边线。习惯上不画大放脚的水平投影。

③ 画出不同断面的剖切符号，并分别编号。

④ 标注尺寸：主要标注纵横向各轴线之间的距离、轴线到基础底边和墙边的距离以及基坑宽和墙厚等。

⑤ 注写必要的文字说明，如混凝土、砖、砂浆的强度等级，基础埋置深度等。

⑥ 设备较复杂的房屋，在基础平面图上还要配合采暖通风图、给水排水管道图、电器设备图等，用虚线画出管沟、设备孔洞等位置，注明其内径、宽、深尺寸和洞底标高。

（2）基础详图

基础详图常用 1：20 或 1：50 的比例画出，并要求尽可能与基础平面图画在同一张图纸上，以便对照施工。具体作图步骤为：

① 画出与基础平面图相对应的定位轴线。

② 画基础底面线、室内外地坪标高位置线。根据基础高、宽尺寸画出基础断面轮廓，不画基坑线。

③ 画出砖墙、大放脚断面和防潮层。

④ 标出室内地面、室外地坪、基础底面标高和其他尺寸。

⑤ 书写有关混凝土、砖、砂浆的强度和防潮层材料及施工技术要求等说明。

7. 基础施工图的阅读

阅读基础施工图时，一般应注意以下几点：

（1）检查基础施工图的平面布置与建筑施工图中的首层平面图是否一致。

（2）把基础平面布置图与基础详图对照进行阅读，明确墙体与轴线的位置关系，是对称轴线还是偏轴线。

（3）在基础详图中阅读出各部位的尺寸及主要部位的标高。

（4）阅读出地下管沟的位置、大小及具体做法。

（5）查明所用的各种材料及对材料的施工要求。

7.2.3 结构施工图

建造强国

1. 结构平面布置图

结构平面布置图是表示建筑物各构件（梁、板、柱等）平面布置的图样，可分为楼层结构平面布置图、屋面结构平面布置图。

（1）结构平面布置图的形成

楼层结构平面布置图是假想沿楼板面将房屋水平剖切后，移去上部，做下部的水平正投影，即得楼层结构平面布置图。

（2）结构平面布置图的图示内容

① 在结构平面布置图中主要表示该层楼盖中梁、板、柱以及下层楼盖以上的门窗过梁、圈梁、雨篷等构件的布置情况。

② 结构平面布置图是梁、板、柱等构件施工的重要依据，也是编制施工图预算的重要依据。对于多层建筑，一般应分层绘制，但如果各层构件的类型、大小、数量及布置方式均相同，可只画一标准层结构平面布置图。楼梯间或电梯间因另有详图，可在平面布置图上用一对角线来表示。

【应用案例 7-3】

如图 7-15 所示，为某传达室屋顶结构平面布置图，其主要内容包括：

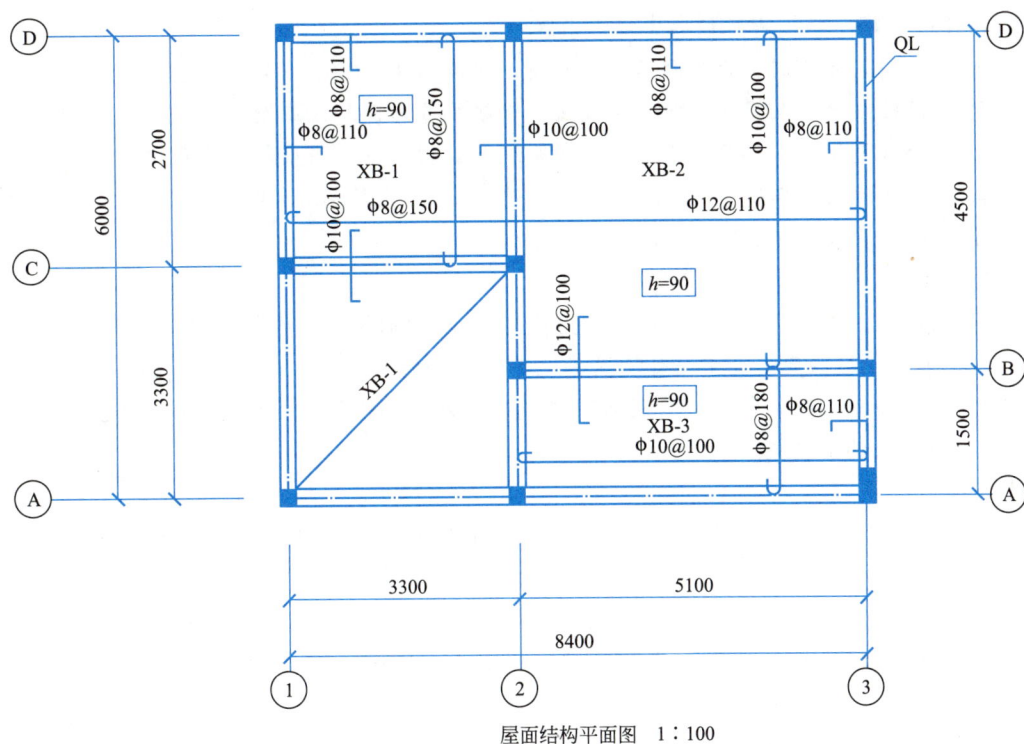

图 7-15　屋顶结构平面布置图

（1）轴线。为了准确地确定柱、梁、板及其他构件的浇筑位置，应画出与建筑平面图完全一致的定位轴线，并标注其编号及轴线间的尺寸等。如轴线编号①、②、③，轴线间的尺寸为 3300mm、5100mm、8400mm 等。

（2）墙和柱。墙和柱的平面位置虽然在建筑施工图中已经表示清楚了，但是在结构平面布置图中仍然需要画出它的平面轮廓线。

（3）梁。梁在结构平面布置图上用梁的轮廓线表示，也可用粗的单点长画线表示，并注写上梁的代号及编号。

（4）圈梁与过梁。为了增强建筑物的整体稳定性，提高建筑物的抗风、抗震和抵抗温度变化的能力，防止地基发生不均匀沉降等对建筑物造成的不利影响，常在基础顶面、门窗洞口顶部、楼板和檐口等部位的墙内设置连续而封闭的钢筋混凝土梁，这种梁称为圈梁；为了支撑门窗洞口上面墙体的重量，并将它传递给两旁的墙体，在门窗洞口顶上沿墙设一道梁，这种梁称为过梁。设在基础顶面的圈梁称为基础圈梁；设在门窗洞口顶部的圈梁常取代过梁的作用，称为圈梁兼过梁。为清楚起见，在结构平面布置图中，圈梁常用粗虚线或粗单点长画线表示，如图中粗单点长画线表示 QL。

（5）楼板。在板的结构平面图中能表达定位轴线、承重墙或承重梁的布置情况，板支撑在墙、梁上的长度及板内配筋情况等。当板的断面变化大或板内配筋较复杂时，应加画板的结构剖面图反映板内配筋情况、板的厚度变化及板底标高等。主要图示内容包括：①图名和比例；②定位轴线及编号、间距尺寸；③现浇板的厚度、标高和配筋情况；④必要的设计说明和详图。

结合图 7-15，从图中可读取出以下内容：

① 查看图名和比例。为屋面结构平面图，比例为 1：100。

② 校核轴线编号及间距尺寸。经校核，轴线编号与建筑施工图相同。

③ 阅读有关说明，了解现浇板的强度等级。板的混凝土强度等级为 C30。

④ 了解现浇板的厚度。雨篷板厚度 $h=80mm$，其余均为 $h=90mm$。

⑤ 识读现浇板的配筋情况。

XB-1：

下部钢筋：纵、横向受力钢筋均为 φ8@150，两种钢筋末端均做成 180°弯钩。

上部钢筋：板四周与梁交接处均设置上部构造钢筋。其中，①轴和Ⓓ轴板边与梁交接处的构造筋为 φ8@110，②轴和Ⓒ轴板边与梁交接处的构造钢筋为 φ10@100。这些构造筋都向下做 90°直钩顶在板底。

XB-2：

下部钢筋：纵向受力钢筋为 φ12@110，横向受力钢筋为 φ10@100，两种钢筋末端均做成 180°弯钩。

上部钢筋：③轴和Ⓓ轴板边与梁交接处的构造筋为 φ8@110，②轴板边与梁交接处的构造钢筋为 φ10@100，Ⓑ轴板边与梁交接处的构造钢筋为 φ12@100。

XB-3：

下部钢筋：纵向钢筋为 φ10@100，横向钢筋为 φ8@180。

上部钢筋：③轴板边与梁交接处配置构造钢筋为 φ8@110，Ⓑ轴板边与梁交接处的构造钢筋为 φ12@100。

2. 构件详图

（1）钢筋混凝土构件详图一般由模板图、配筋图、预埋件图及钢筋明细表组成。

① 模板图

　　模板图主要表示构件的外形尺寸及预埋件、预埋孔的位置及尺寸。多用于较复杂的构件，以便于模板的制作和安装，如图 7-16 所示。

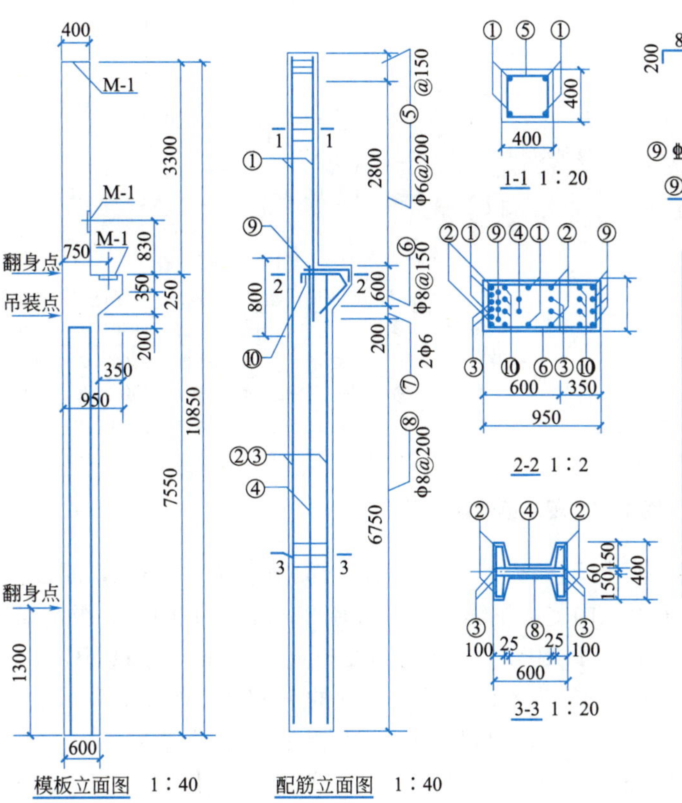

钢筋表

编号	简　图	规格	长度	根数
①	——	Φ22	4075	4
②	——	Φ18	7500	4
③	——	Φ16	7500	4
④	——	Φ10	7500	4
⑤	⊔	φ6	1500	4
⑥	▭	φ8	放样确定	5
⑦	▭	φ6	1900	2
⑧	⋈	φ6	2700	26
⑨	⌐	Φ12	1920	4
⑩	⌐	Φ12	1600	4
⑪	—	φ6	250	12

说明：1. 混凝土采用 C20。
　　　2. 埋件用 Ⅰ 级钢板。

图 7-16　牛腿柱模板、配筋图

　　② 配筋图

　　钢筋混凝土构件内部的钢筋在外观图上是看不到的，为了表示构件内部钢筋的配置情况，假定混凝土是透明的，这种只表示构件内部钢筋配置情况的图就称为配筋图。配筋图主要表示构件内部各种钢筋的形状、大小、数量、级别及排列情况。配筋图又分为立面图、断面图和钢筋详图，如图 7-17 所示。

　　a. 立面图

　　立面图上主要表示出构件内钢筋的立面形状及其上下排列的位置。构件立面轮廓线用细实线表示，钢筋用粗实线表示。图中箍筋只反映出其侧面（一条线），当它的类型、直径、间距均相同时，可只画出其中一部分。

　　b. 断面图

　　断面图主要表示出构件内钢筋的上下和前后的排列、箍筋的形状及其与其他钢筋的连接关系。构件的断面轮廓线用细实线表示，钢筋的横断面用黑点表示、箍筋用粗实线表示。一般在构件断面形状或钢筋的数量、位置发生变化之处，都要画一断面。剖切位置通常位于支座和跨中，并在立面图中画出剖切位置线，断面图中不再画出材料图例。

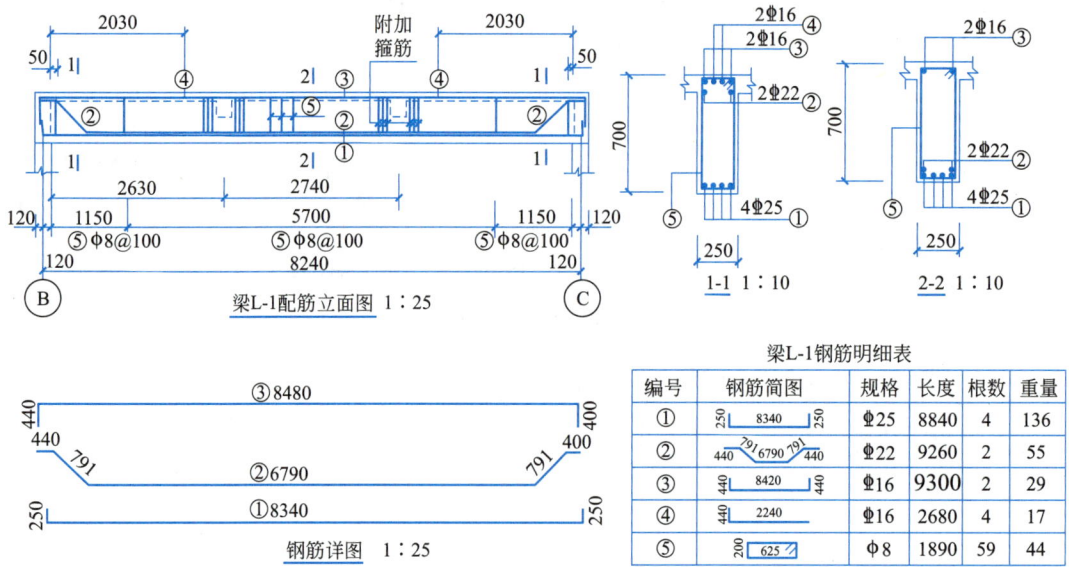

图 7-17　现浇梁的配筋图

编号	钢筋简图	规格	长度	根数	重量
①	250　8340　250	Φ25	8840	4	136
②	440　791 6790 791　440	Φ22	9260	2	55
③	440　8420　440	Φ16	9300	2	29
④	440　2240	Φ16	2680	4	17
⑤	200　625	Φ8	1890	59	44

梁L-1钢筋明细表

由立面图与断面图可知，该梁轴线间长度为 8240mm，断面宽度为 250mm，断面高度为 700mm。梁支座 1-1 断面，下部纵向受力钢筋为 4 根直径 25mm 的 HRB400 级钢筋；上部纵向受力钢筋为 4 根直径 16mm 的 HRB400 级钢筋和 2 根直径 22mm 的 HRB400 级钢筋。梁跨中 2-2 断面，下部纵向受力钢筋为 4 根直径 25mm 的 HRB400 级钢筋和 2 根直径 22mm 的 HRB400 级钢筋，分上下两排；上部纵向受力钢筋为 2 根直径 16mm 的 HRB400 级钢筋。双肢箍为直径 8mm 的 HPB300 级钢筋，两端加密区长度为 1150mm，间距为 100mm，中间非加密区长度为 5700mm，间距为 200mm。由于次梁的存在，每个次梁处各增加了 6 根附加箍筋。

c. 钢筋详图

根据钢筋受力情况，构件内部钢筋的种类和数量比较多，而且需弯成各种形状，为了表达清楚，便于施工和编制工程预算，常把不同规格的钢筋单独抽出来画在相应的投影位置上。同一编号的钢筋只画一根，并详细注写出钢筋的编号、级别、直径、数量（或间距）及各段长度与总长度，这种图样称为钢筋详图。

d. 钢筋的标注

钢筋立面图和断面图中均应标注出一致的钢筋编号、级别、直径、数量（或间距）等，一般采用引出线方式标注（标注内容均应注写在指引线的水平线段上）。具体标注方式有下列两种：

柱、梁内的受力筋和架立筋，标注编号、根数、级别和直径，如图 7-18（a）所示。柱、梁内的箍筋和板、基础内的钢筋，标注编号、级别、直径和间距，如图 7-18（b）所示。

③ 预埋件详图

在浇筑钢筋混凝土构件时，为了吊装和构件连接的需要，常在构件的一定位置设置一定数量的预埋件，如吊环、钢板等，如图 7-16 所示。

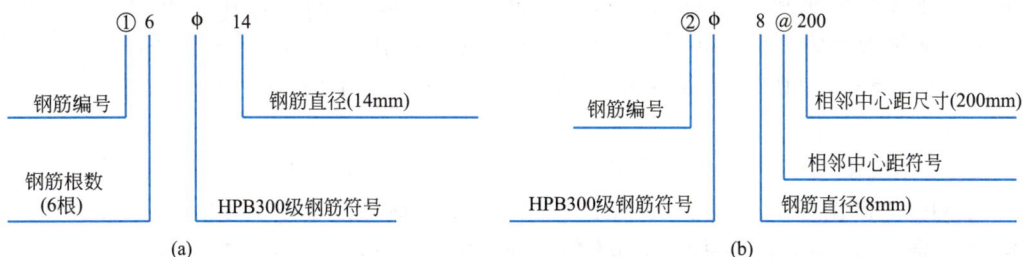

图 7-18　钢筋的标注方法

④ 钢筋明细表

在钢筋混凝土构件详图中，除了画出上述配筋详图外，还需将构件中所使用的钢筋，列出一个详细的说明表格，称为"钢筋明细表"。在钢筋明细表中，要标明钢筋的编号、简图、直径、级别、单根长度、根数、总长度和总重等内容。它是钢筋施工下料和编制预算的主要依据，如图 7-17 所示。

（2）钢筋混凝土构件详图的识读

① 读图时先看图名。

② 仔细阅读说明，从说明中了解钢筋的种类、混凝土的强度等级等。

③ 阅读配筋立面图、平面图及断面图，从中了解各种编号钢筋的形状及数量。

④ 阅读钢筋详图和钢筋明细表，从中了解各种钢筋的用料情况。

当然，钢筋混凝土构件详图的识读，与其他施工图一样，这些步骤不是孤立的，而要经常相互联系进行阅读，要能够熟练地应用投影关系、图例符号、尺寸标注等，读懂其空间形状，通过该构件的图名和结构平面布置图中的标注，了解该构件在房屋中的位置和作用等相关内容。

3. 结构平面布置图的绘制方法

（1）选比例和布图。一般采用 1∶100，较简单时可用 1∶200，画出轴线。

（2）定墙、柱、梁的大小及位置。用中实线表示剖到或可见的构件轮廓线。用中虚线表示不可见构件的轮廓线。门窗洞一般不画出。

（3）画板的投影。除了画出楼层中梁、柱、墙的平面布置外，主要应画出板的钢筋详图，表达出受力筋的形状和配置情况，并注明其编号、规格、直径、间距或数量等。每种规格的钢筋只画一根，按其立面形状画在钢筋安放的位置上。

（4）标注出与建筑平面图相一致的轴线间尺寸及总尺寸，并注说明、写文字（包括写图名、注比例）等。

7.2.4　楼梯施工图

1. 楼梯结构平面布置图

如图 7-19 所示，由楼梯平面图可以读出①到②之间的距离为 3600mm，楼梯段水平投影长度为 3300mm，宽度为 1580mm，楼梯井宽度为 200mm，休息平台的宽度为 2150mm，该楼梯为平行双跑楼梯，楼梯间的四角有四根

中国速度

构造柱。休息平台的配筋情况为：长度方向为直径 8mm 的 HRB400 级钢筋，间距为 200mm；宽度方向为直径 8mm 的 HPB300 级钢筋，间距为 150mm；平台板四边的负弯矩钢筋为直径 8mm 的 HPB300 级钢筋，间距为 150mm；平台板厚 $h=80mm$。

2. 楼梯结构详图

由 1-1 剖面图可知，该平行双跑楼梯两梯段均为 TB1，中间休息平台板均为 XB1，TB1 与 XB1 之间由 TL1 连接。由 TB1 配筋图可知，该梯段板厚为 120mm；板下部的受力钢筋为直径 12mm 的 HRB400 级钢筋，间距为 130mm；分布钢筋为直径 6mm 的 HPB300 级钢筋，间距为 200mm；板两端的负弯矩钢筋为直径 12mm 的 HRB400 级钢筋，间距为 130mm，分布钢筋为直径 6mm 的 HPB300 级钢筋，间距为 200mm，水平投影长度为 900mm。由图中还可以读出 TL1 的断面尺寸为 250mm×350mm，LL 的断面尺寸为 370mm×350mm，JQL 的断面尺寸为 250mm×350mm。

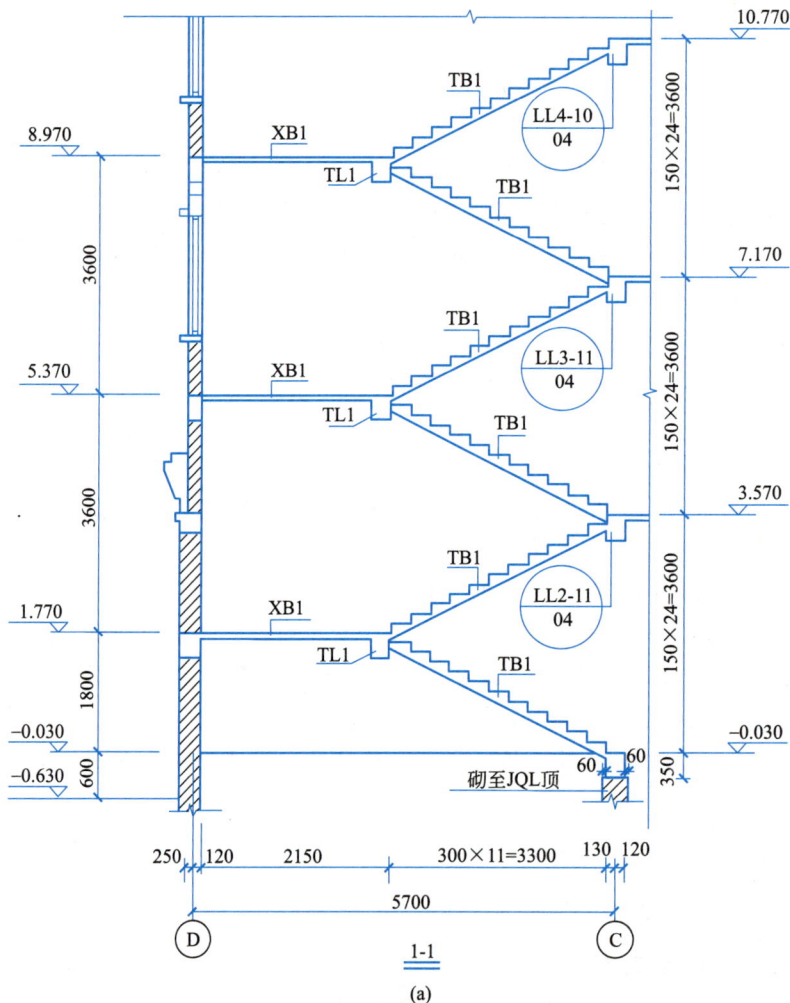

图 7-19 某楼梯结构施工图（一）

(a) 1-1 楼梯剖面图

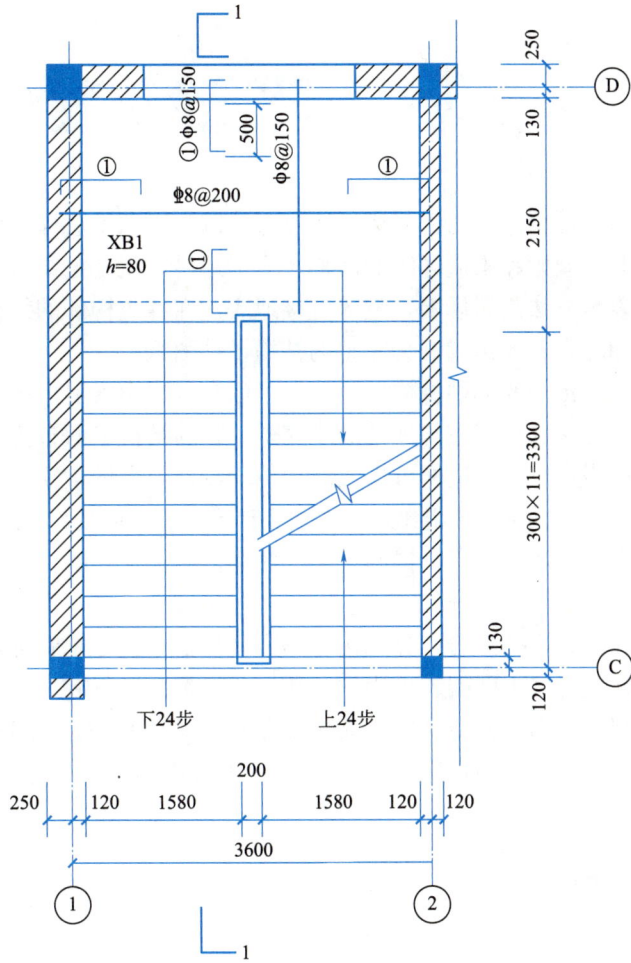

(b)

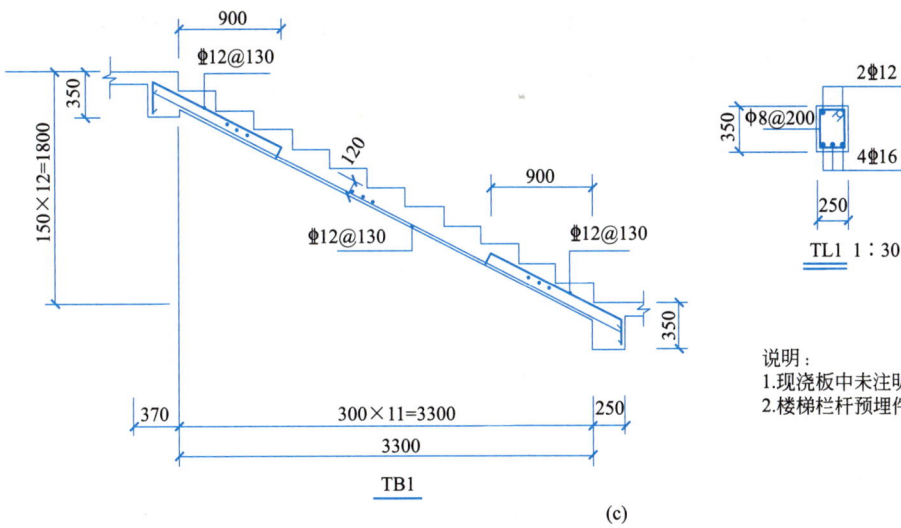

说明：
1.现浇板中未注明分布筋为φ6@200
2.楼梯栏杆预埋件详建施

TL1 1∶30

TB1

(c)

图 7-19　某楼梯结构施工图（二）

（b）楼梯平面布置图；（c）梯段板的配筋图

7.3 框架剪力墙结构

　　框架剪力墙结构施工图常采用平法进行绘制，所谓平法即是混凝土结构施工图平面整体表示方法制图规则和构造详图的简称，概括地讲，就是把结构构件的尺寸和配筋等，按照平面整体表示方法制图规则，整体直接地表达在各类构件的结构平面布置图上，再与标准构造详图相配合，即构成一套完整的结构设计图纸。

　　平法改变了传统的那种将构件从结构平面布置图中索引出来，再逐一绘制配筋详图的繁琐方法。此方法选择了在与施工顺序完全一致的结构平面布置图上将该平面上的所有构件整体一次性表达清楚，这样可大大减少传统设计中大量重复表达的内容，并将这部分内容用可以重复使用的通用标准图的方式固定下来。从而使结构设计方便，表达准确、全面、数值唯一，易随机修正，提高了设计效率，使施工看图、记忆和查找、表达顺序与施工一致，利于施工质量检查。

　　平法系列图集包括三册，分别为：《混凝土结构施工图平面整体表示方法制图规则和构造详图（现浇混凝土框架、剪力墙、梁、板）》22G101-1、《混凝土结构施工图平面整体表示方法制图规则和构造详图（现浇混凝土板式楼梯）》22G101-2、《混凝土结构施工图平面整体表示方法制图规则和构造详图（独立基础、条形基础、筏形基础、桩基础）》22G101-3。

7.3.1 结构施工图首页

　　结构施工图首页的内容主要是结构设计说明，当建筑施工图和结构施工图分别设置目录时，结构施工图首页还应设置目录。结构设计说明主要表示设计依据、材料选用、施工要求及地基情况等，其主要内容同 7.1.1。

　　为使初学者对框架剪力墙结构设计说明有一个比较全面的认识，下面将某框架剪力墙结构房屋的结构设计说明摘录如下：

结构设计说明

　　一、工程概况

　　本工程位于××省××市，为××有限公司办公楼，地上七层，地下一层，建筑高度 24.600m，框架剪力墙结构，基础形式为桩基础。

　　二、设计依据

　　1. 本工程设计工作年限为 50 年

　　2. 自然条件：

　　（1）基本风压 0.75kN/m²，地面粗糙度 B 类

　　（2）基本雪压 0.35kN/m²

（3）场地地震基本烈度 6 度，特征周期值 0.45s，抗震设防烈度 6 度，设计基本地震加速度 0.05g，设计地震分组第一组，建筑物场地土类别Ⅲ类

3. ××工程勘察院提供的《××有限公司办公楼岩土工程勘察报告》

4. 政府有关主管部门对本工程的审查批复文件

5. 本工程设计所执行的规范及规程见下表：

序号	名称	编号和版本号
1	《建筑结构可靠性设计统一标准》	GB 50068—2018
2	《建筑工程抗震设防分类标准》	GB 50223—2008
3	《建筑结构荷载规范》	GB 50009—2012
4	《建筑抗震设计规范》	GB 50011—2010(2016 年版)
5	《混凝土结构设计规范》	GB 50010—2010(2015 年版)
6	《建筑地基基础设计规范》	GB 50007—2011
7	《砌体结构设计规范》	GB 50003—2011
8	《建筑桩基技术规范》	JGJ 94—2008
9	《高层建筑混凝土结构技术规程》	JGJ 3—2010
10	《地下工程防水技术规范》	GB 50108—2008

三、图纸说明

1. 本工程结构施工图中除注明外，标高以 m 为单位，其他尺寸以 mm 为单位。

2. 本工程相对标高±0.000 相当于黄海海平面绝对标高 4.850m。

3. 本工程结构施工图采用平面整体表示方法，参照平法 G101 系列标准图集，见下表：

序号	图集名称		图集代号
1	混凝土结构施工图平面整体表示方法制图规则和构造详图	现浇混凝土框架、剪力墙、梁、板	22G101-1
2		现浇混凝土板式楼梯	22G101-2
3		独立基础、条形基础、筏形基础、桩基础	22G101-3

……

7.3.2　基础施工图

如图 7-20 所示为某框架剪力墙结构工程的基础施工图，基础为桩基础，采用了"平法"标注。因此，在阅读利用"平法"绘制的桩基础施工图之前，首先简要介绍 22G101-3 中有关桩基础平法施工图的相关规定。

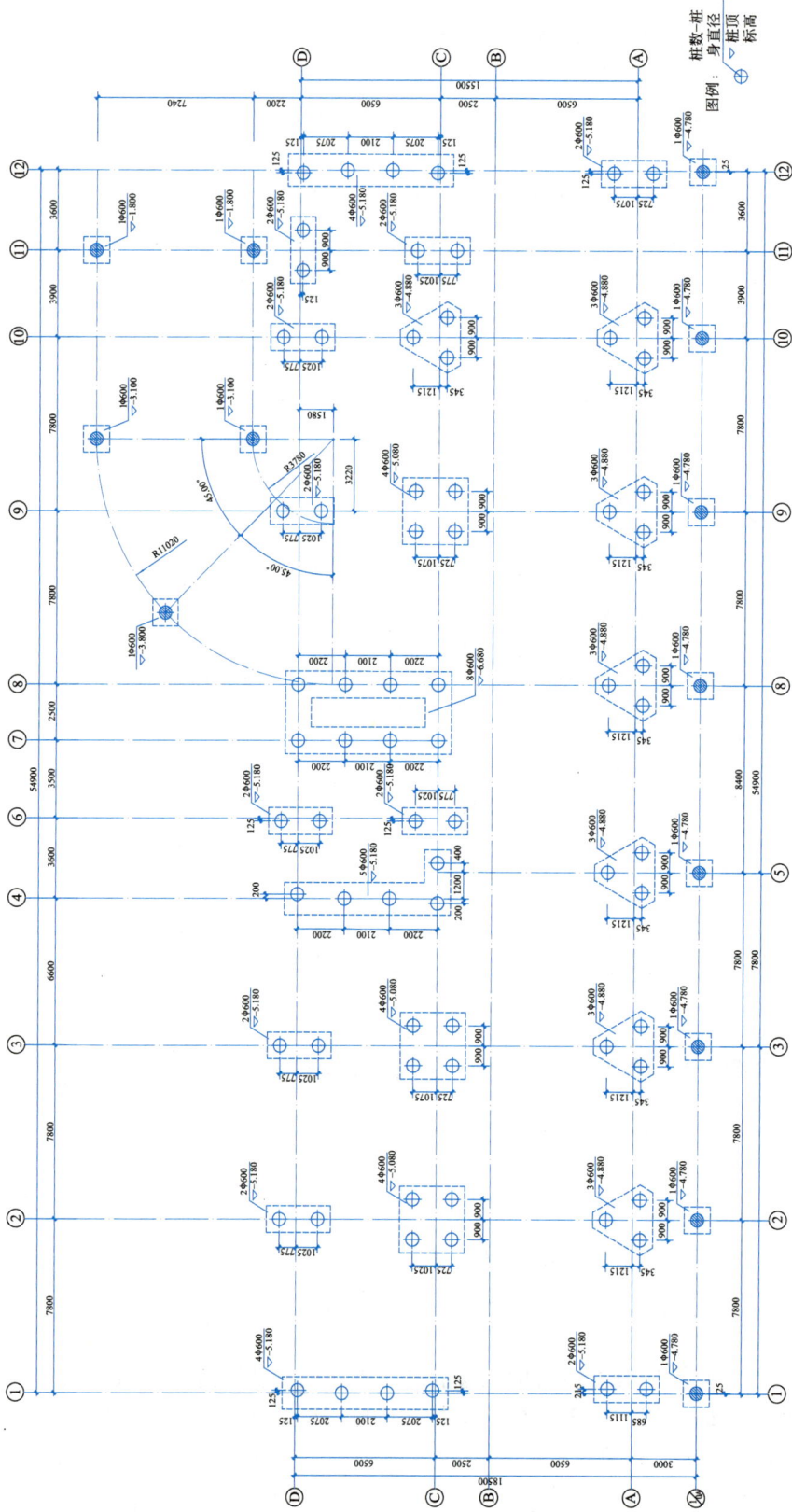

桩位平面布置图 1：100

(a)

图 7-20 桩基础施工图（一）

（a）桩位平面布置图

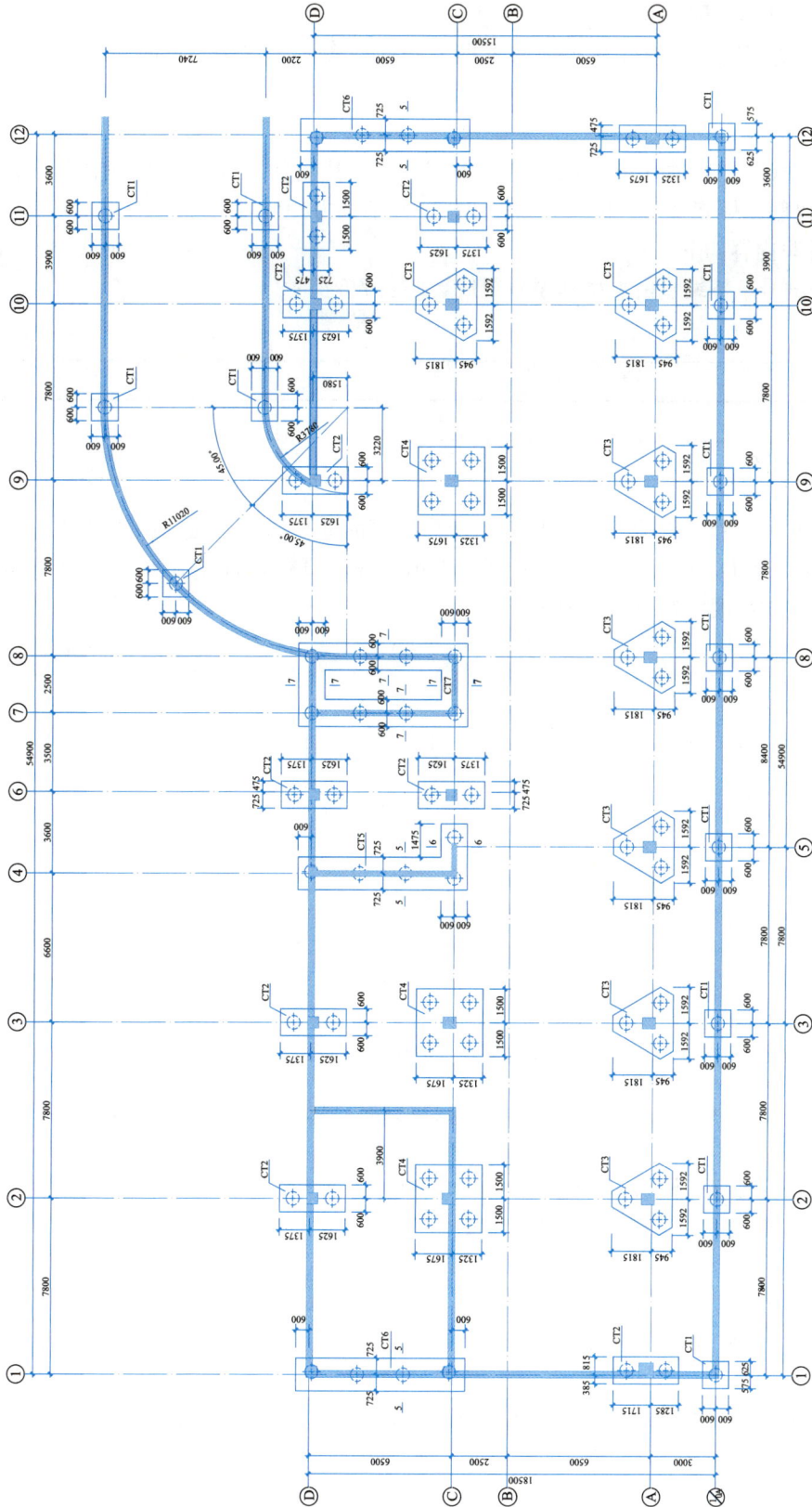

承台平面布置图　1：100

(b)

图 7-20　桩基础施工图（二）

(b) 承台平面布置图

1. 灌注桩平法施工图表示方法

灌注桩平法施工图是在灌注桩平面布置图上采用列表注写方式或平面注写方式进行表达。

（1）列表注写方式

列表注写方式，是在灌注桩平面布置图上，分别标注定位尺寸；在桩表中注写桩编号、桩尺寸、纵筋、螺旋箍筋、桩顶标高、单桩竖向承载力特征值。

1）桩表注写内容如下：

① 注写桩编号，桩编号由类型和序号组成，如表 7-6 所示。

桩编号 表 7-6

类型	代号	序号
灌注桩	GZH	××
扩底灌注桩	GHZ_k	××

② 注写桩尺寸，包括桩径 $D \times$ 桩长 L，当为扩底灌注桩时，还应在括号内注写扩底端尺寸 $D_0/h_b/h_c$ 或 $D_0/h_b/h_{c1}/h_{c2}$。其中 D_0 表示扩底端直径，h_b 表示扩底端锅底形矢高，h_c 表示扩底端高度，如图 7-21 所示。

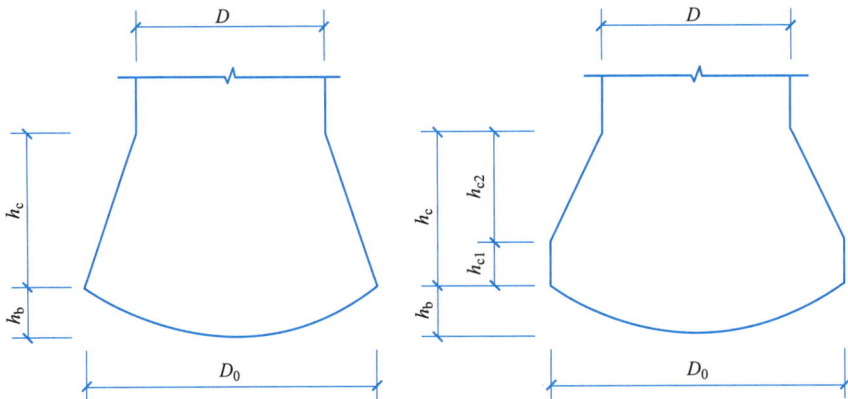

图 7-21 扩底灌注桩扩底端示意图

③ 注写桩纵筋，包括桩周均布的纵筋根数、钢筋强度级别、从桩顶起算的纵筋配置长度。

a. 通长等截面配筋：注写全部纵筋，如图 7-22（a）所示。

b. 部分长度配筋：注写桩纵筋，如××Φ××/L_1，其中 L_1 表示从桩顶起算的入桩长度，如图 7-22（b）所示。

c. 通长变截面配筋：注写桩纵筋，包括通长纵筋××Φ×× 和非通长纵筋××Φ××/L_1，其中 L_1 表示从桩顶起算的入桩长度。通长纵筋与非通长纵筋沿桩周间隔均匀布置，如图 7-22（c）所示。

例如：$15\Phi20$，$15\Phi18/6000$，表示桩通长纵筋为 $15\Phi20$；桩非通长纵筋为 $15\Phi18$，从桩顶起算的入桩长度为 6000mm。实际桩上段纵筋为 $15\Phi20+15\Phi18$，通长纵筋与非通长纵筋间隔均匀布置于桩周。

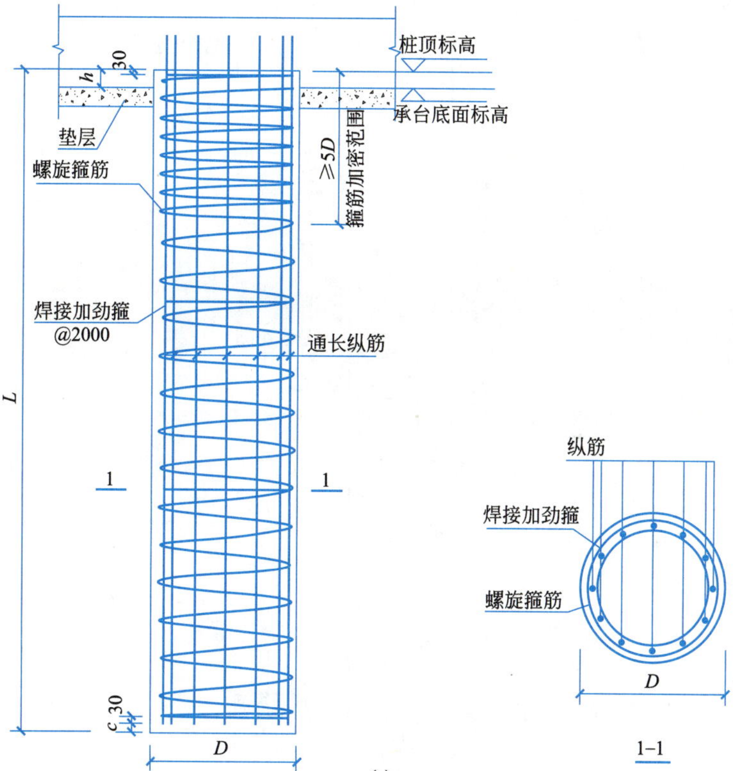

(a)

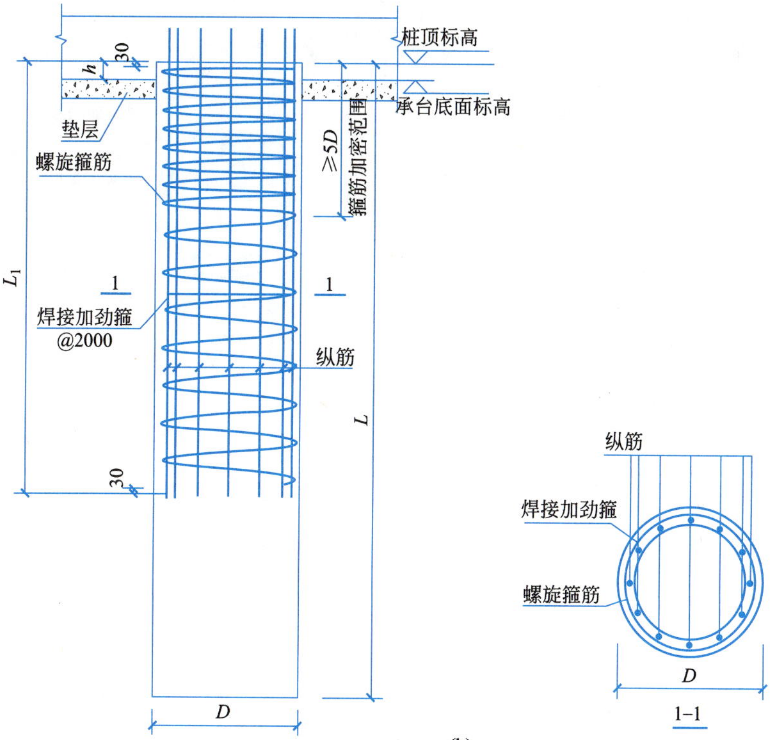

(b)

图 7-22　灌注桩配筋构造（一）

（a）灌注桩通长等截面配筋构造；（b）灌注桩部分长度配筋构造

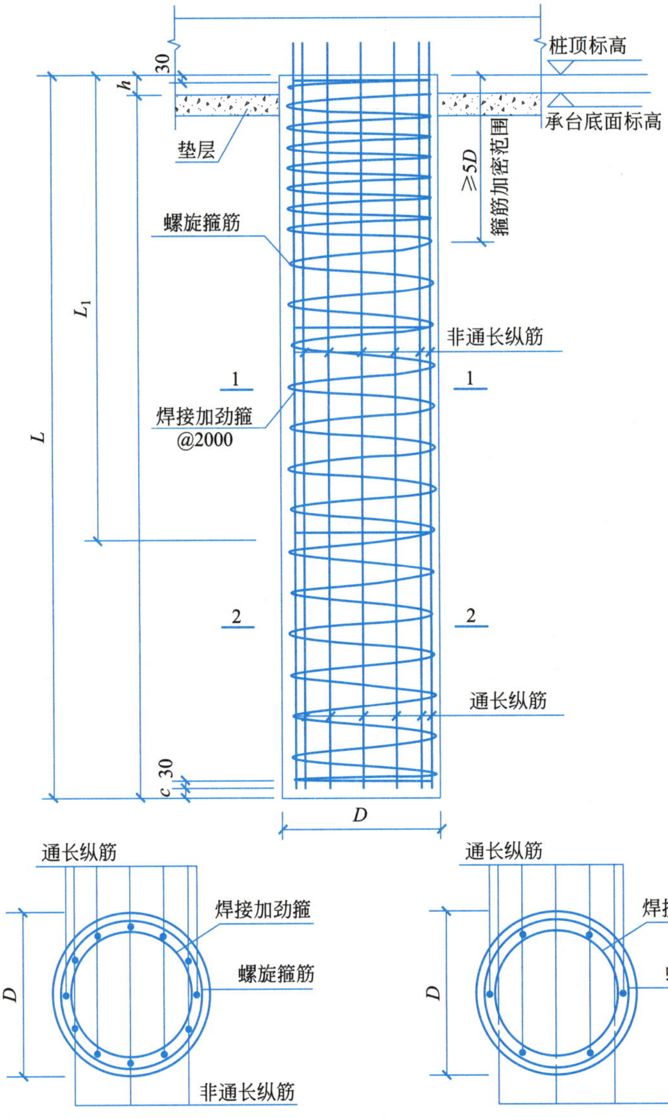

(c)

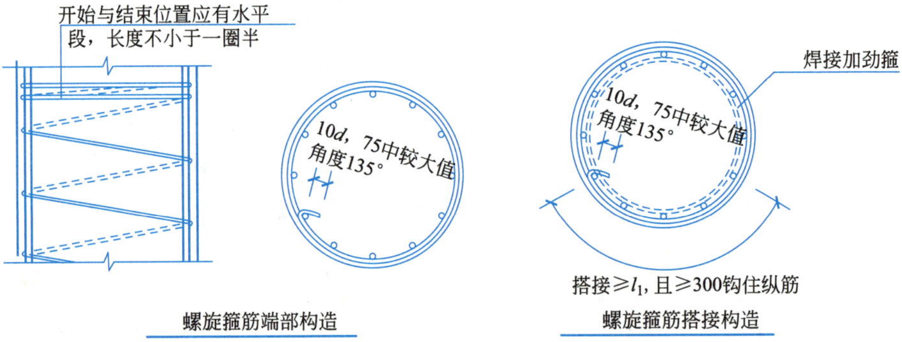

(d)

图 7-22　灌注桩配筋构造（二）

（c）灌注桩通长变截面配筋构造；（d）螺旋箍筋构造

（注：设计未注明时，图集规定，当钢筋笼长度超过 4m 时，应每隔 2m 设一道直径 12mm 焊接加劲箍，强度等级不低于 HRB400；焊接加劲箍亦可由设计另行注明。）

④ 以大写字母 L 打头，注写螺旋箍筋，包括钢筋强度级别、直径与间距。

a. 用斜线"/"区分桩顶箍筋加密区与桩身箍筋非加密区长度范围内箍筋的间距。图集中箍筋加密区为桩顶以下 5D（D 为桩身直径），若与实际工程情况不同，需设计者在图中注明。

b. 当桩身位于液化土层范围内时，箍筋加密区长度应由设计者根据具体工程情况注明，或者箍筋全长加密。

⑤ 注写桩顶标高。

⑥ 注写单桩竖向承载力特征值。

2）灌注桩列表注写的格式如表 7-7 所示。

灌注桩表　　　　　　　　　　　　　　　　　　　　表 7-7

桩号	桩径 D（mm）	桩长（m）	通长纵筋	非通长纵筋	箍筋	桩顶标高(m)	单桩竖向承载力特征值(kN)
GZH1	800	16.700	16Φ18	10Φ18	LΦ8@100/200	−3.400	2400

（2）平面注写方式

平面注写方式的规则同列表注写方式，系在灌注桩平面布置图上集中标注灌注桩的编号、尺寸、纵筋、箍筋、桩顶标高和单桩竖向承载力特征值，如图 7-23 所示。

2. 桩基承台编号

桩基承台分为独立承台和承台梁，其平法施工图一般采用平面注写方式，其规定大部分与前面所介绍过的条形基础和独立基础注写规定相近。

（1）独立承台阶形用代号 CTj 表示，如图 7-24 所示。

（2）独立承台锥形用代号 CTz 表示，如图 7-25 所示。

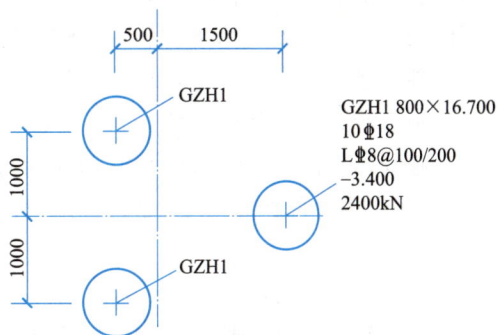

图 7-23　灌注桩平面注写

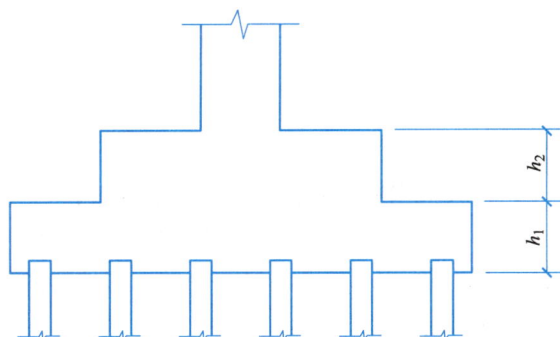

图 7-24　阶形截面独立承台

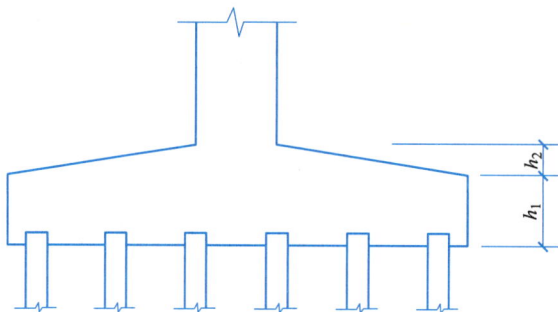

图 7-25　锥形截面独立承台

（3）承台梁用代号 CTL 表示，一端有外伸，跨数后面带 A，如 CTL04（4A）；两端有外伸，跨数后面带 B，如 CTL05（5B）。

3. 独立承台的平面注写方式

独立承台的平面注写方式，分为集中标注和原位标注两部分内容。

（1）集中标注表达的内容：独立承台编号、截面竖向尺寸、配筋三项必注内容，以及承台板底面标高（与承台底面基准标高不同时）和必要的文字注解两项选注内容。

如 CTz01 200/300 △6Φ14@200＋5Φ12@200×2 中所表达的内容：

1）独立承台编号：CTz01，截面为锥形。

2）独立承台截面竖向尺寸：$h_1＝200$mm，$h_2＝300$mm。

3）独立承台配筋：该承台配筋形式为等腰三桩承台的表达方式，底边的受力钢筋为 6Φ14@200，两对称斜边（腰）的受力钢筋为 5Φ12@200。

注：

① 桩独立承台在表达配筋时，以 B 打头注写底部配筋，以 T 打头注写顶部配筋。

② 如为矩形承台，则 X 向配筋以 X 打头，Y 向配筋以 Y 打头，当两向配筋相同时，则以 X&Y 打头。

③ 桩基承台特别的地方是独立承台存在等边三桩承台、等腰三桩承台、多边形承台和异形承台等情况，对应的配筋表达方式有所不同。等边三桩承台，以"△"打头，注写三角布置的各边受力钢筋，注明根数并在配筋值后注写×3。等腰三桩承台，以"△"打头，注写等腰三角形底边受力钢筋＋两对称斜边的受力钢筋，注明根数并在配筋值后注写×2，在"/"后注写分布筋。

（2）原位标注表达的内容：系在桩基承台平面布置图上标注独立承台的平面尺寸，如图 7-26 所示。

4. 承台梁的平面注写方式

承台梁的平面注写方式，分集中标注和原位标注两部分内容。

（1）集中标注内容包括：承台梁编号、截面尺寸、配筋三项必注内容，以及承台梁底面标高（与承台底面基准标高不同时）、必要的文字注解两项选注内容。

如 CTL01（3B）300×500

　　Φ10@150

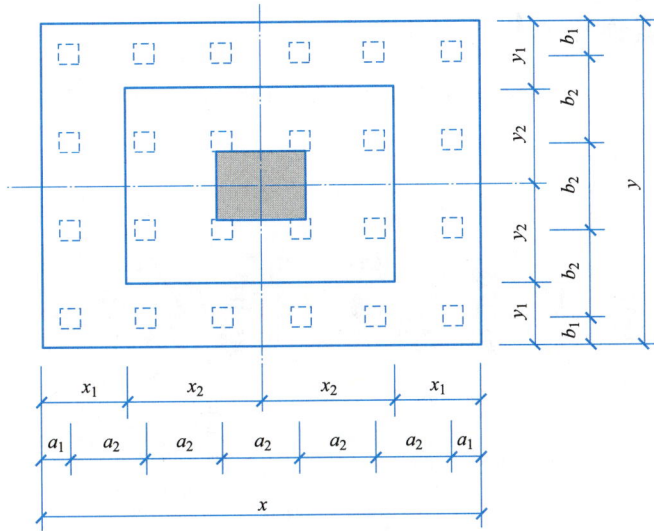

图 7-26　矩形承台平面原位标注

B：4⚊14；T：4⚊12

G4φ14 中所表达的内容：

1）承台梁编号：CTL01（3B），三跨，两端有外伸。

2）承台梁截面尺寸：宽度 300mm，高度 500mm。

3）承台梁箍筋：φ10@150。

4）承台梁底部纵向钢筋：4⚊14。

5）承台梁顶部纵向钢筋：4⚊12。

6）承台梁侧面构造钢筋：4φ14。

（2）原位标注内容包括：承台梁的附加箍筋或（反扣）吊筋、承台梁外伸部位的变截面高度尺寸，其注写方式如图 7-27 所示。

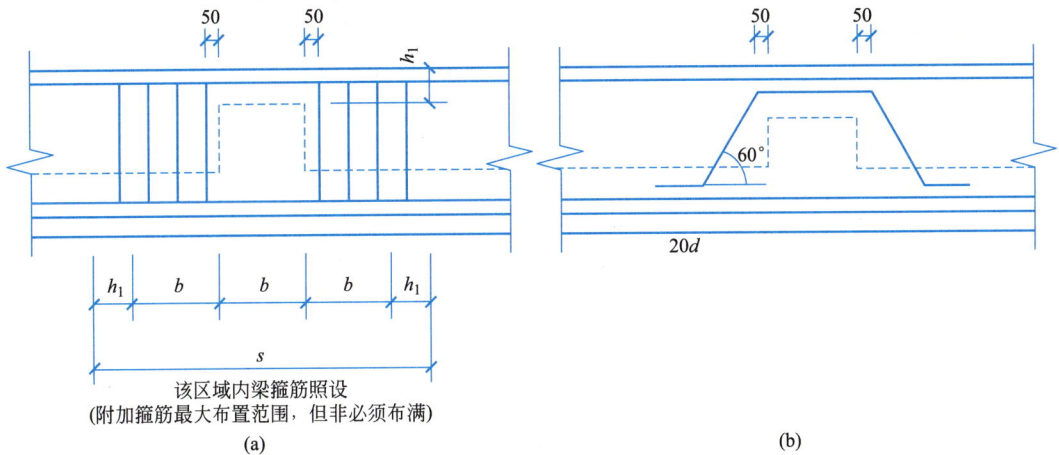

该区域内梁箍筋照设
(附加箍筋最大布置范围，但非必须布满)

(a)

(b)

图 7-27　附加箍筋或（反扣）吊筋构造

（a）附加箍筋构造；（b）附加（反扣）吊筋构造

【应用案例 7-4】

如图 7-20（b）所示，承台平面布置图中 CT3 的构造详图如图 7-28 所示。由图 7-28

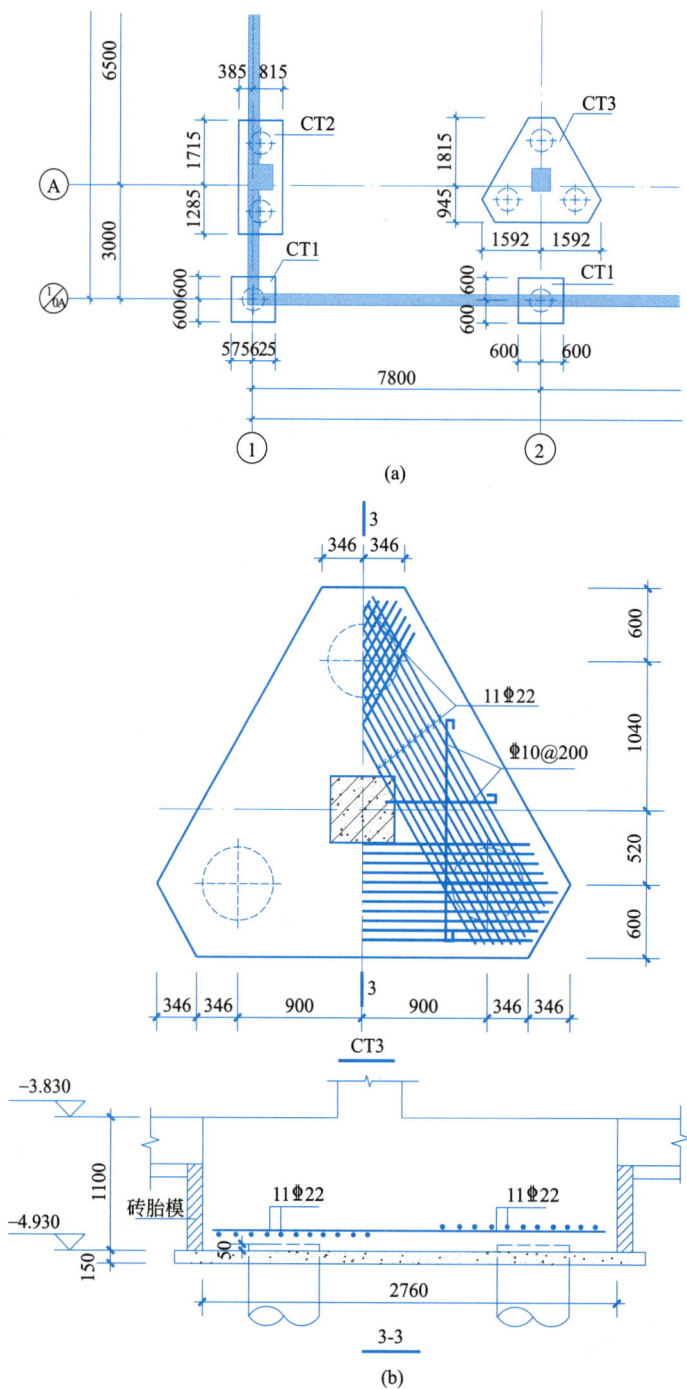

图 7-28　承台 CT3 构造详图

（a）承台 CT3 平面布置图；（b）承台 CT3 配筋构造

（a）可知 CT3 的定位尺寸：②轴线与①轴线距离为 7800mm，Ⓐ轴线与Ⓐ轴线距离为 3000mm；CT3 竖向定位轴线距离左右两边线均为 1592mm，水平定位轴线距离上下两边线各为 1815mm、945mm。由图 7-28（b）可知 CT3 的细部尺寸：竖向定位轴线下部两侧的细部尺寸分别为 900mm、346mm、346mm，上部两侧的细部尺寸均为 346mm；水平定位轴线距离下部的细部尺寸分别为 520mm、600mm，距离上部的细部尺寸分别为 1040mm、600mm。CT3 三个边的受力钢筋均为 11Φ22，分布筋为Φ10@200。

7.3.3　结构施工图

楼层结构施工图是框架剪力墙结构房屋结构施工图最重要的组成部分，包括柱、梁、墙、板等构件的图纸。这部分图纸采用平面图形式，在平面布置图上表示各构件尺寸和配筋方式，分平面注写方式、列表注写方式和截面注写方式三种。

1. 柱平法施工图

柱平法施工图是指在柱平面布置图上采用列表注写方式或截面注写方式表达。

（1）列表注写方式

列表注写方式系指在柱平面布置图上，分别在同一编号的柱中选择一个（有时需要选择几个）截面标注几何参数代号：在柱表中注写柱号、柱段起止标高、几何尺寸（含柱截面对轴线的偏心情况）与配筋的具体数值，并配以各种柱截面形状及其箍筋类型图的方式，来表达柱平法施工图，如图 7-29 所示。

柱表注写内容规定如下：

1）注写柱编号，柱编号由类型、代号和序号组成，应符合表 7-8 的规定。

柱编号　　　　　　　　　　　　　　　　　　　　　　表 7-8

柱类型	代号	序号
框架柱	KZ	××
框支柱	KZZ	××
芯柱	XZ	××

① 因为建筑功能要求，下部大空间，上部部分竖向构件不能直接连续贯通落地，而通过水平转换结构与下部竖向构件连接。当布置的转换梁支撑上部的剪力墙的时候，转换梁叫框支梁，支撑框支梁的柱子就叫作框支柱。框支柱如图 7-30 所示。

② 芯柱就是在框架柱截面中三分之一左右的核心部位配置附加纵向钢筋及箍筋而形成的内部加强区域。在周期反复水平荷载作用下，这种柱具有良好的延性和耗能能力，能够有效地改善钢筋混凝土柱在高轴压比情况下的抗震性能。芯柱的配筋构造如图 7-31 所示。

柱 表

柱号	标高	b×h（圆柱直径D）	b_1	b_2	h_1	h_2	全部纵筋	角筋	b边一侧中部筋	h边一侧中部筋	箍筋类型号	箍筋	备注
KZ1	-4.530~-0.030	750×700	375	375	150	550	28Φ25				1(6×6)	Φ10@100/200	
	-0.030~19.470	750×700	375	375	150	550	24Φ25				1(5×4)	Φ10@100/200	
	19.470~37.470	650×600	325	325	150	450		4Φ22	5Φ22	4Φ20	1(4×4)	Φ10@100/200	
	37.470~59.070	550×500	275	275	150	350		4Φ22	5Φ22	4Φ20	1(4×4)	Φ8@100/200	
XZ1	-4.530~8.670						8Φ25				按标准构造详图	Φ10@100	③×⑧轴KZ1中设置

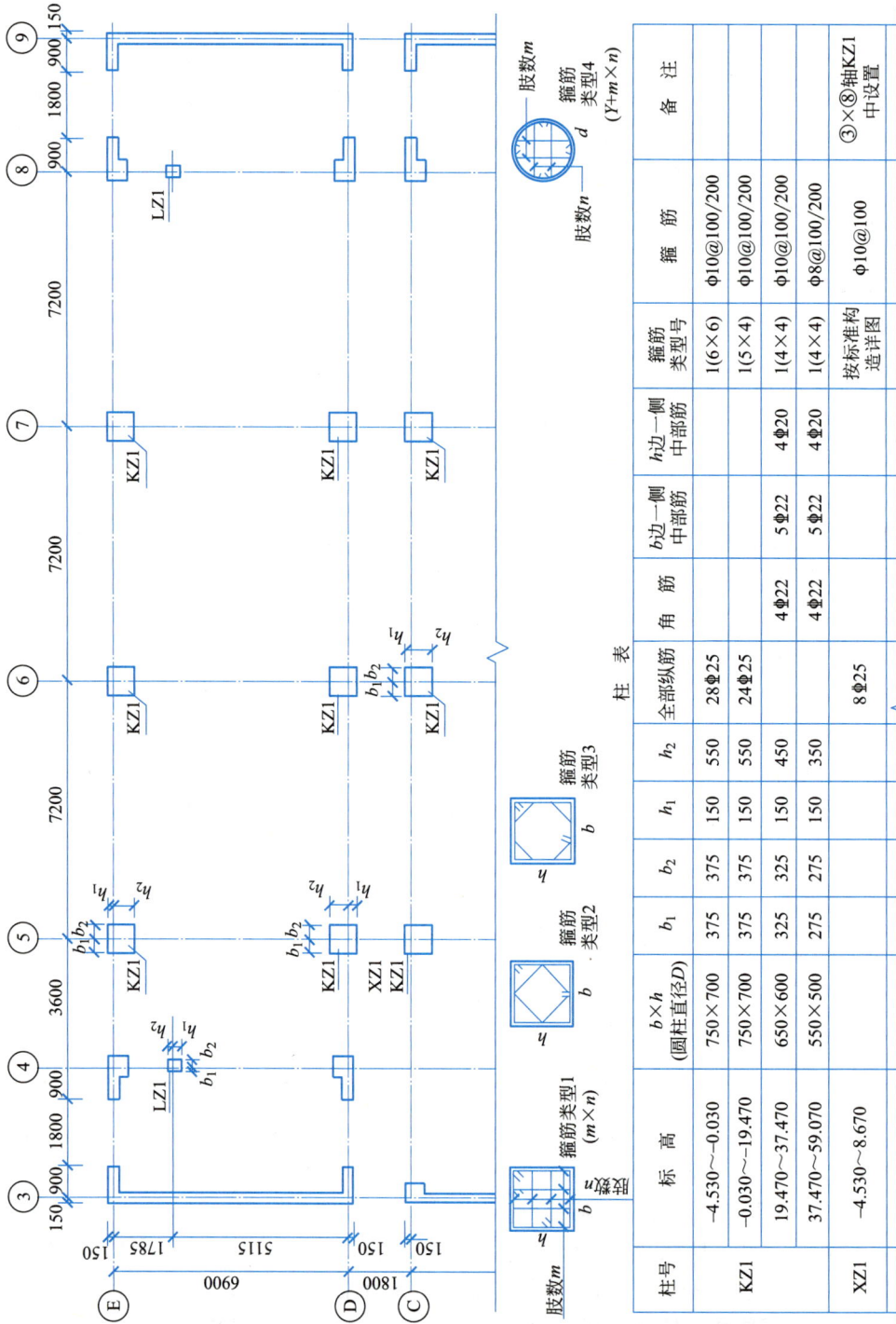

图7-29 柱平法施工图 1：100（列表注写方式）

层号	标高（m）	层高（m）
层面2	65.670	
塔层2	62.370	3.30
层面1（塔层1）	59.070	3.30
16	55.470	3.60
15	51.870	3.60
14	48.270	3.60
13	44.670	3.60
12	41.070	3.60
11	37.470	3.60
10	33.870	3.60
9	30.270	3.60
8	26.670	3.60
7	23.070	3.60
6	19.470	3.60
5	15.870	3.60
4	12.270	3.60
3	8.670	4.20
2	4.470	4.50
1	-0.030	4.50
-1	-4.530	4.50
-2	-9.030	

结构层楼面标高
结构层高
上部结构嵌固部位：-4.530

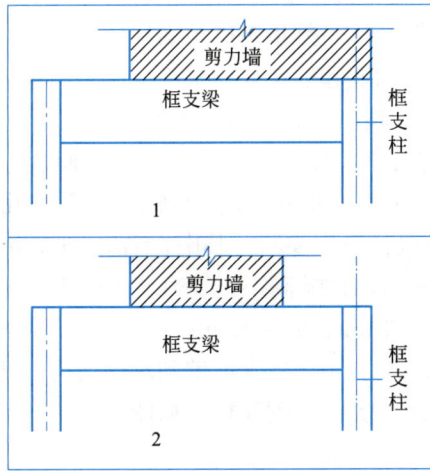

图 7-30 框支柱示意图

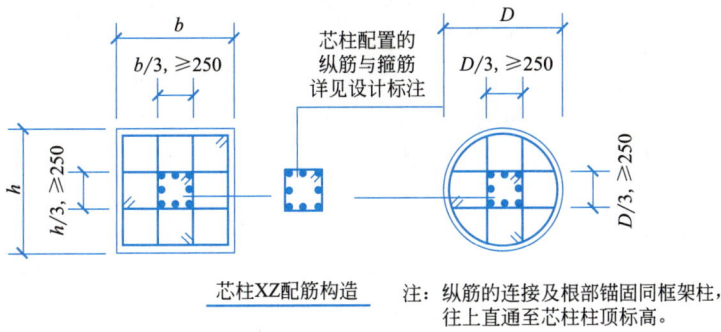

芯柱XZ配筋构造

注：纵筋的连接及根部锚固同框架柱，往上直通至芯柱柱顶标高。

图 7-31 芯柱配筋构造

③ 梁上起框架柱和剪力墙上起框架柱如图 7-32 所示。

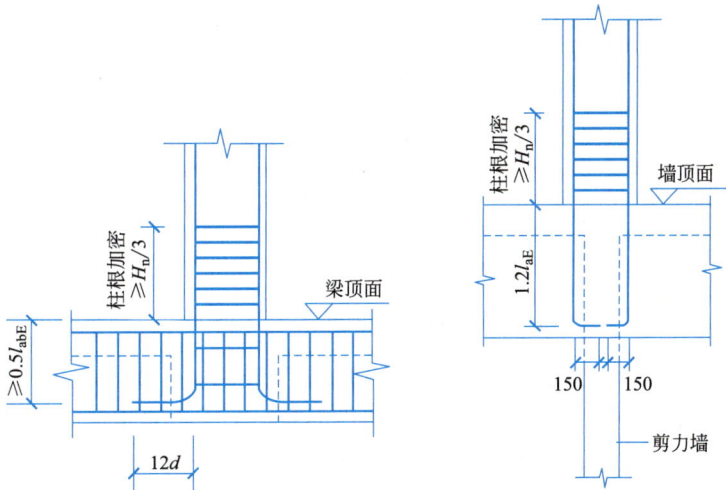

图 7-32 梁上起框架柱（左）和剪力墙上起框架柱（右）

2）注写各段柱的起止标高，自柱根部往上以变截面或截面未变但配筋改变处为界分段注写。框架柱和框支柱的根部标高是指基础顶面标高；芯柱的根部标高是指根据结构实际需要而定的起始位置标高；梁上起框架柱的根部标高是指梁顶面标高；剪力墙上起框架柱的根部标高为墙顶面标高。如图 7-29 所示，柱表中 KZ1 标高 $-0.030 \sim 19.470$ 是一种截面，$19.470 \sim 37.470$ 是一种截面，$37.470 \sim 59.070$ 是一种截面。

3）对于矩形柱，注写柱截面尺寸 $b \times h$ 及与轴线关系的几何参数代号 b_1、b_2 和 h_1、h_2 的具体数值，须对应于各段柱分别注写，其中 $b = b_1 + b_2$，$h = h_1 + h_2$。

如图 7-29 所示，柱表中 KZ1 标高 $-0.030 \sim 19.470$ 处柱截面尺寸为 750mm × 700mm，$b_1 = 375$mm、$b_2 = 375$mm、$h_1 = 150$mm、$h_2 = 550$mm。

当截面的某一边收缩变化至与轴线重合或偏到轴线的另一侧时，b_1、b_2、h_1、h_2 中的某项为零或为负值。柱变截面位置纵向钢筋构造如图 7-33 所示。

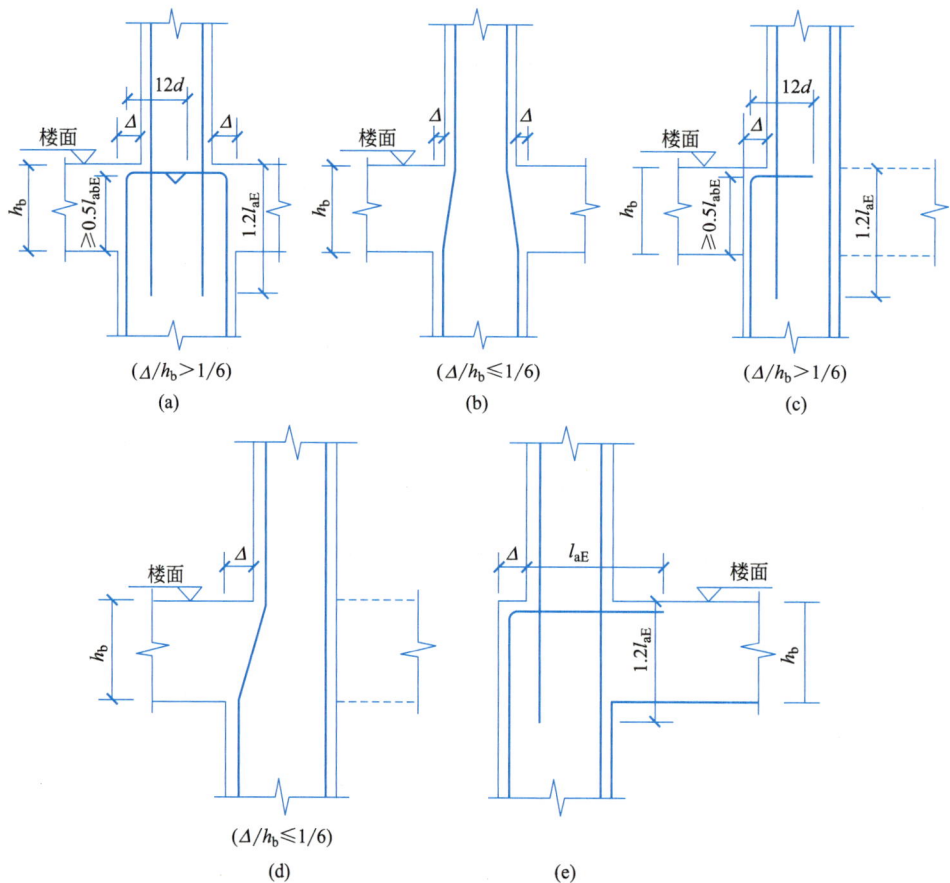

图 7-33 柱变截面位置纵向钢筋构造

4）注写柱纵筋。当柱纵筋直径相同，各边根数也相同时，将纵筋注写在"全部纵筋"一栏中；除此之外，柱纵筋分角筋、截面 b 边中部筋和 h 边中部筋三项分别注写（对于采用对称配筋的矩形截面柱，可仅注写一侧中部筋，对称边省略不注）。

如图 7-29 所示，KZ1 标高 $-0.030 \sim 19.470$ 处纵筋直径相同，各边根数也相同，写在"全部纵筋"一栏中，即 24Φ25；标高 $19.470 \sim 37.470$ 处角筋为 4Φ22，b 边一侧中部筋

为 5Φ22，h 边一侧中部筋为 4Φ20。

5）注写箍筋类型号及箍筋肢数。对具体工程所设计的各种箍筋类型图以及箍筋复合的具体方式，须画在表的上部或图中的适当位置，并在其上标注与表中相对应的 b、h 和类型号。复合箍筋布置原则：大箍套小箍原则、隔一拉一原则、对称性原则、内箍（小箍）短肢尺寸最小原则、内箍尽量做成标准格式，如图 7-34 所示。

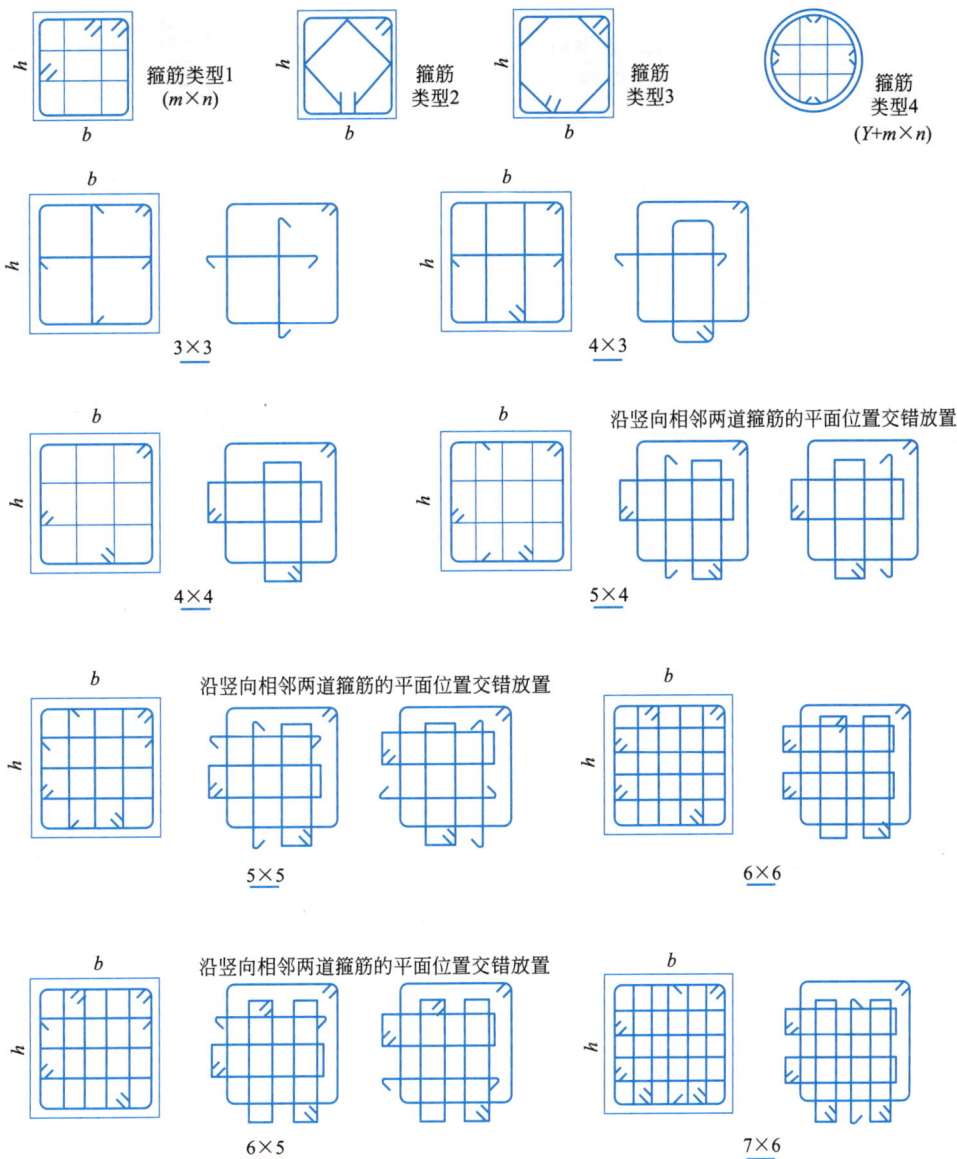

图 7-34　箍筋的类型

6）注写柱箍筋。包括钢筋级别、直径与间距。当为抗震设计时，用斜线"/"区分柱端箍筋加密区与柱身非加密区长度范围内箍筋的不同间距。例如，ϕ10@100/200，表示箍筋为 HPB300 钢筋，直径为 10mm，加密区间距为 100mm，非加密区间距为 200mm。

当箍筋沿柱全高为一种间距时，则不使用"/"线。例如，ϕ10@100，表示箍筋为

HPB300 钢筋，直径为 10mm，间距为 100mm，沿柱全高加密。

箍筋加密区是对于抗震结构来说的。一般来说，对于钢筋混凝土框架的梁的端部和每层柱子的两端都要进行加密。柱子加密区长度一般取 1/6 每层柱子的高度。但最底层（一层）柱子的根部应取 1/3 的高度，箍筋加密区如图 7-35 所示，其加密区有三大节点，即柱根节点加密区、楼层节点加密区、柱顶节点加密区。

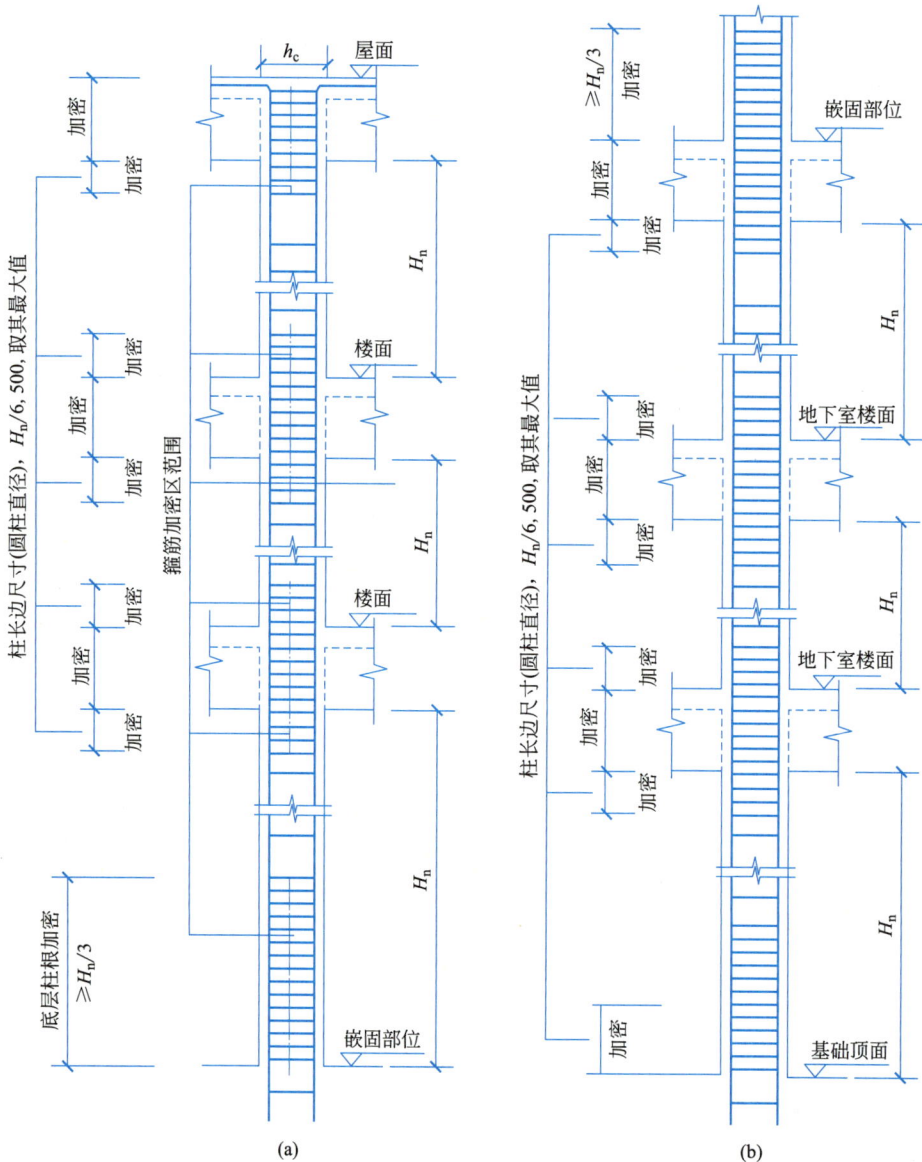

图 7-35 箍筋加密区

（a）无地下室；（b）有地下室

（2）截面注写方式

1）截面注写方式系在柱平面布置图的柱截面上，分别在同一编号的柱中选择一个截面，以直接注写截面尺寸和配筋具体数值的方式来表达柱平法施工图，如图 7-36 所示。

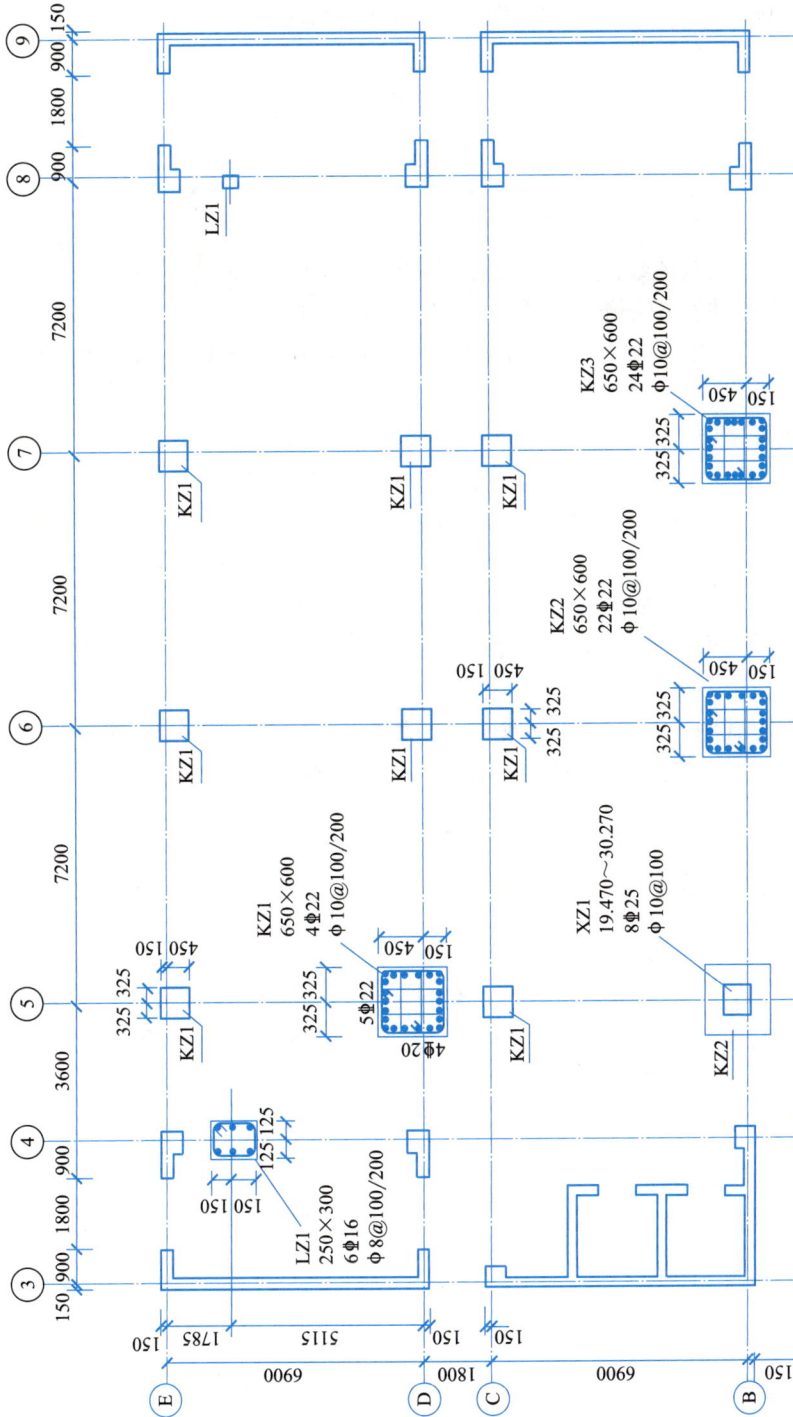

图 7-36　柱平法施工图 1∶100（截面注写方式）

层号	标高(m)	层高(m)
层面2	65.670	3.30
塔层2	62.370	3.30
层面1(塔层1)	59.070	
16	55.470	3.60
15	51.870	3.60
14	48.270	3.60
13	44.670	3.60
12	41.070	3.60
11	37.470	3.60
10	33.870	3.60
9	30.270	3.60
8	26.670	3.60
7	23.070	3.60
6	19.470	3.60
5	15.870	3.60
4	12.270	3.60
3	8.670	4.20
2	4.470	4.50
1	-0.030	4.50
-1	-4.530	4.50
-2	-9.030	4.50
层号	标高(m)	层高(m)

结构层楼面标高
结　构　层　高
上部结构嵌固部位：
-4.530

2）按表 7-8 的规定进行编号，从相同编号的柱中选择一个截面，按另一种比例原位放大绘制柱截面配筋图，并在各配筋图上继其编号后再注写截面尺寸 $b×h$、角筋或全部纵筋（当纵筋采用一种直径且能够图示清楚时）、箍筋的具体数值，以及在柱截面配筋图上标注柱截面与轴线关系的 b_1、b_2 和 h_1、h_2 的具体数值。当纵筋采用两种直径时，需再注写截面各边中部筋的具体数值（对于采用对称配筋的矩形截面柱，可仅在一侧注写中部筋，对称边省略不注）。如图 7-37 所示，为图 7-36 中⑤轴与①轴相交处的 KZ1 的配筋图。

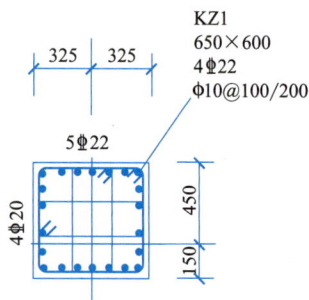

图 7-37 框架柱截面注写方式

图中 KZ1 代表框架柱 1；650×600 表示柱的长边尺寸为 650mm，短边尺寸为 600mm；4Φ22 表示柱子的四角为 4 根直径为 22mm 的 HRB400 级钢筋；Φ10@100/200 表示柱子内箍筋为直径 10mm 的 HPB300 级钢筋，箍筋的中心距加密区间距 100mm，非加密区间距 200mm；柱子的长边中部筋为 5 根直径 22mm 的 HRB400 级钢筋，对称布置；柱子的短边中部筋为 4 根直径 20mm 的 HRB400 级钢筋，对称布置；⑤轴线与柱子左右两边的距离为 325mm，①轴线与柱子前后两边的距离分别为 150mm 和 450mm。

3）在截面注写方式中，如柱的分段截面尺寸和配筋均相同，仅分段截面与轴线的关系不同时，可将其编为同一柱号，但此时应在未画配筋的柱截面上注写该柱截面与轴线关系的具体尺寸。

【应用案例 7-5】

如图 7-38 所示，为某框架剪力墙结构−0.030～7.570 墙柱平法施工图，以①轴与Ⓐ轴相交处的 KZ-5 为例，①轴距离 KZ-5 左边缘 125mm、右边缘 555mm，Ⓐ轴距离 KZ-5 下边缘 125mm、上边缘 555mm。集中标注体现了柱编号为 KZ-5、柱截面尺寸为 680mm×680mm、柱截面全部纵筋为 12Φ25、箍筋为Φ8@100 四肢箍。

2. 梁平法施工图

（1）平面注写方式

平面注写方式系以在梁平面布置图上，分别在不同编号的梁中各选一根梁，在其上标注截面尺寸和配筋具体数值的方式来表达梁平法施工图。如图 7-39 所示，为某工程框架梁平法施工图。

平面注写包括集中标注和原位标注，集中标注表达梁的通用数值，原位标注表达梁的特殊数值。当集中标注中的某项数值不适用于梁的某部位时，则将该项具体数值原位标注，施工时，原位标注取值优先。

1）集中标注

集中标注表达的梁通用数值包括梁编号、梁截面尺寸、梁箍筋、上部通长筋或架立筋、梁侧面构造筋（或受扭钢筋）和标高六项。梁集中标注的内容前五项为必注值，后一项为选注值。

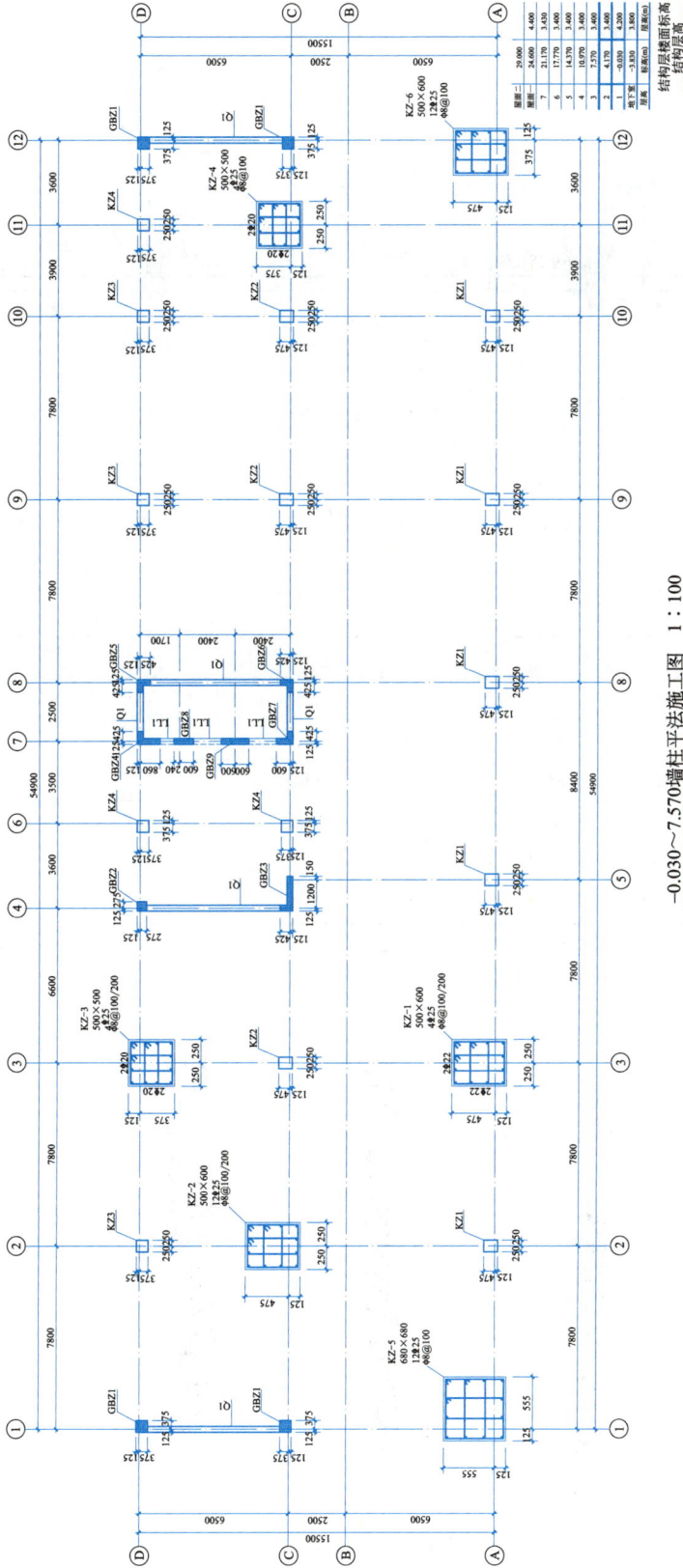

图7-38　某框架剪力墙结构−0.030∼7.570墙柱平法施工图

−0.030∼7.570墙柱平法施工图　1∶100

集中标注

KL2(2A) 300×650
φ8@100/200(2)

2Φ25
G4Φ10
(−0.100)

第一行：梁编号及截面尺寸
第二行：梁箍筋钢筋级别、直径、加密区与
　　　　非加密区间距及箍筋肢数
第三行：梁上部通长筋
第四行：梁侧面构造筋
第五行：梁顶面标高高差

原位标注

2Φ25+2Φ22

6Φ25 4/2

4Φ25

4Φ25

6Φ25 2/4

4Φ25

2Φ16
φ8@100(2)

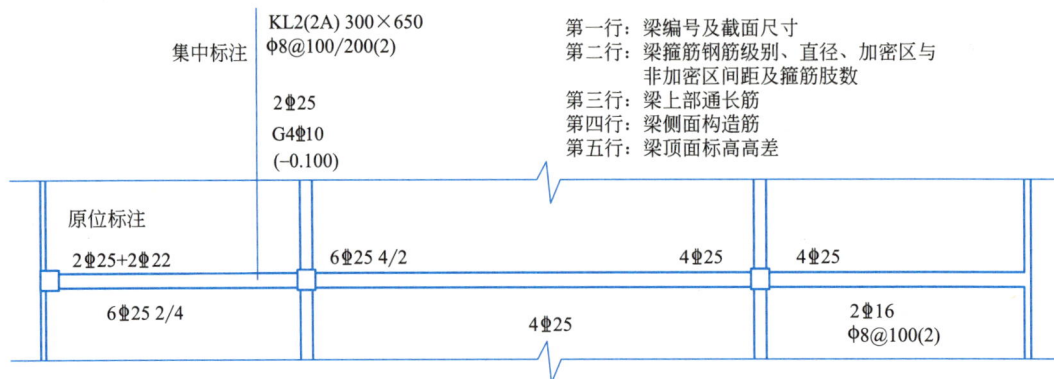

图 7-39　框架梁平面注写方法示例

① 梁编号

梁的编号由梁类型代号、序号、跨数及有无悬挑代号几项组成。各种类型梁的编号如表 7-9 所示。

梁编号　　　　　　　　　　　　　　　　　　　　　　　　表 7-9

梁类型	代号	序号	跨数及是否带有悬挑	示例
楼层框架梁	KL	××	(××)、(××A)或(××B)	KL4(2A)
屋面框架梁	WKL	××	(××)、(××A)或(××B)	WKL5(3B)
框支梁	KZL	××	(××)、(××A)或(××B)	KZL2
非框架梁	L	××	(××)、(××A)或(××B)	L6(4B)
悬挑梁	XL	××		XL3
井字梁	JZL	××	(××)、(××A)或(××B)	JZL2(5A)

注：(××A) 为一端有悬挑，(××B) 为两端有悬挑，悬挑不计入跨数。例如，KL4（2B）表示第 4 号框架梁，
　　2 跨，两端有悬挑，如图 7-40 所示。

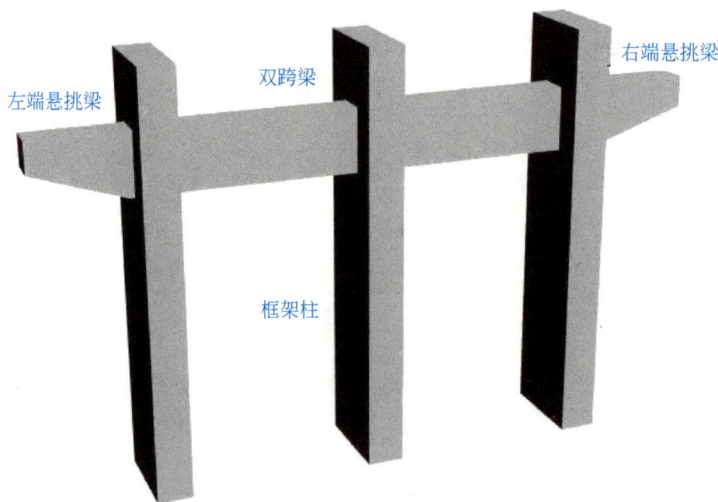

左端悬挑梁　　双跨梁　　右端悬挑梁

框架柱

图 7-40　悬挑梁示意图

② 梁截面尺寸

当为等截面梁时，用 $b \times h$ 表示。如图 7-41 所示，梁的截面尺寸为 300mm 宽×750mm 高。

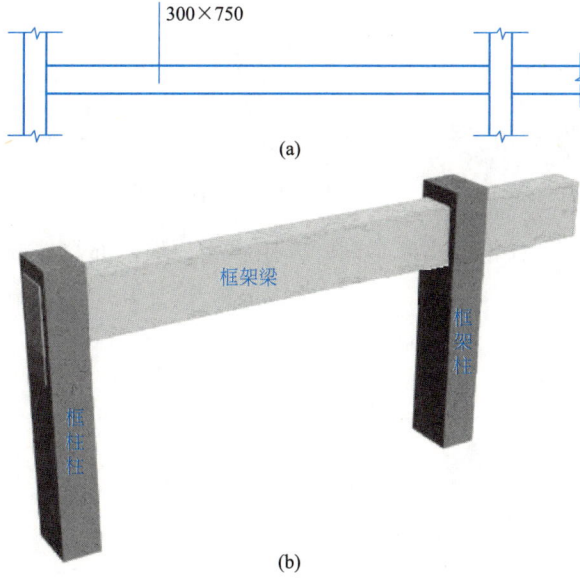

图 7-41　等截面梁

（a）立面示意图；（b）立体示意图

当为竖向加腋梁时，用 $b \times h \ GYc_1 \times c_2$ 表示，其中 c_1 为腋长，c_2 为腋高。如图 7-42 所示，梁的截面尺寸为 300mm 宽×750mm 高；加腋部分尺寸，腋长 500mm，腋高250mm。

图 7-42　竖向加腋梁

（a）立面示意图；（b）立体示意图

当为水平加腋梁时，一侧加腋时用 $b×h$ PY$c_1×c_2$ 表示，其中 c_1 为腋长，c_2 为腋宽，如图 7-43 所示。

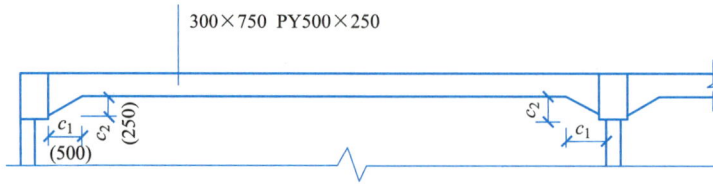

图 7-43 水平加腋梁平面示意图

当有悬挑梁且根部和端部的高度不同时，用斜线分隔根部与端部的高度值，即为 $b×h_1/h_2$，如图 7-44 所示。

图 7-44 不等截面悬挑梁立面示意图

③ 梁箍筋

梁箍筋注写时包括钢筋级别、直径、加密区与非加密区间距及肢数。

a. 箍筋加密区与非加密区的不同间距及肢数用斜线"/"分隔。如图 7-39 所示，$\phi 8@100/200$（2）表示箍筋直径为 8mm，加密区间距为 100mm，非加密区间距为 200mm，双肢箍。箍筋加密区与非加密区示意如图 7-45 所示。

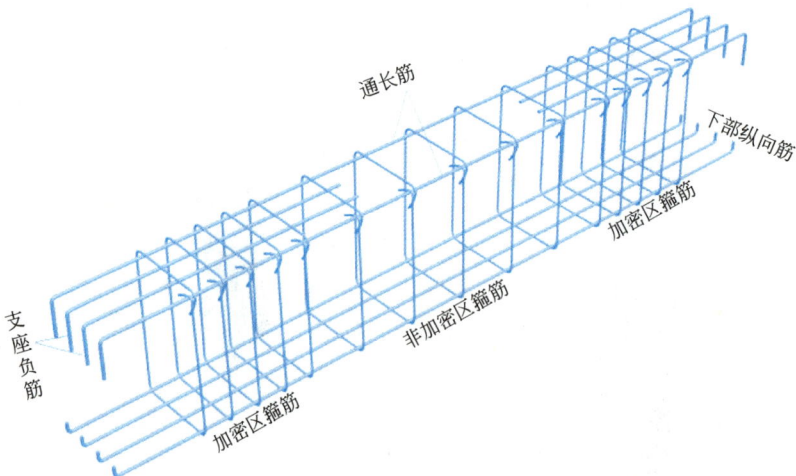

(a)

图 7-45 梁箍筋加密区与非加密区示意图（一）

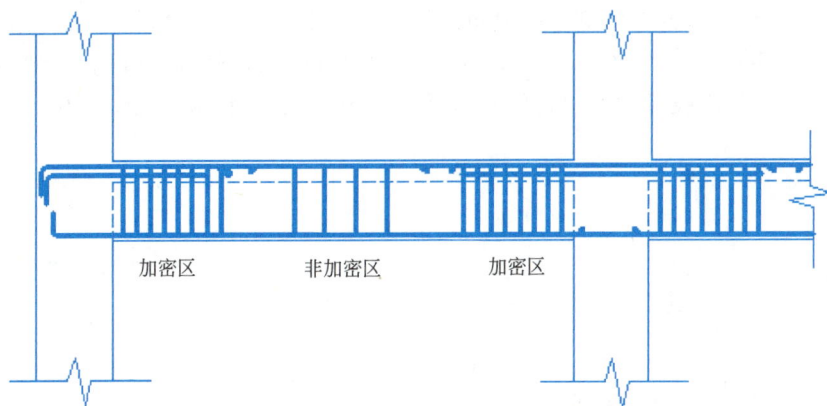

(b)

(c)

图 7-45　梁箍筋加密区与非加密区示意图（二）

b. 当梁箍筋为同一种间距及肢数时，则不需用斜线。

例如：$\begin{array}{|l} \text{KL5（2）} \\ 200\times600 \\ \phi\,8@100 \\ 2\,\Phi\,25;\ 4\,\Phi\,22 \end{array}$　，框架梁的名称及编号为 KL5，两跨；梁的断面尺寸为梁宽

200mm，梁高 600mm；箍筋为直径 8mm 的 HPB300 钢筋，间距为 100mm，为双肢箍。

c. 当加密区与非加密区的箍筋肢数相同时，则将肢数标注一次，箍筋肢数写在括号内。

例如：$\begin{array}{|l} \text{KL4（2A）} \\ 300\times600\ \text{Y}250\times250 \\ \phi\,8@100/200\ (4) \\ 2\,\Phi\,22+（2\,\Phi\,12）;\ 4\,\Phi\,22 \end{array}$　，框架梁的名称及编号为 KL4，两跨一端有悬挑；

梁的断面尺寸为梁宽 300mm，梁高 600mm；为加腋梁，腋长 250mm，腋高 250mm；箍筋为直径 8mm 的 HPB300 钢筋，加密区间距 100mm，非加密区间距 200mm，均为四肢箍。

d. 当加密区和非加密区箍筋肢数不一样时，需要分别在括号里面标注。

例如：
KL4（2A）
300×600 Y250×250
φ8@100（4）/200（2）
2Φ22；4Φ22
中的箍筋，表示箍筋为直径 8mm 的 HPB300 钢筋，加密区间距为 100mm，四肢箍；非加密区间距为 200mm，双肢箍。

e. 在非抗震结构中的各类梁或抗震结构中的非框架梁、悬挑梁、井字梁采用不同的箍筋间距及肢数时，也用斜线"/"将其分隔开来。注写时，先注写梁支座端部的箍筋（包括箍筋的箍数、钢筋级别、直径、间距与肢数），在斜线后注写梁跨中部分的箍筋间距及肢数。

例如：16φ8@150（4）/200（2），表示箍筋为直径 8mm 的 HPB300 钢筋，梁两端各有 16 根间距为 150mm 的四肢箍，梁中间部分为间距 200mm 的双肢箍。

例如：9φ16@100/200（6），表示箍筋为直径 16mm 的 HPB300 钢筋，梁两端各有 9 根间距为 100mm 的六肢箍，梁中间部分为间距 200mm 的六肢箍。如图 7-46 所示。

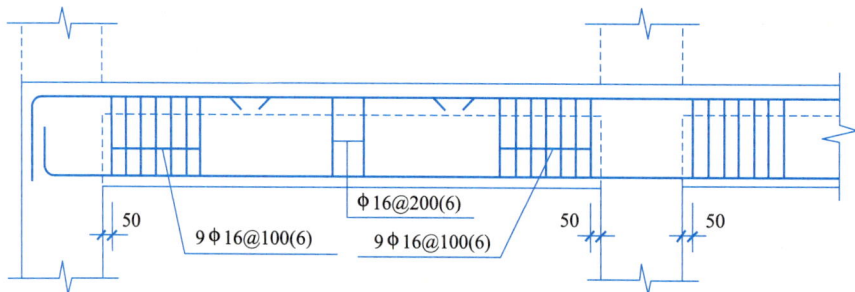

图 7-46　非抗震框架梁 KL、WKL（两种箍筋间距）示意图

④ 梁上部通长筋或架立筋配置

通长筋指直径不一定相同但必须采用搭接、焊接或机械连接接长且两端在端支座锚固的钢筋。当同排纵筋中既有通长筋又有架立筋时，用加号"+"将通长筋和架立筋相连。标注时将角部纵筋写在加号的前面，架立筋写在加号后面的括号内，以示不同直径及与通长筋的区别。当全部采用架立筋时，则将其写入括号内。

例如：2Φ20＋（2Φ12），2Φ20 代表角部的通长筋，2Φ12 代表中部的架立筋，如图 7-47 所示。

例如：如果 2Φ20＋（2Φ12）用于四肢箍，则 2Φ20 代表角部的通长筋，2Φ12 代表中部的架立筋，如图 7-48 所示。

当梁的上部纵筋和下部纵筋为全跨相同，且多数跨配筋相同时，此项可加注下部纵筋的配筋值，并用分号";"将上部与下部纵筋的配筋值分隔开来。如图 7-49 所示，框架梁的名称为 KL1，三跨；梁的断面尺寸为梁宽 250mm，梁高 500mm；箍筋为直径 8mm 的

(a)

(b)

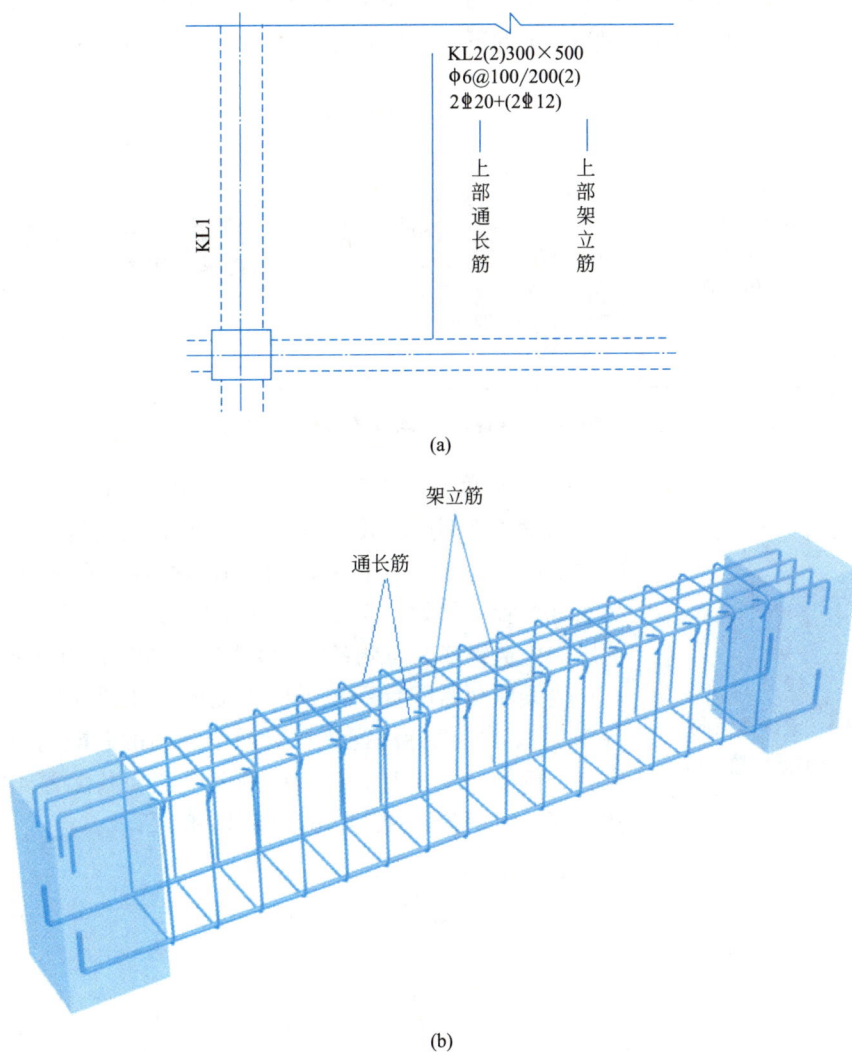

图 7-47　梁上部通长筋及架立筋（双肢箍）

（a）平法标注；（b）立体示意图

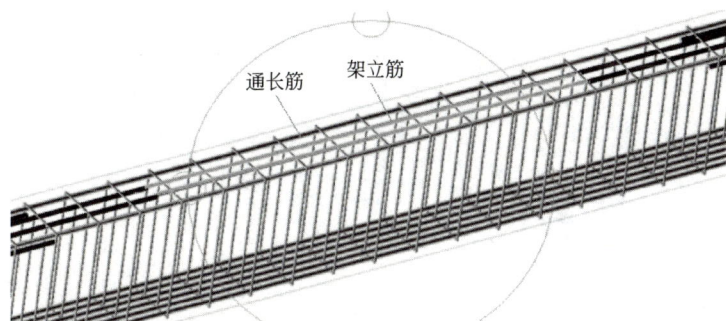

图 7-48　梁上部通长筋及架立筋（四肢箍）立体示意图

HPB300 钢筋，加密区间距 100mm，非加密区间距 200mm，双肢箍；梁的上部通长筋为两根直径 20mm 的 HRB400 钢筋；梁的下部通长筋为两根直径 20mm 的 HRB400 钢筋。

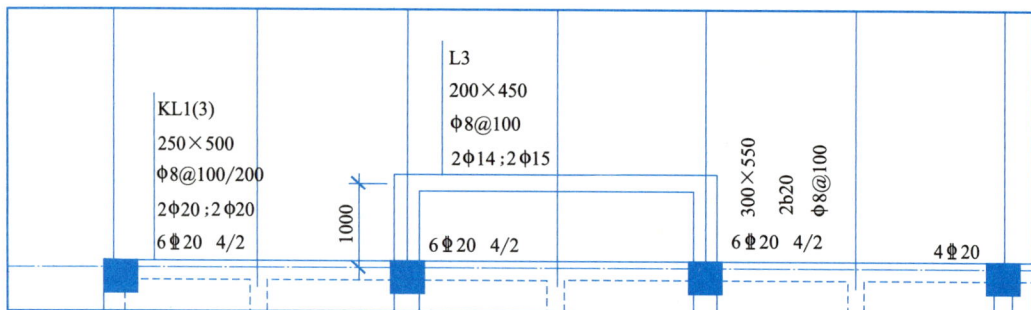

图 7-49　梁上部和下部均有通长筋平法标注

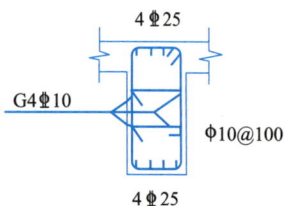

图 7-50　梁侧面纵向构造钢筋配置

⑤ 梁侧面纵向构造钢筋或受扭钢筋配置

当梁腹板高度≥450mm 时，需配置纵向构造钢筋，此项标注值以大写字母 G 打头，标注值是梁两个侧面的总配筋值，且对称配置。例如：G4Φ10，表示梁的两个侧面共配置 4Φ10 的纵向构造钢筋，每侧各配置 2Φ10，如图 7-50 所示。

当梁侧面需配置受扭纵向钢筋时，此项标注值以大写字母 N 打头，接续标注配置在梁两个侧面的总配筋值，且对称配置。例如：N4Φ16，表示梁的两个侧面共配置 4Φ16 的受扭钢筋，每侧各配置 2Φ16，如图 7-51 所示。

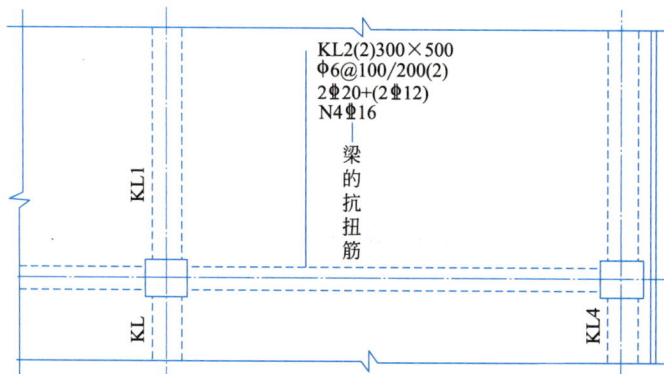

(a)

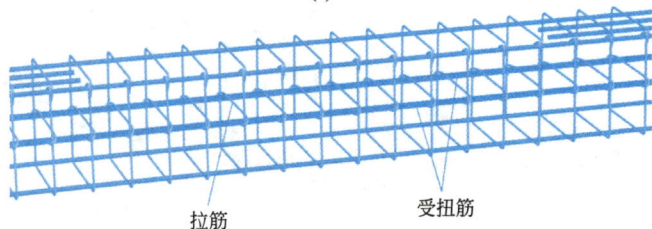

(b)

图 7-51　梁侧面纵向受扭钢筋

（a）平法标注；（b）立体示意图

⑥ 梁顶面标高高差，是指相对于结构层楼面标高的高差值，有高差时，将其写入括号内。当某梁的顶面高于所在结构层的楼面标高时，其标高高差为正值，反之为负值。

例如：某结构标准层的楼面标高为 44.950m 和 48.250m，当某梁的顶面标高高差标注为（－0.700）时，即表明该梁顶面标高分别相对于 44.950m 和 48.250m 低 0.700m，如图 7-52 所示。

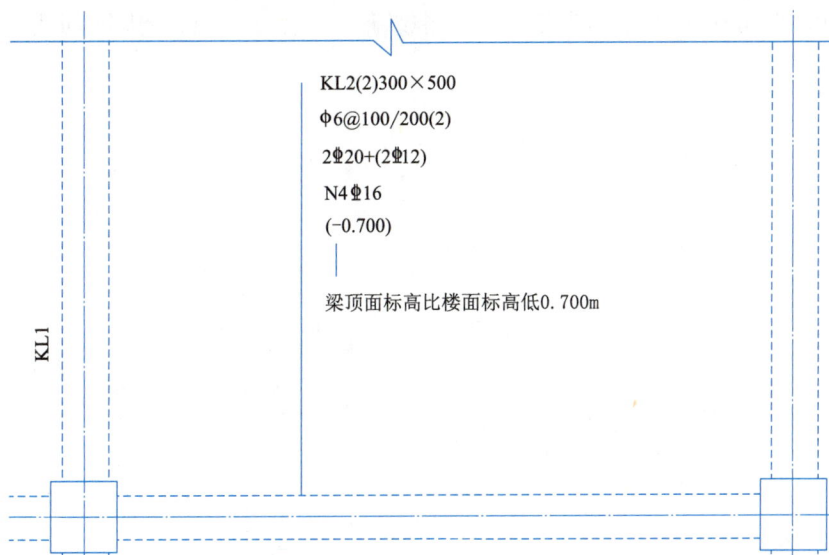

KL2(2)300×500
φ6@100/200(2)
2Φ20+(2Φ12)
N4Φ16
(－0.700)

梁顶面标高比楼面标高低0.700m

（a）

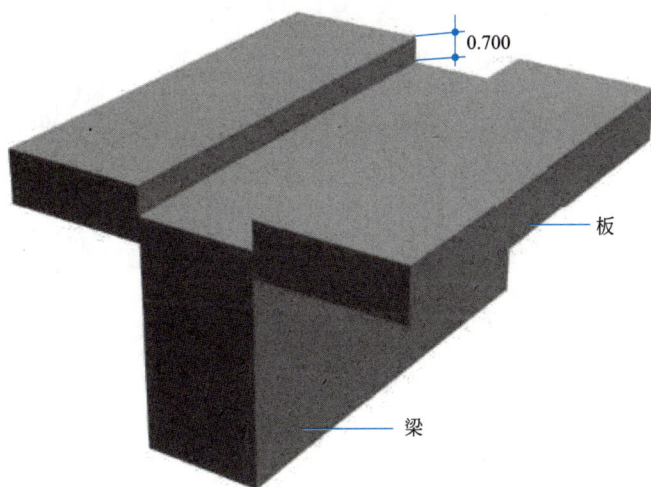

0.700

板

梁

（b）

图 7-52　梁顶面标高高差
（a）平法标注；（b）立体示意图

2）原位标注

原位标注表达梁的特殊数值。当集中标注中的某项数值不适用于梁的某部位时，则将该项数值原位标注。如梁支座上部纵筋、梁下部纵筋，施工时原位标注取值优先。

① 梁支座上部纵筋

梁支座上部纵筋包含上部通长筋在内的所有通过支座的纵筋。

a. 当上部纵筋多于一排时，用斜线"/"将各排纵筋自上而下分开。例如：梁支座上部纵筋标注为 6 Φ 20 4/2，则表示上一排纵筋为 4 Φ 20，下一排纵筋为 2 Φ 20，如图 7-53 所示。

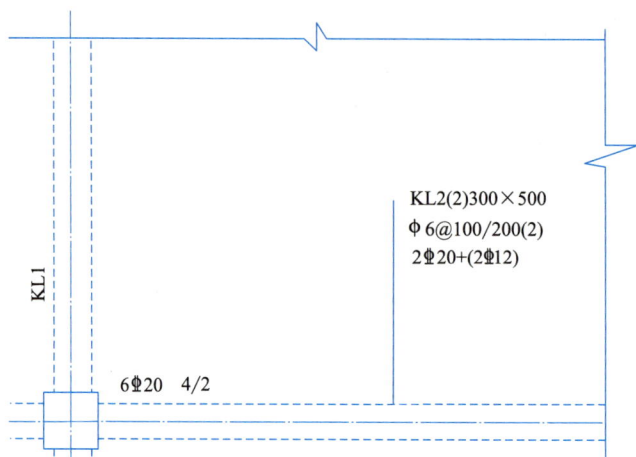

(a)

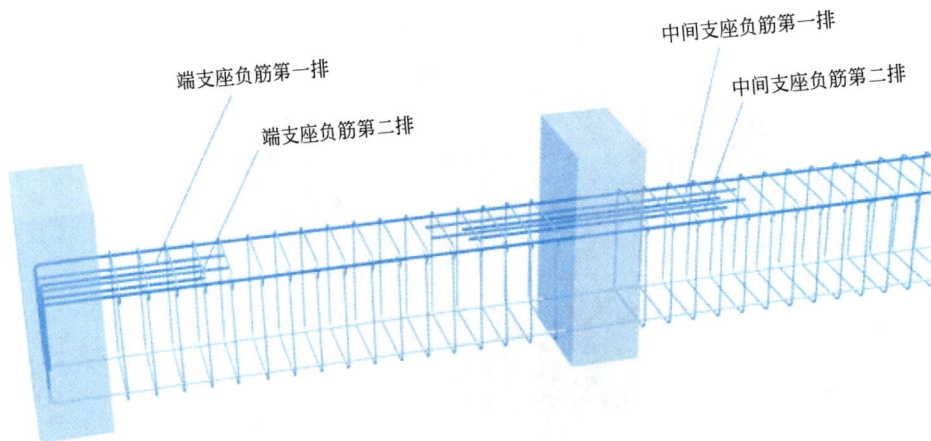

(b)

图 7-53　梁支座上部纵筋（一）

（a）原位标注；（b）立体示意图

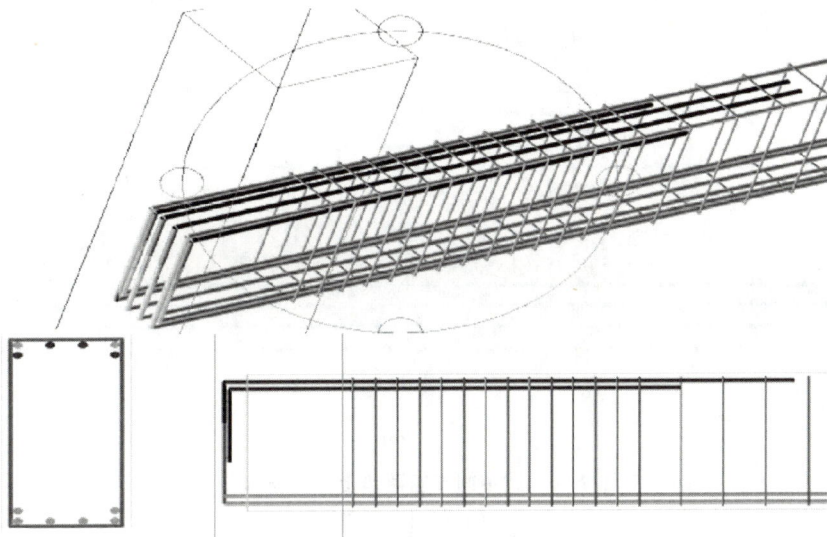

(c)

图 7-53　梁支座上部纵筋（二）

（c）立面图、断面图及立体示意对照图

b. 当同排纵筋有两种直径时，用加号"＋"将两种直径的纵筋相连，标注时将角部纵筋写在前面。

例如：梁支座上部标注为 2⏀25＋4⏀22，表示梁支座上部有六根纵筋，2⏀25 放在角部，4⏀22 放在中部。

c. 当梁中间支座两边的上部纵筋不同时，须在支座两边分别标注；当梁中间支座两边的上部纵筋相同时，只在支座的一边标注配筋值，另一边省去不注，如图 7-54、图 7-55 所示。

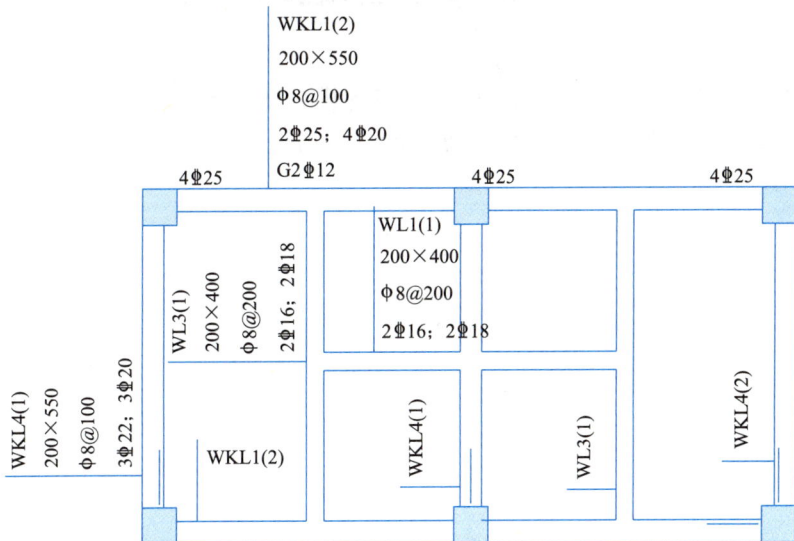

(a)

图 7-54　梁中间支座两边上部纵筋（一）

（a）平法标注

259

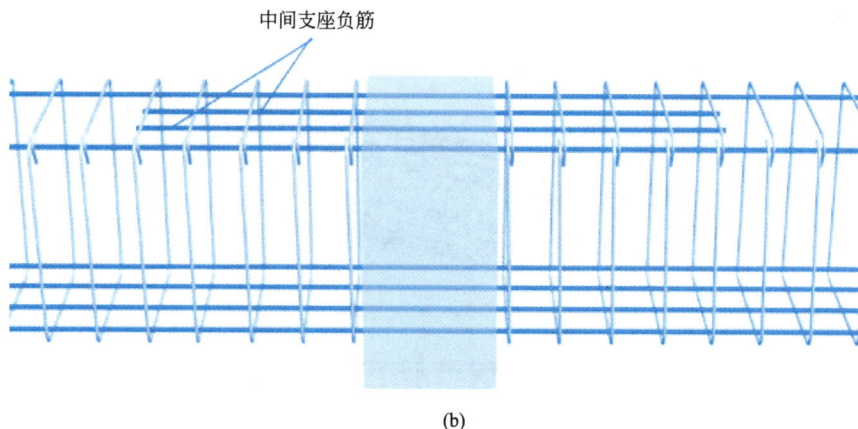

(b)

图 7-54　梁中间支座两边上部纵筋（二）

（b）立体示意图

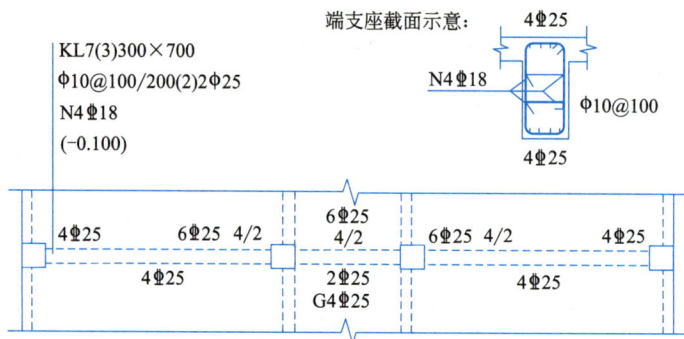

图 7-55　大小跨梁支座上部纵筋的平法标注

② 梁下部纵筋

a. 当下部纵筋多于一排时，用斜线"/"将各排纵筋自上而下分开。例如：梁下部纵筋标注为 6Φ25　2/4，则表示上一排纵筋为 2Φ25，下一排纵筋为 4Φ25，全部伸入支座，如图 7-56 所示。

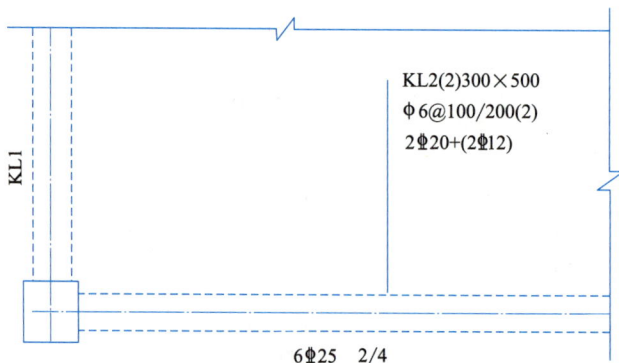

图 7-56　梁下部纵筋原位标注

b. 当同排纵筋有两种直径时，用"＋"将两种直径的纵筋相连，标注时角筋写在前面，如图 7-57 所示。

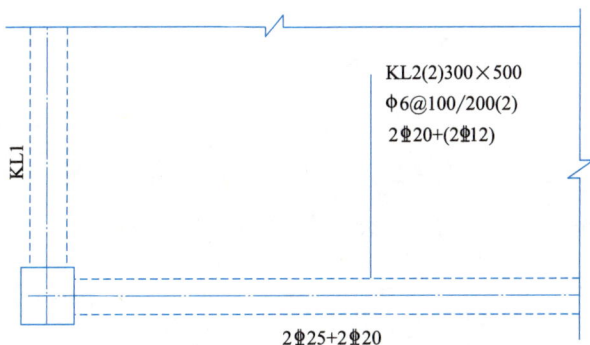

图 7-57　梁下部纵筋原位标注

c. 当梁下部纵筋不全部伸入支座时，将梁支座下部纵筋减少的数量写在括号内。

例如：梁下部纵筋标注为 6Φ20　2（－2）/4，则表示上排纵筋为 2Φ20，且不伸入支座；下一排纵筋为 4Φ20，全部伸入支座，如图 7-58 所示。

图 7-58　不伸入支座的梁下部纵向钢筋断点位置

例如：梁下部纵筋标注为 2Φ25＋3Φ20（－3）/5Φ20，表示上排纵筋为 2Φ25 和 3Φ20，其中 3Φ20 不伸入支座；下一排纵筋为 5Φ20，全部伸入支座。

d. 当梁的集中标注中已分别标注了梁上部和下部均为通长的纵筋值时，则不需再在梁下部重复做原位标注。

③ 附加箍筋或吊筋，将其直接画在平面图中的主梁上，用线引注总配筋值（附加箍筋的肢数注在括号内）。当多数附加箍筋或吊筋相同时，可在梁平法施工图上统一注明，少数与统一注明值不同时，再原位引注，如图 7-59 所示。

3）梁支座上部纵筋的长度规定

① 为方便施工，凡框架梁的所有支座和非框架梁的中间支座上部纵筋的延伸长度在标准构造详图中统一取值为：第一排非通长筋及与跨中直径不同的通长筋从柱（梁）边起延伸至 $l_n/3$ 位置；第二排非通长筋延伸至 $l_n/4$ 位置。l_n 的取值规定为：对于端支座，l_n 为本跨的净跨值；对于中间支座，l_n 为支座两边较大一跨的净跨值，如图 7-60 所示。

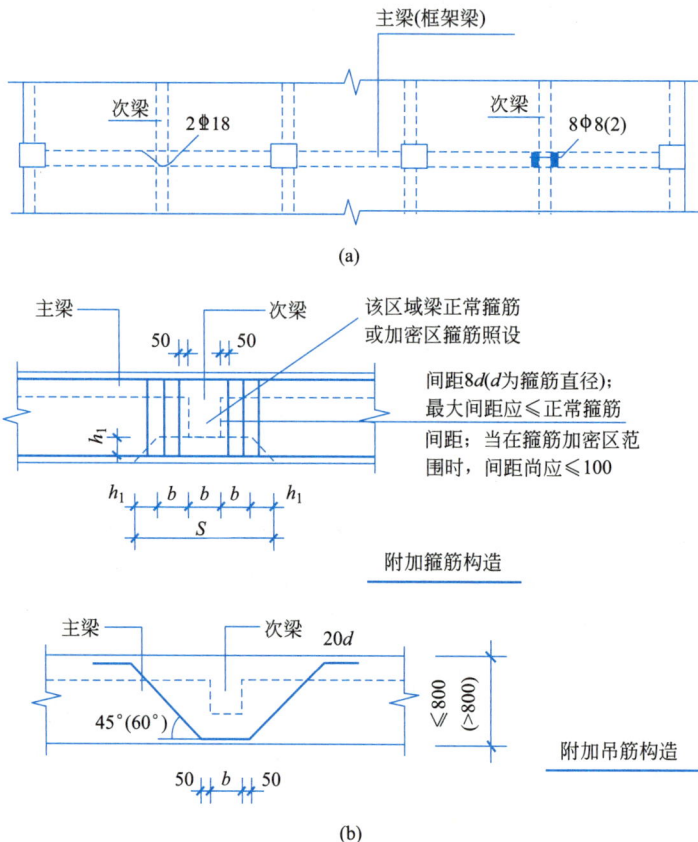

主梁(框架梁)

次梁　　2Φ18

次梁　　8Φ8(2)

(a)

主梁　　次梁　　该区域梁正常箍筋
或加密区箍筋照设

50　50

h_1

间距8d(d为箍筋直径)；
最大间距应≤正常箍筋
间距；当在箍筋加密区范
围时，间距尚应≤100

h_1　b　b　b　h_1

S

附加箍筋构造

主梁　　次梁　　20d

45°(60°)

≤800
(>800)

50　b　50

附加吊筋构造

(b)

图 7-59　附加箍筋和吊筋

（a）平面注写方式；（b）配筋构造

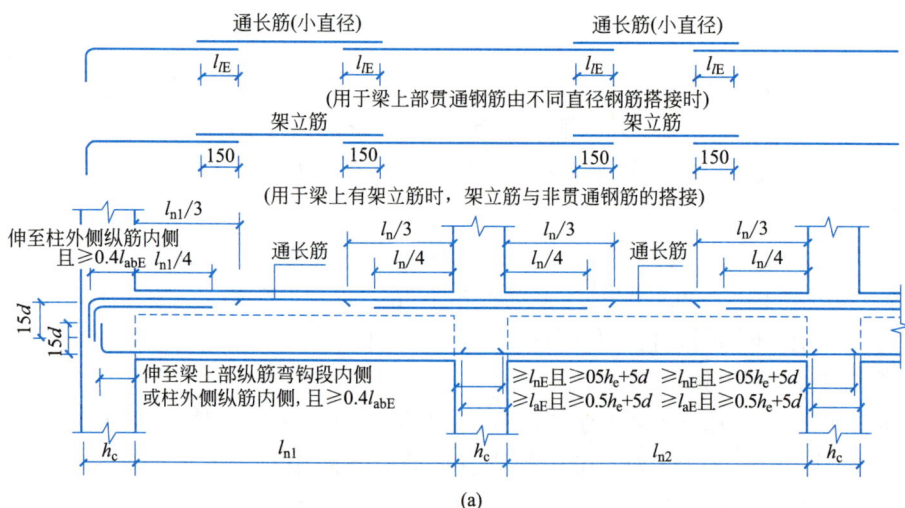

通长筋(小直径)　　　　通长筋(小直径)

l_{lE}　l_{lE}　l_{lE}　l_{lE}

(用于梁上部贯通钢筋由不同直径钢筋搭接时)

架立筋　　　　架立筋

150　150　150　150

(用于梁上有架立筋时，架立筋与非贯通钢筋的搭接)

伸至柱外侧纵筋内侧
且≥0.4l_{abE}　$l_{n1}/3$　$l_{n1}/4$

$l_n/3$　$l_n/3$
通长筋　$l_n/4$　$l_n/4$　通长筋　$l_n/3$　$l_n/4$

15d
15d

伸至梁上部纵筋弯钩段内侧
或柱外侧纵筋内侧，且≥0.4l_{abE}

≥l_{nE}且≥05h_e+5d　≥l_{nE}且≥05h_e+5d
≥l_{aE}且≥0.5h_e+5d　≥l_{aE}且≥0.5h_e+5d

h_c　l_{n1}　h_c　l_{n2}　h_c

(a)

图 7-60　梁的配筋构造详图（一）

（a）抗震楼层框架梁 KL 纵向钢筋构造

(b)

(c)

(d)

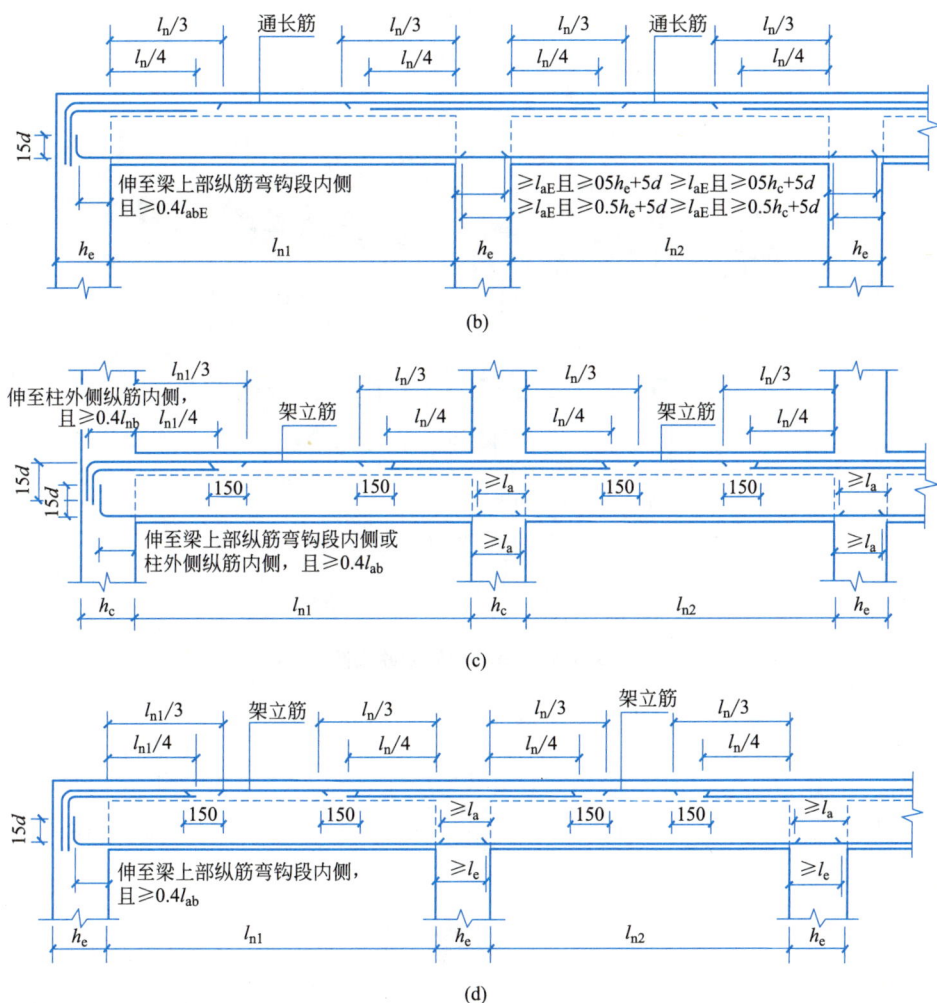

图 7-60　梁的配筋构造详图（二）

（b）抗震屋面框架梁 WKL 纵向钢筋构造；（c）非抗震楼层框架梁
KL 纵向钢筋构造；（d）非抗震屋面框架梁 WKL 纵向钢筋构造

② 悬挑梁（包括其他类型梁的悬挑部分）上部第一排纵筋延伸至梁端头并下弯，第二排延伸至 $3l/4$ 位置，l 为自柱（梁）边算起的悬挑净长，如图 7-61 所示。

4）不伸入支座的梁下部纵筋的长度规定

当梁（不包括框支梁）下部纵筋不全部伸入支座时，不伸入支座的梁下部纵筋截断点距支座边的距离，在标准构造详图中统一取为 $0.1l_{ni}$（l_{ni} 为本跨梁的净跨值），如图 7-58 所示。

（2）截面注写方式

1）截面标注方式是指在分标准层绘制的梁平面布置图上，分别在不同编号的梁中各选择一根梁用剖面号引出配筋图，并在配筋图上标注截面尺寸和配筋具体数值的方式来表达梁平法施工图，如图 7-62 所示。

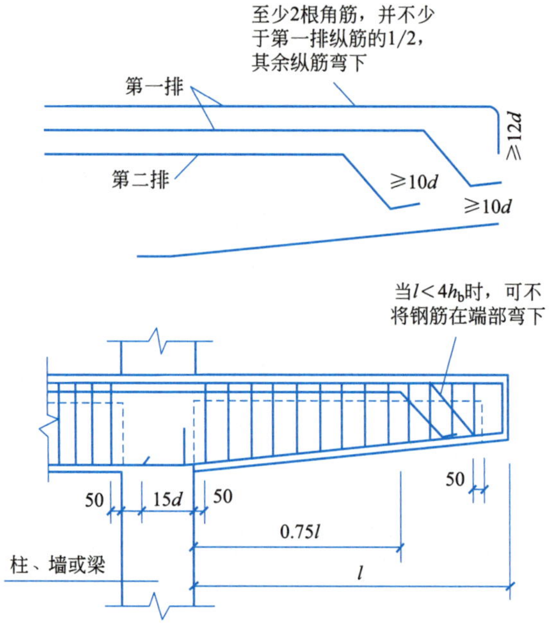

图 7-61　悬挑梁的配筋构造

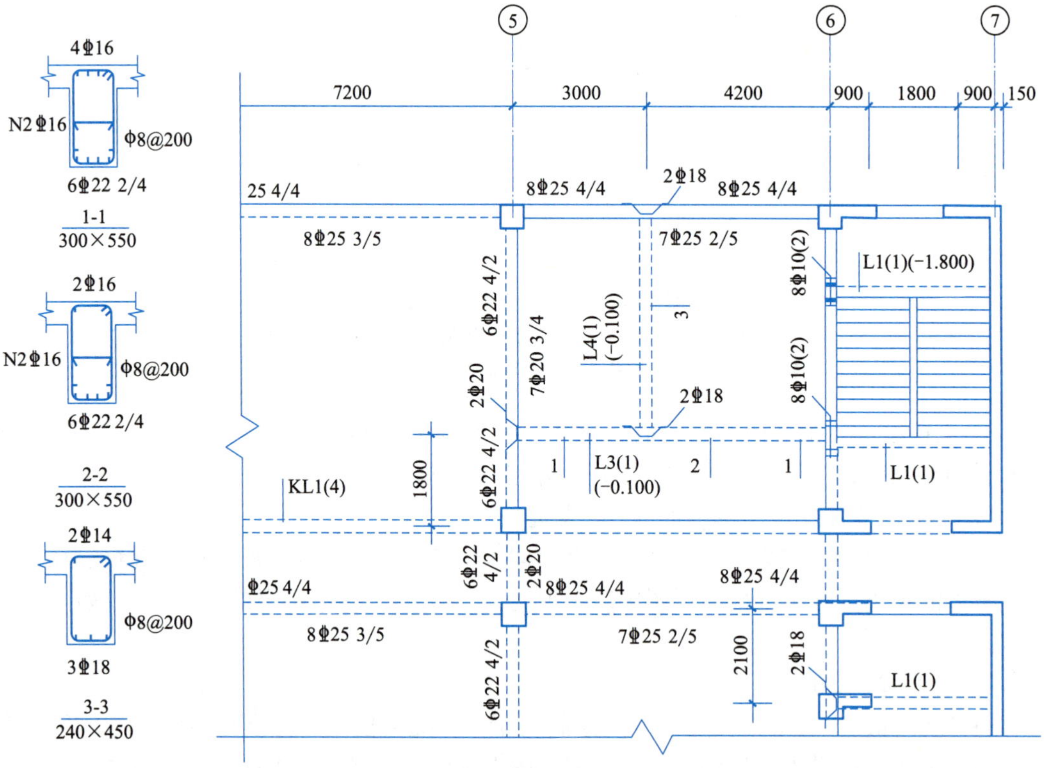

图 7-62　梁平法施工图截面标注方式

2）梁进行截面标注时，先将"单边截面号"画在该梁上，再将截面配筋详图画在本图或其他图上。如果某一梁的顶面标高与结构层的楼面标高不同，就应该继其梁编号后标注梁顶面标高高差（标注规定与平面标注方式相同）。

3）在截面配筋详图上标注截面尺寸 $b \times h$、上部筋、下部筋、侧面构造筋或受扭筋以及箍筋的具体数值时，其表达形式与平面标注方式相同。

4）截面注写方式既可以单独使用，也可与平面标注方式结合使用。

📝【应用案例 7-6】

如图 7-63 所示，为某框架剪力墙结构 4.170 梁平法施工图，以①轴 KL201 为例，集中标注体现了框架梁编号为 KL201，一跨；截面尺寸为梁宽 250mm、梁高 1000mm；框架梁箍筋为φ8@100/200 双箍筋；梁上部设置 2φ20 通长筋；梁下部设置 6φ20 通长筋，分为上下两排，上面一排两根、下面一排四根；梁的侧面设置了 8φ12 抗扭钢筋。梁的两端的上部均设置了 6φ20 钢筋，分为上下两排，上面一排四根、下面一排两根；在主梁与次梁相交处的主梁上设置了六根附加箍筋和两根附加吊筋。

3. 剪力墙平法施工图

（1）列表注写方式

剪力墙平法施工图系指在剪力墙平面布置图上采用列表注写方式或截面注写方式表达。剪力墙平面布置图可采用适当比例单独绘制，在图中应注明各结构层的楼面标高、结构层高及相应的结构层号，尚应注明上部结构嵌固部位位置。

列表注写方式系指在剪力墙柱表、剪力墙身表和剪力墙梁表中，对应于剪力墙平面布置图上的编号，用绘制截面配筋图并注写几何尺寸与配筋具体数值的方式来表达剪力墙平法施工图（图 7-64）。

1）剪力墙柱

① 剪力墙柱编号

剪力墙柱编号由墙柱类型、代号和序号组成，其表达形式如表 7-10 所示。

剪力墙柱编号　　　　　　　　　　　　表 7-10

墙柱类型	代号	序号	备注
约束边缘构件	YBZ	××	如 YBZ1
构造边缘构件	GBZ	××	如 GBZ10
非边缘暗柱	AZ	××	如 AZ13
扶壁柱	FBZ	××	如 FBZ6

a. 约束边缘构件包括约束边缘暗柱、约束边缘端柱、约束边缘翼墙和约束边缘转角墙四种（图 7-65）。

b. 构造边缘构件包括构造边缘暗柱、构造边缘端柱、构造边缘翼墙、构造边缘转角墙四种（图 7-66）。

4.170梁平法施工图 1：100

注：图中未注明的梁均为居轴线中布置
图中未注明的吊筋均为2Φ18

图 7-63　某框架剪力墙结构 4.170 梁平法施工图

层高	标高(m)	结 构 层 高
屋面二	29.000	4.400
屋面一	24.600	3.430
7	21.170	3.400
6	17.770	3.400
5	14.370	3.400
4	10.970	3.400
3	7.570	3.400
2	4.170	4.200
1	-0.030	3.800
地下室	-3.830	
层高	标高(m)	层高(m)

结构层楼面标高
结　构　层　高

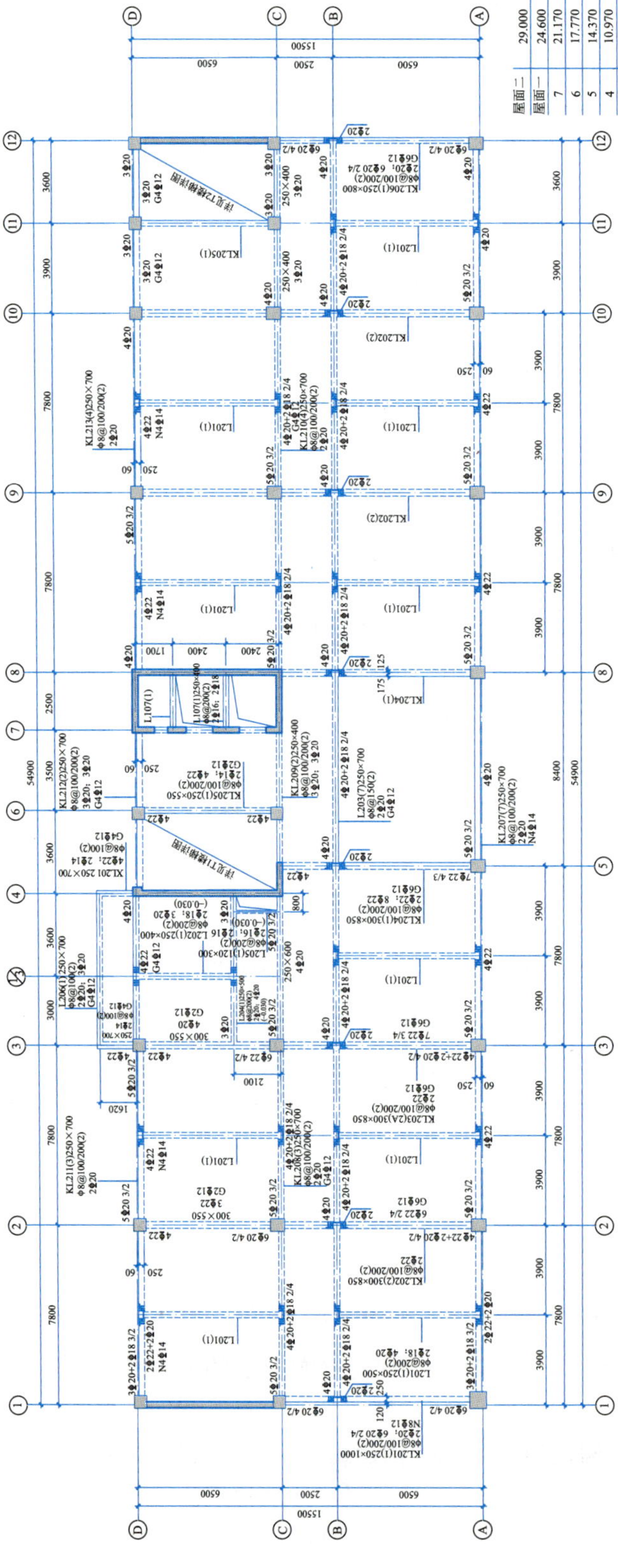

结构层楼面标高表（左侧）：

层号	标高(m)	层高(m)
屋面2	65.670	
塔层2	62.370	3.30
屋面1(塔层1)	59.070	3.30
16	55.470	3.60
15	51.870	3.60
14	48.270	3.60
13	44.670	3.60
12	41.070	3.60
11	37.470	3.60
10	33.870	3.60
9	30.270	3.60
8	26.670	3.60
7	23.070	3.60
6	19.470	3.60
5	15.870	3.60
4	12.270	3.60
3	8.670	3.60
2	4.470	4.20
1	-0.030	4.50
-1	-4.530	4.50
-2	-9.030	4.50

底部加强部位

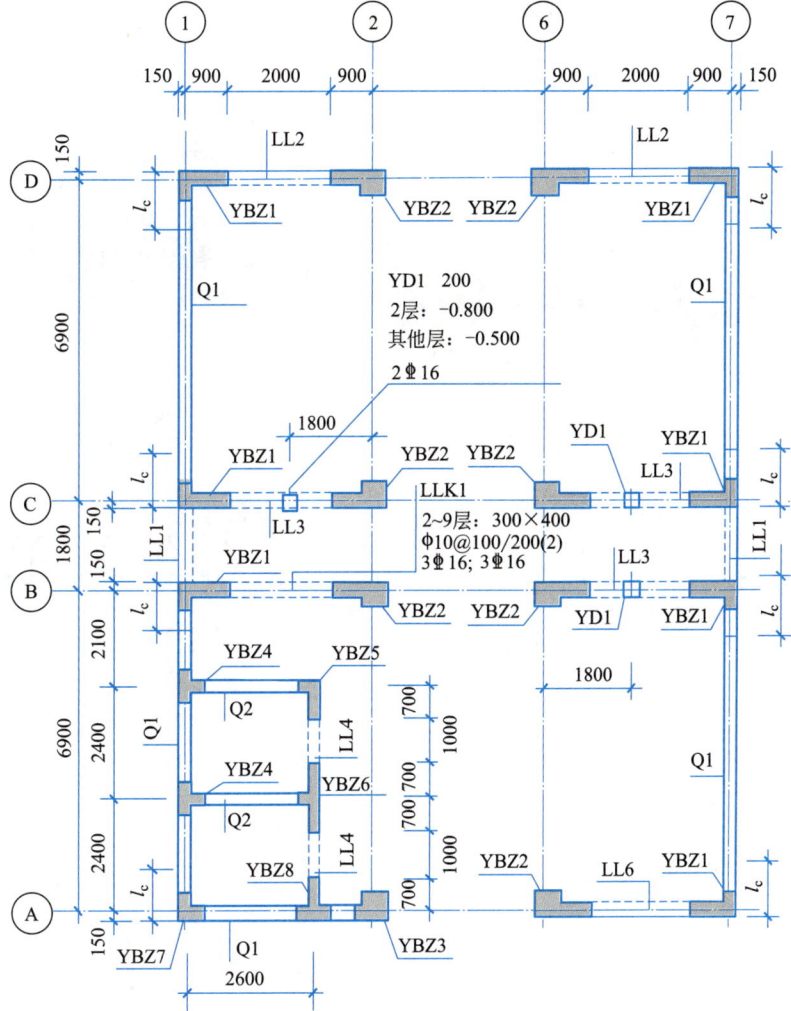

结构层楼面标高
结构层高
上部结构嵌固部位：-0.030

剪力墙梁表

编号	所在楼层号	梁顶相对标高高差	梁截面 b×h	上部纵筋	下部纵筋	箍筋
LL1	2~9	0.800	300×2000	4 ⊈ 22	4 ⊈ 20	Φ10@100(2)
	10~16	0.800	250×2000	4 ⊈ 20	4 ⊈ 20	Φ10@100(2)
	屋面1		250×1200	4 ⊈ 20	4 ⊈ 20	Φ10@100(2)
LL2	3	-1.200	300×2520	4 ⊈ 22	4 ⊈ 22	Φ10@150(2)
	4	-0.900	300×2070	4 ⊈ 22	4 ⊈ 22	Φ10@150(2)
	5~9	-0.900	300×1770	4 ⊈ 22	4 ⊈ 22	Φ10@150(2)
	10~屋面1	-0.900	250×1770	3 ⊈ 22	3 ⊈ 22	Φ10@150(2)
LL3	2		300×2070	4 ⊈ 22	4 ⊈ 22	Φ10@100(2)
	3		300×1770	4 ⊈ 22	4 ⊈ 22	Φ10@100(2)
	4~9		300×1170	4 ⊈ 22	4 ⊈ 22	Φ10@100(2)
	10~屋面1		250×1170	3 ⊈ 22	3 ⊈ 22	Φ10@100(2)

图 7-64　剪力墙梁列表注写方式示例

(a)

(b)

(c)

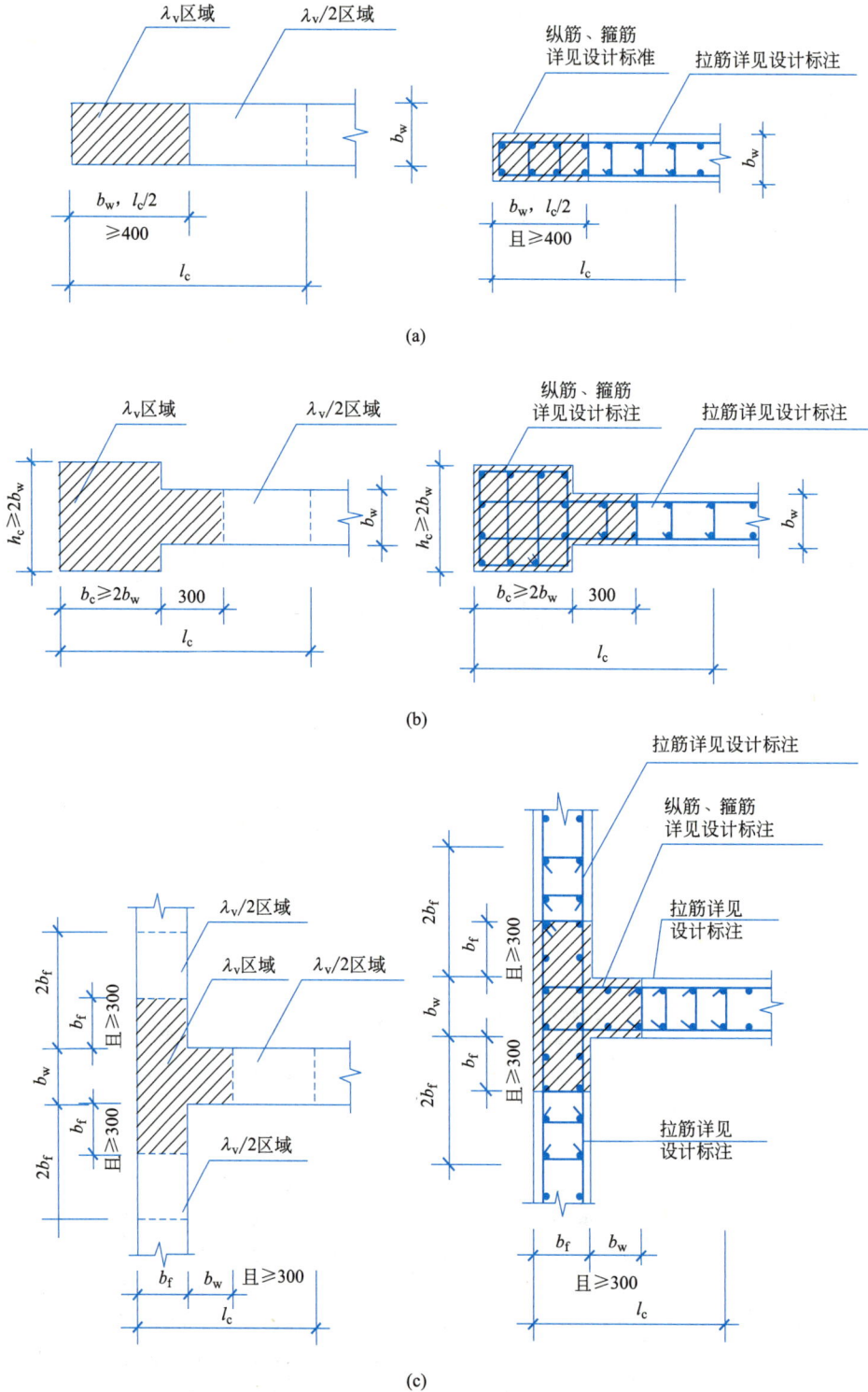

图 7-65　约束边缘构件（一）

（a）约束边缘暗柱（l_c 长度范围内非阴影区设置拉筋）；（b）约束边缘端柱
（l_c 长度范围内非阴影区设置拉筋）；（c）约束边缘翼墙（l_c、$2b_f$ 长度范围内非阴影区设置拉筋）

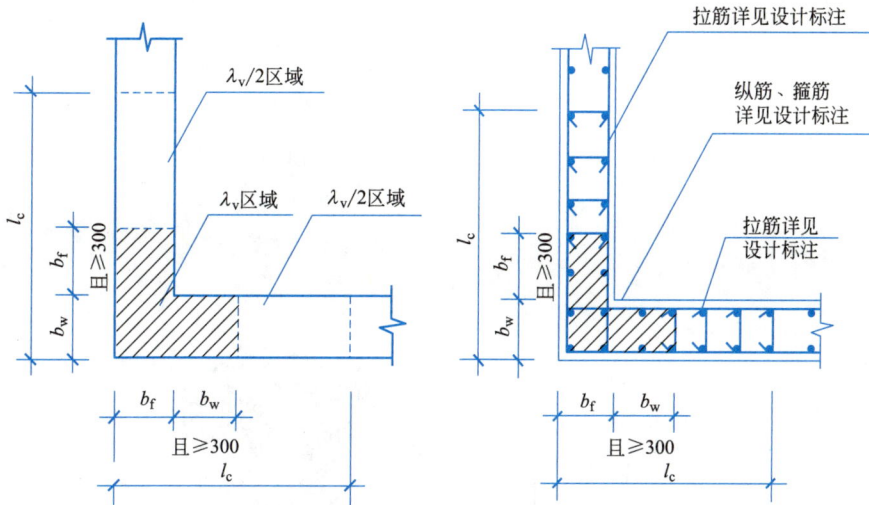

(d)

图 7-65　约束边缘构件（二）

（d）约束边缘转角墙（l_c 长度范围内非阴影区设置拉筋）

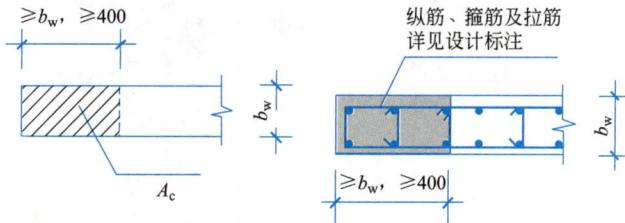

(a)

图 7-66　构造边缘构件（一）

（a）构造边缘暗柱

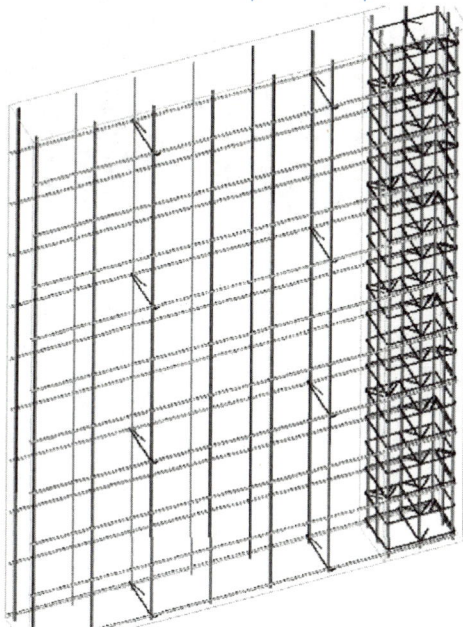

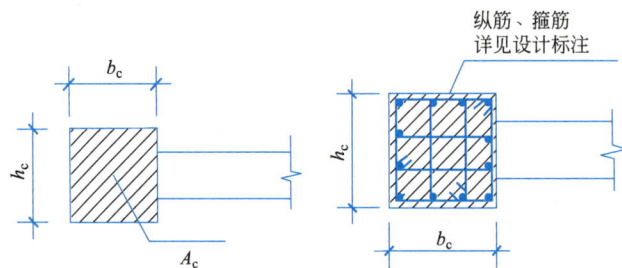

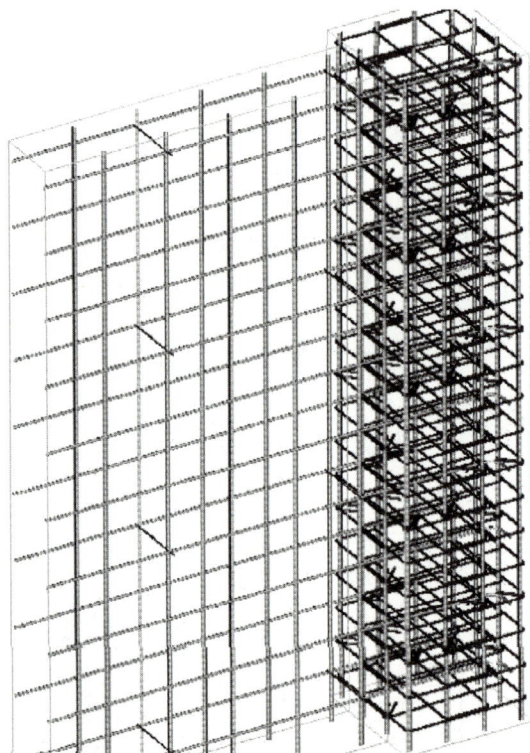

(b)

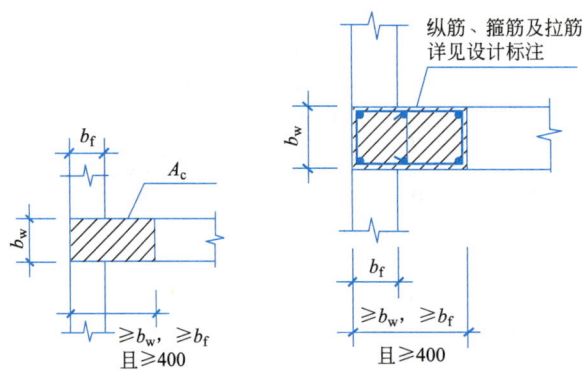

图 7-66　构造边缘构件（二）

（b）构造边缘端柱

(c)

(d)

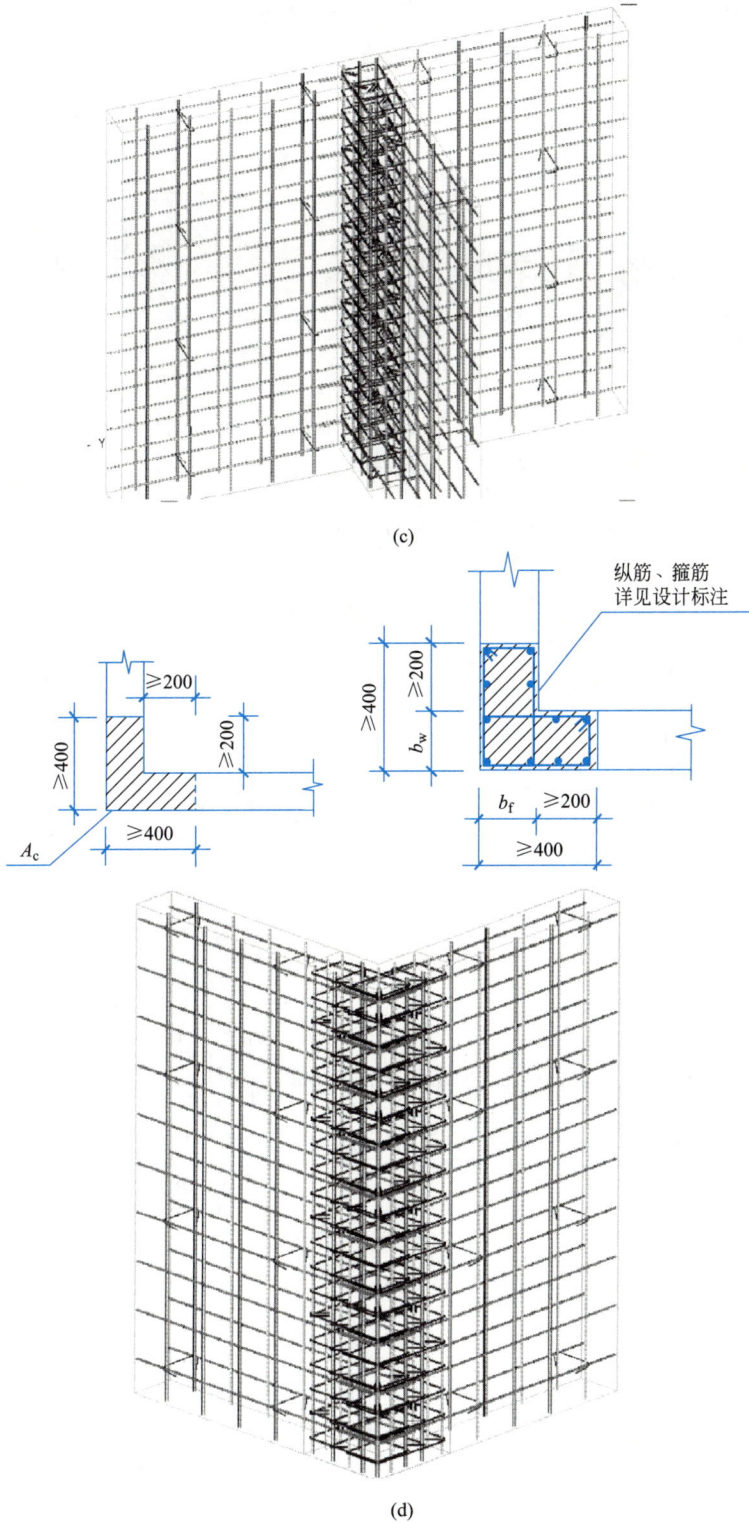

图 7-66　构造边缘构件（三）

（c）构造边缘翼墙；（d）构造边缘转角墙

c. 非边缘暗柱是在剪力墙的非边缘处设置的与墙等宽的墙柱，如图 7-67（a）所示。

d. 扶壁柱是在剪力墙的非边缘处设置的凸出墙面的墙柱，如图 7-67（b）所示。

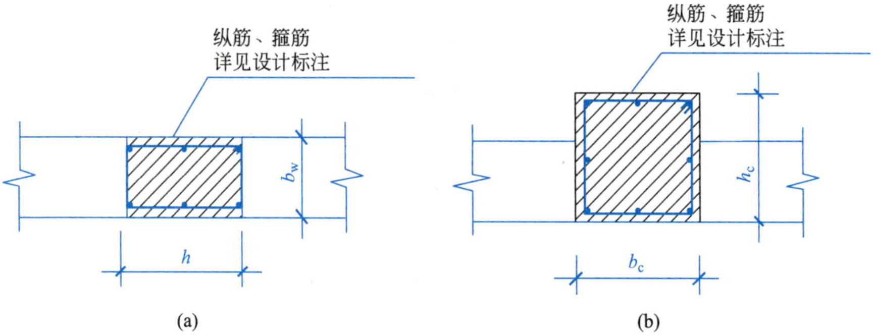

图 7-67　非边缘暗柱（左）扶壁柱（右）

② 剪力墙柱列表注写方式如图 7-68 所示，其表达内容如下。

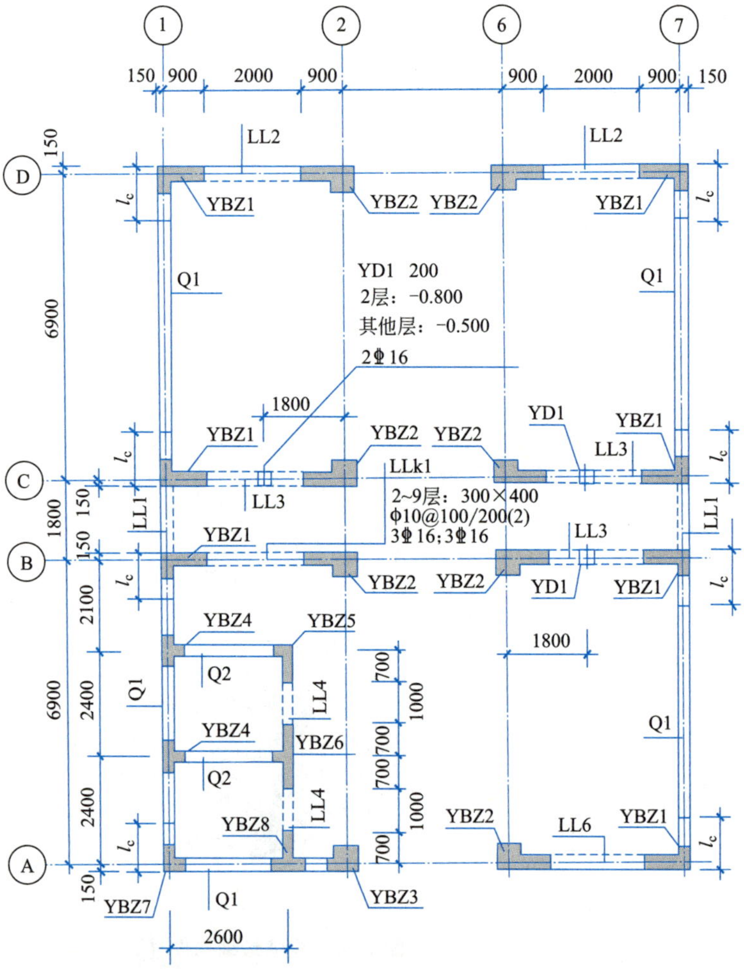

图 7-68　约束边缘转角墙列表注写示例（一）

272

截面	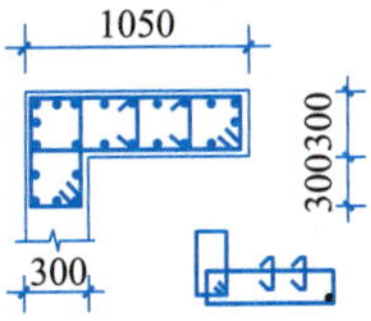	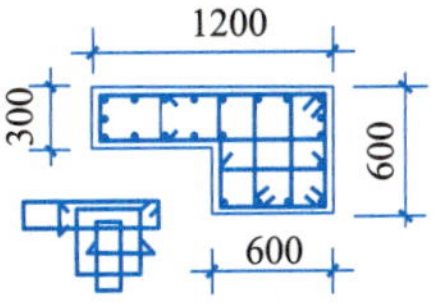	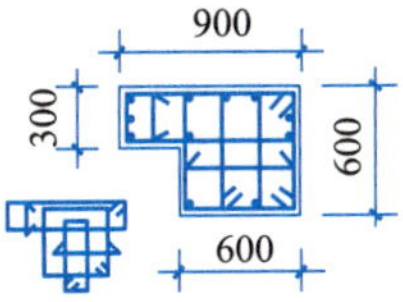	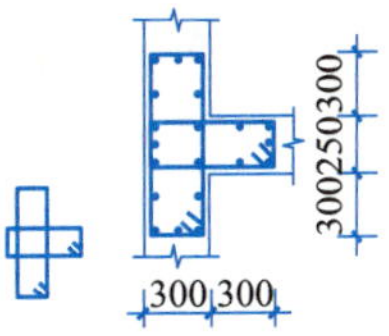
编号	YBZ1	YBZ2	YBZ3	YBZ4
标高	−0.030~12.270	−0.030~12.270	−0.030~12.270	−0.030~12.270
纵筋	24Φ20	22Φ20	18Φ22	20Φ20
箍筋	ϕ10@100	ϕ10@100	ϕ10@100	ϕ10@100

图 7-68　约束边缘转角墙列表注写示例（二）

a. 注写墙柱编号，绘制墙柱的截面配筋图，标注墙柱几何尺寸。

（a）约束边缘构件需注明阴影部分尺寸，如图 7-68 中 YBZ1 阴影部分尺寸 1050mm、300mm 等。

（b）构造边缘构件需注明阴影部分尺寸。

（c）扶壁柱及非边缘暗柱需标注几何尺寸。

b. 注写各段墙柱起止标高，自墙柱根部往上以变截面位置或截面未变但配筋改变处为界分段注写。墙柱根部标高一般指基础顶面标高（部分框支剪力墙结构则为框支梁的顶面标高），如图 7-68 中 YBZ1 标高−0.030~12.270 等。

c. 注写各段墙柱的纵向钢筋和箍筋，注写值应与在表中绘制的截面配筋图对应一致。纵向钢筋注总配筋值；墙柱箍筋的注写方式与柱箍筋相同。如图 7-68 中 YBZ1 的纵筋为 24 根直径为 20mm 的 HRB400 钢筋，箍筋为直径为 10mm 的 HPB300 钢筋，间距 100mm；平面布置图中显示非阴影区域拉筋为ϕ10@200@200 双向。

2）剪力墙身

① 剪力墙身编号由墙身代号、序号以及墙身所配置的水平分布筋与竖向分布筋的排数组成，其中，排数注写在括号内。表达形式为：QXX（X 排），例如 Q1（2 排）、Q2（3 排）、Q3（4 排）。

② 剪力墙身的钢筋设置包括水平分布筋、竖向分布筋（即垂直分布筋）和拉筋。这三种钢筋形成了剪力墙身的钢筋网。一般剪力墙身设置两层或两层以上的钢筋网，而各排钢筋网的钢筋直径和间距是一致的（图 7-69）。

③ 剪力墙身列表注写方式如图 7-70 所示，其表达的内容如下。

a. 注写墙身编号（含水平与竖向分布筋钢筋的排数），如 Q1、Q2。

b. 注写各段墙身起止标高，自墙身根部往上以变截面位置或截面未变但配筋改变处为界分段注写。墙身根部标高一般指基础顶面标高（部分框支剪力墙结构则为框支梁的顶面标高），如标高−0.030~30.270 墙厚 300mm，30.270~59.070 墙厚 250mm。

c. 注写水平分布钢筋、竖向分布钢筋和拉筋的具体数值。注写数值为一排水平分布钢筋和竖向分布钢筋的规格与间距，如标高−0.030~30.270 墙身中水平和竖向分布筋均为直径为 12mm 的 HRB400 钢筋，间距 200mm，拉筋间距为双向 600mm。拉筋应注明布置方式"双向"或"梅花双向"，如图 7-71 所示（图中 a 为竖向分布钢筋间距，b 为水平分布钢筋间距）。

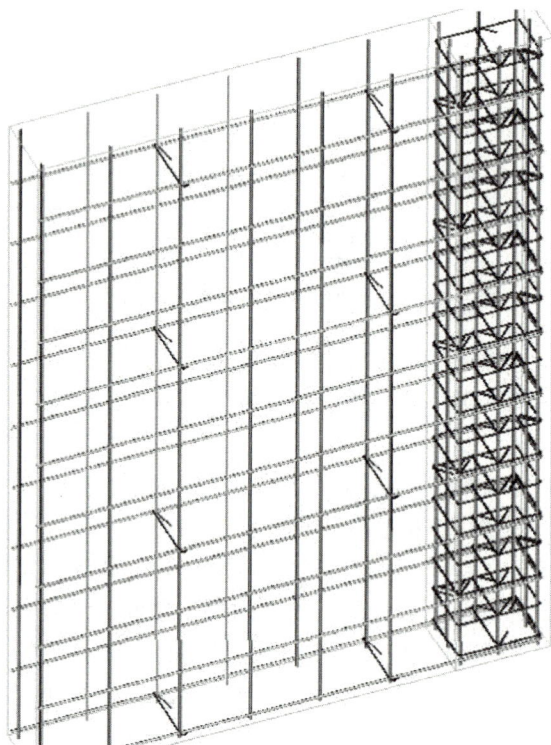

(a)

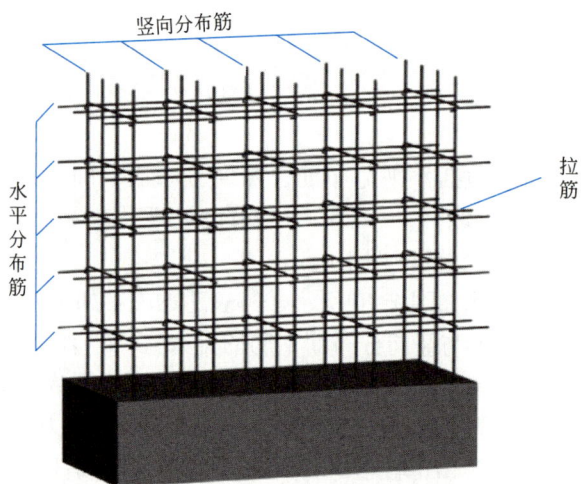

竖向分布筋

水平分布筋

拉筋

(b)

图 7-69 剪力墙身钢筋构造示意图

（a）分布钢筋的排数为 2 排；（b）分布钢筋的排数为 4 排

层面2	65.670	
塔层2	62.370	3.30
屋面1 (塔层1)	59.070	3.30
16	55.470	3.60
15	51.870	3.60
14	48.270	3.60
13	44.670	3.60
12	41.070	3.60
11	37.470	3.60
10	33.870	3.60
9	30.270	3.60
8	26.670	3.60
7	23.070	3.60
6	19.470	3.60
5	15.870	3.60
4	12.270	3.60
3	8.670	3.60
2	4.470	4.20
1	-0.030	4.50
-1	-4.530	4.50
-2	-9.030	4.50
层号	标高(m)	层高(m)

结构层楼面标高
结构层高

上部结构嵌固部位：
-0.030

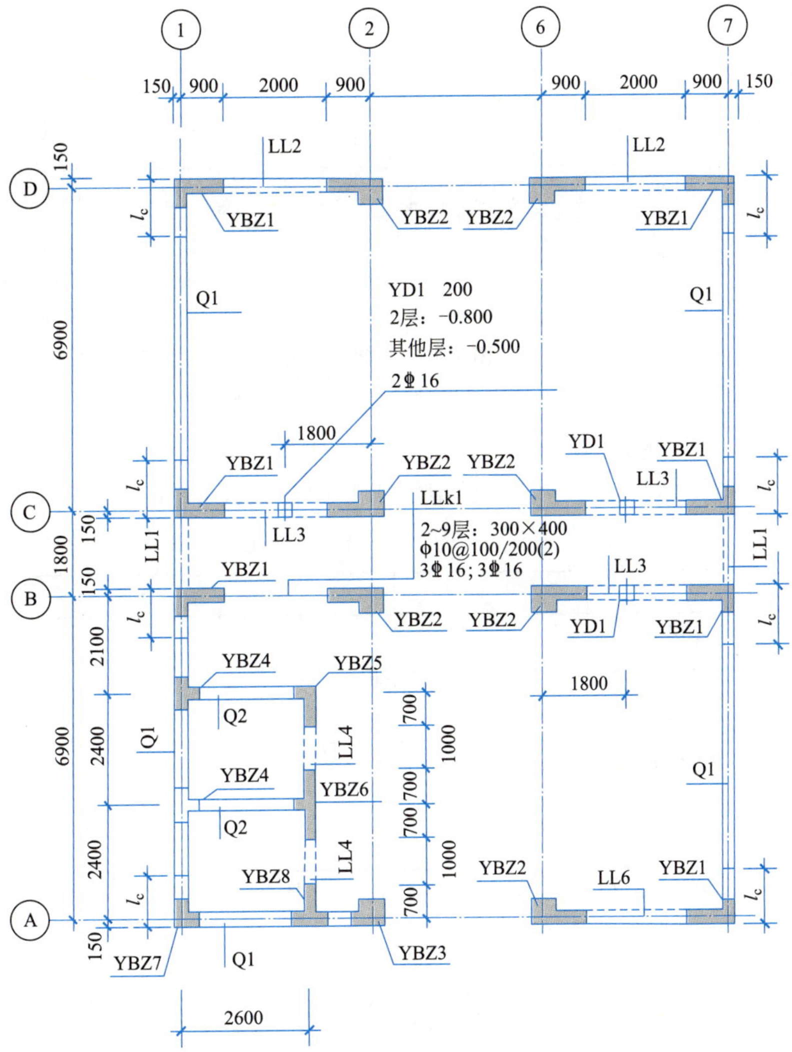

底部加强部位

图 7-70　剪力墙身列表注写示例

剪力墙身表					
编号	标高	墙厚	水平分布筋	垂直分布筋	拉筋(双向)
Q1	-0.030~30.270	300	Φ12@200	Φ12@200	ϕ6@600@600
	30.270~59.070	250	Φ10@200	Φ10@200	ϕ6@600@600
Q2	-0.030~30.270	250	Φ10@200	Φ10@200	ϕ6@600@600
	30.270~59.070	200	Φ10@200	Φ10@200	ϕ6@600@600

图 7-71　双向拉筋与梅花双向拉筋示意图

（a）拉筋@3a3b 双向（a≤200、b≤200）；（b）拉筋@4a4b 梅花双向（a≤150、b≤150）

3）剪力墙梁

① 剪力墙梁编号由墙梁类型代号和序号组成，如表 7-11 所示。

剪力墙梁编号

表 7-11

墙梁类型	代号	序号	备注
连梁	LL	××	例如 LL1
连梁（对角暗撑配筋）	LL(JC)	××	例如 LL(JC)2
连梁（交叉斜筋配筋）	LL(JX)	××	例如 LL(JX)3
连梁（集中对角斜筋配筋）	LL(DX)	××	例如 LL(DX)4
暗梁	AL	××	例如 AL5
边框梁	BKL	××	例如 BKL6

注：连梁设置在剪力墙洞口上方，宽度与墙厚相同（图 7-72）。

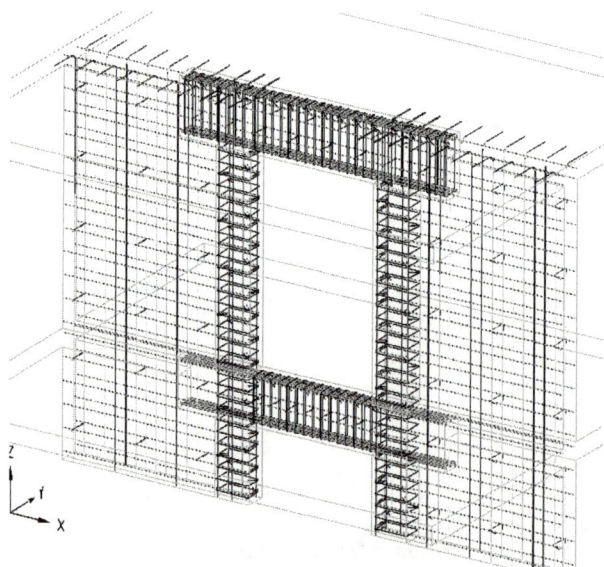

图 7-72　连梁设置示意图

② 剪力墙梁列表注写方式如图 7-64 所示,其表达的内容如下。

a. 注写墙梁编号,如 LL1、LL2 等。

b. 注写墙梁所在楼层号,如 LL1 所在楼层号有 2～9 层、10～16 层等。

c. 注写墙梁顶面标高高差,系指相对于墙梁所在结构层楼面标高的高差值,高于者为正值,低于者为负值,当无高差时不注。如 LL1 中 2～9 层梁顶相对本楼层标高高差为 0.800m,屋面 1 中的梁顶相对本楼层标高高差为 0。

d. 注写墙梁截面尺寸 $b \times h$,上部纵筋,下部纵筋和箍筋的具体数值。如 LL1 截面尺寸梁宽为 300mm,梁高为 2000mm,上部纵筋为 4 根直径 22mm 的 HRB400 钢筋,下部纵筋为 4 根直径 22mm 的 HRB400 钢筋,箍筋为直径 10mm 的 HPB300 钢筋,间距 100mm,双肢箍。

e. 当连梁设有对角暗撑(图 7-73)时,注写暗撑的截面尺寸(箍筋外皮尺寸);注写一根暗撑的全部纵筋,并标注"×2"表明有两根暗撑相互交叉;注写暗撑箍筋的具体数值。

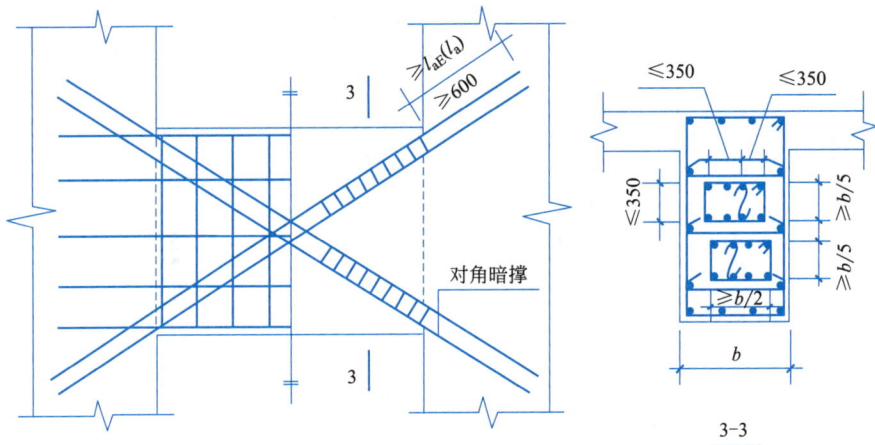

图 7-73 连梁对角暗撑配筋构造

(用于筒中筒结构时,l_{aE} 均取为 1.15l_a)

f. 当连梁设有交叉斜筋(图 7-74)时,注写连梁一侧对角斜筋的配筋值,并标注"×2"表明对称设置;注写对角斜筋在连梁端部设置的拉筋根数、规格及直径,并标注"×4"表示四个角都设置;注写连梁一侧折线筋配筋值,并标注"×2"表明对称设置。

g. 当连梁设有集中对角斜筋(图 7-75)时,注写一条对角线上的对角斜筋,并标注"×2"表明对称设置。

(2)截面注写方式

1)截面注写方式,系在标准层绘制的剪力墙平面布置图上,以直接在墙柱、墙身、墙梁上注写截面尺寸和配筋具体数值的方式来表达剪力墙平法施工图,如图 7-76 所示。

2)截面注写方式按以下规定:

① 从相同编号的墙柱中选择一个截面,注明几何尺寸,标注全部纵筋及箍筋的具体数值。

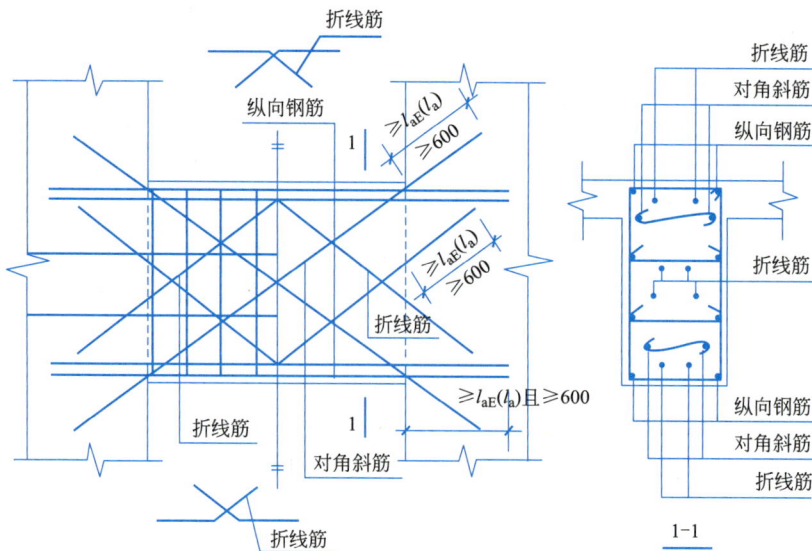

图 7-74　连梁交叉斜筋配筋构造

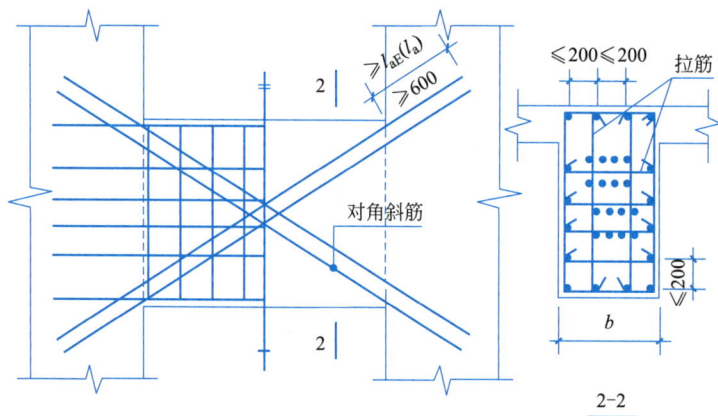

图 7-75　连梁集中对角斜筋配筋构造

如图 7-76 中 GBZ7 的几何尺寸为：150mm、450mm、250mm、300mm（墙厚）；全部纵筋为 16 根直径为 20mm 的 HRB400 钢筋，箍筋为直径 10mm 的 HPB300 钢筋，间距 150mm（两个单肢箍组合而成）。

② 从相同编号的墙身中选择一道墙身，按顺序引注的内容为：墙身编号（应包括注写在括号内墙身所配置的水平与竖向分布钢筋的排数）、墙厚尺寸，水平分布钢筋、竖向分布钢筋和拉筋的具体数值。

如图 7-76 中 Q2 的引注内容为：墙身编号 Q2（分布筋的排数为 2 排，可省略不写）；墙厚 250mm；水平分布筋与竖向分布筋均为直径为 10mm 的 HRB400 钢筋，间距 200mm；拉筋为直径为 6mm 的 HPB300 钢筋，间距 600mm。

③ 从相同编号的墙梁中选择一根墙梁，按顺序引注的内容为：墙梁编号、墙梁截面尺寸 $b \times h$、墙梁箍筋、上部纵筋、下部纵筋和墙梁顶面标高高差的具体数值。

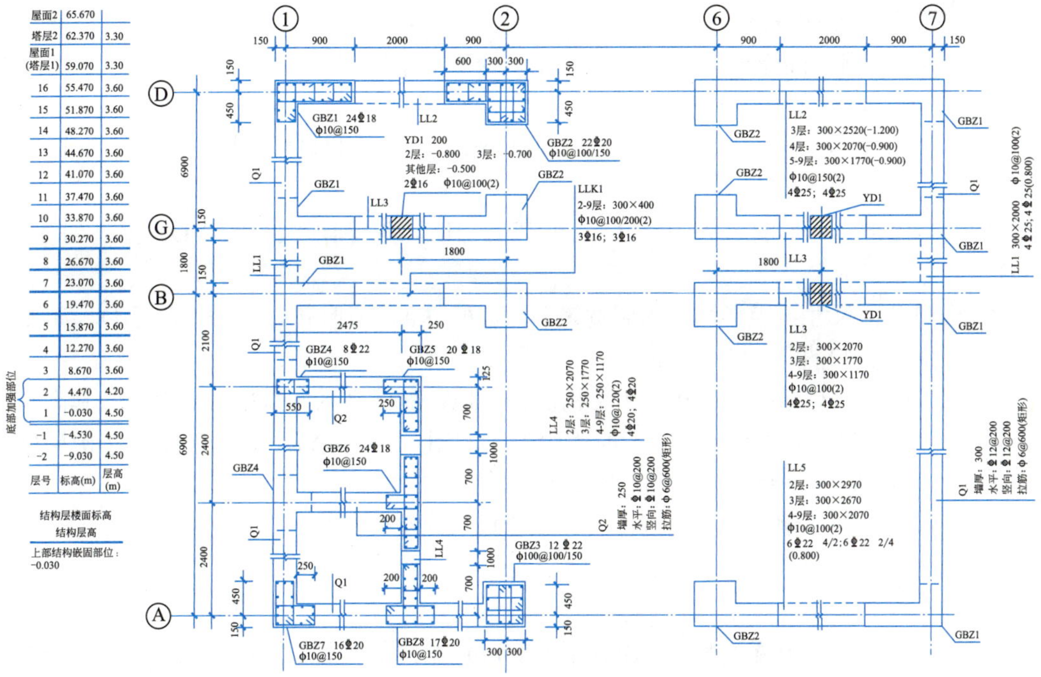

图 7-76　12.270～30.270 剪力墙平法施工图

如图 7-76 中 LL5 引注内容为：墙梁编号 LL5；墙梁截面尺寸，2 层 300×2970，3 层 300×2670 等；箍筋为直径 10mm 的 HPB300 钢筋，间距 100mm，双肢箍；上部纵筋 4 根直径 22mm 的 HRB400 钢筋；下部纵筋 4 根直径 22mm 的 HRB400 钢筋；墙梁顶面标高相对于本楼层高 0.8m。

（3）剪力墙洞口的表示方法

1）无论采用列表注写方式还是截面注写方式，剪力墙上的洞口均可在剪力墙平面布置图上原位表达，如图 7-76、图 7-77 中的 YD1。

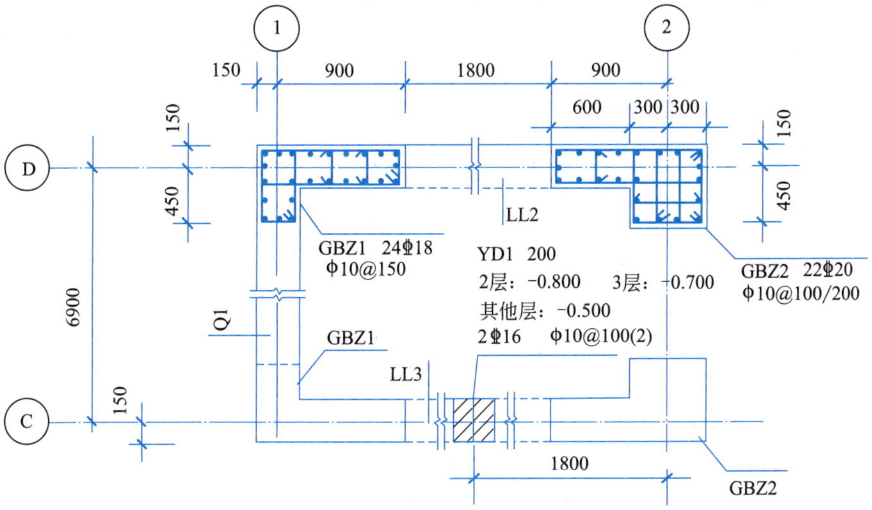

图 7-77　剪力墙平法施工图（局部）

2）洞口具体表达方法

① 在剪力墙平面布置图上绘制洞口示意，并标注洞口中心的平面定位尺寸，如图 7-77 中 YD1 中心距离②轴线 1.8m。

② 在洞口中心位置引注：洞口编号；洞口几何尺寸；洞口中心相对标高；洞口每边补强钢筋。

a. 洞口编号：矩形洞口为 JD××，如 JD1、JD2 等；圆形洞口为 YD××，如 YD1、YD2 等。

b. 洞口几何尺寸：矩形洞口为洞宽×洞高（$b×h$）；圆形洞口为洞口直径 D，如图 7-77 中的 YD1，洞口直径 $D=200mm$。

c. 洞口中心相对标高：系相对于结构层楼（地）面标高的洞口中心高度。当其高于结构层楼面时为正值，低于结构层楼面时为负值。如图 7-77 中 YD1 相对于 2 层结构层楼面低 0.800m，相对于 3 层结构层楼面低 0.700m 等。

d. 洞口每边补强钢筋，根据洞口尺寸和位置来确定。

3）洞口构造

① 矩形洞构造

a. 当矩形洞口的洞宽、洞高均不大于 800mm 时，此项注写为洞口每边补强钢筋的具体数值（按标准构造详图设置补强钢筋时可不注）。当洞宽、洞高方向补强钢筋不一致时，分别注写洞宽方向、洞高方向补强钢筋，以"/"分隔。

例如 JD2 600×300+3.100 3 ⏀ 20/3 ⏀ 18，表示 2 号矩形洞口，洞宽 600mm，洞高 300mm，洞口中心距本结构层楼面 3.1m，洞宽方向补强钢筋为 3 ⏀ 20，洞高方向补强钢筋为 3 ⏀ 18，如图 7-78 所示。

b. 当矩形洞口的洞宽和洞高均大于 800mm 时，在洞口的上、下需设置补强暗梁，此项注写为洞口上、下每边暗梁的纵筋与箍筋的具体数值（在标准构造详图中，补强暗梁梁高一律定为 400mm，施工时按标准构造详图取值，设计不注，当设计者采用与该构造详图不同的做法时，应另行注明）。

例如 JD3 1200×1100+1.800 6 ⏀ 18 ⏀ 8@100，表示 3 号矩形洞口，洞宽 1200mm，洞高 1100mm，洞口中心距本结构层楼面 1.8m，洞口上下设补强暗梁，每边暗梁纵筋为 6 ⏀ 18，箍筋为 ⏀ 8@100，如图 7-79 所示。

② 圆形洞口构造

a. 当圆形洞口直径大于 800mm 时，在洞口的上、下需设置补强暗梁，此项注写为洞口上、下每边暗梁的纵筋与箍筋的具体数值（在标准构造详图中，补强暗梁梁高一律定为 400mm，施工时按标准构造详图取值，设计不注，当设计者采用与该构造详图不同的做法时，应另行注明）。圆形洞口需注明环向加强钢筋的具体数值（图 7-80）。

例如 YD4 1200 +1.800 6 ⏀ 18 ⏀ 8@100 2 ⏀ 16，表示 4 号圆形洞口，直径 1200mm，洞口中心距本结构层楼面 1.8m，洞口上下设补强暗梁，每边暗梁纵筋为 6 ⏀ 18，箍筋为 ⏀ 8@100，环向加强钢筋 2 ⏀ 16。

b. 当圆形洞口设置在连梁中部 1/3 范围（且圆洞直径不应大于 1/3 梁高）时，需注写在圆洞上下水平设置的每边补强纵筋与箍筋（图 7-81）。

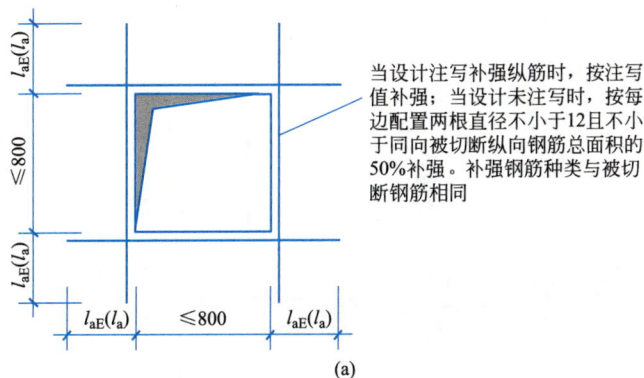

当设计注写补强纵筋时，按注写值补强；当设计未注写时，按每边配置两根直径不小于12且不小于同向被切断纵向钢筋总面积的50%补强。补强钢筋种类与被切断钢筋相同

(a)

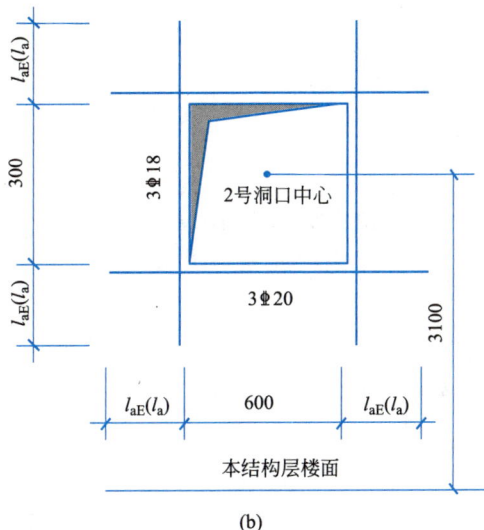

(b)

图 7-78　洞口 JD2 构造

（a）矩形洞宽和洞高均不大于 800mm 时洞口补强纵筋构造

（括号内标注用于非抗震）；（b）JD2 补强钢筋构造示意图

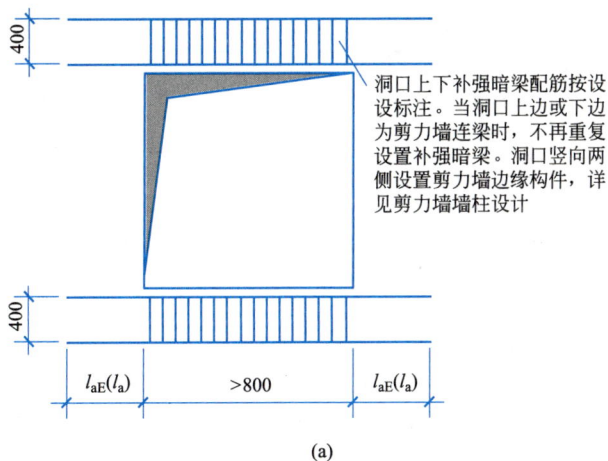

洞口上下补强暗梁配筋按设设标注。当洞口上边或下边为剪力墙连梁时，不再重复设置补强暗梁。洞口竖向两侧设置剪力墙边缘构件，详见剪力墙墙柱设计

(a)

图 7-79　洞口 JD3 构造（一）

（a）矩形洞口洞宽和洞高均大于 800mm 时洞口补强暗梁构造（括号内标注用于非抗震）

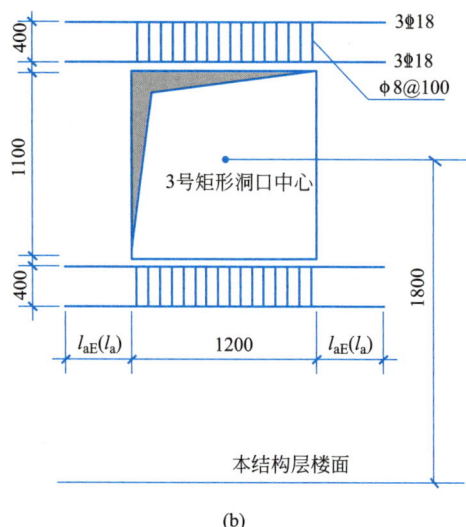

(b)

图 7-79　洞口 JD3 构造（二）

（b）JD3 补强暗梁构造示意图

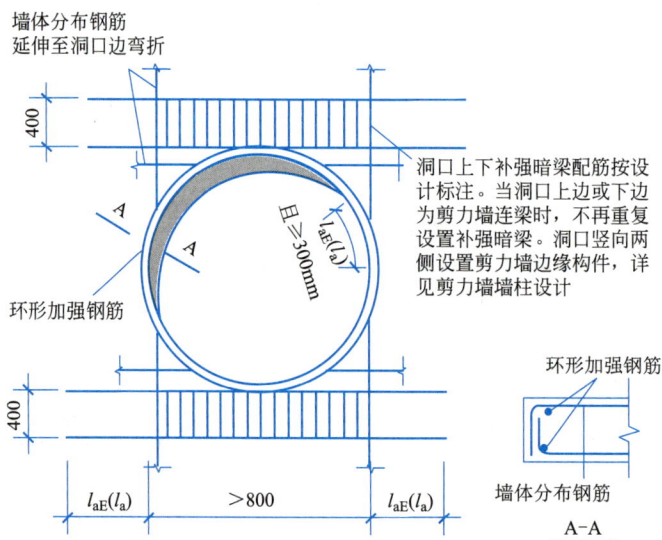

图 7-80　剪力墙圆形洞口直径大于 800mm 时补强纵筋构造

（括号内标注用于非抗震）

c. 当圆形洞口设置在墙身或暗梁、边框梁位置，且洞口直径不大于 300mm 时，此项注写为洞口上下左右每边布置的补强纵筋的具体数值（图 7-82）。

d. 当圆形洞口直径大于 300mm，但不大于 800mm 时，其加强钢筋在标准构造详图中系按圆外切正六边形的边长方向布置，设计仅需注写六边形中一边补强钢筋的具体数值（图 7-83）。

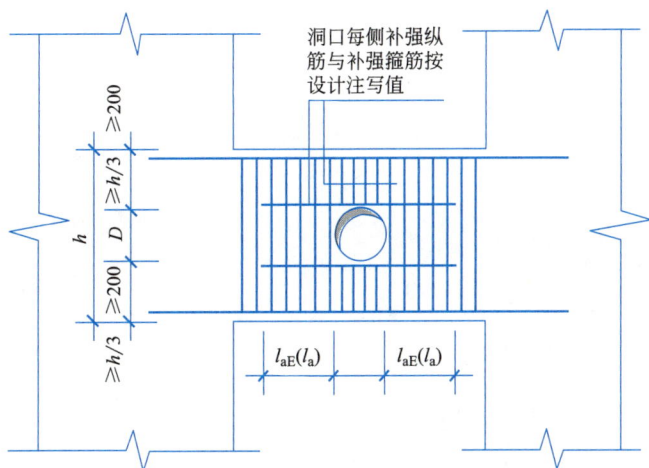

图 7-81　连梁中部圆形洞口补强钢筋构造

（圆形洞口预埋钢套管，括号内标注用于非抗震）

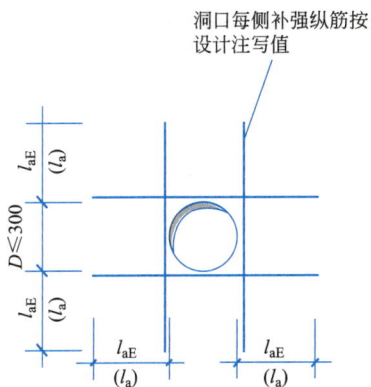

**图 7-82　剪力墙圆形洞口直径
不大于 300mm 时补强纵筋构造**

（括号内标注用于抗震）

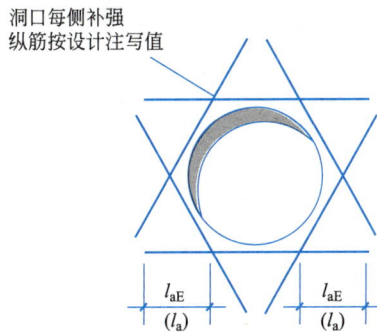

**图 7-83　剪力墙圆形洞口直径大于 300mm
且小于等于 800mm 时补强纵筋构造**

（括号内标注用于抗震）

【应用案例 7-7】

如图 7-38 所示，为某框架剪力墙结构－0.030～7.570 墙柱平法施工图，以①轴线的 Q1 为例（图 7-84），Q1 位于ⓒ轴和ⓓ轴之间，轴线间长度为 6500mm，从剪力墙身表中可以得知 Q1 适用标高范围分为两部分，例如标高－3.830～10.970 部分，其墙厚 250mm，墙身水平分布钢筋为Φ10@200，竖向分布钢筋为Φ10@200，拉筋为φ6@600 @600。

4. 板平法施工图

楼板也称楼盖，在框架剪力墙结构中分为有梁楼盖和无梁楼盖两种，一般采用平面注

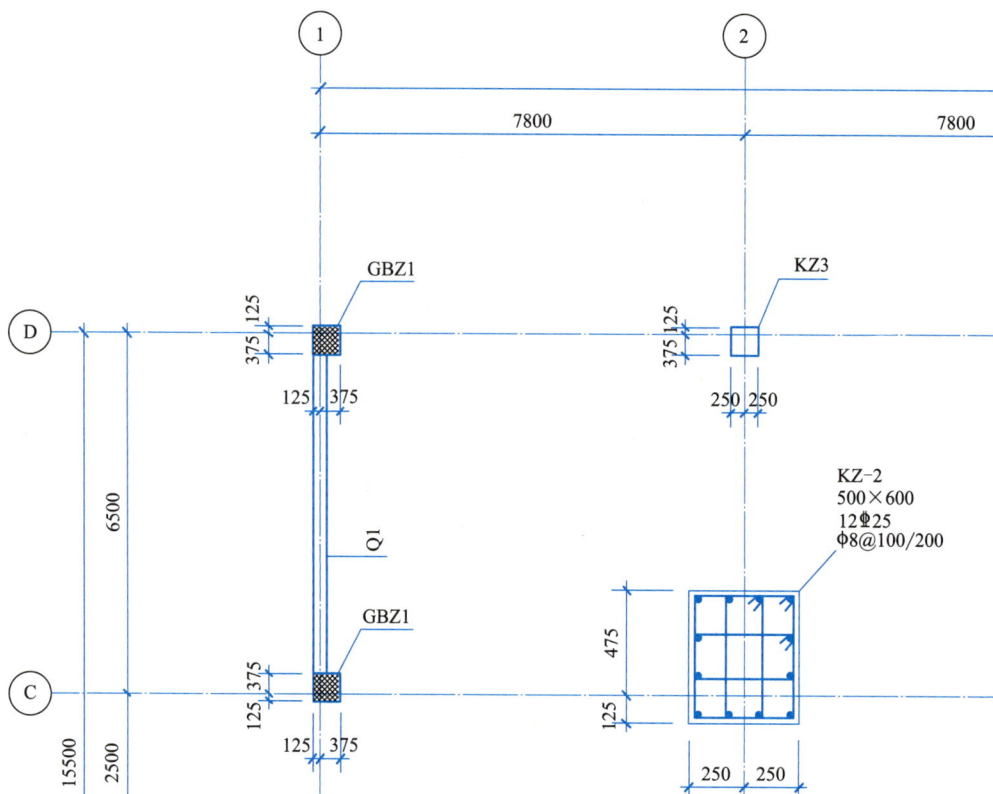

剪力墙身表

编号	标高	墙厚	水平分布筋	竖向分布筋	拉筋(矩形)
Q1	-3.830~10.970	250	⊉10@200	⊉10@200	φ6@600@600
	10.970~29.000	250	⊉8@200	⊉10@200	φ6@600@600
Q2	-3.830~-0.030	300	⊉12@200	⊉14@200	φ6@600@600

图 7-84 剪力墙 Q1 标注内容

写方式，下面以有梁楼盖为例介绍其平法标注内容。

有梁楼盖中板的平面注写主要包括板块集中标注和板支座原位标注。

（1）板块集中标注

板块集中标注由板块编号、板厚、贯通纵筋和标高高差（当板面标高不同时标注）四部分组成，如图 7-85 所示。

① 板块编号

板块编号按表 7-12 规定标注。如图 7-85 中的 LB1、LB2、LB3、LB4、LB5 等。

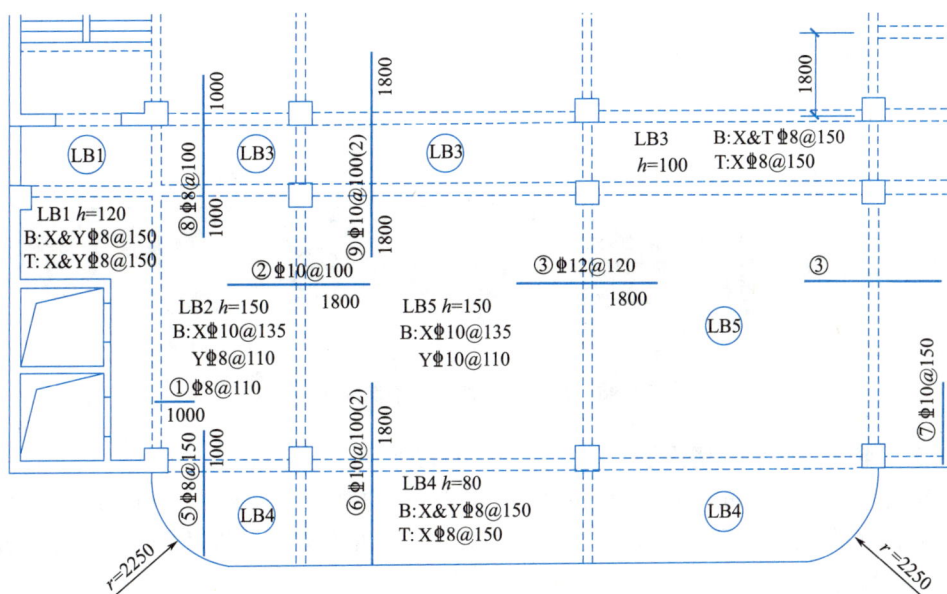

图 7-85 板平法施工图标注示例

板块编号   表 7-12

板类型	代号	序号
楼面板	LB	××
屋面板	WB	××
悬挑板	XB	××

对于普通楼面，两向均以一跨为一板块。所有板块应逐一编号，相同编号的板块可择其一做集中标注，其他仅注写置于圆圈内的板编号，以及当板面标高不同时的标高高差。同一编号板块的类型、板厚和贯通纵筋均应相同，但板面标高、跨度、平面形状以及板支座上部非贯通纵筋可以不同，如同一编号板块的平面形状可为矩形、多边形及其他形状等。

② 板厚

板厚指垂直于板面的厚度，注写为 $h=×××$，当设计已在图中统一注明板厚时，此项可不注。对于悬挑板板端部改变截面厚度的情况，用斜线分隔板根部与端部的高度值，注写为 $h=×××/×××$，根部值写在斜线前，端部值写在斜线后。如图 7-85 中 LB5 板厚 $h=150$mm，图 7-86 中 XB2 板厚根部 $h=120$mm，端部 $h=80$mm。

③ 贯通纵筋

贯通纵筋按板块的下部和上部分别注写，当板块上部不设贯通纵筋时则不注写。以 B 代表下部，以 T 代表上部，B&T 代表下部与上部；X 向贯通纵筋以 X 打头，Y 向贯通纵筋以 Y 打头，两向贯通纵筋配置相同时以 X&Y 打头。

当为单向板时，分布筋可不必注写，在图中统一注明。

当在某些板内配置有构造钢筋时，如在悬挑板 XB 的下部，则 X 向以 Xc，Y 向以 Yc 打头注写，如图 7-86 所示。

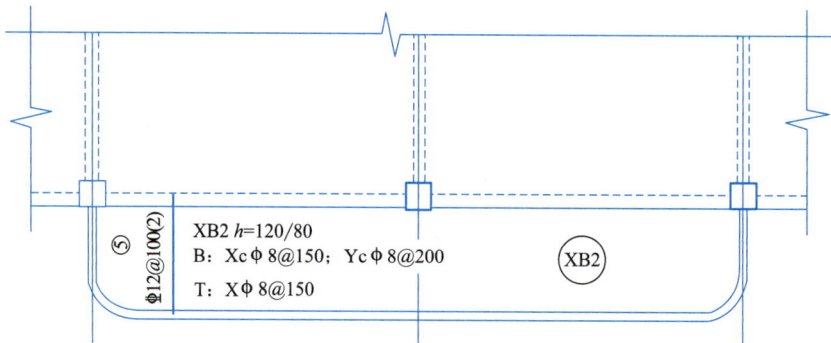

图 7-86　悬挑板平法施工图标注示例

当贯通筋采用两种规格钢筋"隔一布一"方式时，表达为φ aa/bb@xxx。例如：φ 10/12@125 表示直径为 10mm 的钢筋和直径为 12mm 的钢筋之间间距为 125mm，直径为 10mm 的钢筋的间距为 125mm 的 2 倍，直径为 12mm 的钢筋的间距为 125mm 的 2 倍。

④ 板面标高高差

板面标高高差指相对于结构层楼面标高的高差，应将其注写在括号内，有高差则注，无高差不注。

例如：有一楼面板块注写为：LB9 $h=120$　B：X ⊈ 12/ 14 @100 ；Y ⊈ 12@110。所表达的内容为 9 号楼面板，板厚 120mm，板下部配置的贯通纵筋，X 向为 ⊈ 12 和 ⊈ 14 隔一布一，⊈ 12 和 ⊈ 14 间距为 100mm，Y 向为 ⊈ 12 间距 110mm；板上部未配置贯通纵筋。

（2）板支座原位标注

板支座原位标注内容为板支座上部非贯通纵筋和悬挑板上部受力钢筋。板支座原位标注的钢筋应在配置相同跨的第一跨注写，当在梁悬挑部位单独配置时则在原位注写。

①在配置相同跨的第一跨时，垂直于板支座（梁或墙）的中粗实线代表支座上部非贯通纵筋，线段上方注写钢筋编号（如①、②等）、配筋值、横向连续布置的跨数（注写在括号内，且当为一跨时可不注），以及是否横向布置到梁的悬挑端。（××）为横向布置的跨数，（××A）为横向布置的跨数和一端悬挑梁，（××B）为横向布置的跨数和两端悬挑梁。如图 7-85 中的⑥号筋⑥⊈ 10@100(2)。

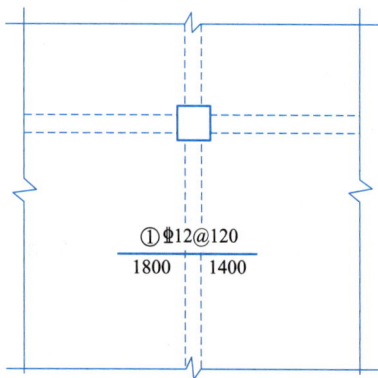

图 7-87　支座上部非贯通筋非对称伸出

② 板支座上部非贯通筋自支座中线向跨内的伸出长度，注写在线段的下方。当中间支座上部非贯通纵筋向支座两侧对称伸出时，可仅在支座一侧线段下方标注伸出长度，另一侧不注，如图 7-85 中②号和③号筋。当中间支座上部非贯通纵筋向支座两侧非对称伸出时，应在支座两侧线段下方标注伸出长度，如图 7-87 所示。

当板支座为弧形，支座上部非贯通纵筋呈放射状分布，应注写"放射分布"四字，并注明配筋间距的度量位置，如图 7-88 所示。

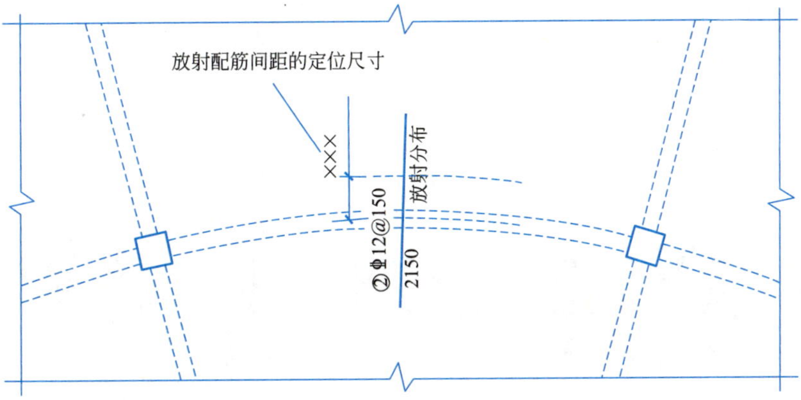

图 7-88　弧形支座处放射配筋

【应用案例 7-8】

　　如图 7-89 所示，为某框架剪力墙结构 4.470 板平法施工图，以①～②、ⓒ～ⓓ之间的 LB1 为例，板块集中标注内容为：楼板编号为 LB1，板厚 120mm，板底 X 方向配置⚊10@150 钢筋、Y 方向配置⚊10@200 钢筋。

7.3.4　楼梯施工图

　　图集 22G101-2 适用于非抗震及抗震设防烈度为 6～9 度地区的现浇混凝土板式楼梯。现浇混凝土板式楼梯由梯板、平台板、梯梁和梯柱四部分组成。其中梯柱、梯梁和平台板注写规则与框架柱、梁、板的平法注写规则相同。梯板的平法注写方式常采用平面注写方式和剖面注写方式。

1. 楼梯类型

　　现浇混凝土板式楼梯按照支承方式和设置抗震构造的情况分为 14 种类型，如表 7-13 所示。

楼梯类型与编号　　　　　　　　　　　　表 7-13

梯板代号	编号	适用范围	
		抗震构造措施	适用结构
AT	××	无	剪力墙、砌体结构
BT	××		
CT	××	无	剪力墙、砌体结构
DT	××		
ET	××	无	剪力墙、砌体结构
FT	××		
GT	××	无	剪力墙、砌体结构
ATa	××	有	框架结构、框剪结构中框架部分
ATb	××		
ATc	××		
BTb	××	有	框架结构、框剪结构中框架部分
CTa	××	有	框架结构、框剪结构中框架部分
CTb	××		
DTb	××	有	框架结构、框剪结构中框架部分

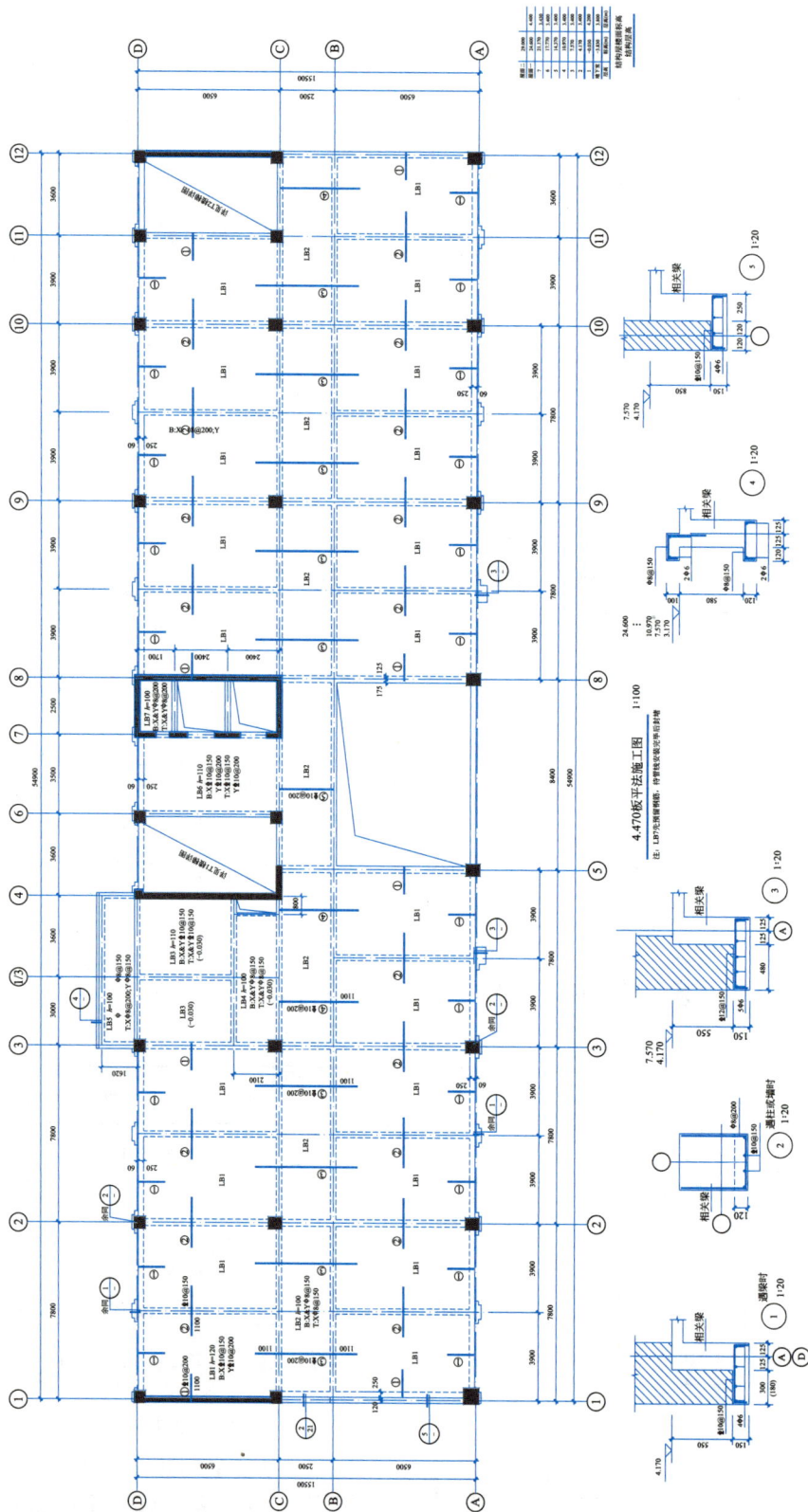

图 7-89　4.470 板平法施工图

不同类型楼梯的平面和剖面示意图如图 7-90 所示。

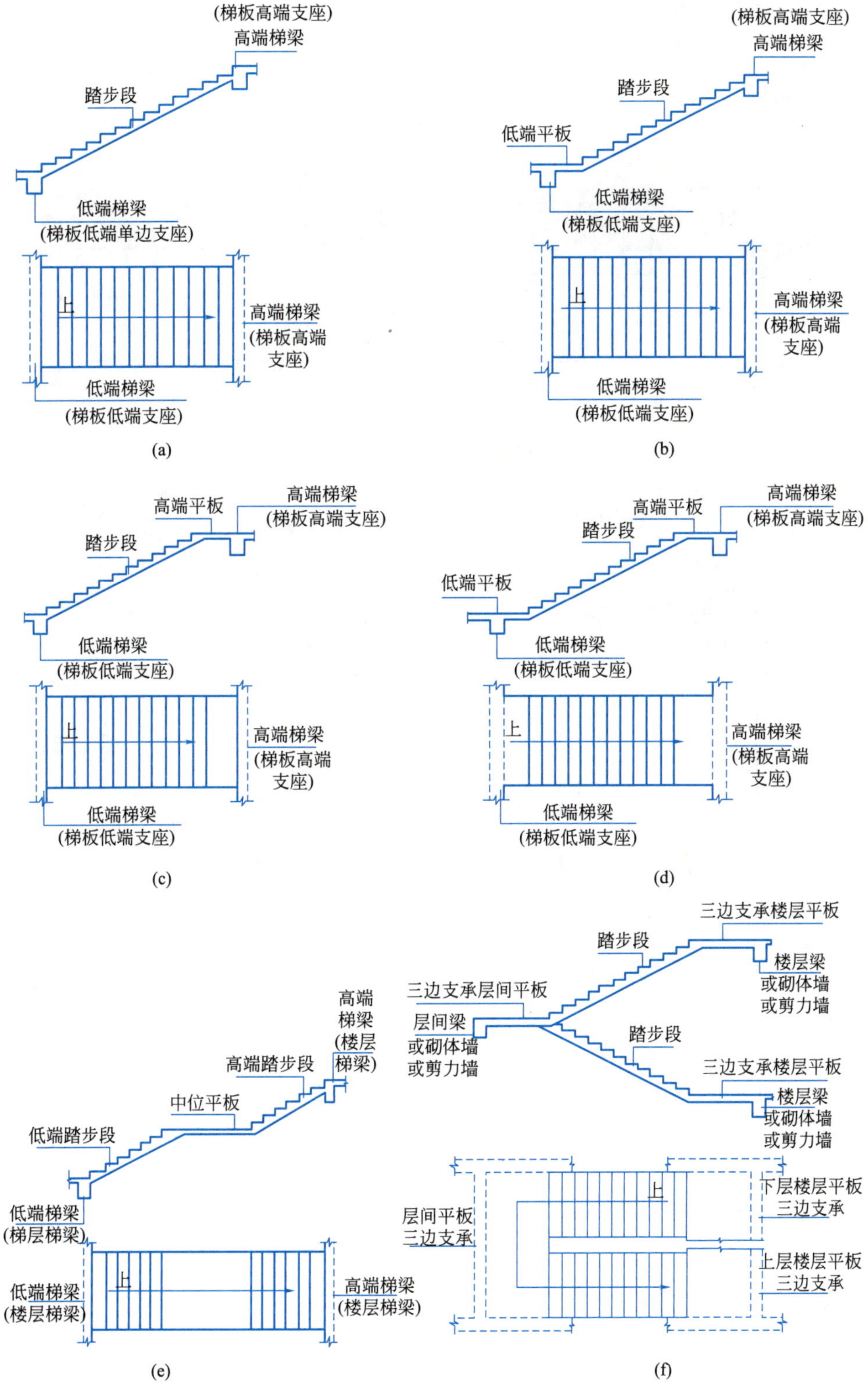

图 7-90 不同类型楼梯的平面和剖面示意图（一）
（a）AT 型；（b）BT 型；（c）CT 型；（d）DT 型；（e）ET 型；（f）FT 型（有层间和楼层平台板的双跑楼梯）

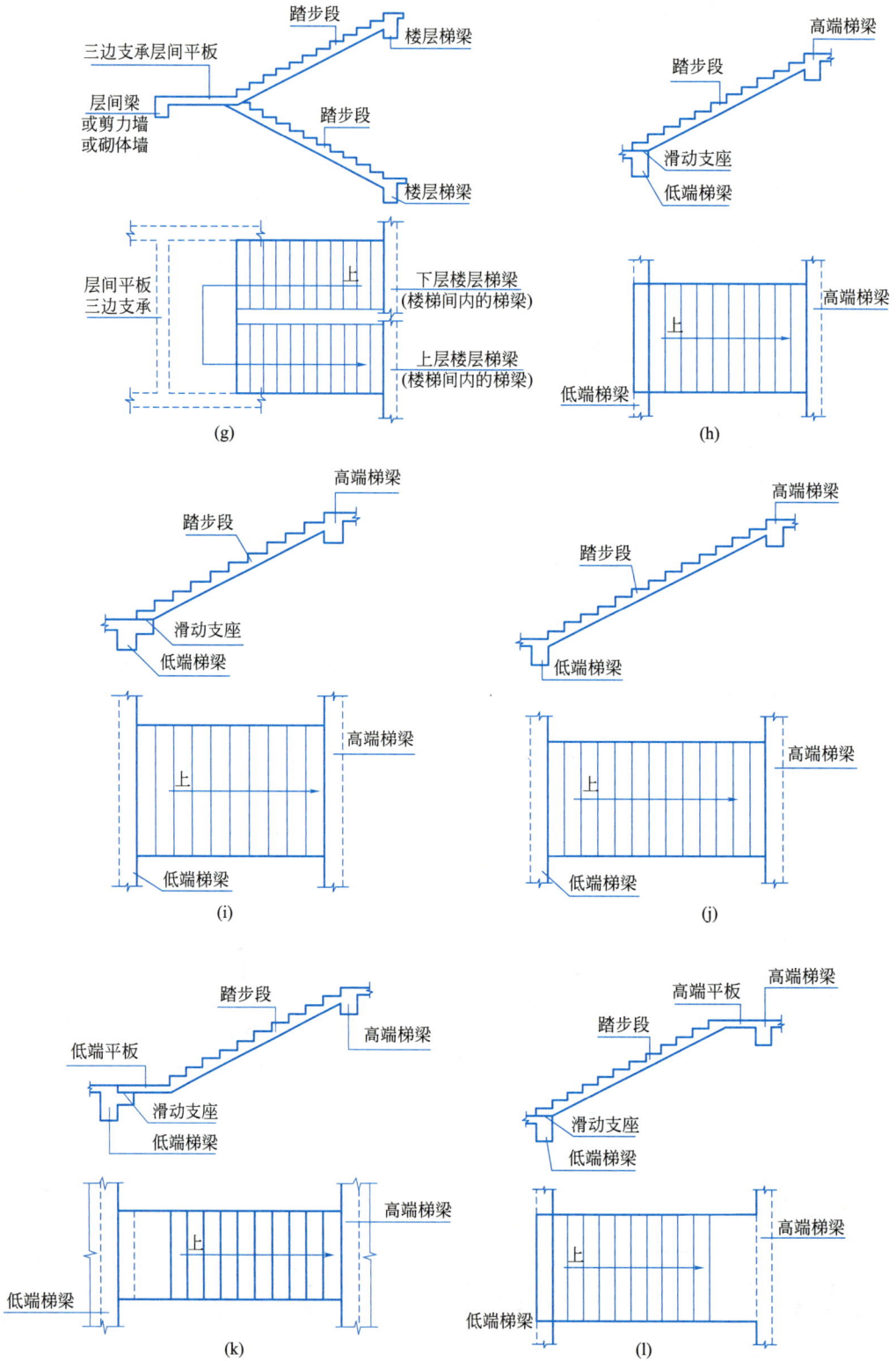

图 7-90　不同类型楼梯的平面和剖面示意图（二）

（g）GT 型（有层间平台板的双跑楼梯）；（h）ATa 型；（i）ATb 型；（j）ATc 型；（k）BTb；（l）CTa 型

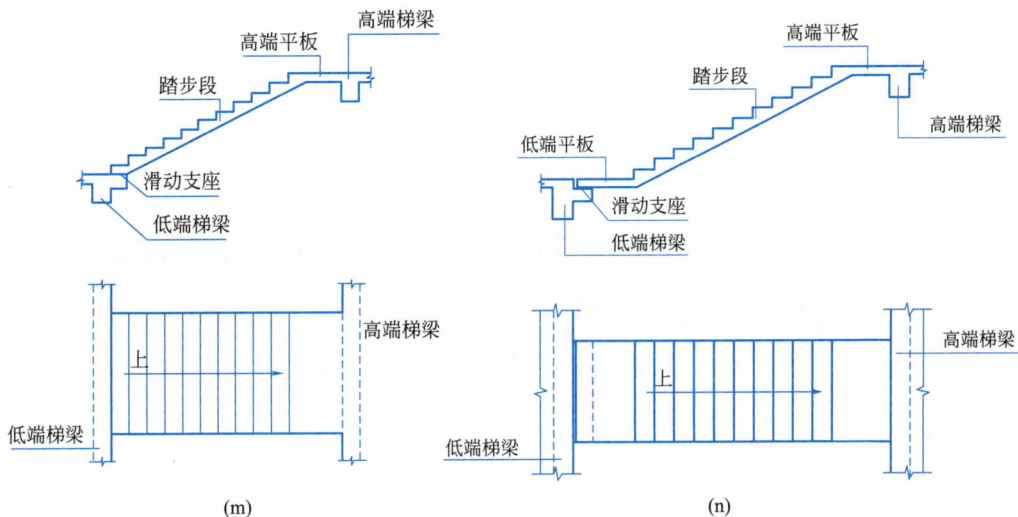

图 7-90　不同类型楼梯的平面和剖面示意图（三）

(m) CTb 型；(n) DTb

2. 楼梯平面注写方式

现浇混凝土板式楼梯的平面注写方式是以在楼梯平面图上注写截面尺寸和配筋具体数值的方式表达楼梯施工图，包括集中标注和外围标注两部分，如图 7-91 所示。

（1）集中标注包括五项内容：

① 梯板类型代号与序号，如图 7-91（b）中的 AT3。

② 梯板厚度，注写为 $h=\times\times\times$。如图 7-91（b）中的 $h=120$。

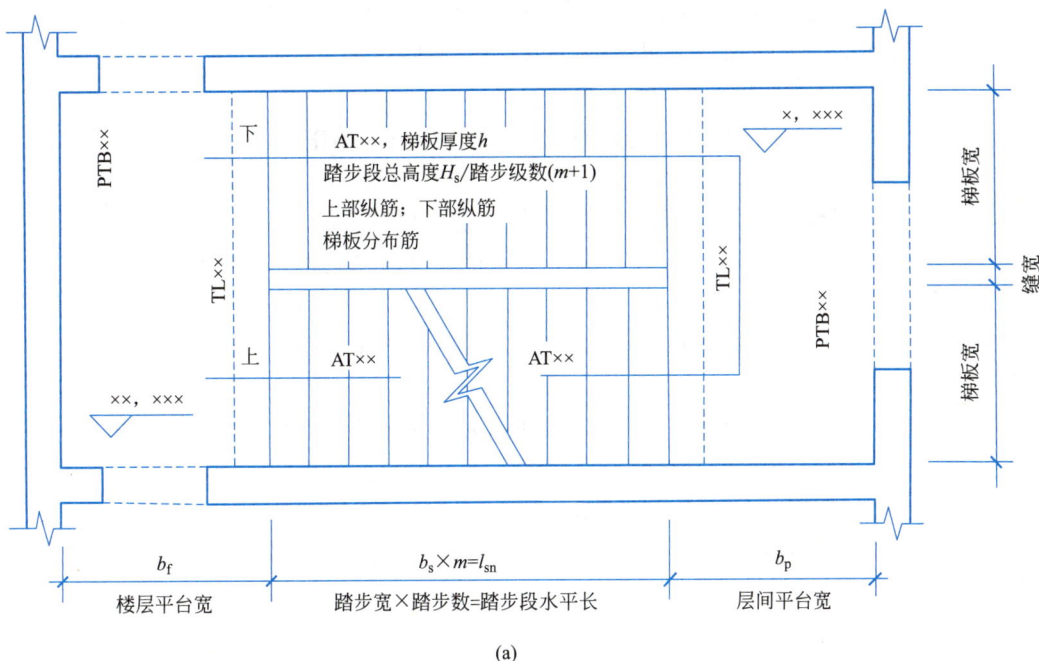

(a)

图 7-91　楼梯平面注写方式示意图（一）

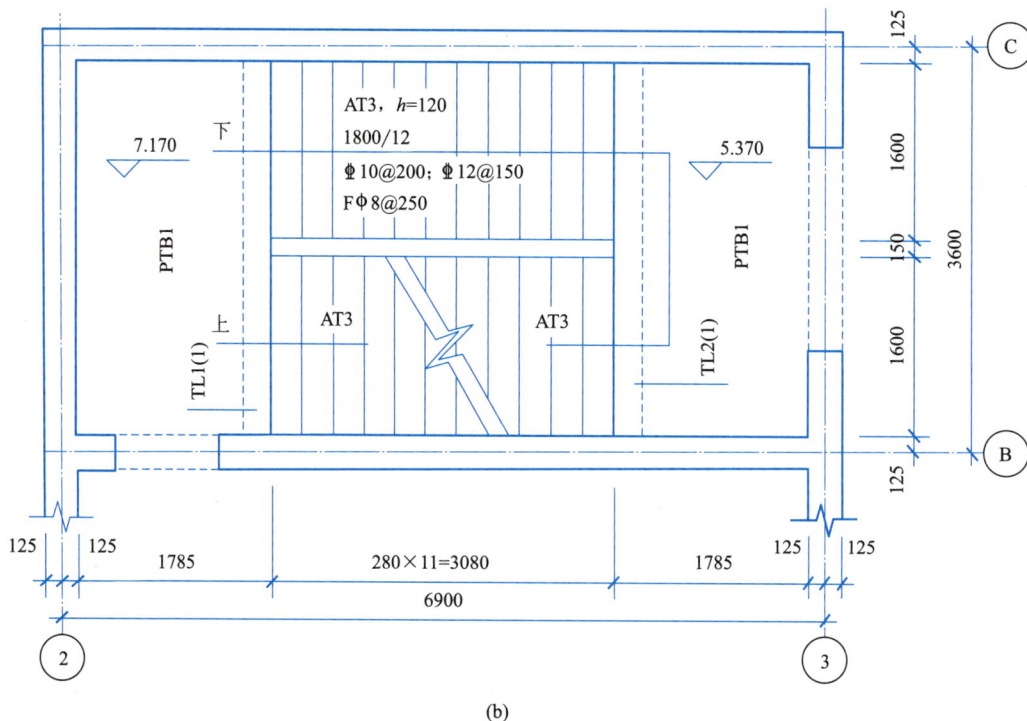

(b)

图 7-91 楼梯平面注写方式示意图（二）

　　带平板的梯板，当梯段板厚度和平板厚度不同时，可在梯段板厚度后面的括号内以字母 P 打头注写平板厚度。例如 $h=120$（P130）表示梯段板厚120mm，梯板平板厚130mm。

　　③ 踏步段总高度和踏步级数，以"/"分隔。如图 7-91（b）中的 1800/12。

　　④ 梯板支座上部纵筋和下部纵筋之间以";"分隔。如图 7-91（b）中的⑫10@200；⑫12@150。

　　⑤ 梯板分布筋，以 F 打头注写分布筋具体值，也可在图中统一说明。如图 7-91（b）中的 F φ 8@250。

　　（2）楼梯外围标注包括楼梯间的平面尺寸、楼层结构标高、层间结构标高、楼梯的上下行方向、梯板的平面几何尺寸、平台板配筋、梯梁及梯柱配筋等，如图 7-91 所示。

3. 剖面注写方式

　　现浇混凝土板式楼梯的剖面注写方式包括楼梯平面图和剖面图，分别采用平面注写和剖面注写，如图 7-92 所示。

　　（1）平面注写的内容与平面注写方式中外围标注的内容基本相同，包括楼梯间的平面尺寸、楼层结构标高、层间结构标高、楼梯的上下行方向、梯板的平面几何尺寸、梯板类型及编号、平台板配筋、梯梁及梯柱配筋等。

　　（2）楼梯剖面注写内容包括梯板集中标注、梯梁梯柱编号、梯板水平和竖向尺寸、楼层结构标高、层间结构标高等。

　　集中标注包括四项内容：

　　① 梯板类型代号与序号，如图 7-92（b）中的 AT1、CT2 等。

　　② 梯板厚度，注写为 $h=\times\times\times$，如图 7-92（b）中的 AT1 的 $h=100$，CT2 的 $h=100$。

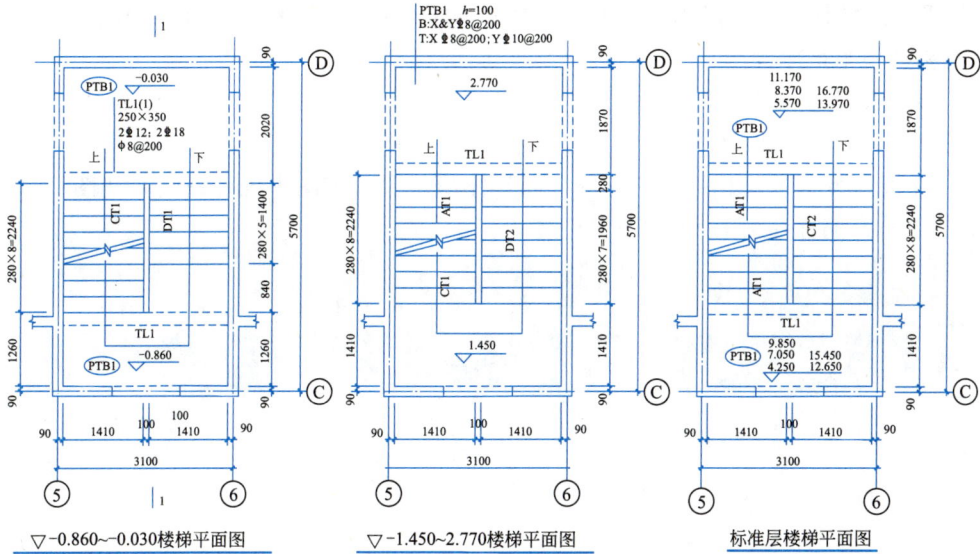

▽-0.860~-0.030楼梯平面图　　　　▽-1.450~2.770楼梯平面图　　　　标准层楼梯平面图

(a)

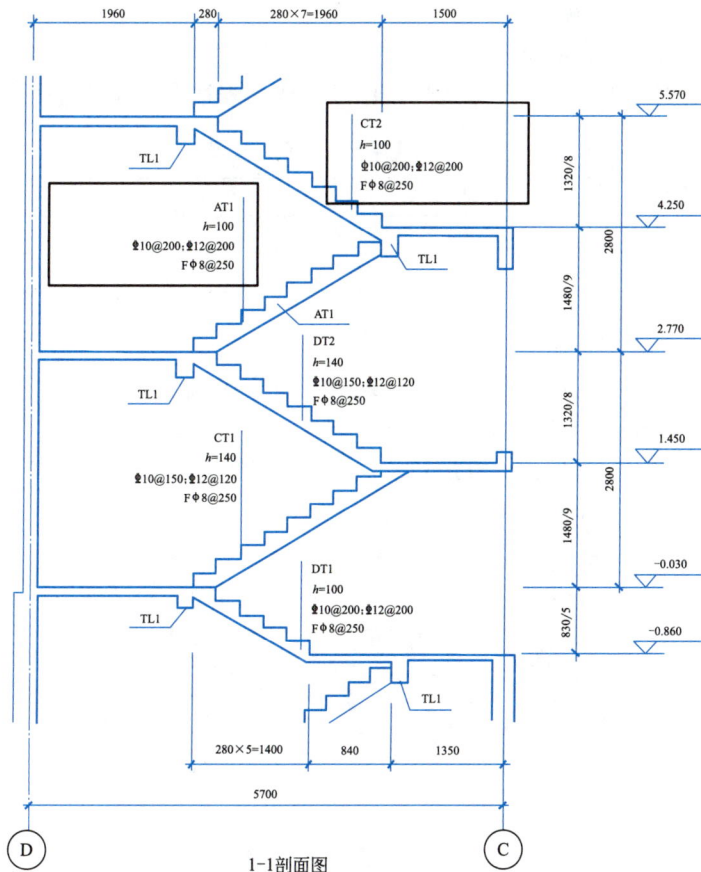

1-1剖面图

局部示意

(b)

图7-92　楼梯施工图剖面注写示例

（a）平面图；（b）剖面图

带平板的梯板，当梯段板厚度和平板厚度不同时，可在梯段板厚度后面的括号内以字母 P 打头注写平板厚度。

③ 梯板支座上部纵筋和下部纵筋之间以"；"分隔，如图 7-92（b）中的 AT1 支座上部纵筋和下部纵筋标注为Φ10@200；Φ12@200。

④ 梯板分布筋，以 F 打头注写分布筋具体值，也可在图中统一说明，如图 7-92（b）中的 AT1 分布筋标注为 FΦ8@250。

7.4 装配式混凝土结构

7.4.1 预制混凝土剪力墙

1. 预制墙板类型与编号规定

（1）预制混凝土剪力墙编号

预制混凝土剪力墙编号由墙板代号、序号组成，表达形式应符合表 7-14 的规定。

预制混凝土剪力墙编号表　　　　表 7-14

预制墙板类型	代号	序号
预制外墙	YWQ	XX
预制内墙	YNQ	XX

在编号中，如若干预制剪力墙的模板、配筋、各类预埋件完全一致，仅墙厚与轴线的关系不同，也可将其编为同一预制剪力墙编号，但应在图中注明与轴线的几何关系。

（2）预制混凝土剪力墙外墙

预制混凝土剪力墙外墙由内叶墙板、保温层和外叶墙板组成，如图 7-93 所示。

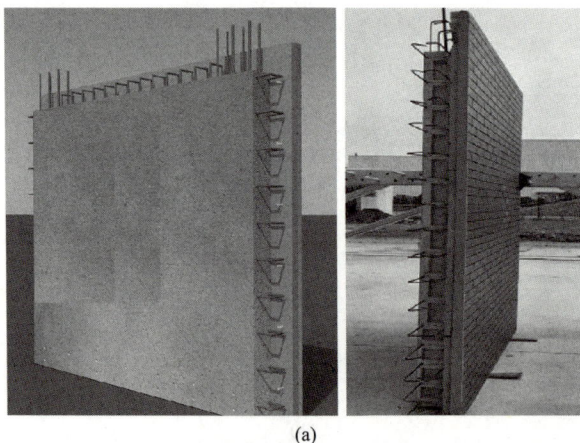

(a)

图 7-93　预制混凝土剪力墙外墙（一）

（a）无洞口预制混凝土外墙板示意图

(b)

图 7-93 预制混凝土剪力墙外墙（二）

（b）带窗洞口外墙板示意图

① 内叶墙板

标准图集《预制混凝土剪力墙外墙板》15G365-1 中的内叶墙板共有 5 种形式，编号规则见表 7-15，示例见表 7-16。

内叶墙板编号表

表 7-15

预制内叶墙板类型	示意图	编号
无洞口外墙		WQ － ×× － ×× 无洞口外墙　层高（以dm计） 标志宽度（以dm计）
一个窗洞高窗台外墙		WQC1 － ×× ××－×× ×× 一窗洞外墙 标志宽度 层高 窗宽 窗高 高窗台 （以dm计）（以dm计）（以dm计）（以dm计）
一个窗洞矮窗台外墙		WQCA － ×× ××－×× ×× 一窗洞外墙 标志宽度 层高 窗宽 窗高 矮窗台 （以dm计）（以dm计）（以dm计）（以dm计）
两窗洞外墙	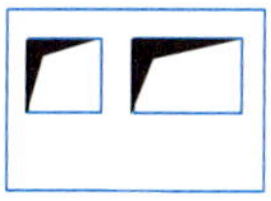	WQC2 － ×× ××－×× ××－×× ×× 两窗洞外墙 标志宽度 层高 左窗宽 左窗高 右窗宽 右窗高 （以dm计）（以 （以 （以dm计）（以dm计）（以dm计） dm计）dm计）
一个门洞外墙	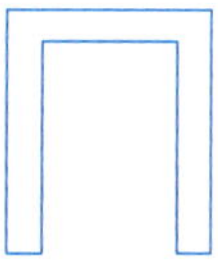	WQM － ×× ××－×× ×× 一门洞外墙 标志宽度 层高 门宽 门高 （以dm计）（以dm计）（以dm计）（以dm计）

内叶墙板编号示例表　　　　　　　表 7-16

墙板类型	示意图	墙板编号	标志宽度 （mm）	层高 （mm）	门/窗宽 （mm）	门/窗高 （mm）	门/窗宽 （mm）	门/窗高 （mm）
无洞口外墙		WQ-2428	2400	2800	—	—	—	—
一个窗洞外墙 （高窗台）		WQC1-3028- 1514	3000	2800	1500	1400	—	—
一个窗洞外墙 （矮窗台）		WQCA-3029- 1517	3000	2900	1500	1700	—	—
两个窗洞外墙		WQC2-4830- 0615-1515	4800	3000	600	1500	1500	1500
一个门洞外墙		WQM-3628-1823	3600	2800	1800	2300	—	—

② 外叶墙板

标准图集《预制混凝土剪力墙外墙板》15G365-1 中的外叶墙板共有两种类型（图 7-94）：

标准外叶墙板 WY1（a、b），按实际情况标注 a、b；

带阳台板外叶墙板 WY2（a、b、c_L 或 c_R、d_L 或 d_R），按外叶墙板实际情况标注 a、b、c_L 或 c_R、d_L 或 d_R。

（3）预制混凝土剪力墙内墙

标准图集《预制混凝土剪力墙内墙板》15G365-2 中，预制混凝土内墙板共有 4 种形式，内墙板示意图如图 7-95 所示，编号规则见表 7-17，编号参考见表 7-18。

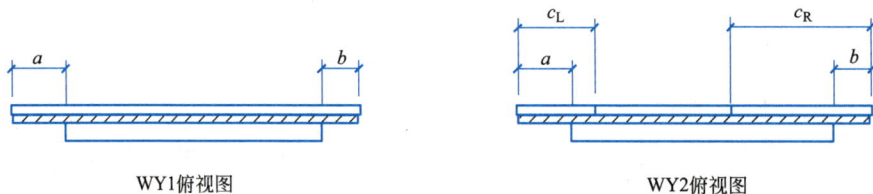

WY1俯视图　　　　　　　　　　　　　WY2俯视图

图 7-94　外叶墙板类型图（内表面图）（一）

WY1主视图

WY2主视图

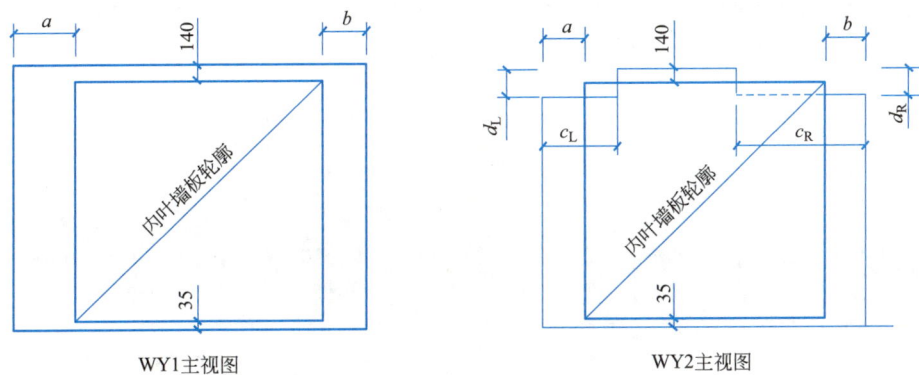

图 7-94　外叶墙板类型图（内表面图）（二）

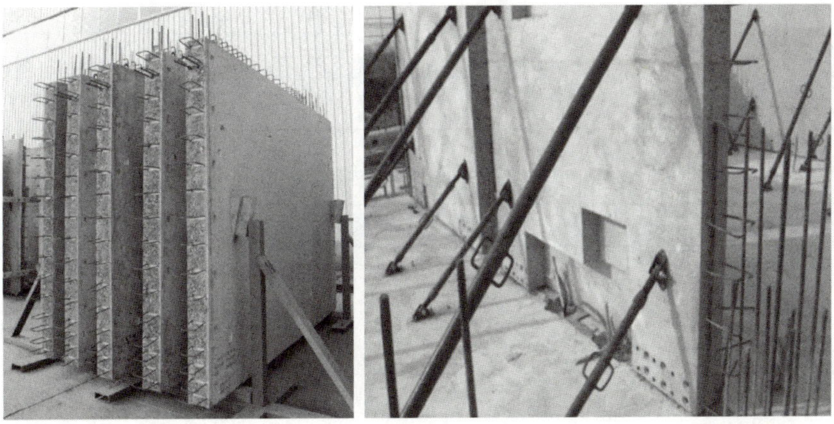

(a)

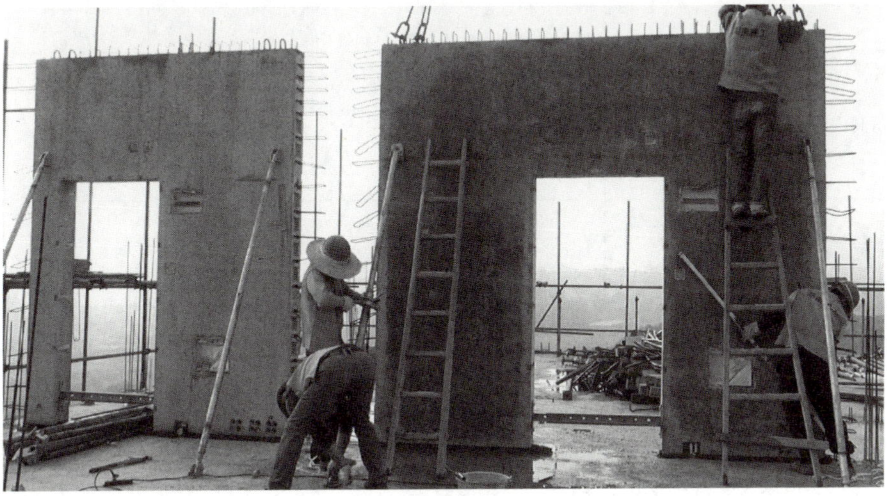

(b)

图 7-95　内墙板示意图

（a）无洞口预制混凝土内墙板示意图；（b）带固定门垛内墙板示意图

预制混凝土剪力墙内墙板编号表　　　　　　　　　　表 7-17

预制内墙板类型	示意图	编号
无洞口内墙		NQ － ×× － ×× 无洞口内墙　标志宽度（以dm计）　层高（以dm计）
固定门垛内墙	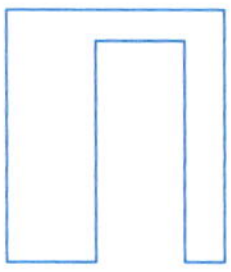	NQM1 － ×× ×× － ×× ×× 一门洞内墙（固定门垛）　标志宽度（以dm计）　层高（以dm计）　门宽（以dm计）　门高（以dm计）
中间门洞内墙	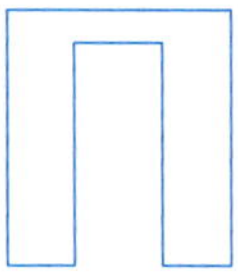	NQM2 － ×× ×× － ×× ×× 一门洞内墙（中间门洞）　标志宽度（以dm计）　层高（以dm计）　门宽（以dm计）　门高（以dm计）
刀把内墙	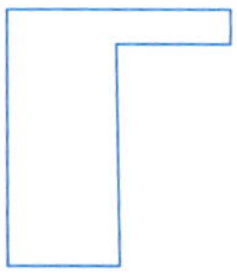	NQM3 － ×× ×× － ×× ×× 一门洞内墙（刀把内墙）　标志宽度（以dm计）　层高（以dm计）　门宽（以dm计）　门高（以dm计）

预制混凝土内墙板编号示例表　　　　　　　　　　表 7-18

预制墙板类型	示意图	墙板编号	标志宽度(mm)	层高(mm)	门宽(mm)	门高(mm)
无洞口内墙		NQ-2128	2100	2800	—	—
固定门垛内墙	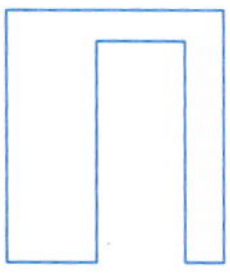	NQM1-3028-0921	3000	2800	900	2100
中间门洞内墙	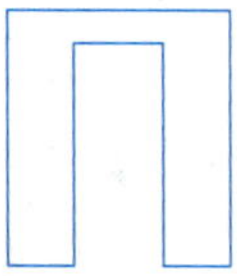	NQM2-3029-1022	3000	2900	1000	2200
刀把内墙	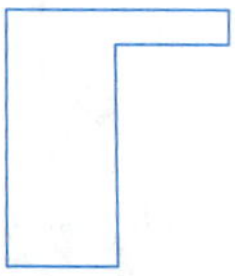	NQM3-3329-1022	3300	2900	1000	2200

2. 预制墙板列表注写内容

　　装配式剪力墙墙体结构可视为由预制剪力墙、后浇段、现浇剪力墙身、现浇剪力墙柱、现浇剪力墙梁等构件构成。其中，现浇剪力墙身、现浇剪力墙柱和现浇剪力墙梁的注写方式应符合《混凝土结构施工图平面整体表示方法制作规则和构造详图（现浇混凝土框架、剪力墙、梁、板）》22G101-1 的规定。对应于预制剪力墙平面布置图上的编号，在预制墙板表中应表达以下内容，如图 7-96 所示。

剪力墙梁表

编号	所在层号	梁顶相对标高高差	梁截面 $b \times h$	上部纵筋	下部纵筋	箍筋
LL1	4-20	0.000	200×500	2Φ16	2Φ16	Φ8@100(2)

预制墙板表

平面图中编号	内叶墙板	外叶墙板	管线预埋	所在层号	墙厚(内叶墙)	构件重量(t)	数量	所在轴号	构件详图页码(图号)
YWQ1	—	—	—	4-20	200	6.9	17	⑩~⑪/①	结施-01
YWQ2	—	—	见大样图	4-20	200	5.3	17	⑪~⑫/①	结施-02
YWQ3L	WQC1-3328-1514	wy-1 $a=190$ $b=20$	低区X=450 高区X=280	4-20	200	3.4	17	①~②/④	15G365-1 60、61
YWQ4L	—	—	见大样图	4-20	200	3.8	17	②~④/④	结施-03
YWQ5L	WQC1-3328-1514	wy-2 $a=20$ $b=190$ $d_R=80$ $c_R=590$	低区X=450 高区X=280	4-20	200	3.9	17	①~②/⑪	15G365-1 60、61
YWQ6L	WQC1-3628-1514	wy-2 $a=190$ $b=290$ $d_R=80$ $c_R=590$	低区X=450 高区X=430	4-20	200	4.5	17	②~③/⑪	15G365-1 64、65
YNQ1	NQ2728	—	低区X=150 高区X=450	4-20	200	3.6	17	⑩~⑪/②	15G365-2 16、17
YNQ2L	NQ2428	—	低区X=450 中区X=450	4-20	200	3.2	17	④~⑧/②	15G365-2 14、15
YNQ3	—	—	见大样图	4-20	200	3.5	17	④~⑧/④	结施-04
YNQ1a	NQ2728	—	低区X=150 中区X=750	4-20	200	3.6	17	⑩~⑪/③	15G365-2 16、17

预制外墙模板表

平面图中编号	所在层号	外叶墙板厚度	构件重量(t)	数量	所在轴号	构件详图页码(图号)
JM1	4-20	60	0.47	34	⑩~⑪/①	15G365-1、228

图 7-96 剪力墙平面布置图示例

8.300~55.900剪力墙平面布置图

层号	标高(m)	层高(m)
21	55.900	2.900
20	53.100	2.800
19	50.300	2.800
18	47.500	2.800
17	44.700	2.800
16	41.900	2.800
15	39.100	2.800
14	36.300	2.800
13	33.500	2.800
12	30.700	2.800
11	27.900	2.800
10	25.100	2.800
9	22.300	2.800
8	19.500	2.800
7	16.700	2.800
6	13.900	2.800
5	11.100	2.800
4	8.300	2.800
3	5.500	2.800
2	2.700	2.800
-1	-0.100	2.800
-1	-2.750	2.650
-2	-5.450	2.700
-3	-8.150	2.700

结构层楼面标高
结构层高

上部结构嵌固部位: -0.100

299

（1）墙板编号。

（2）各段墙板的位置信息，包括所在轴号和所在楼层号。

所在轴号应先标注垂直于墙板的起止轴号，用"～"表示起止方向；再标注墙板所在轴线轴号，二者用"/"分隔，如图 7-96 中的 YWQ2，所在轴号为Ⓐ～Ⓑ/①。如果同一轴线、同一起止区域内有多块墙板，可在所在轴号后用"－1"、"－2"……顺序标注。

（3）管线预埋位置信息。

当选用标准图集时，高度方向可只注写低区、中区和高区，水平方向根据标准图集的参数进行选择；当不可选用标准图集时，高度方向和水平方向均应注写具体定位尺寸，其参数位置所在装配方向为 X、Y，装配方向背面为 X'、Y'，可用下角标编号区分不同线盒，如图 7-97 所示。

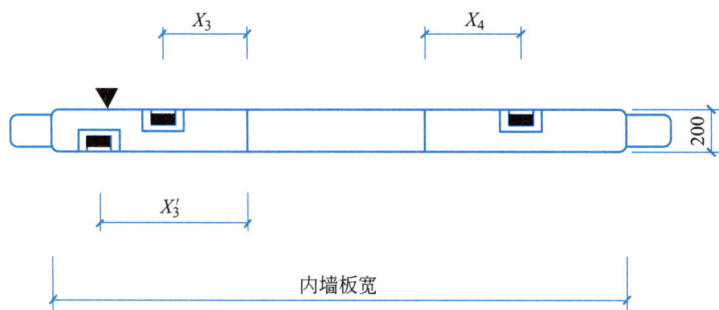

图 7-97　线盒参数含义示例

（4）构件重量、构件数量。

（5）构件详图页码，当选用标准图集时，需标注图集号和相应页码；当自行设计时，应注写构件详图的图纸编号。

3. 后浇段表示内容

（1）后浇段编号

后浇段编号由后浇段类型代号和序号组成，表达形式如表 7-19 所示。

后浇带编号　　　　　　　　　　　　　　　　　　　　　　　表 7-19

后浇段类型	代号	序号
约束边缘构件后浇段	YHJ	××
构造边缘构件后浇段	GHJ	××
非边缘构件后浇段	AHJ	××

注：约束边缘构件后浇段包括有翼墙和转角墙两种，如图 7-98 所示；构造边缘构件后浇段包括构造边缘翼墙、构造边缘转角墙、边缘暗柱三种，如图 7-99 所示；非边缘构件后浇段如图 7-100 所示。

（2）后浇段表表达的内容，如表 7-20 所示。

图 7-98　约束边缘构件后浇段（YHJ）

（a）有翼墙；（b）转角墙

图 7-99　构造边缘构件后浇段（GHJ）

（a）转角墙；（b）有翼墙；（c）边缘暗柱

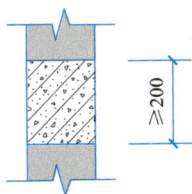

图 7-100　非边缘构件后浇段（AHJ）

后浇段表

表 7-20 后浇段表

截面	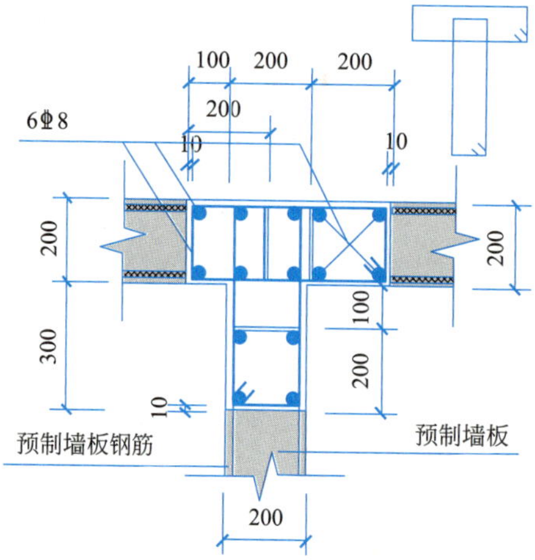	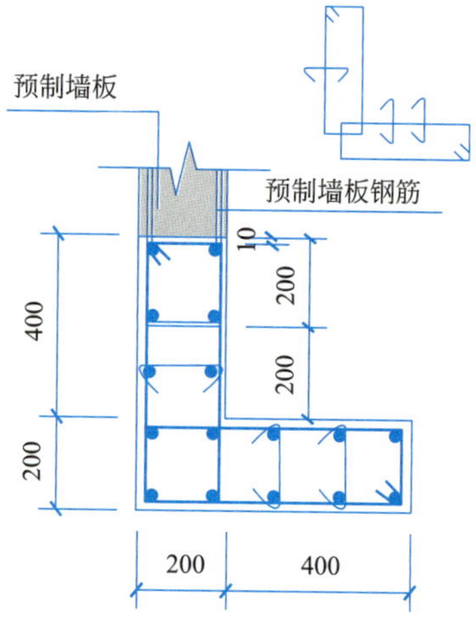
编号	GHJ4	GHJ6
标高	8.300~58.800	8.300~58.800
纵筋	8Φ12+6Φ8	16Φ12
箍筋	Φ8@200	Φ8@200

① 注写后浇段编号，绘制后浇段的截面配筋图，标注后浇段几何尺寸。

② 注写后浇段的起止标高，自后浇段根部往上以变截面位置或截面未变但配筋改变处为界分段注写。

③ 注写后浇段的纵向钢筋和箍筋，注写值应与在表中绘制的截面配筋对应一致。纵向钢筋注写纵筋直径和数量；后浇段箍筋、拉筋的注写方式与现浇剪力墙结构墙柱箍筋的注写方式相同。

④ 预制墙板外露钢筋尺寸应标注到钢筋中线，保护层厚度应标注至箍筋外表面。

4. 其他说明

（1）预制外墙模板编号

预制外墙模板编号由类型代号和序号组成，如JM1。预制外墙模板表内容包括平面图中编号、所在层号、所在轴号、外叶墙板厚度、构件重量、数量及构件详图页码（图号），如图 7-96 所示。

（2）图例及符号

① 图例（表 7-21）

表 7-21 图例

名称	图例	名称	图例
预制钢筋混凝土 （包括内墙、内叶墙、外叶墙）		后浇段、边缘构件	
		夹心保温外墙	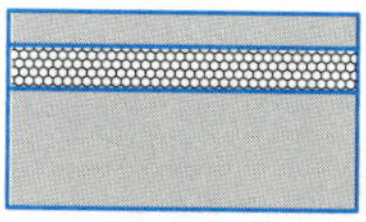

续表

名称	图例	名称	图例
保温层	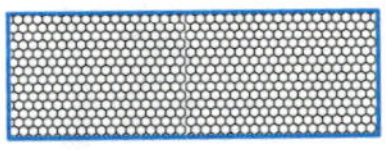	预制外墙模板	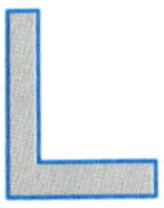
现浇钢筋混凝土墙体		防腐木砖	
预埋线盒			

② 符号（表 7-22）

符号含义　　　　　　　　　　　　　　　　　　　　表 7-22

符号	含义	符号	含义
 C	粗糙面	h_q	内叶墙板高度
WS	外表面	L_q	外叶墙板高度
NS	内表面	h_a	窗下墙高度
MJ1	吊件	h_b	洞口连梁高度
MJ2	临时支撑预埋螺母	L_0	洞口边缘垛宽度
MJ3	临时加固预埋螺母	L_w	窗洞宽度
B-30	300 宽填充用聚苯板	h_w	窗洞高度
B-45	450 宽填充用聚苯板	L_{w1}	双窗洞墙板左侧窗洞宽度
B-50	500 宽填充用聚苯板	L_{w2}	双窗洞墙板右侧窗洞宽度
B-5	50 宽填充用聚苯板	L_d	门洞宽度
H	楼层高度	h_d	门洞高度
L	标志宽度		

5. 预制墙板识读

下面以预制混凝土外墙板为例介绍其识读内容，该外墙板模板图、配筋图及节点详图如图 7-101～图 7-104 所示。

（1）模板图识读

从图 7-102 中可以读取出 WQ-3028 模板图中的以下内容：

1）外墙板的标志宽度 3000mm，层高 2800mm。

2）外叶墙板的宽度 2980mm，高度 2780＋35＝2815mm，厚度 60mm，外叶墙板对角线控制尺寸为 4099mm。

3）内叶墙板宽度 2400mm，高度 2640mm，厚度 200mm，内叶墙板对角线控制尺寸为 3568mm。

WQ示意图

2—2

1-1

WQ钢筋骨架示意图

WP1

WP2

VJ1

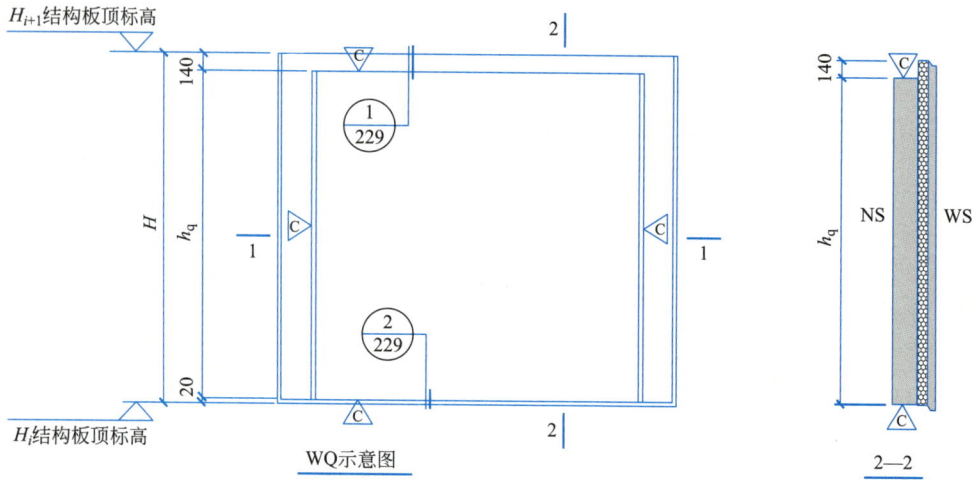

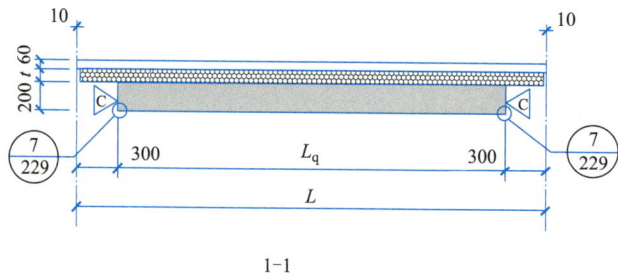

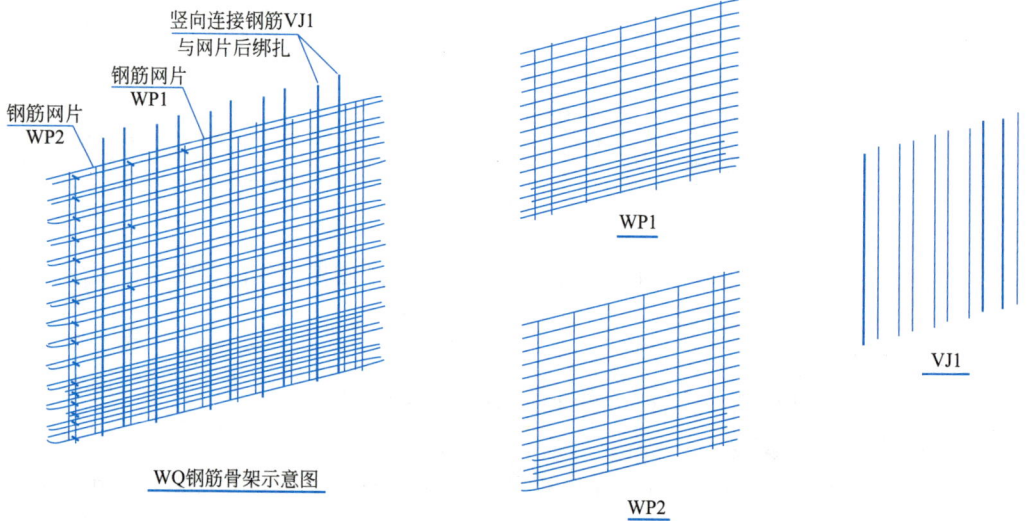

图 7-101　WQ 墙板索引图

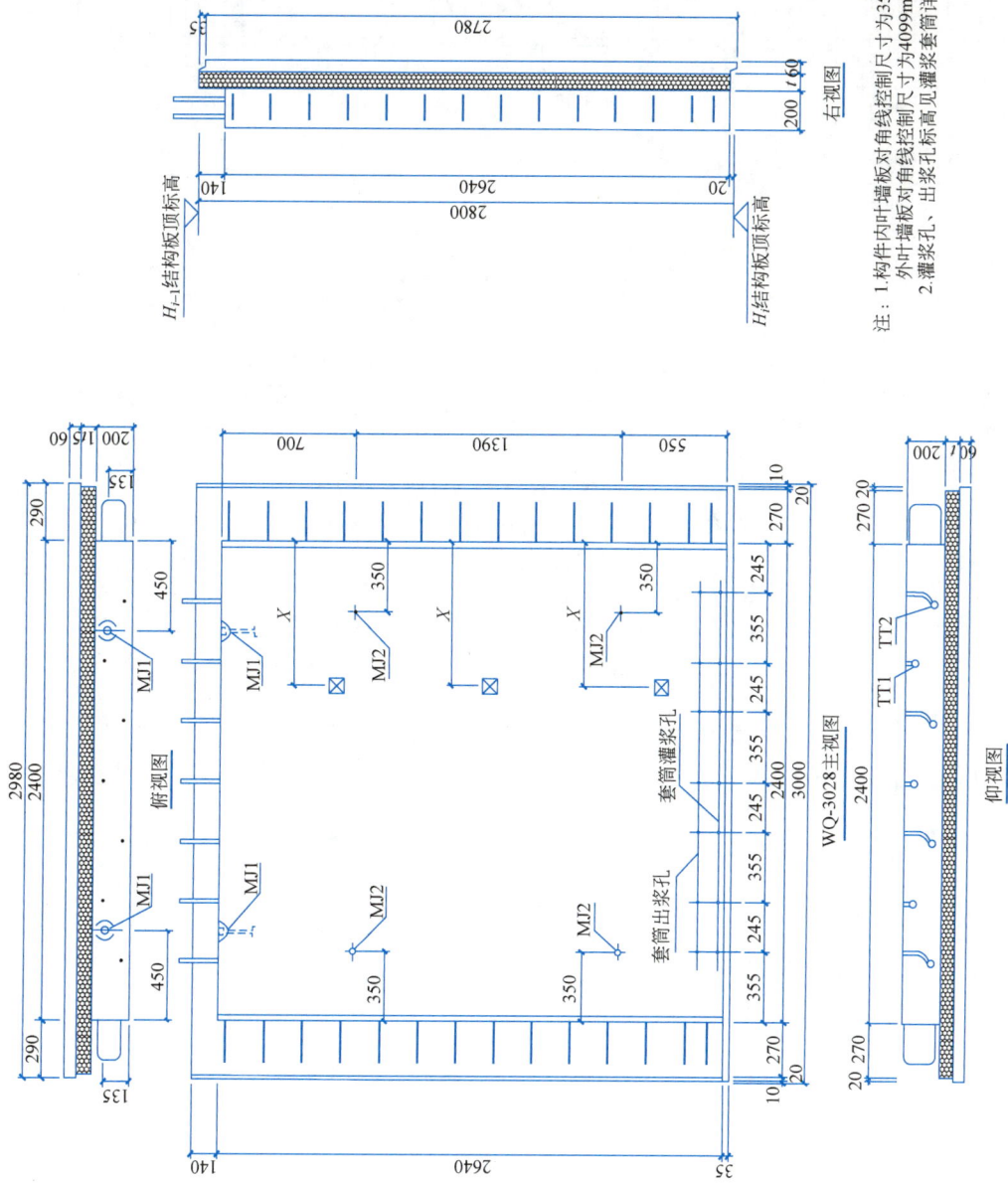

图7-102 WQ-3028模板图

名称	数量	编号	位置	预埋线盒位置选用 中心墙边距X(mm)
吊件	2	WJ1	高区	X=150、450、1950、2250
临时支撑预埋螺母	4	WJ2	中区	X=150、450、750、1050、1350、1550、1950、2250
套筒组件	3/4	TT1/TT2	低区	

注：1. 构件内叶墙板对角线控制尺寸为3568mm，外叶墙板对角线控制尺寸为4099mm。
2. 灌浆孔、出浆孔见套筒详图。灌浆孔标高见套筒灌浆图。

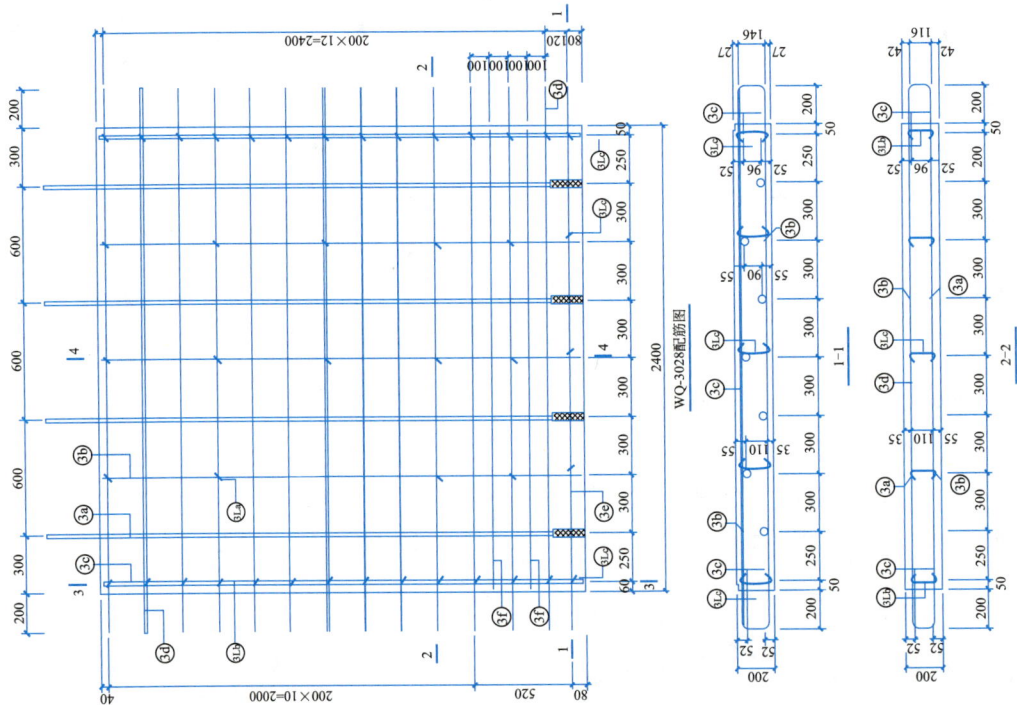

图 7-103　WQ-3028 配筋图

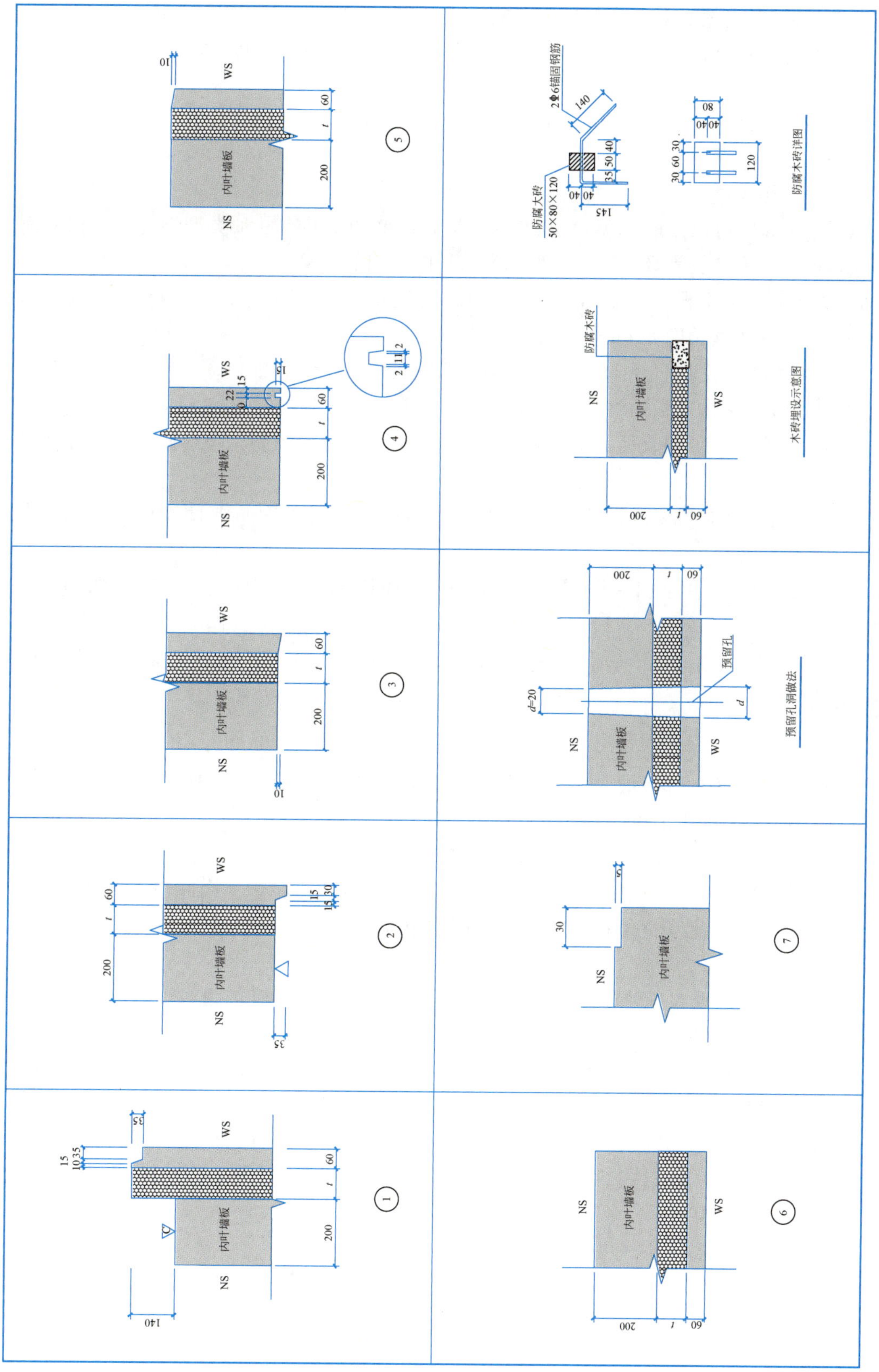

图 7-104　预制外墙板节点详图

4）夹心保温层宽度 2980－20×2＝2940mm，高度 2640＋140＝2780mm，厚度 t。

5）内叶墙板距离外叶墙板边缘宽度方向两边各为 290mm，高度方向底部 20mm，顶部 140mm。

6）内叶墙板距离夹心保温层边缘宽度方向两边各为 270mm，高度方向底部平齐，顶部 140mm。

（2）配筋图识读

从图 7-103 中可以读取出 WQ-3028 内叶墙板配筋图中共有 9 种类型钢筋，根据前面的工程概况，构件抗震等级三级，各种钢筋信息内容如下：

1）③a号钢筋为 7 根直径 16mm 的 HRB400 竖向钢筋，下端插入套筒内，上端延伸出墙板顶部，下端车丝长度 23mm。

2）③b号钢筋为 7 根直径 16mm 的 HRB400 竖向钢筋。

3）③c号钢筋为内叶板两端 4 根直径 12mm 的 HRB400 竖向钢筋。

4）③d号钢筋为 13 根直径 8mm 的 HRB400 水平环向封闭钢筋，两端伸出内叶板边缘各 200mm。

5）③e号钢筋为内叶板底部 1 根直径 8mm 的 HRB400 水平环向封闭钢筋，两端伸出内叶板边缘各 200mm。

6）③f号钢筋为内叶板下部 2 根直径 8mm 的 HRB400 水平环向封闭钢筋，两端不伸出内叶板。

7）③La号钢筋为内叶板中间的拉筋，规格为直径 6mm 的 HRB400 钢筋，间距 600mm。

8）③Lb号钢筋为内叶板两侧竖向拉筋，规格为 26 根直径 6mm 的 HRB400 钢筋。

9）③Lc号钢筋为内叶板最底部一排拉筋，规格为 5 根直径 6mm 的 HRB400 钢筋。

（3）预埋件布置图识读

1）吊件 MJ1 两个，位于内叶墙板顶部，距离内叶板宽度方向两边缘各为 450mm。

2）临时支撑预埋螺母 MJ2 四个，分为上下两排，下面一排距离内叶板底面 550mm，距离内叶板宽度边缘各为 350mm，上面一排距离内叶板顶面 700mm，距离内叶板宽度边缘各为 350mm。

3）预埋线盒位置有三种选择，高区、中区、低区，与内叶板右侧边缘距离可参考预埋件明细表内的数据选用。

4）套筒灌浆孔和出浆孔的定位尺寸，按从左至右分别为 355mm、245mm、355mm、245mm、355mm、245mm、355mm、245mm；灌浆孔距离内叶板底部 30mm，灌浆孔与出浆孔之间的高度 h 根据钢筋直径确定，直径 12mm 的 HRB400 钢筋，高度 74mm，直径 14mm 的 HRB400 钢筋，高度 89mm，直径 16mm 的 HRB400 钢筋，高度 104mm。

（4）节点详图识读

结合图 7-102 和图 7-104 可读取出节点①②⑦详图内容如下：

1）节点①详图：内叶墙板厚度为 200mm，上顶面为粗糙面；中间保温层厚度为 t，上顶面比内叶墙板顶面高 140mm；外叶墙板厚度为 60mm，上顶面带有坡面，坡面高度为 35mm，厚度方向的细部尺寸分别为 10mm、15mm 和 35mm。

2）节点②详图：内叶墙板厚度为 200mm，下底面为粗糙面；中间保温层厚度为 t，下底面与内叶墙板底面平齐；外叶墙板厚度为 60mm，下底面带有坡面，坡面高度为 35mm，坡面起点与内叶墙板和保温层平齐，厚度方向的细部尺寸分别为 15mm、15mm 和 30mm。

3）节点⑦详图：显示内叶墙板内侧边缘留有一错台，长度为 30mm，厚度为 5mm，高度同内叶墙板高度。

（5）钢筋表与预埋件表识读

钢筋表与预埋件表内容如图 7-102 和图 7-103 所示，钢筋表主要表达墙板内钢筋类型、钢筋编号、结构抗震等级、钢筋加工尺寸及备注等内容；预埋件表主要表达编号、名称、数量、预埋线盒位置选用等内容。

7.4.2 预制混凝土叠合楼板

预制混凝土叠合楼板分为双向板和单向板，如图 7-105 所示。

(a)

(b)

图 7-105 预制混凝土叠合楼板示意图

（a）双向叠合板；（b）单向叠合板

如图 7-106 所示为叠合楼盖平面布置图，主要包括预制底板平面布置图、现浇层配筋图、水平后浇带或圈梁布置图。

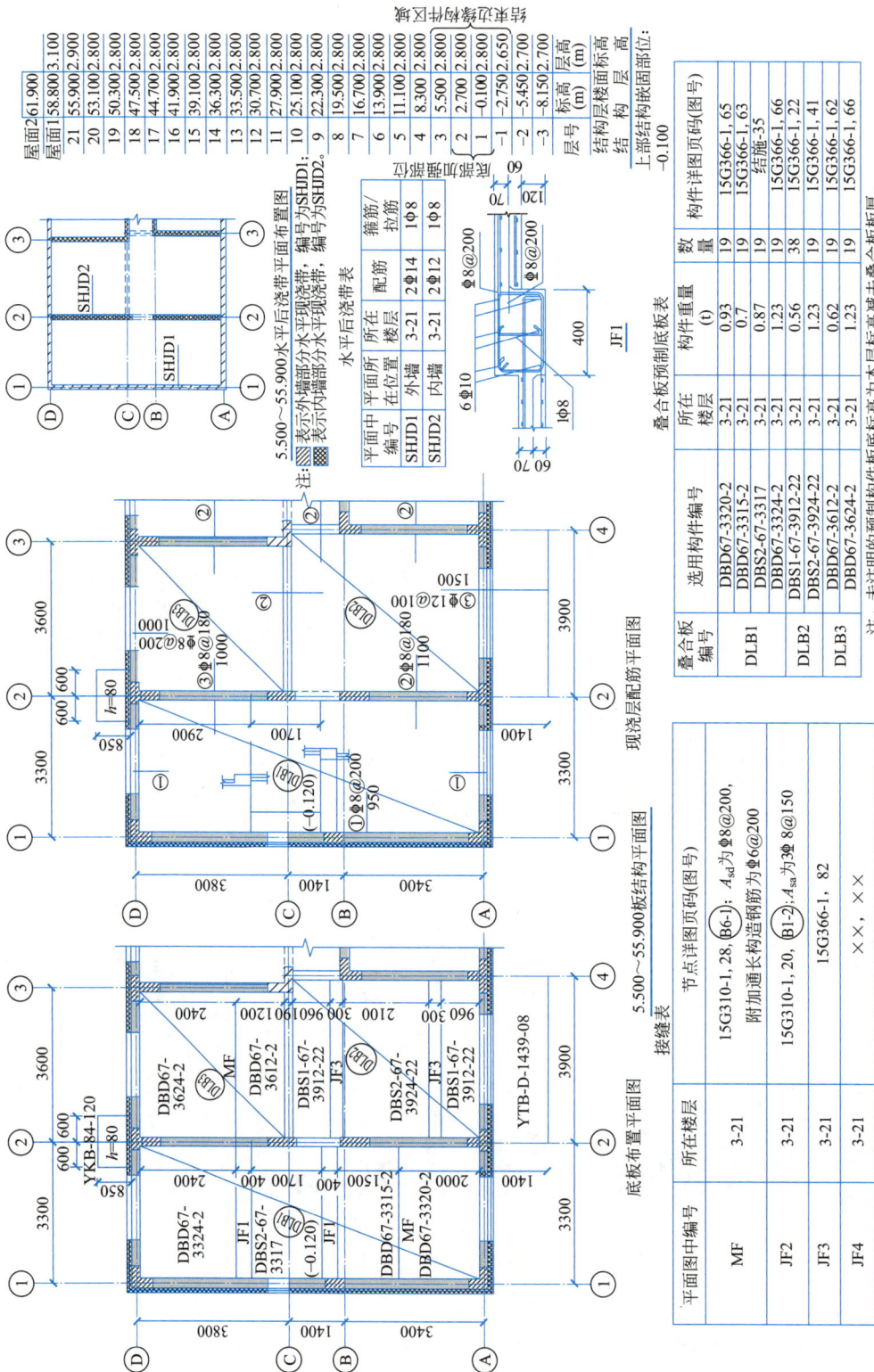

图 7-106　叠合楼盖平面布置示例

　　所有叠合板板块应逐一编号，相同编号的板块可择其一做集中标注，其他仅注写置于圆圈内的板编号。叠合板编号，由叠合板代号和序号组成，表达形式如表7-23所示。如DLB3：表示楼面板为叠合板，序号为3；DWB2：表示屋面板为叠合板，序号为2；DXB1：表示悬挑板为叠合板，序号为1。

叠合板编号表　　　　　　　　　　　　　　　　　　　　表 7-23

叠合板类型	代号	序号
叠合楼面板	DLB	××
叠合屋面板	DWB	××
叠合悬挑板	DXB	××

1. 叠合板类型与编号规定

（1）双向叠合板分为底板边板和底板中板两种类型。双向叠合板的编号如图7-107所示。

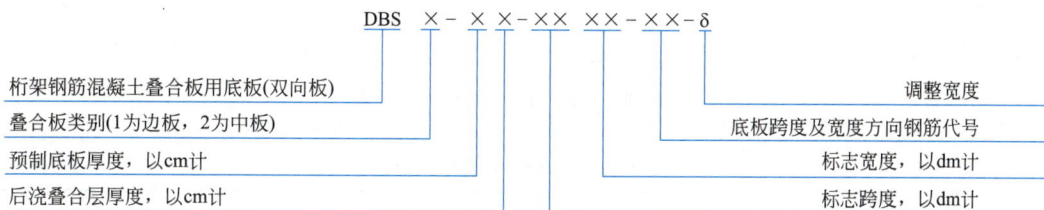

DBS ×-××-×× ××-××-δ

桁架钢筋混凝土叠合板用底板（双向板）　　　　　　　调整宽度

叠合板类别(1为边板，2为中板)　　　　　　底板跨度及宽度方向钢筋代号

预制底板厚度，以cm计　　　　　　　　标志宽度，以dm计

后浇叠合层厚度，以cm计　　　　　　　标志跨度，以dm计

图 7-107　双向叠合板用底板编号

　　双向板底板宽度、跨度及钢筋编号见表7-24和表7-25。

双向板底板宽度及跨度表　　　　　　　　　　　　　　　表 7-24

	标志宽度(mm)	1200	1500	1800	2000	2400
宽度	边板实际宽度(mm)	960	1260	1560	1760	2160
	中板实际宽度(mm)	900	1200	1500	1700	2100
跨度	标志跨度(mm)	3000	3300	3600	3900	4200	4500
	实际跨度(mm)	2820	3120	3420	3720	4020	4320
	标志跨度(mm)	4800	5100	5400	5700	6000	—
	实际跨度(mm)	4620	4920	5220	5520	5820	—

双向板底板跨度、宽度方向钢筋代号组合表　　　　　　　表 7-25

跨度方向钢筋 / 编号 / 宽度方向钢筋	$\Phi 8@200$	$\Phi 8@150$	$\Phi 10@200$	$\Phi 10@150$
$\Phi 8@200$	11	21	31	41
$\Phi 8@150$	—	22	32	42
$\Phi 8@100$	—	—	—	43

例1：底板编号 DBS1-67-3620-31，表示双向受力叠合板用底板，拼装位置为边板，预制底板厚度为 60mm，后浇叠合层厚度为 70mm，预制底板的标志跨度为 3600mm，预制底板的标志宽度为 2000mm，底板跨度方向配筋为Φ10@200，底板宽度方向配筋为Φ8@200。

例2：底板编号 DBS2-67-3620-31，表示双向受力叠合板用底板，拼装位置为中板，预制底板厚度为 60mm，后浇叠合层厚度为 70mm，预制底板的标志跨度为 3600mm，预制底板的标志宽度为 2000mm，底板跨度方向配筋为Φ10@200，底板宽度方向配筋为Φ8@200。

（2）单向叠合板类型与编号规定

单向叠合板与双向叠合板相比，底板边板与中板构造相同，其编号如图 7-108 所示，单向板底板钢筋代号如表 7-26 所示，标志宽度和标志跨度如表 7-27 所示。

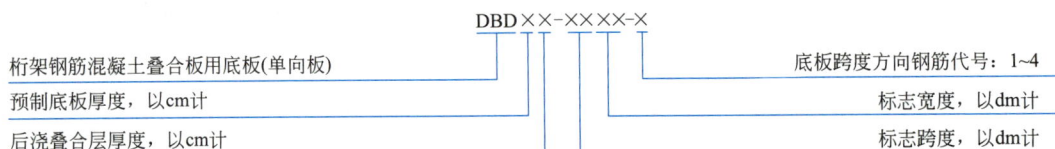

DBD ×× - ×× ×× - ×

桁架钢筋混凝土叠合板用底板(单向板)
预制底板厚度，以cm计
后浇叠合层厚度，以cm计

底板跨度方向钢筋代号：1~4
标志宽度，以dm计
标志跨度，以dm计

图 7-108　单向叠合板用底板编号

单向板底板钢筋编号表　　　　　　表 7-26

代号	1	2	3	4
受力钢筋规格及间距	Φ8@200	Φ8@150	Φ10@200	Φ10@150
分布钢筋规格及间距	Φ6@200	Φ6@200	Φ6@200	Φ6@200

单向板底板宽度及跨度表　　　　　　表 7-27

宽度	标志宽度(mm)	1200	1500	1800	2000	2400
	实际宽度(mm)	1200	1500	1800	2000	2400
跨度	标志跨度(mm)	2700	3000	3300	3600	3900	4200
	实际跨度(mm)	2520	2820	3120	3420	3720	4020

例如：底板编号 DBD67-3620-2，表示为单向受力叠合板用底板，预制底板厚度为 60mm，后浇叠合层厚度为 70mm，预制底板的标志跨度为 3600mm，预制底板的标志宽度为 2000mm，底板跨度方向受力钢筋规格及间距为Φ8@150，宽度方向分布钢筋规格及间距Φ6@200。

2. 叠合板现浇层标注方法

叠合楼盖现浇层注写方法与《混凝土结构施工图平面整体表示方法制图规则和构造详图（现浇混凝土框架、剪力墙、梁、板）》22G101-1 的"有梁楼盖板平法施工图的表示方法"相同。

3. 叠合板底板标注方法

预制底板平面布置图中需要标注叠合板编号、预制底板编号、各块预制底板尺寸和定位。预制底板为单向板时，需标注板边调节缝和定位；预制底板为双向板时还应标注接缝尺寸和定位；当板面标高不同时，标注底板标高高差，下降为负。如图 7-106 所示，①轴与②轴之间叠合板编号为 DLB1；编号为 DBS2-67-3317 的叠合板，其标志跨度 3300mm，标志宽度 1700mm，两侧底板接缝宽度各为 400mm，板面标高比两侧底板低 120mm。

预制底板表中需要标明编号、板块内的预制底板编号及其与叠合板编号的对应关系、所在楼层、构件重量和数量、构件详图页码（自行设计构件为图号）、构件设计补充内容（线盒、留洞位置等）。

4. 叠合板识读

下面以双向叠合板为例介绍其识读内容，该叠合板模板图、配筋图及节点详图如图 7-109～图 7-112 和表 7-28～表 7-30 所示。

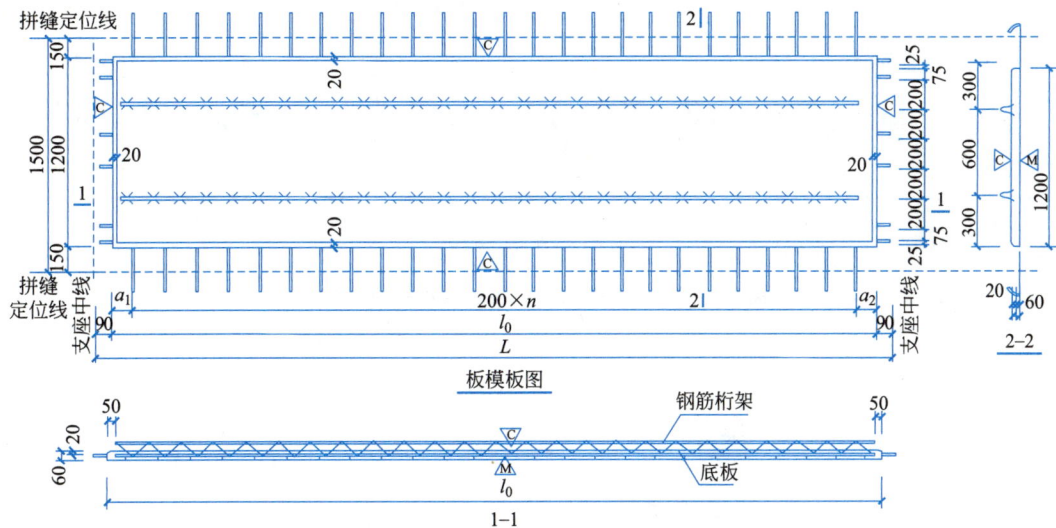

图 7-109　DBS2-67-3015-11 板模板图

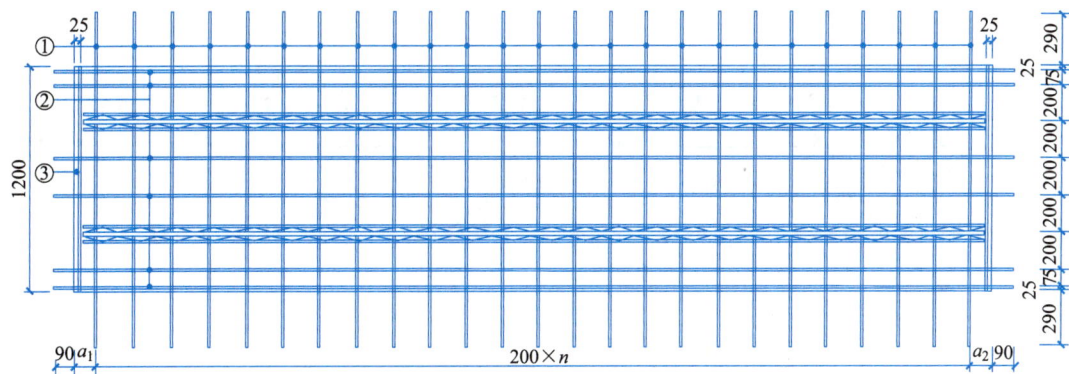

图 7-110　DBS2-67-3015-11 板配筋图

（注：①号钢筋弯钩角度为 135°；②号钢筋位于①号钢筋上层，桁架下弦钢筋与②号钢筋同层）

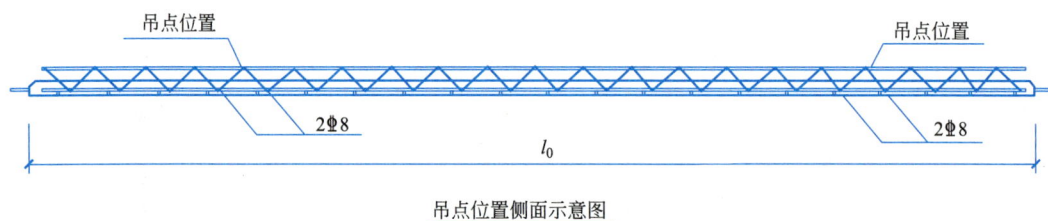

宽1500双向板吊点位置平面示意图

吊点位置侧面示意图

图 7-111　宽 1500 双向板吊点位置平面示意图

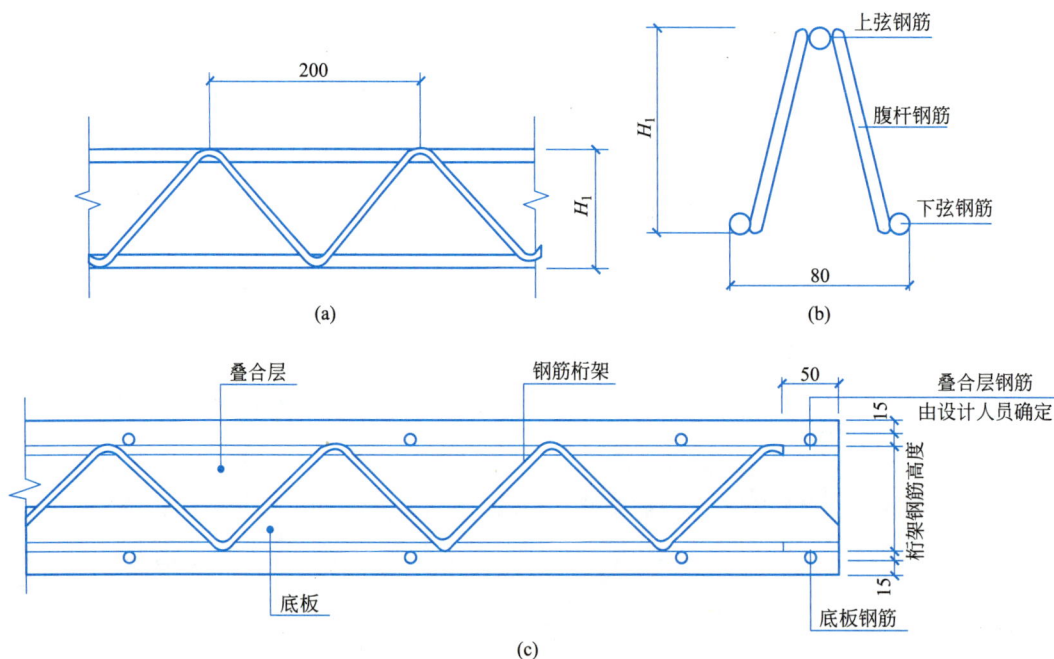

(a)

(b)

(c)

图 7-112　钢筋桁架及底板大样图（一）

（a）钢筋桁架立面图；（b）钢筋桁架剖面图；（c）叠合板剖面图

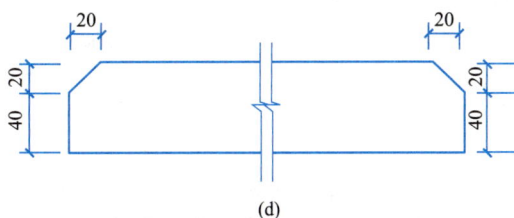

(d)

图 7-112　钢筋桁架及底板大样图（二）

(d) 双向板断面图

叠合板 DBS2-67-3015-11 底板参数　　　　表 7-28

底板编号 (X 代表 1、3)	l_0 (mm)	a_1 (mm)	a_2 (mm)	n	桁架型号		
					编号	长度(mm)	重量(kg)
DBS2-67-3015-X1	2820	150	70	13	A80	2720	4.79
DBS2-68-3015-X1					A90		4.87

　　注：DBS2-67-3015-11 中各符号的含义：DBS-桁架钢筋混凝土叠合板用底板（双向板）；2-叠合板类型（1 为边板，2 为中板）；6-预制底板厚度，以 cm 计，即 60mm；7-后浇叠合层厚度，以 cm 计（7 代表 70mm，8 代表 80mm，9 代表 90mm）；30-标志跨度，以 dm 计，即 3000mm；15-标志宽度，以 dm 计，即 1500mm；11-底板跨度及宽度方向钢筋代号。

DBS2-67-3015-11 底板配筋表　　　　表 7-29

底板编号 (X 代表 7、8)	①			②			③		
	规格	加工尺寸	根数	规格	加工尺寸	根数	规格	加工尺寸	根数
DBS2-6X-3015-11	$\phi 8$	40　1780　40	14	$\phi 8$	3000	6	$\phi 6$	1150	2
DBS2-6X-3015-31				$\phi 10$					

钢筋桁架规格及代号表　　　　表 7-30

桁架规格代号	上弦钢筋公称直径(mm)	下弦钢筋公称直径(mm)	腹杆钢筋公称直径(mm)	桁架设计高度(mm)	桁架每延米理论重量(kg/m)
A80	8	8	6	80	1.76
A90	8	8	6	90	1.79
A100	8	8	6	100	1.82
B80	10	8	6	80	1.98
B90	10	8	6	90	2.01
B100	10	8	6	100	2.04

（1）模板图识读

从图 7-109 和表 7-28 中可以读取出 DBS2-67-3015-11 模板图中的以下内容：

1）模板长度方向的尺寸：$l_0=2820\text{mm}$，$a_1=150\text{mm}$，$a_2=70\text{mm}$，$n=13$，$l_0=a_1+a_2+200n$，总长度 $L=l_0+90\times2=3000\text{mm}$，两端延伸至支座中线；桁架长度为 $l_0-50\times2=2720\text{mm}$。

2）模板宽度方向的尺寸：板实际宽度 1200mm，标志宽度 1500mm，板边缘至拼缝定位线各为 150mm，板的四边坡面水平投影宽度均为 20mm；桁架距离板长边边缘 300mm，两平行桁架之间的距离为 600mm，钢筋桁架端部距离板端部 50mm。

3）叠合板底板厚度为 60mm，△M 所指方向代表模板面，△C 所指方向代表粗糙面。

（2）配筋图识读

从图 7-110 和表 7-29、表 7-30 中可以读取出 DBS2-67-3015-11 配筋图中的以下内容：

1）①号钢筋为直径 8mm 的 HRB400 钢筋，两端弯锚 135°，平直段长度 40mm，间距 200mm，长度方向两端伸出板边缘 290mm，左侧板边第一根钢筋距离板左边缘 $a_1 =$ 150mm、右侧板边第一根钢筋距离板右边缘 $a_2 = 70mm$。

2）②号钢筋为直径 8mm 的 HRB400 钢筋，两端无弯钩，两端间距 75mm，中间间距 200mm，长度方向两端伸出板边缘 90mm。

3）③号钢筋为直径 6mm 的 HRB400 钢筋，两端无弯钩，两端距离①号钢筋间距分别为 $150-25=125mm$ 和 $70-25=45mm$。

4）桁架上弦和下弦钢筋为直径 8mm 的 HRB400 钢筋，腹杆钢筋为直径 6mm 的 HPB300 钢筋，长度方向桁架边缘距离板边缘 50mm。

（3）吊点位置布置图识读

从图 7-111 可知，图中所示"▲"表示吊点位置，吊点应设置在距离图中所示位置最近的上弦节点处。该双向板一共 4 个吊点，吊点距离构件边缘 600mm，每个吊点两侧各设置两根直径 8mm 的 HRB400 附加钢筋，长度为 280mm。

（4）节点详图识读

从图 7-112 及表 7-30 可知，钢筋桁架高度 $H_1 = 80mm$，两个下弦之间的水平距离 80mm；腹杆顶部弯折处水平距离 200mm，腹杆端部距离板边缘 50mm；底板钢筋和叠合层钢筋的外边缘距离构件边缘 15mm；双向板的断面顶部两端为坡面，坡面的断面尺寸为高度 20mm、宽度 20mm。

（5）钢筋表与底板参数表识读

从表 7-28、表 7-29 可知，钢筋表主要表达底板编号、钢筋编号以及各编号钢筋的规格、加工尺寸和根数等内容。底板参数表主要表达底板编号，底板净长度 l_0，第一根与最后一根钢筋与板端的距离 a_1（a_2），板筋间距数量 n，桁架型号编号、长度以及重量等内容。

7.4.3 预制混凝土楼梯

1. 双跑楼梯编号规定

预制双跑楼梯编号如图 7-113 所示。例如 ST-28-25 表示预制混凝土板式双跑楼梯，建筑层高 2800mm、楼梯间净宽 2500mm。预制混凝土板式楼梯图例如表 7-31 所示。

```
        ST  —   ××  —   ××
```
楼梯类型　　　　层高　　　　楼梯间净宽
　　　　　　　（以dm计）　（以dm计）

图 7-113　预制双跑楼梯编号

预制混凝土板式楼梯图例表　　　　　表 7-31

图例	含义
	栏杆预留洞口
	梯段板吊装预埋件
	板吊装预埋件
	栏杆预留埋件

2. 双跑楼梯平面布置图与剖面图标注内容

（1）平面布置图标注内容

预制楼梯平面布置图注写内容包括楼梯间的平面尺寸、楼层结构标高、楼梯的上下方向、预制梯板的平面几何尺寸、梯板类型及编号、定位尺寸和连接做法索引号等。

如图 7-114 所示的楼梯平面布置图中，选用了编号为 ST-28-24 的预制混凝土板式双跑楼梯，建筑层高 2800mm，楼梯间净宽 2400mm，梯段水平投影长度 2620mm，梯段宽度 1125mm。中间休息平台标高为 1.400m，宽度 1000mm，楼层平台宽度 1280mm。

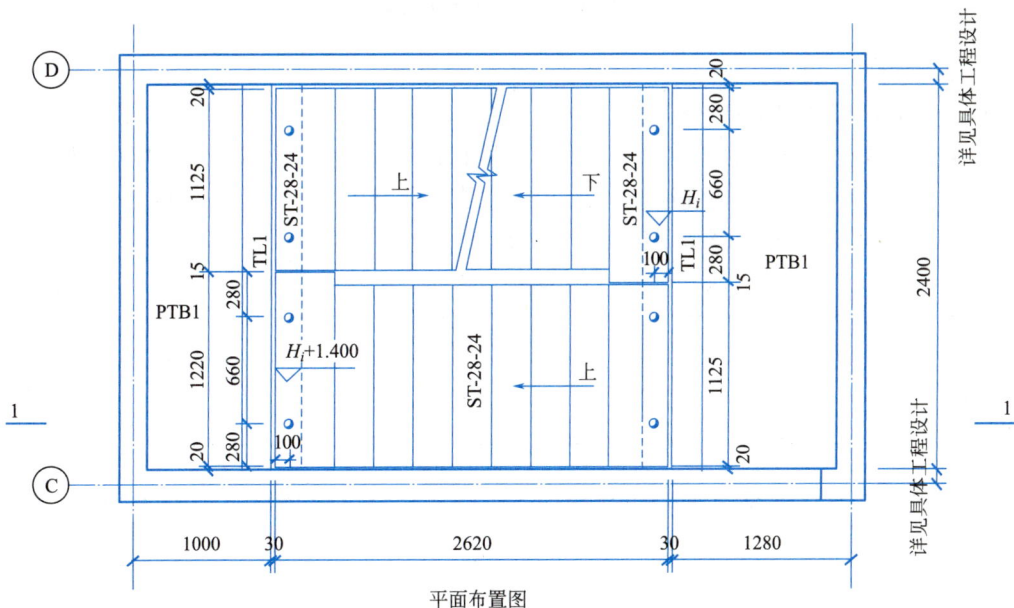

图 7-114　预制双跑楼梯平面布置图

（2）剖面图标注内容

预制楼梯剖面图注写内容包括预制楼梯编号、梯梁梯柱编号、预制梯板水平及竖向尺寸、楼层结构标高、层间结构标高、建筑楼面做法厚度等。

如图 7-115 所示的楼梯剖面图中，预制楼梯编号为 ST-28-24，梯梁编号为 TL1，梯段高 1400mm，中间休息平台标高为 1.400m，楼层平台标高为 2.800m，入户处楼梯建筑面层厚度 50mm，中间休息平台建筑面层厚度 30mm。

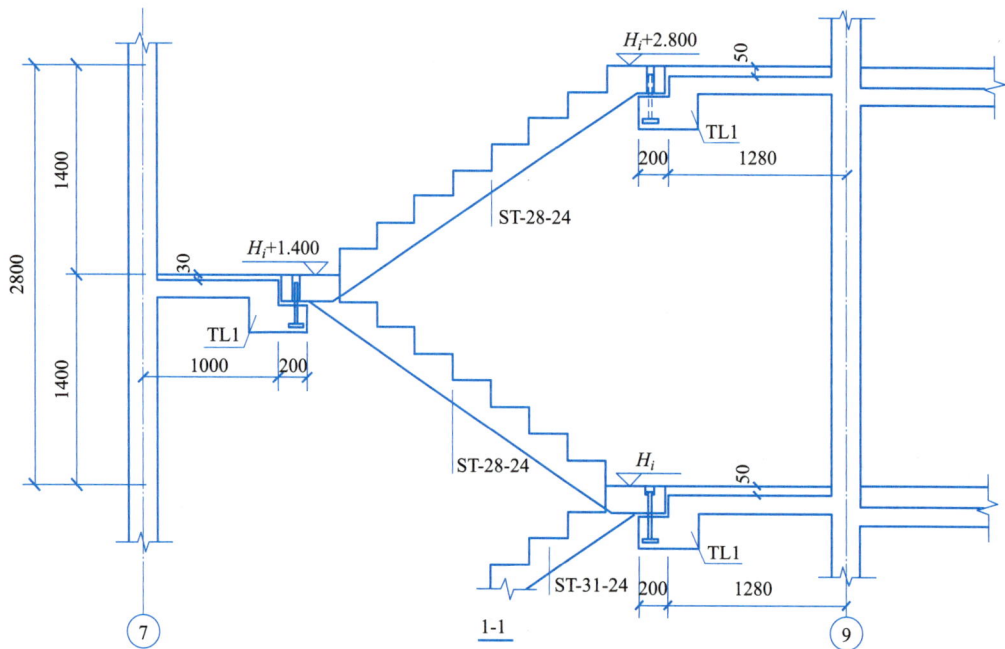

图 7-115　预制楼梯剖面图

3. 其他说明

（1）预制楼梯表的主要内容包括：构件编号、所在层号、构件重量、构件数量、构件详图页码（选用标准图集的楼梯注写具体图集号和相应页码；自行设计的构件需注写施工图图号）、连接索引（标准构件应注写具体图集号、页码和节点号；自行设计时需注写施工图页码）、备注中可标明该预制构件是"标准构件"或"自行设计"，如表 7-32 所示。

预制楼梯表　　　　　　　　　　　　　　　　　　　　　　　表 7-32

构件编号	所在楼层	构件重量(t)	数量	构件详图页码(图号)	连接索引	备注
ST-28-24	3～20	1.61	72	15G367-1,8～10	—	标准构件
ST-31-24	1～2	1.8	8	结施-24	15G367-1,27,①②	自行设计本图略

（2）预制隔墙板编号由预制隔墙板代号、序号组成，表达形式如表 7-33 所示。如 GQ3，表示预制隔墙，序号为 3。

预制隔墙板编号　　　　　　　　　　　　　　　　　　　　　表 7-33

预制墙板类型	代号	序号
预制隔墙板	GQ	××

4. 双跑楼梯识读

下面以双跑楼梯为例介绍其识读内容，该楼梯模板图、配筋图如图 7-116、图 7-117 所示。

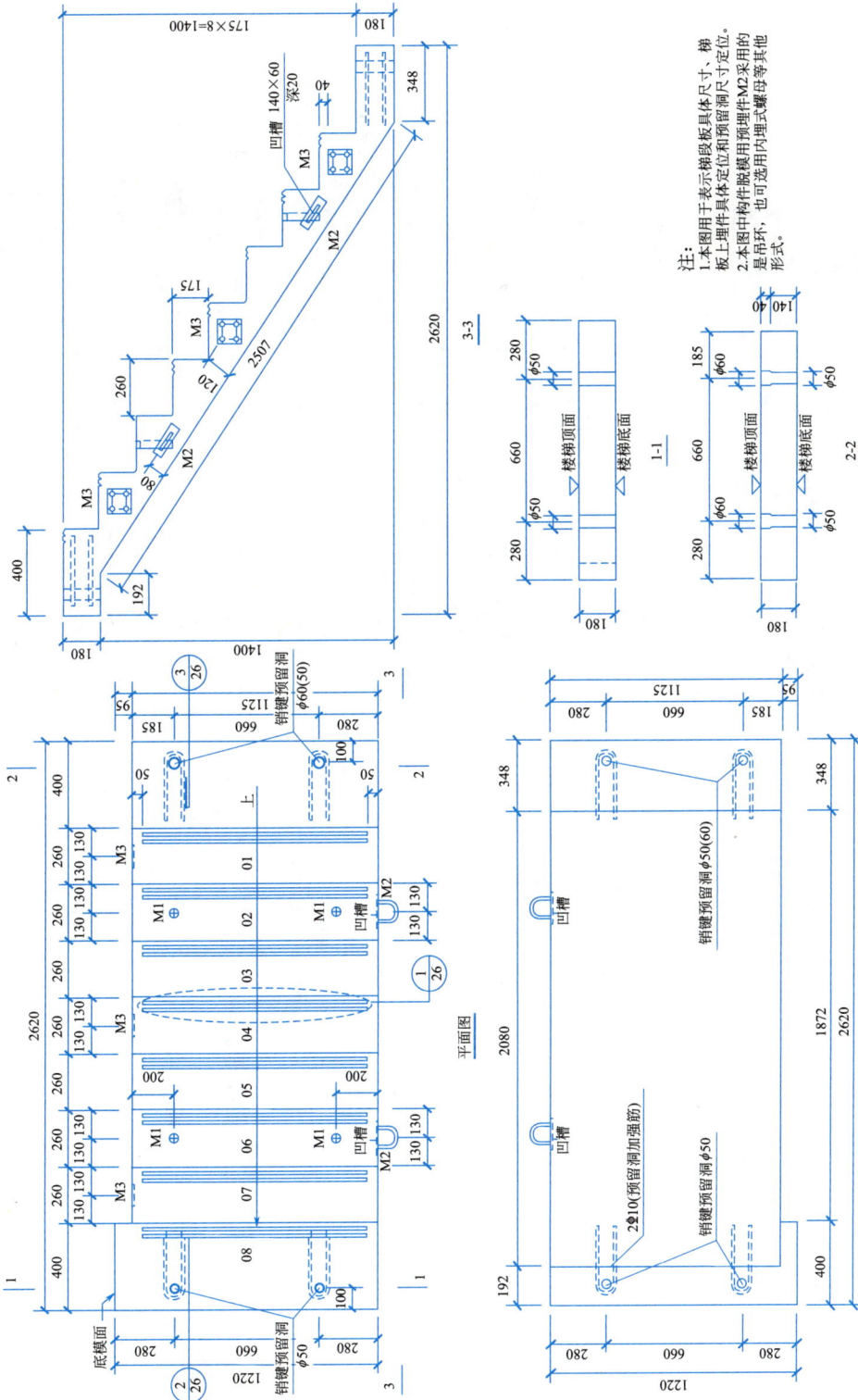

图 7-116　ST-28-24 模板图

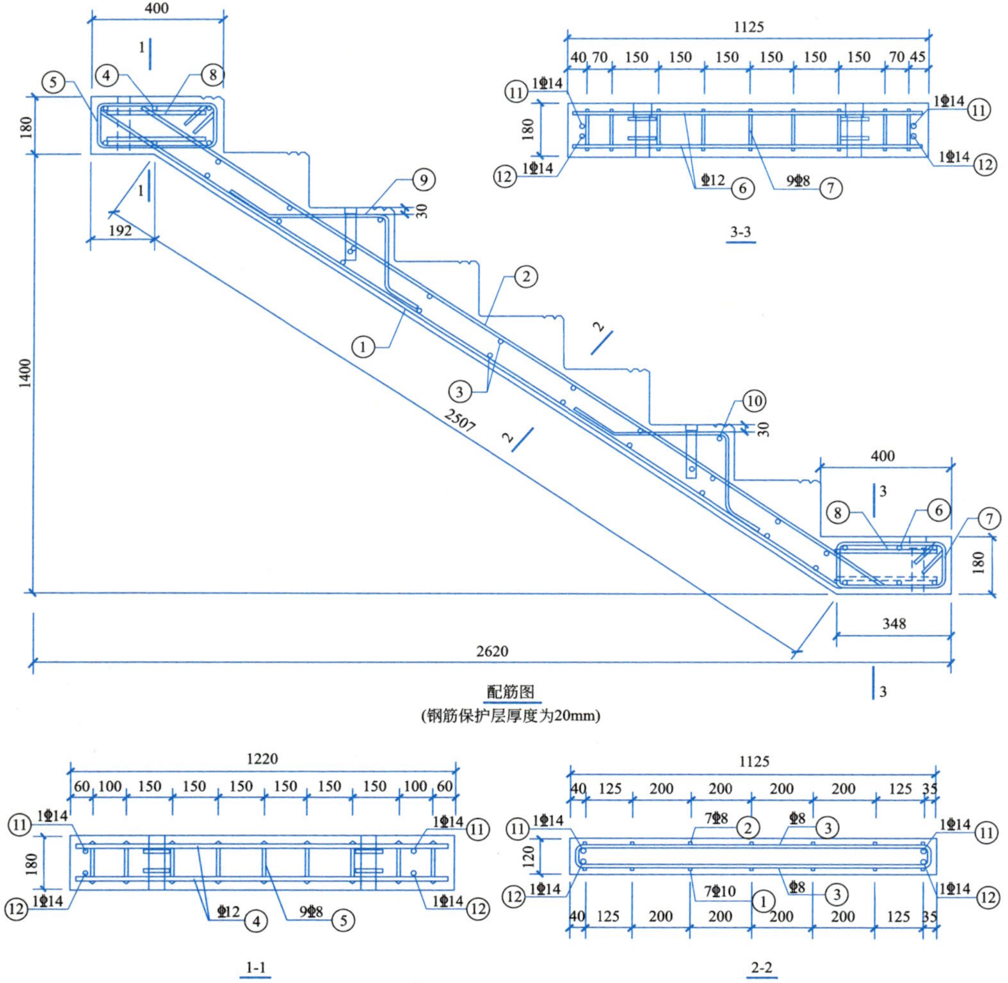

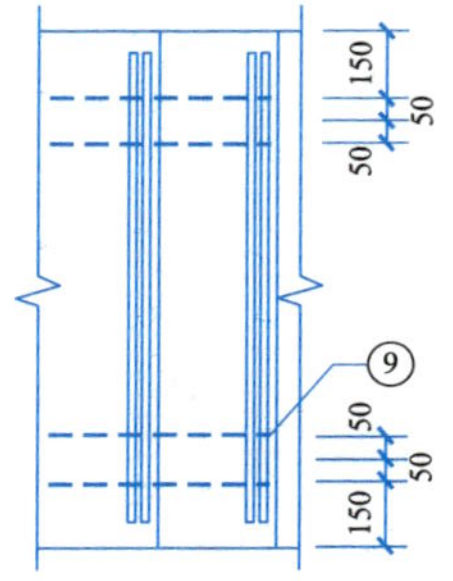

⑨ 钢筋平面定位图

钢筋明细表

编号	数量	规格	形状	钢筋名称	重量(kg)	钢筋总重(kg)	混凝土(m²)
①	7	Φ12	2700 321	下部纵筋	13.05	72.18	0.6524
②	7	Φ8	2728	上部纵筋	7.54		
③	20	Φ8	1085 80	上、下分布筋	9.84		
④	6	Φ12	1180 140	边缘纵筋1	7.57		
⑤	9	Φ8	360 140	边缘箍筋1	3.56		
⑥	6	Φ12	1085	边缘纵筋2	5.79		
⑦	9	Φ8	328 140	边缘箍筋2	3.33		
⑧	8	Φ10	280 327 213	加强筋	3.31		
⑨	8	Φ8	1085	吊点加强筋	2.34		
⑩	2	Φ8	150	吊点加强筋	0.86		
⑪	2	Φ14	2700 275	边缘加强筋	7.57		
⑫	2	Φ14	2700 368	边缘加强筋	7.42		

配筋图
（钢筋保护层厚度为20mm）

图7-117 ST-28-24 配筋图

（1）模板图识读

如图 7-116 所示，可以读取出楼梯 ST-28-24 模板图的相关信息。

1）楼梯间净宽 2400mm，其中梯井宽 110mm，梯段板宽 1125mm，梯段板与楼梯间外墙间距 20mm。梯段板水平投影长 2620mm。梯段板厚 120mm。

2）梯段板设置一个与低处楼梯平台连接的底部平台、七个梯段中间的正常踏步（图纸中编号为 01 至 07）和一个与高处楼梯平台连接的踏步平台（图纸中编号为 08）。

3）梯段底部平台面宽 400mm（因梯段有倾斜角度，平台底宽 348mm），长度与梯段宽度相同，厚 180mm。顶面与低处楼梯平台顶面建筑面层平齐，搁置在平台挑梁上，与平台顶面间留 30mm 空隙。平台上设置 2 个销键预留洞，预留洞中心距离梯段板底部平台侧边分别为 100mm（靠楼梯平台一侧）和 280mm（靠楼梯间外墙一侧），对称设置。预留洞下部 140mm 孔径为 50mm，上部 40mm 孔径为 60mm。

4）梯段中间的 01 至 07 号踏步自下而上排列，踏步高 175mm，踏步宽 260mm，踏步面长度与梯段宽度相同。踏步面上均设置防滑槽。第 01、04 和 07 号踏步台阶靠近梯井一侧的侧面各设置 1 个拉杆预留埋件 M3，在踏步宽度上居中设置。第 02 和 06 号踏步台阶靠近楼梯间外墙一侧的侧面各设置 1 个梯段板吊装预埋件 M2，在踏步宽度上居中设置。第 02 和 06 号踏步面上各设置 2 个梯段板吊装预埋件 M1，在踏步宽度上居中，距离踏步两侧边（靠楼梯间外墙一侧和靠梯井一侧）200mm 处对称设置。

5）与高处楼梯平台连接的 08 号踏步平台面宽 400mm（因梯段有倾斜角度，平台底宽 192mm），长 1220mm（靠楼梯间外墙一侧与其他踏步平齐，靠梯井一侧比其他踏步长 95mm），厚 180mm。顶面与高处楼梯平台顶面建筑面层平齐，搁置在平台挑梁上，与平台顶面间留 30mm 空隙。平台上设置 2 个销键预留洞，孔径为 50mm，预留洞中心距离踏步侧边分别为 100mm（靠楼梯平台一侧）和 280mm（靠楼梯间外墙一侧），对称设置。该踏步平台与上一梯段板底部平台搁置在同一楼梯平台挑梁上，之间留 15mm 空隙。

（2）配筋图识读

如图 7-117 所示，可以读取出楼梯 ST-28-24 配筋图的相关信息。

1）下部①号纵筋：7 根，布置在梯段板底部。沿梯段板方向倾斜布置，在梯段板底部平台处弯折成水平向。间距 200mm，梯段板宽度上最外侧的两根下部纵筋间距调整为 125mm，距离板边分别为 40mm 和 35mm。

2）上部②号纵筋：7 根，布置在梯段板顶部。沿梯段板方向倾斜布置，在梯段板底部平台处不弯折，直伸至水平向下部纵筋处。在梯段板宽度上与下部纵筋对称布置。

3）上、下③号分布筋：20 根，分别布置在下部纵筋和上部纵筋内侧，与下部纵筋和上部纵筋分别形成网片。仅在梯段倾斜区均匀布置，底部平台和顶部踏步平台处不布置。单根分布筋两端 90°弯折，弯钩长度 80mm，对应的上、下分布筋通过弯钩搭接成封闭状（位于纵筋内侧，不能称之为箍筋）。

4）边缘④⑥号纵筋：12 根，分别布置在底部平台和顶部踏步平台处，沿平台长度方向（即梯段宽度方向）。每个平台布置 6 根，平台上、下部各 3 根，采用类似梁纵筋形式布置。因顶部踏步平台长度较梯段板宽度稍大，其边缘纵筋长度大于底部平台边缘纵筋长度。底部平台边缘纵筋布置在梯段板下部纵筋水平段之上。

5）边缘⑤⑦号箍筋：18 根，分别布置在底部平台和顶部踏步平台处，箍住各自的边缘纵筋。间距 150mm，底部平台最外侧两道箍筋间距调整为 70mm，顶部踏步平台最外侧两道箍筋间距调整为 100mm。

6）边缘⑪⑫号加强筋：4 根，布置在上、下分布筋的弯钩内侧，与梯段板下部纵筋和上部纵筋同向。在梯段板底部平台处均弯折成水平向，与梯段板下部纵筋水平段同层。上部边缘加强筋在顶部踏步平台处弯折成水平向。

7）销键预留洞⑧号加强筋：8 根，每个销键预留洞处上、下各 1 根，布置在梯段板上、下分布筋内侧，水平布置。

8）吊点⑨号加强筋：8 根，每个吊点预埋件 M1 左、右各布置 1 根。定位见钢筋平面位置定位图。

9）吊点⑩号加强筋：2 根。

（3）安装图识读

如图 7-118 所示，楼梯间净宽 2400mm，梯井宽 110mm，梯段板宽 1125mm，平台面之间的缝隙宽 15mm，梯段板与楼梯间外墙间距 20mm。梯段板水平投影长 2620mm，两端与 TL 之间的缝隙宽 30mm。其他识读内容参见模板图识读部分内容。

（4）节点详图识读

双跑楼梯 ST-28-24 节点详图如图 7-119 所示。

从图 7-119 中可以读取出 ST-28-24 双跑楼梯八个节点的详图信息，具体内容如下：

1）节点①防滑槽加工做法。防滑槽长度方向两端距离梯段板边缘 50mm，相邻两防滑槽中心线之间的距离为 30mm，边缘防滑槽中心线距离踏步边缘 30mm，每个防滑槽中心线与两边距离分别为 9mm 和 6mm，防滑槽深 6mm。

2）节点②上端销键预留洞加强筋做法。预留洞外边缘距离支承外边缘距离 75mm；每个预留洞设置 2 根直径 10mm 的 HRB400 钢筋，U 形加强筋右边缘距离预留洞中心 55mm，加强筋平直段长度 270mm，两平行边之间的距离 110mm；竖直方向，上层加强筋与支承顶面距离 50mm，下层加强筋与支承顶面距离 45mm，两层加强筋之间的距离 85mm。

3）节点③下端销键预留洞加强筋做法。预留洞外边缘距离支承外边缘距离：洞底部 75mm，洞顶部 70mm；预留洞上部直径 60mm，深 50mm，下部直径 50mm，深 130mm；其他钢筋构造同节点②。

4）节点④预埋件 M1 构造。预埋吊件直径 28mm，长度 150mm，吊件顶部的螺栓孔直径 18mm（深 40mm），与预埋吊件相连接的加强筋为 1 根直径 12mm 的 HRB400 钢筋，长度 300mm，与预埋吊件垂直布置，距离吊件底部 30mm。

5）节点⑤预埋件 M2 构造。节点中预埋件凹槽为四棱台，长度 140mm，宽度 60mm，深度 20mm，四棱台四个斜面水平投影长度均为 10mm；预埋吊筋呈 U 形，为 1 根直径 12mm 的 HPB300 钢筋，下端突出预制构件表面 80mm，伸入构件内部 380mm，钢筋端部做 180°弯钩，平直段长度 60mm，平行段之间的距离 100mm。

6）节点⑥预埋件 M3 构造。预埋钢板长度 100mm，宽度 100mm，厚度 6mm；与预埋钢板焊接的四根钢筋均为直径 8mm 的 HRB400 钢筋，长度 144mm，焊接点距离钢板边缘均为 20mm。

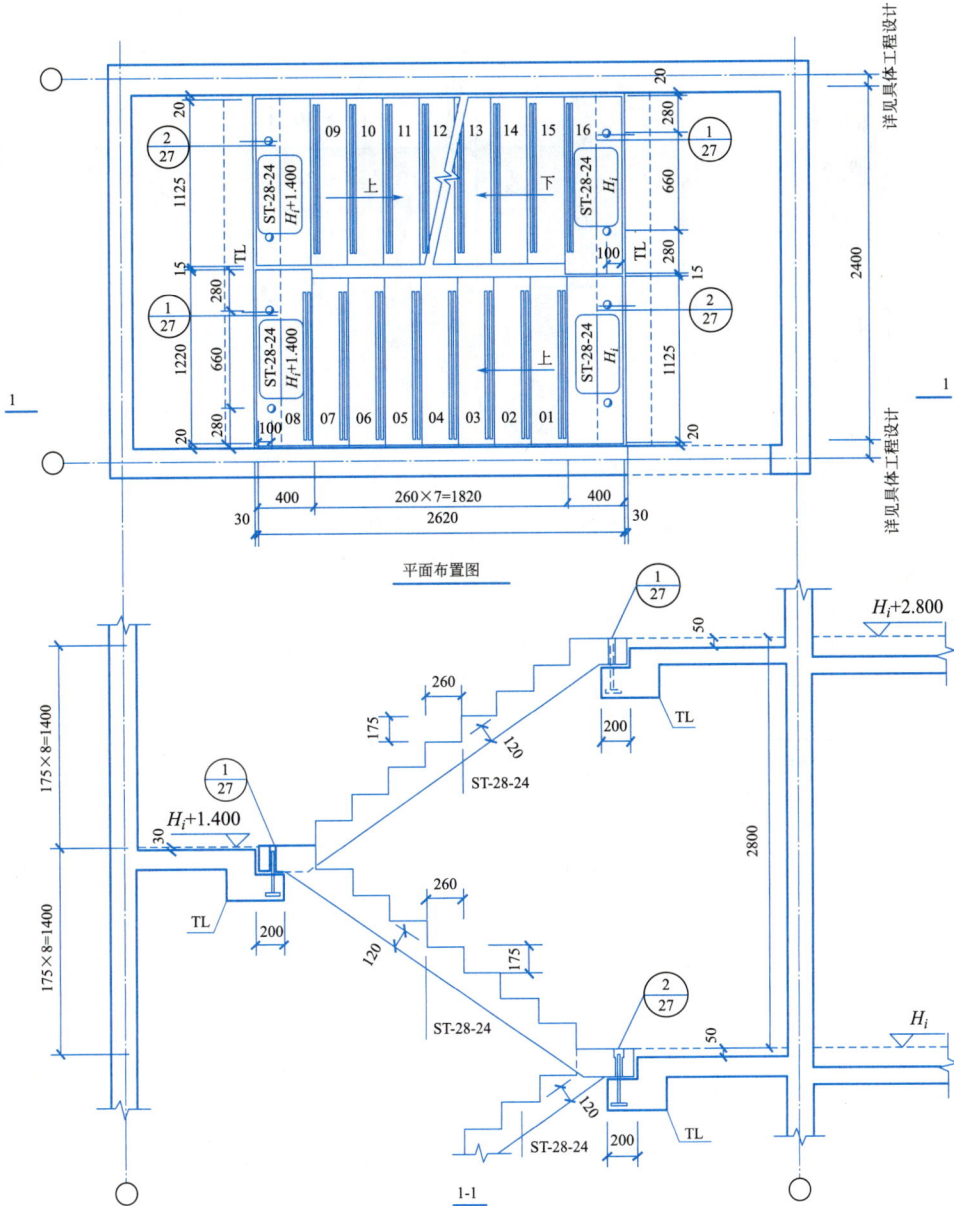

平面布置图

图 7-118　ST-28-24 安装图

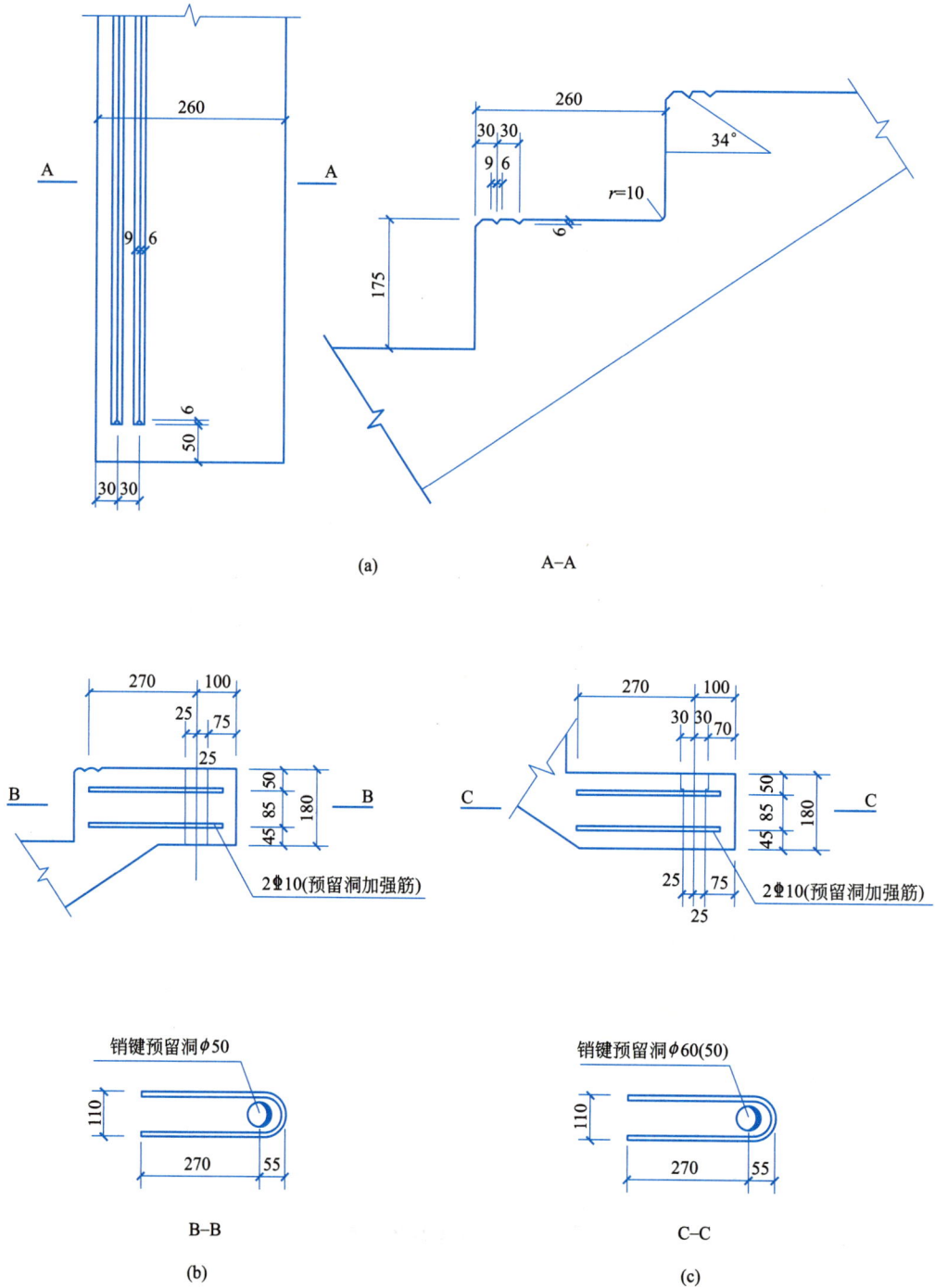

(a)　　　　　　　　　　A–A

B–B

(b)

C–C

(c)

图 7-119　双跑楼梯节点详图（一）

（a）①防滑槽加工做法；（b）②上端销键预留
洞加强筋做法；（c）③下端销键预留洞加强筋做法

(d)

凹槽

B–B

(e)

4Φ8

（f）

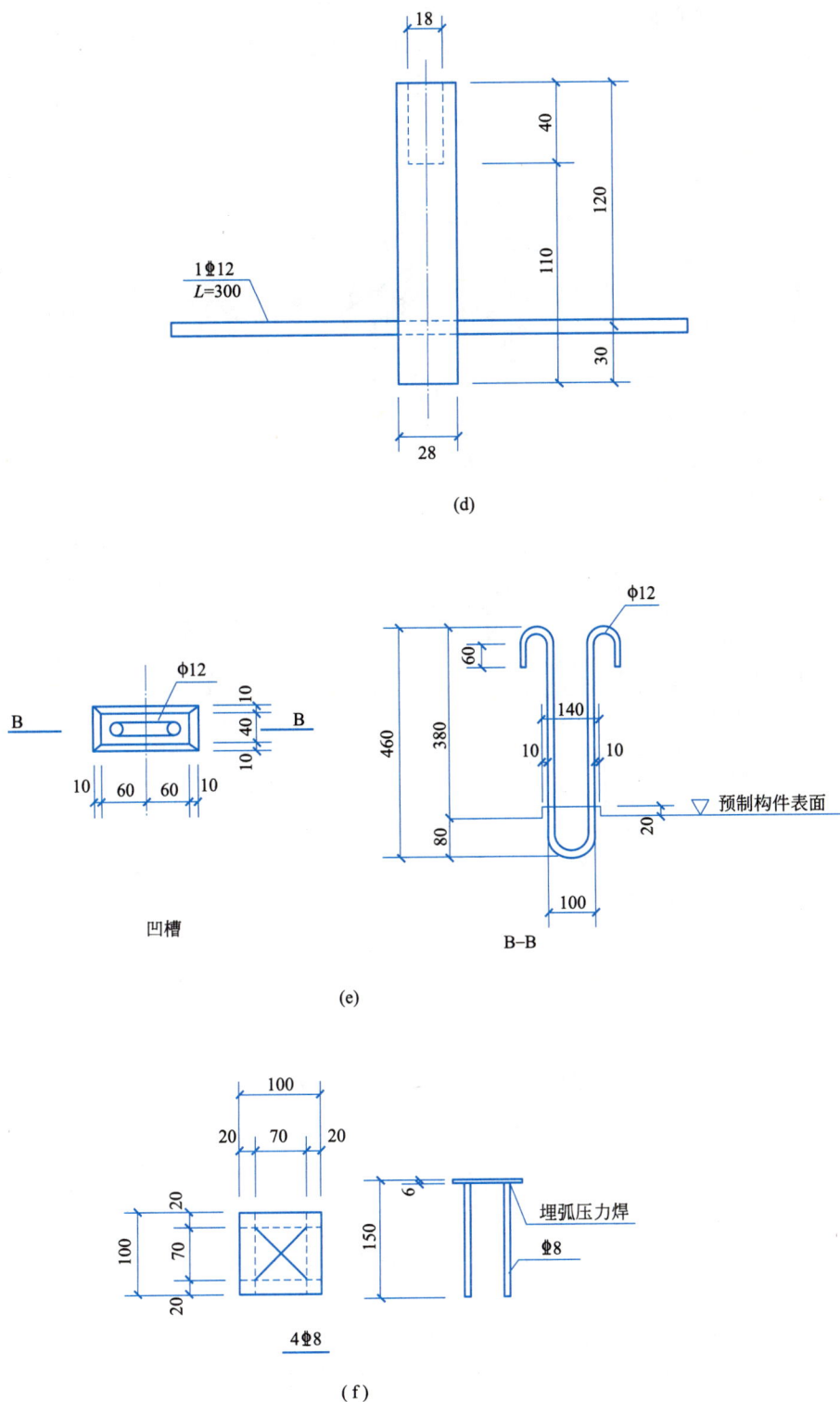

图 7-119　双跑楼梯节点详图（二）

（d）④M1 示意图（螺栓型号为 M18，仅为施工过程中吊装用）；

（e）⑤M2 大样图（构件脱模用的吊环）；（f）⑥M3 大样图

325

（g）

（h）

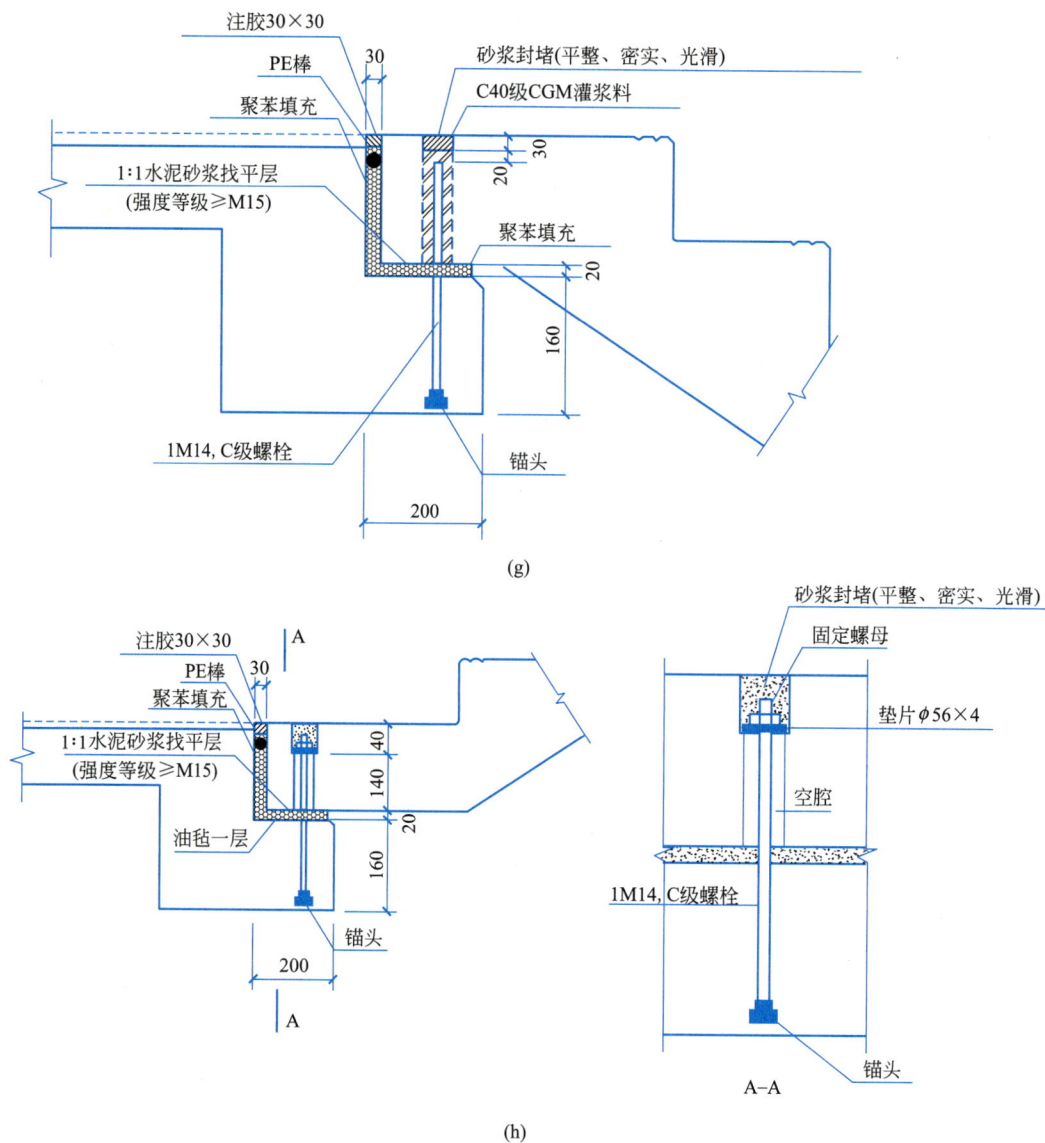

图 7-119　双跑楼梯节点详图（三）

（g）⑦双跑梯固定铰端安装节点大样图；（h）⑧双跑梯滑动铰端安装节点大样图

7）节点⑦双跑梯固定铰端安装节点大样。梯梁挑耳上预留 1M14，C 级螺栓，螺栓下端头设置锚头，上端插入梯板预留孔，预留孔内填塞 C40 级 CGM 灌浆料，上端用砂浆封堵（平整、密实、光滑）；梯梁与梯板水平接缝铺设 1：1 水泥砂浆找平层，强度等级≥M15，竖向接缝用聚苯填充，顶部填塞 PE 棒，注胶 30×30。

8）节点⑧双跑梯滑动铰端安装节点大样。与固定铰端安装节点大样不同的是，梯梁与梯板水平接缝处铺设油毡一层，梯板预留孔内呈空腔状态，螺栓顶部加垫片 ϕ56×4 和固定螺母，预留孔顶部用砂浆封堵（平整、密实、光滑）。

（5）钢筋表识读

如图 7-117 所示，钢筋表主要表达钢筋的编号、数量、规格、形状（含各段细部尺寸）、钢筋名称、重量、钢筋总重等内容，其具体识读内容详见前述相应内容。

学习启示

对于结构工程，"水立方"是世界上最大的膜结构工程，建筑外围采用世界上最先进的环保节能 ETFE（四氟乙烯）膜材料。它是 177m×177m 的方形建筑，高 31m，看起来形状很随意的建筑立面遵循严格的几何规则，立面上有 11 种不同形状。内层和外层都安装有充气的枕头，梦幻般的蓝色来自外面那个气枕的第一层薄膜结构，因为弯曲的表面反射阳光，使整个建筑的表面看起来像是阳光下晶莹的水滴。水立方的建设采用了世界上先进的技术和材料，工程师们在建设过程中的工匠精神和不断创新的精神值得我们学习。应培育创新文化，弘扬科学家精神，涵养优良学风，营造创新氛围。培养造就大批德才兼备的高素质人才，是国家和民族长远发展大计。功以才成，业由才广。

单元总结

通过本单元的学习，要求学生掌握钢筋及混凝土的强度等级、分类及作用，掌握结构施工图的相关规定；掌握基础平面图与详图的内容；掌握结构平面布置图的内容，掌握结构详图的主要内容，掌握楼梯施工图的主要内容；了解钢筋混凝土构件平面整体表示法的概念，掌握柱、梁、墙、板等构件平面配筋图的画法；掌握装配式混凝土结构预制混凝土外墙板、内墙板、叠合板、楼梯等预制构件的图示内容和方法。

附赠：建筑制图与识图（第二版）习题册

班级＿＿＿＿＿＿＿＿＿＿

学号＿＿＿＿＿＿＿＿＿＿

姓名＿＿＿＿＿＿＿＿＿＿

教学单元 2

一、简答题

1. 图纸幅面的代号有哪几种？

2. A3、A4、A2、A1、A0 的图纸尺寸分别为多少？

3. 图纸的装订边的尺寸为多少？A3 图纸保护边尺寸是多少？

4. 在图样中书写的字体，必须做到哪些要求？字体的号数用字体的什么表达？常用的字号是哪几种？各字号长仿宋字的高与宽之间有何关系？

5. 一个完整的尺寸，一般应包括哪四个要素？它们分别有哪些基本规定和注意事项？

6. 在作圆弧连接时，为何必须准确作出连接圆弧的圆心和切点？

7. 如何判定尺寸标注是否完整？

8. 平面图形中的图线，粗、中、细之间的线宽有什么关系？

9. 如何区别图纸正反面？

10. 在绘制工程图过程中，HB、2H、2B 铅笔分别在什么时候用来绘图？

11. 绘制平面图形的基本步骤是什么？

二、字体练习

学	校	院	系	专	业	班	级	建	筑	工	程	制	图	比	例

日	期	说	明	平	立	剖	面	东	南	西	北	上	中	下

结	构	钢	筋	混	凝	土	砖	瓦	砂	砾	石	纤	维	材	料

给	排	水	管	道	设	备	构	造	墙	梁	柱	板	基	础

楼 梯 踏 步 门 窗 雨 篷 屋 顶 阳 台 盥 洗 室 开 间 进 深 层 高 朝 向

轴 线 保 温 隔 热 承 重 防 潮 预 埋 件 装 饰 供 暖 通 风 桥 路

ABCDEFGHIJKLMNOPQRSTUVWXYZ

1234567890   ABCDEFGHIJK

abcdefghijklmnopqrstuvwxyz

I II III IV V VI   VII VIII IX X

三、绘制下列各种线型

1. 粗实线
2. 中实线
3. 细实线
4. 粗虚线
5. 中虚线
6. 细虚线
7. 粗单点画线
8. 中单点画线

9. 细单点画线

10. 粗双点画线

11. 中双点画线

12. 细单点画线

13. 折断线

14. 波浪线

四、用 A3 幅面抄绘所给图样

要求：1. 线型分明、交接正确；

2. 熟悉常用材料的画法；

3. 除所给比例外，其余比例为 1：1，括号内尺寸及标题栏尺寸仅供参考，其他尺寸则应正确标注。

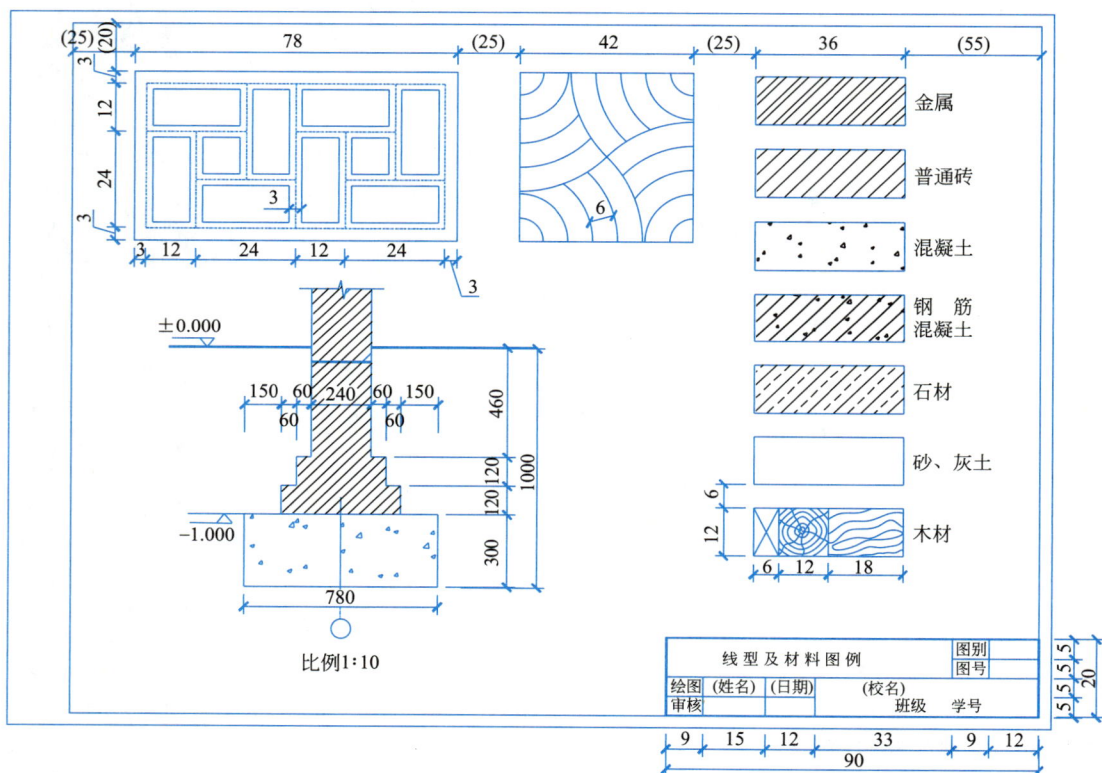

比例1:10

线型及材料图例

五、用下列各比例画出长度为 1000mm 的直线

1. 1：100

2. 1：50

3. 1：30

4.1：20

5.1：15

六、补全下图中缺少的尺寸要素和比例（尺寸数字和角度注写在图示的两条平行线内）

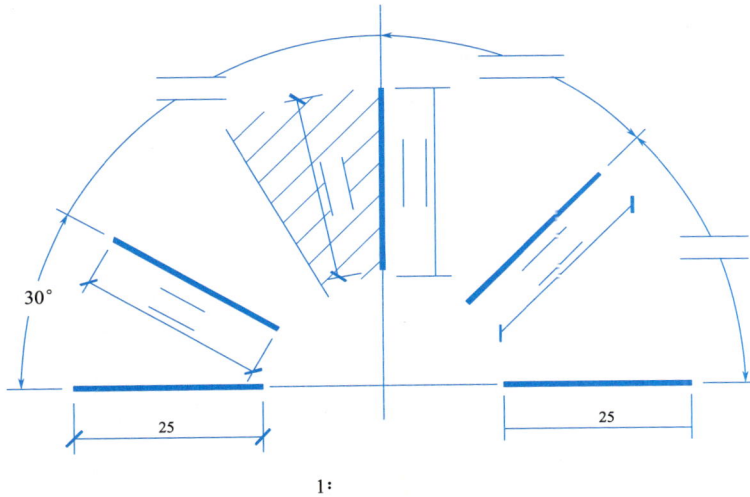

1：

七、按比例标注下面构件的尺寸

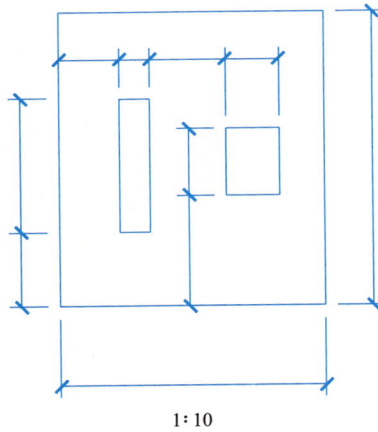

1：10

八、照下图所示尺寸，按 1：200 的比例画图，并标注尺寸

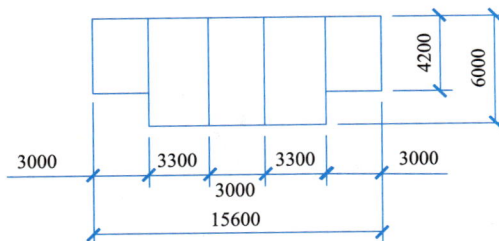

九、标注下列图形的尺寸

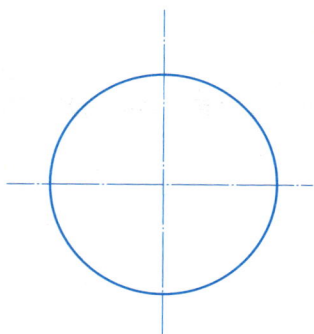

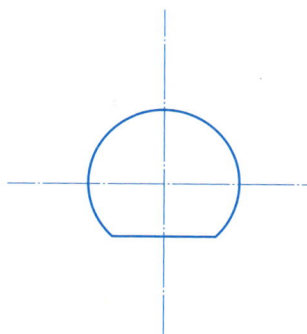

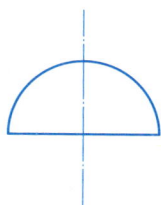

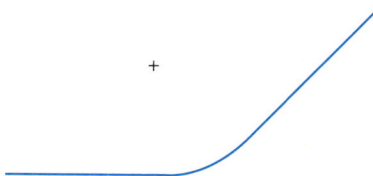

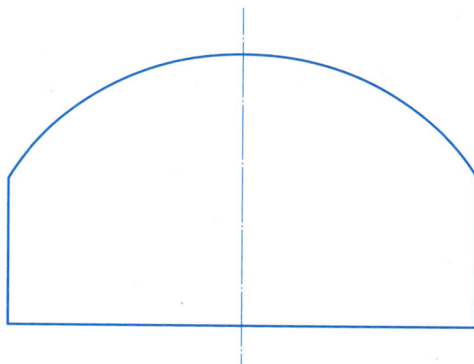

十、标注下列图形的角度

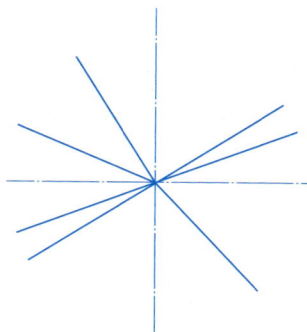

十一、标注下列图形的完整尺寸

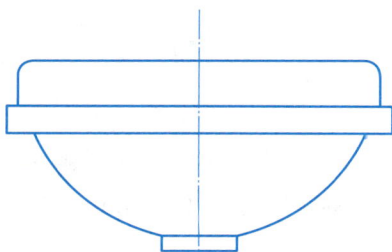

十二、几何作图

1. 将下图直线段平均分成 5 段。

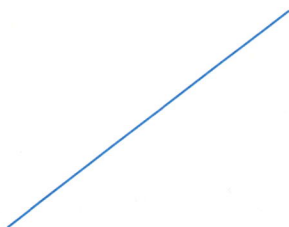

2. 向下图两平行直线段间插入 3 段直线段，使得相邻两直线段间距相等。

3. 绘制长轴为 80mm，短轴 40mm 的椭圆，并标注尺寸。

4. 绘制圆内接正四边形和五边形，圆的直径为 60mm。

教学单元 3

1. 已知 A 点坐标为（10，5，15），B 点在 A 点左侧 15mm、前方 10mm、下方 5mm，点 C 到 W、V、H 面三个投影面的距离分别为 20mm、10mm、15mm，试画出 A、B、C 三点的三面投影。

2. 已知点 A、B 的两面投影，求它们的第三面投影。

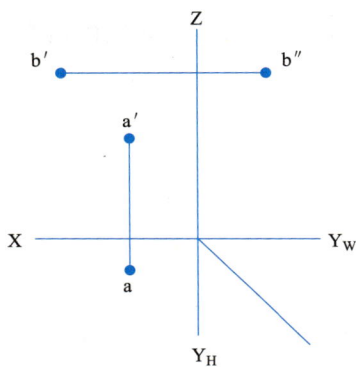

3. 已知 A、B、C、D 四点的两面投影，作出它们的第三面投影，并判断这四个点所在的空间位置。

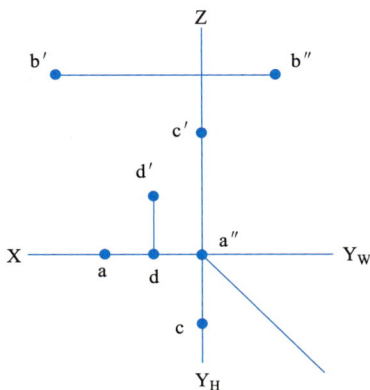

点	A	B	C	D
位置				

4. 如下图所示，已知线段 AB 的两面投影，作第三面投影。

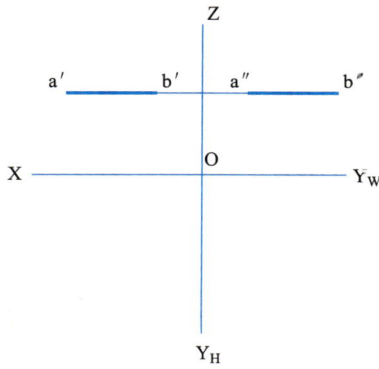

5. 已知下列直线的两面投影，请画出各直线的第三面投影，并判断各直线属于哪一类直线。

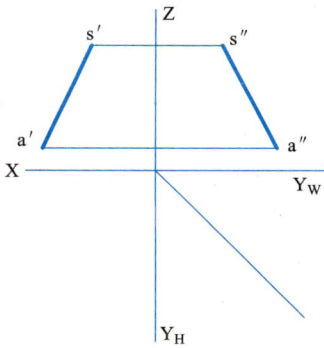

SA 是_____线

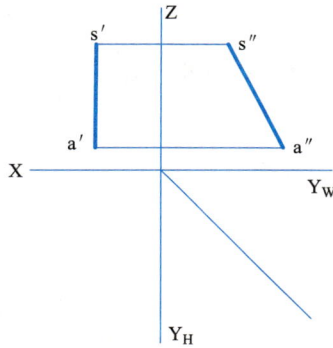

SA 是_____线

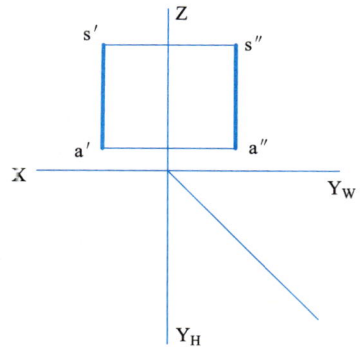

SA 是_____线

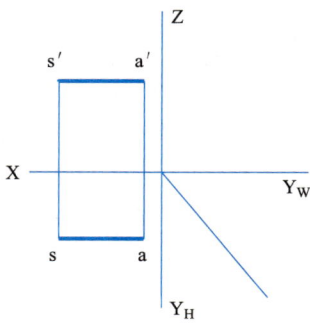

SA 是_____线

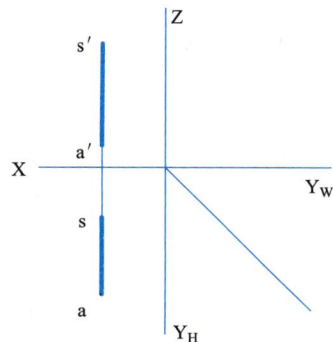

SA 是_____线

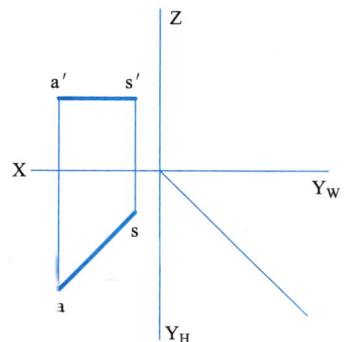

SA 是_____线

6. 已知 A 点距 H 面为 10mm，距 V 面为 15mm，距 W 面为 5mm，直线 AB 为水平线，且 AB 与 W 面的夹角为 60°，AB 线的实长为 20mm，点 B 在点 A 的左前方。试画出水平线 AB 的三面投影。

7. 求直线 AB 的实长及对 H 面、V 面的倾角 α、β。

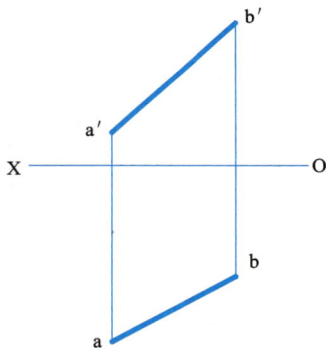

8. 试判断空间 C 是否为直线 SA 上的点。

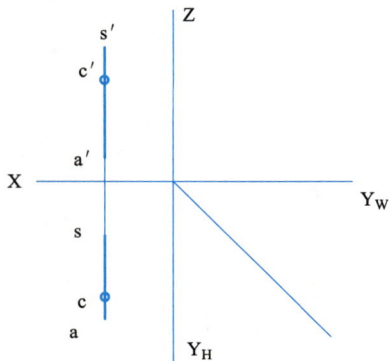

9. 已知下列平面的两面投影，请画出各平面的第三面投影，并判断各平面属于哪一类平面。

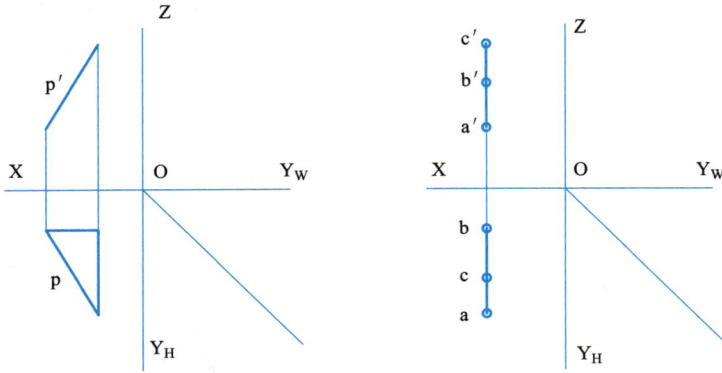

10. 完成下图五角星和四边形的水平投影。

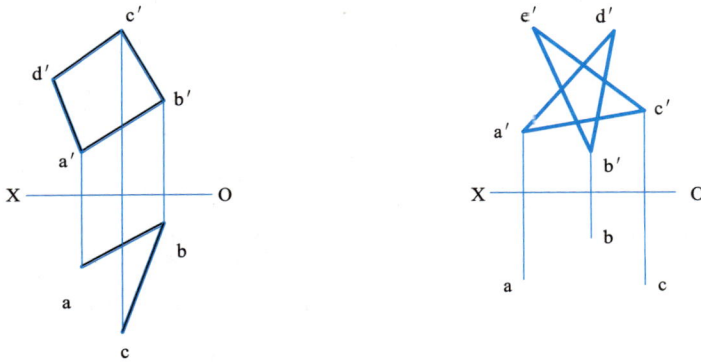

11. 如下图所示，已知△ABC 的投影，空间点 K 和 N 均为△ABC 所代表的平面上的点，N 点水平投影与 K 点正面投影在图示位置，试画出 K、N 两点的另一面投影，要求保留作图辅助线。

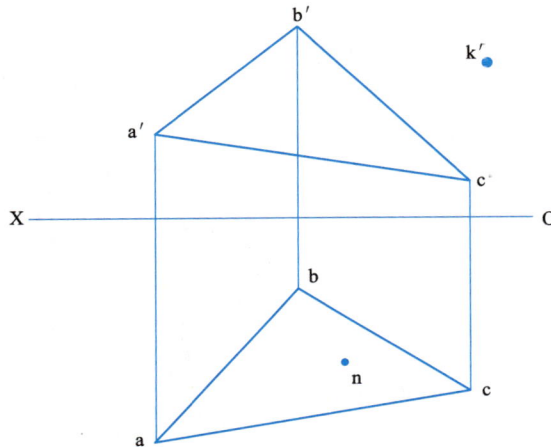

12. 按照给出的条件，画全基本体的三面投影。

（1）正六棱柱，高 20mm。　　　　　　（2）正三棱锥，高 20mm。

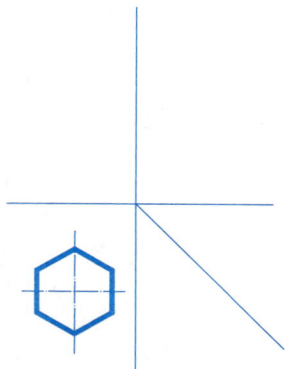

（3）圆台，高度 20mm。　　　　　　　（4）回转体。

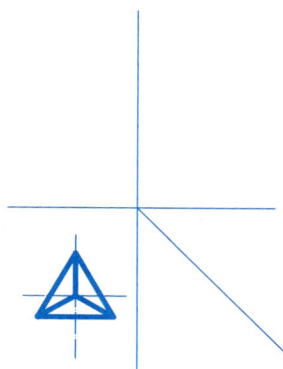

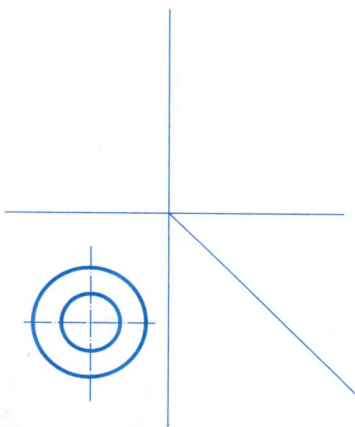

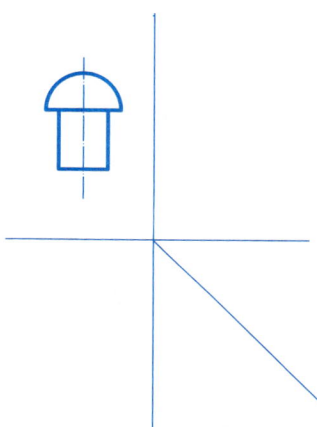

13. 如下图所示，根据圆锥基本体的三视图，画出空间点 A、B、C 的 H 面和 W 面投影。

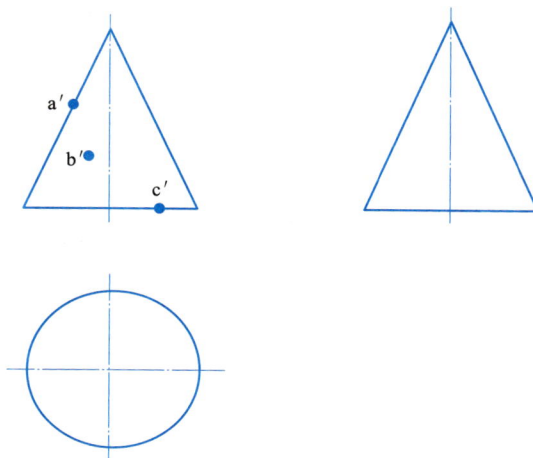

14. 如下图所示，试画出三棱台的侧面投影，及三棱台表面上 A、B、C 三点的另两面投影。

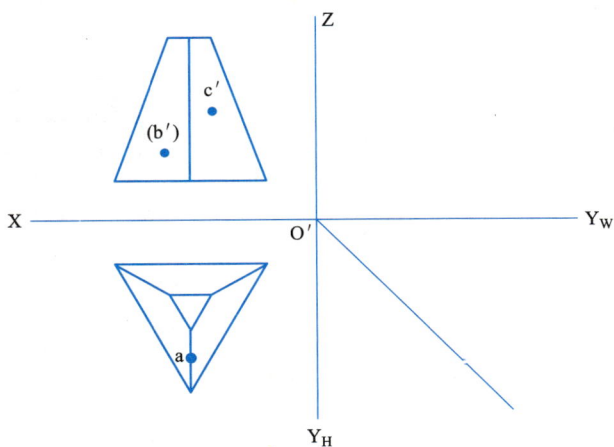

15. 补全下图中截切体的三面投影。

（1）正六棱柱

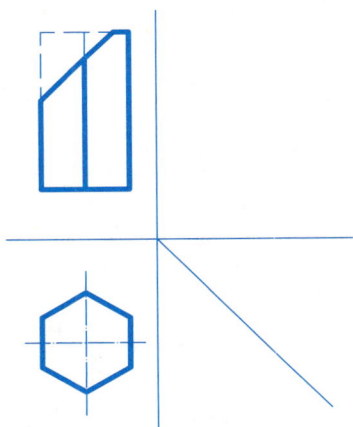

（2）正五棱锥

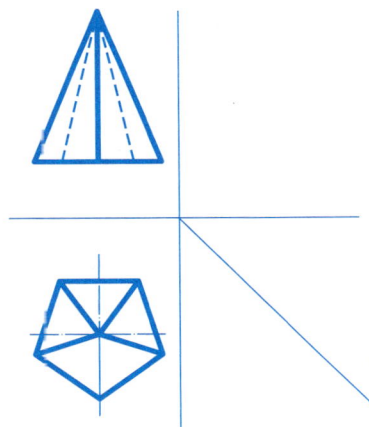

（3）四棱锥

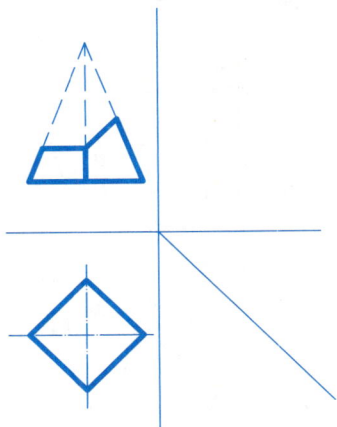

（4）圆柱

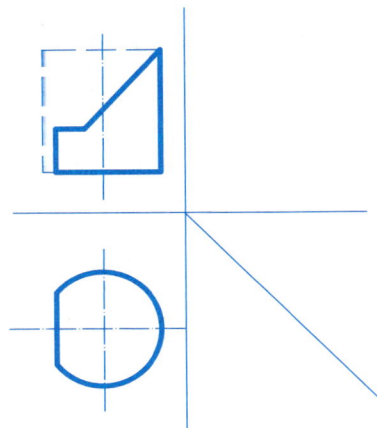

（5）圆锥

（6）圆球

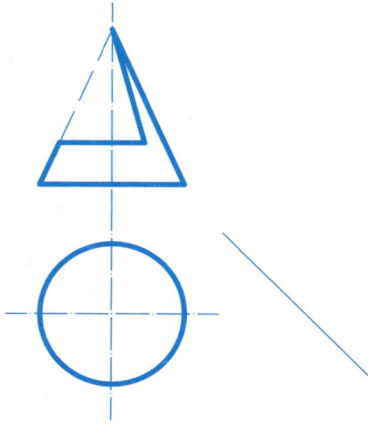 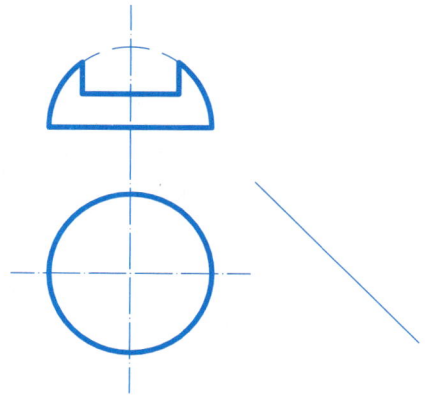

16. 如下图所示，根据形体的三面投影图，绘制形体的正等轴测投影图和正面斜等轴测图。

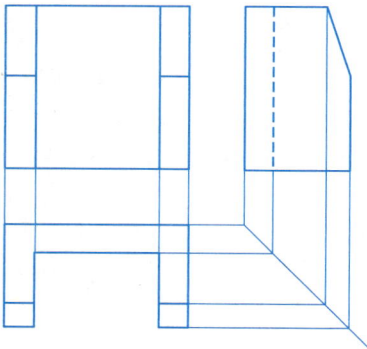

17. 如下图所示，根据形体的正投影图，绘制形体的正等轴测投影图和正面斜等轴测图。

（1）

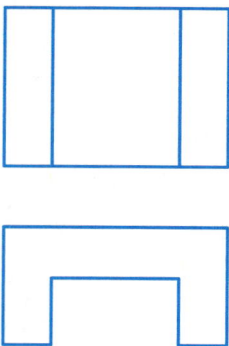

(2)

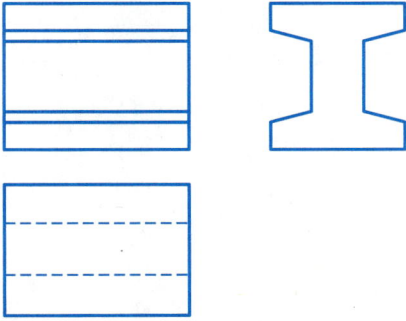

(3)

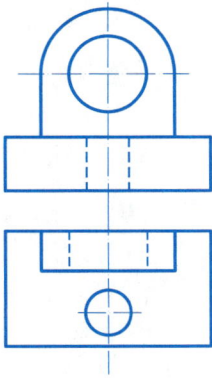

(4)

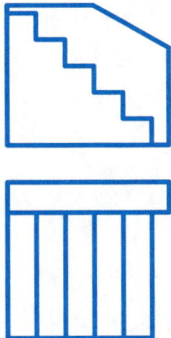

教学单元 4

1. 绘制下面形体的三视图。

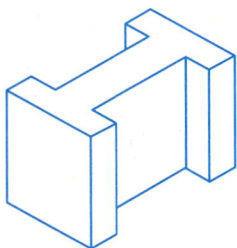

2. 绘制下面形体的三视图。

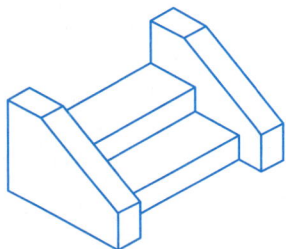

3. 绘制下面形体的三视图。

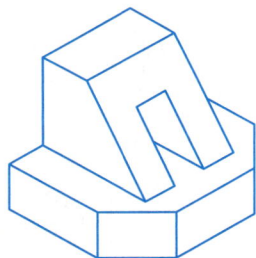

4. 绘制下面形体的三视图。

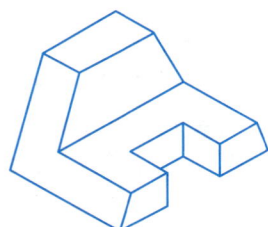

5. 绘制下面形体的三视图。

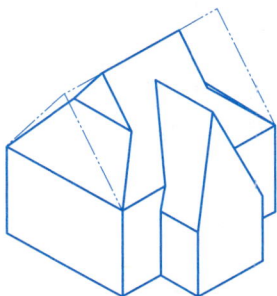

6. 绘制下面形体的三视图。

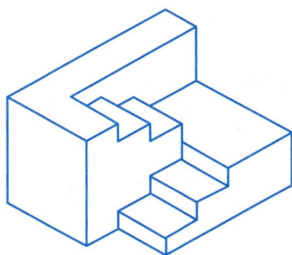

7. 绘制下面形体的三视图。

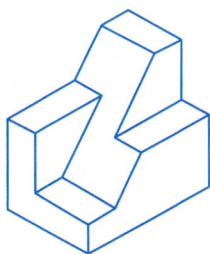

8. 绘制下面形体的三视图。

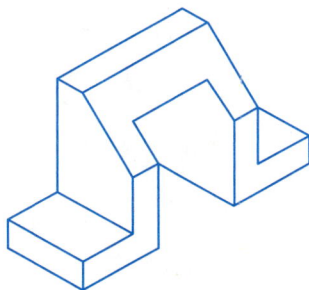

9. 补绘下面形体的三视图。

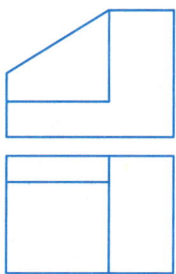

10. 补绘下面形体的三视图。

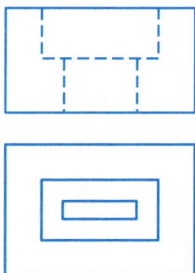

11. 补绘下面形体的三视图。

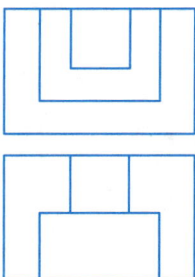

12. 补绘下面形体的三视图。

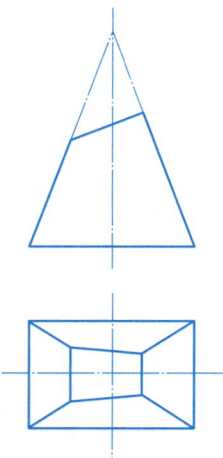

13. 补绘下面形体的三视图。

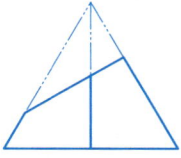

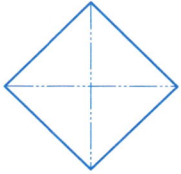

14. 补绘下面形体的三视图。

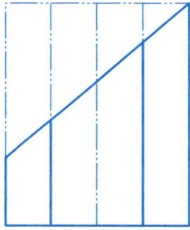

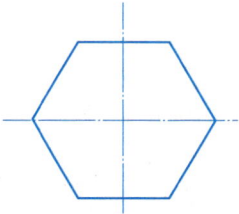

15. 补绘下面形体的三视图。

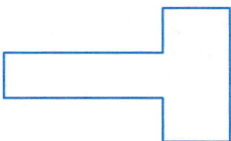

16. 补绘下面形体的三视图。

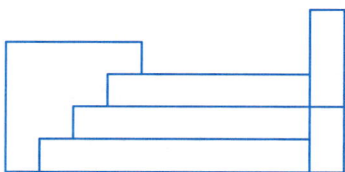

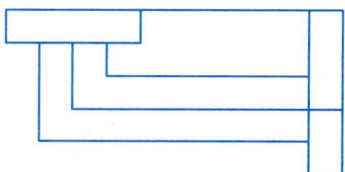

17. 补绘下面形体的三视图。

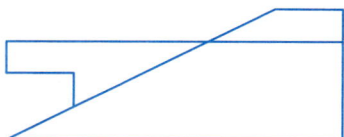

18. 补绘下面形体的三视图。

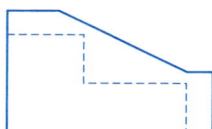

19. 补绘下面形体的三视图。

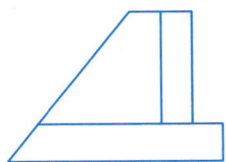

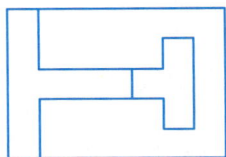

20. 绘制全剖面图。

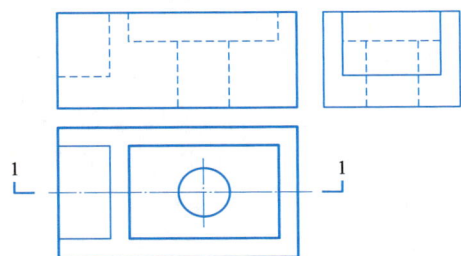

21. 绘制一半画外形投影，一半画断面的对称剖面图。

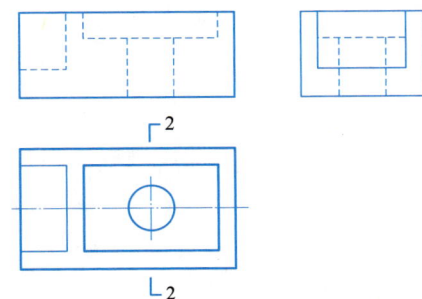

22. 作 1-1、2-2、3-3 剖面图。

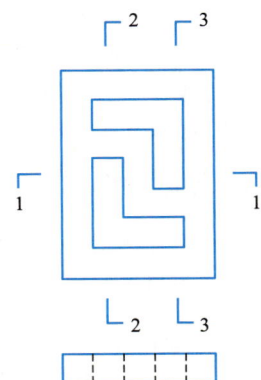

23. 作 1-1、2-2 剖面图。

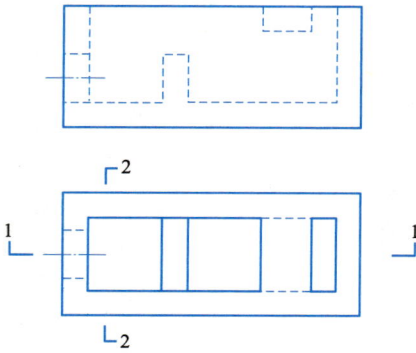

24. 将台阶的左视图改成剖面图，并作出其断面图。

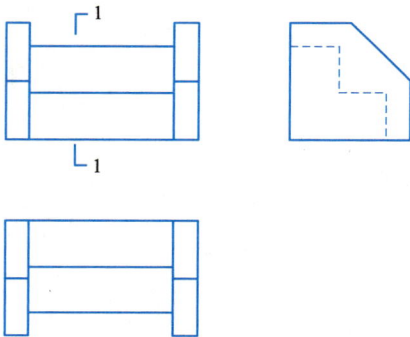

25. 绘制断面图。

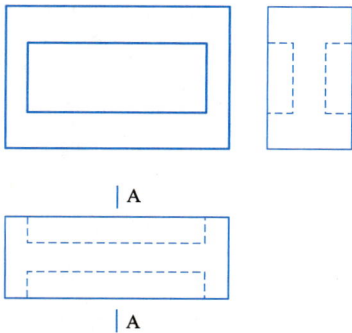

A

A

26. 绘制断面图。

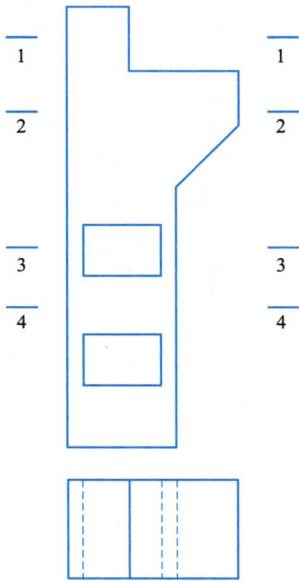

27. 作 1-1、2-2 断面图。

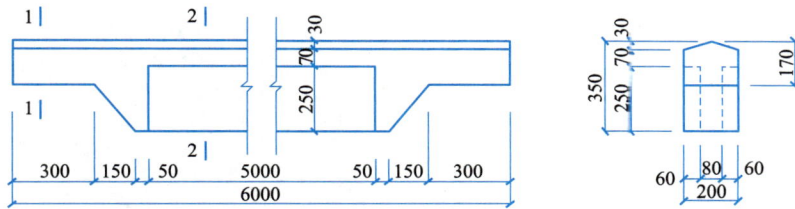

28. 作 3-3、4-4 断面图。

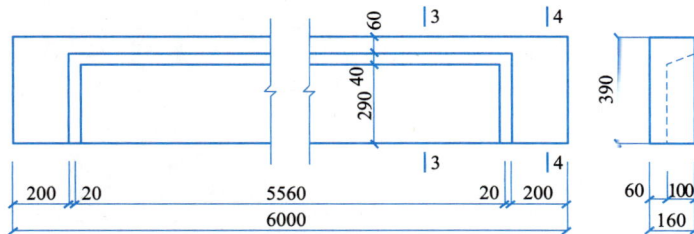

29. 绘制柱子的断面图。

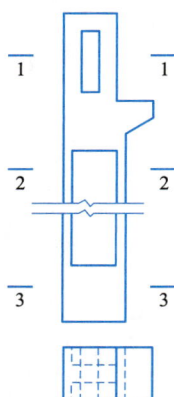

30. 绘制柱子的断面图。

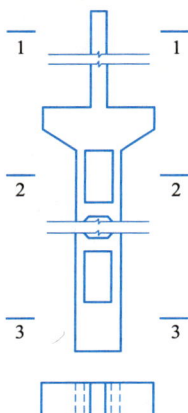

31. 画出钢筋混凝土肋形楼盖的 1-1 剖面图。

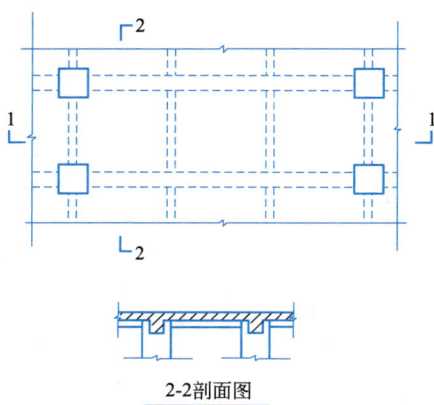

2-2剖面图

教学单元 5

一、填空题

1. 一幢房屋由____、____、____、____、____、____、____、____和____等主要部分组成。

2. 一幢完整的房屋施工图按其内容与作用的不同可以分为_____、_____和_____三大类。

3. 按其基准点的不同，标高有两种形式，即_____和_____。

4. 引出线应以细实线绘制，宜采用水平方向的直线或与水平方向成____、____、____、____的直线，或经上述角度再折为水平线。

5. 建筑工程中各专业图样的编排顺序是：_____，局部性的在后；_____，次要的在后；_____，后施工的在后。阅读图样时，应按顺序进行。

6. 建筑工程图首页的内容包括_____、_____、_____和经济技术指标等。通过首页图先了解建筑工程概况及图纸目录，便于查阅图纸。

7. 总平面图用来表明建筑工程所在位置的总体布置，内容包括_____、_____、_____、_____、_____、_____等。

8. 建筑施工图先从平、立、剖面图开始，了解建筑_____、_____和_____情况，然后是各部分详图、内部构造形式等，了解细部_____、_____、_____等。

9. 结构施工图首先是结构设计说明，了解_____、_____、_____、_____等。然后依次阅读基础图、结构布置平面图、钢筋混凝土构件详图等。

10. 设备施工图需要阅读_____、_____、_____、_____、_____等。

二、单选题

1. 以下比例中属于常用比例的有（　　）。

A. 1∶50　　　　　B. 1∶60　　　　　C. 1∶70　　　　　D. 1∶80

2. 以下属于横向编号的定位轴线是（　　）。

A. ①　　　　　B. ⑩　　　　　C. ⑦　　　　　D. ①

3. 指北针圆圈用细实线绘制，圆的直径一般以（　　）为宜。

A. 3mm　　　　　B. 24mm　　　　　C. 6mm　　　　　D. 12mm

4. 当构造层次横向排列时，文字说明的顺序为（　　）。

A. 由上至下　　　B. 由下至上　　　C. 由左至右　　　D. 由右至左

5. 索引符号的圆和水平直径均以细实线绘制，圆的直径一般为（　　）为宜。

A. 3mm　　　　　B. 24mm　　　　　C. 6mm　　　　　D. 10mm

6. 详图符号的圆圈应画成直径为（　　）的粗实线圆。

A. 14mm　　　　　B. 24mm　　　　　C. 6mm　　　　　D. 10mm

7. 建筑工程中各专业图样的阅读顺序是（　　　）。

①首页图；②总平面；③建筑施工图；④结构施工图；⑤设备施工图

A. ①②③④⑤   B. ①②③⑤④

C. ①②④⑤③   D. ①②③④

8. 对称符号即是在对称中心线（细单点长画线）的两端画出两段平行线（细实线）。平行线长度为（　　　），间距为（　　　），且对称线两侧长度对应相等。

A. 6～8mm，2～3mm   B. 6～10mm，2～3mm

C. 6～10mm，1～2mm   D. 6～8mm，1～2mm

9. 对于较长的构件，当其长度方向的形状相同或按一定规律变化时，可断开绘制，断开处应用连接符号表示。连接符号为折断线，应用（　　　）表示，并用大写拉丁字母表示连接编号。

A. 粗实线   B. 虚线   C. 细实线   D. 中实线

10. 定位轴线应用（　　　）绘制。

A. 粗实线   B. 细点画线   C. 细实线   D. 中实线

三、多选题

1. 坡度标注可以采用的表示形式有（　　　）。

A. 三角形   B. 百分数

C. 箭头＋百分数   D. 比值

E. 箭头＋比值

2. 关于风玫瑰图中的表述，下列正确的有（　　　）。

A. 虚线表示夏季风向频率   B. 虚线表示冬季风向频率

C. 细实线表示冬季风向频率 D. 细实线表示夏季风向频率

E. 细实线表示春季风向频率

3. 指北针一般涂成黑色，针尖指向北方，通常用（　　　）进行标注。

A. B   B. 北

C. 南   D. N

E. S

4. 引出线用细实线绘制，并宜用与水平方向成（　　　）的直线或经过上述角度再折为水平的折线。

A. 30°   B. 45°

C. 60°   D. 75°

E. 90°

5. 图线的宽度 b 应从下列线宽系列中选取（　　　）。

A. 0.18mm   B. 0.25mm

C. 0.35mm   D. 0.5mm

E. 0.8mm

6. 标高是标注建筑物各部位高度的另一种尺寸形式，有（　　　）和（　　　）之分。

A. 地面标高   B. 自然标高

C. 绝对标高   D. 设计标高

E. 相对标高

7. 建筑设计的阶段主要包括（　　　）。

A. 初步设计　　　　　　　　　　　B. 勘察设计

C. 技术设计　　　　　　　　　　　D. 具体设计

E. 施工图设计

8. 以下属于建筑施工图的是（　　　）。

A. 基础图　　　　　　　　　　　　B. 平面图

C. 立面图　　　　　　　　　　　　D. 剖面图

E. 电气施工图

9. 在 26 个英文字母中不能用作轴线编号的是（　　　）。

A. I　　　　　　　B. O　　　　　　C. Z

D. C　　　　　　　E. K

10. 以下属于结构施工图的是（　　　）。

A. 采暖通风施工图　　　　　　　　B. 给水排水施工图

C. 基础图　　　　　　　　　　　　D. 结构布置平面图

E. 建筑详图

四、简答题

1. 施工图根据其内容和各工程不同分为哪几种？

2. 建筑施工图的用途是什么？

3. 建筑平面图的用途是什么？

4. 建筑立面图的用途是什么？

5. 建筑剖面图的用途是什么？

6. 什么叫开间？什么叫进深？

7. 总平面图、各层平面图、立面图、剖面图及详图的常用比例是多少？

8. 总平面图、各层平面图、立面图、剖面图及详图的尺寸单位是什么？

9. 总平面图、各层平面图、立面图、剖面图及详图的标高单位是什么？标到小数点后几位？

10. 各层平面图的外部尺寸一般标注几道？各道尺寸分别标注什么内容？分别称为什么尺寸？

11. 什么是定位轴线？定位轴线的编号是怎样规定的？

12. 阅读建筑工程图的基本方法是什么？

教学单元 6

1. 建筑总平面图识读：根据图1，回答下列问题。

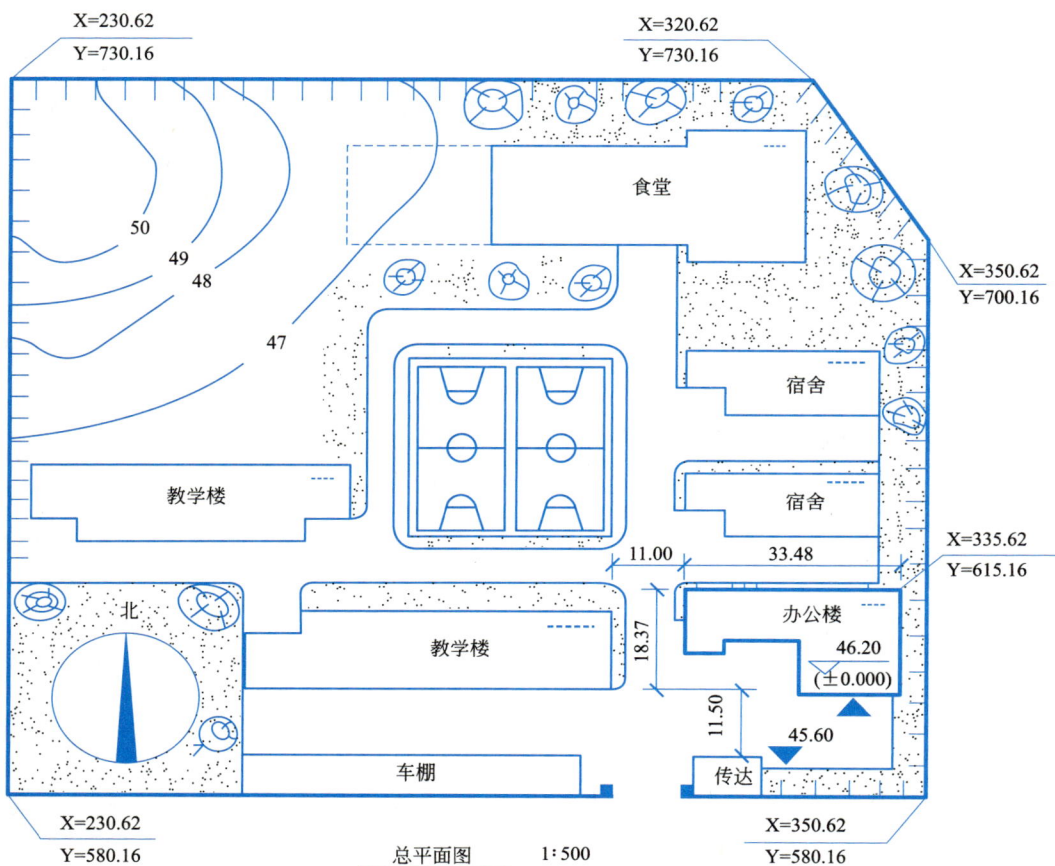

X=230.62　Y=730.16

X=320.62　Y=730.16

食堂

50
49
48
47

X=350.62　Y=700.16

宿舍

教学楼

宿舍

11.00　　33.48

X=335.62　Y=615.16

北

18.37

办公楼

46.20
(±0.000)

教学楼

11.50

45.60

车棚

传达

X=230.62　Y=580.16

总平面图　1:500

X=350.62　Y=580.16

图1　总平面图

（1）该图的名称是_____，绘图比例是___:___，室外地坪的绝对标高是_____m。

（2）新建建筑物的名称是_____，该建筑物室内地坪绝对标高是_____m。其总长是_____m，总宽是_____m，层数为_____层，与传达室的距离是_____m，与邻近教学楼的距离是_____m。新建建筑物的朝向是_____，出入口在_____。

（3）新建建筑物的角点坐标是（_____，_____），首层主要地面的相对标高是_____。

（4）该图中原有的建筑物有_____，计划扩建的建筑物是_____。

（5）教学楼的层数为_____，宿舍的层数为_____。

2. 建筑平面图识读：根据图2，回答下列问题。

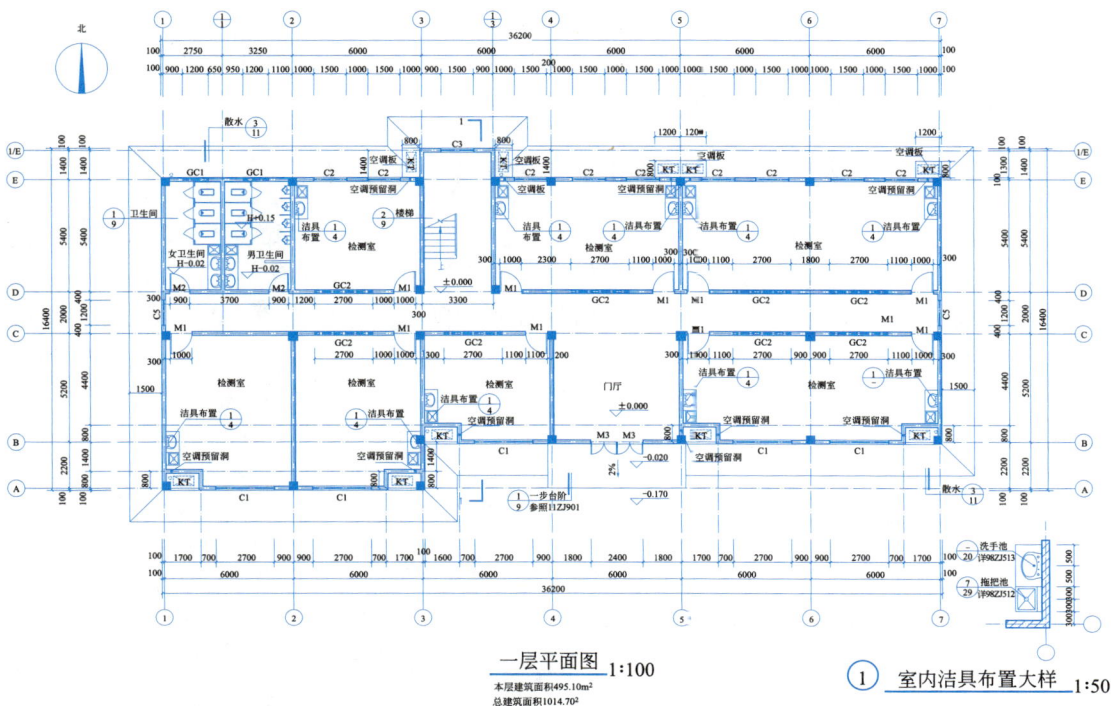

图 2　一层平面图

（1）该建筑的朝向为_____。

（2）散水的宽度为_____，其详图在第_____号建施图的第_____号详图。

（3）室外台阶做法参考_____图集第_____页第_____号详图，其坡度为_____，台阶平台标高为_____，台阶的高度为_____，共_____级。

（4）室内外高差为_____，女卫生间地面标高为_____，卫生间隔间地面标高为_____。

（5）图中共有_____种门，_____种窗，C1 代表的是_____，宽_____；GC2 代表的是_____，宽_____；M3 代表的是_____，宽_____。

（6）①轴与②轴之间的检测室的开间为_____，进深为_____。

（7）KT 代表的是_____，其尺寸为_____。

（8）该平面图为建施 04，则可知检测室的室内洁具布置详图在_____张图纸第_____号详图，拖把池宽度为_____，其构造详见_____第_____页第_____号详图。

3. 建筑平面图识读：根据图 3，回答下列问题。

（1）该建筑的结构类型为_____。

（2）该层共有____种户型，____部电梯，____个楼梯。

（3）A1 户型为____卧____厅____厨____卫，A2 户型为____卧____厅____厨____卫。

（4）室内外高差为_____。

（5）厨房的门高_____，宽_____；A1户型入户门为_____（填单或双）扇门，高_____，宽_____，_____级防火门。

（6）卫生间的排水方式为_____，排水坡度为_____，1♯卫生间的地面标高为_____，⑨～⑪轴之间与厨房相邻的阳台地面标高为_____。

（7）▽ 表示的是_____，其洞口尺寸为高_____，宽_____，厚_____。

（8）A1户型的客厅开间为_____，进深为_____，若想知道1♯阳台栏板的高度，应从_____号建施图第_____号详图中找。

（9）⑪轴处的墙体厚度为_____，⑭轴处楼梯间墙体厚度为_____，1♯卫生间墙体厚度为_____。

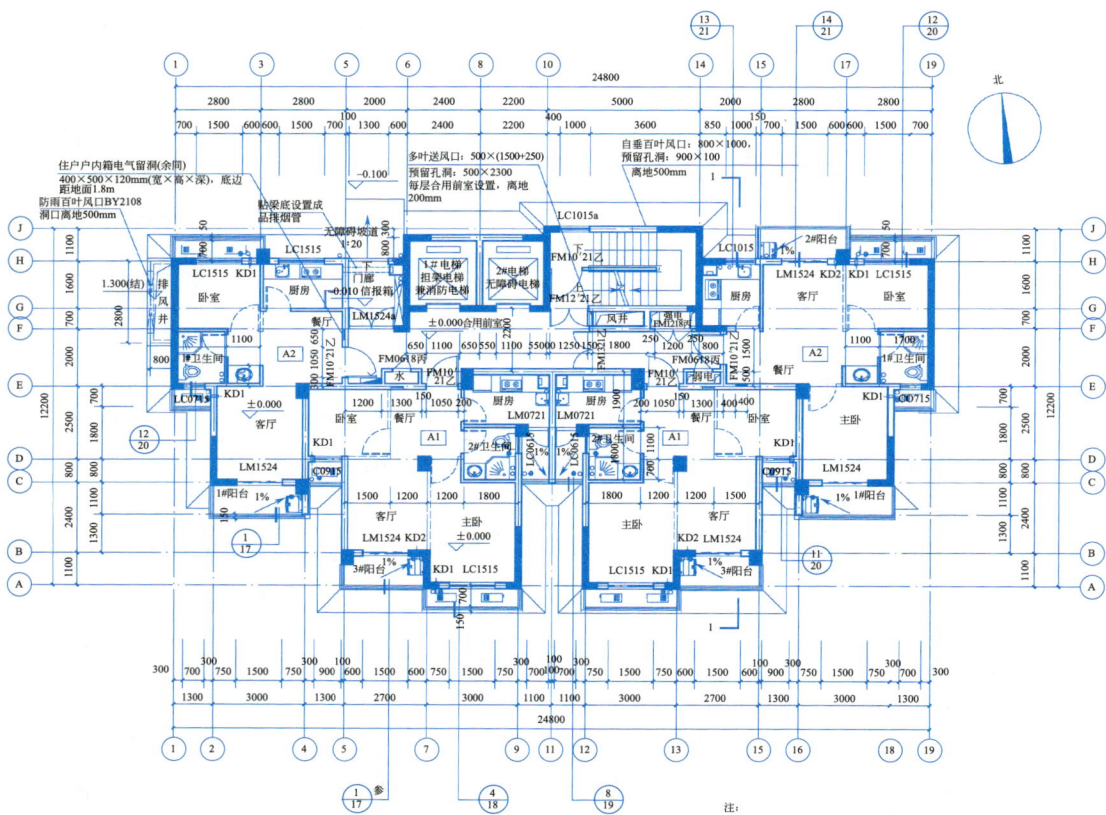

一层平面图 1:100

注：
1.外墙及楼梯间墙、电梯间墙、分户墙墙厚为200，其余隔墙厚为100，或平柱边。门垛尺寸除图中注明外，均为100或平柱边。
2.阳台、卫生间内有组织排水，排水坡度为1%，卫生间详见水施。
3.厨房、卫生间、阳台比所在楼层地面低50，与厨房相邻的阳台的建筑完成面比同层厨房楼（地）面低20。
4.▷示消火栓，在前室及走道内留洞尺寸1830高×730宽×200厚，洞底离地85，其余明装，具体详见水施。
5.KD1空调预留孔为φ80PVC管，孔心距地2300(卧室)，离墙或柱200，或贴柱；KD2空调预留孔为φ80PVC管，孔心距地200(客厅)，离墙或柱200，或贴柱。
6.除注明外，凡有设备管井开口均做H+0.20高素混凝土翻边，除注明外墙体同墙厚。
7.住宅套内墙体除厨房及卫生间外，均由用户自理；厨房、卫生间门用户自理，除注明除厨房、卫生间均留800×2100门洞。
8.排气道选用图集《住宅排气道(一)》23J916-1.厨房排气道详图A-CL型，尺寸450×350，楼板预留孔480×380。
9.凡窗台低于900的窗均作护窗栏杆，护窗高度为1100，详11ZJ401-35-2。

图3 一层平面图

032

4. 建筑立面图识读：根据图4，回答下列问题。

图4 ⑲~①轴立面图

（1）该图中共有_____种装饰做法，雨篷的装饰做法为_____。

（2）该建筑的层高为_____，4层靠近①轴处的窗的高度为_____，窗台高为_____，窗台下方墙体的装饰做法为_____。

（3）该建筑共有_____层，屋面标高为_____，结合图3来看，可知该立面图若按朝向应命名为_____。

（4）女儿墙的高度为_____，其顶面标高为_____。

（5）该立面图的比例为_____，室内外高差为_____。

5.建筑立面图识读：根据图5，回答下列问题。

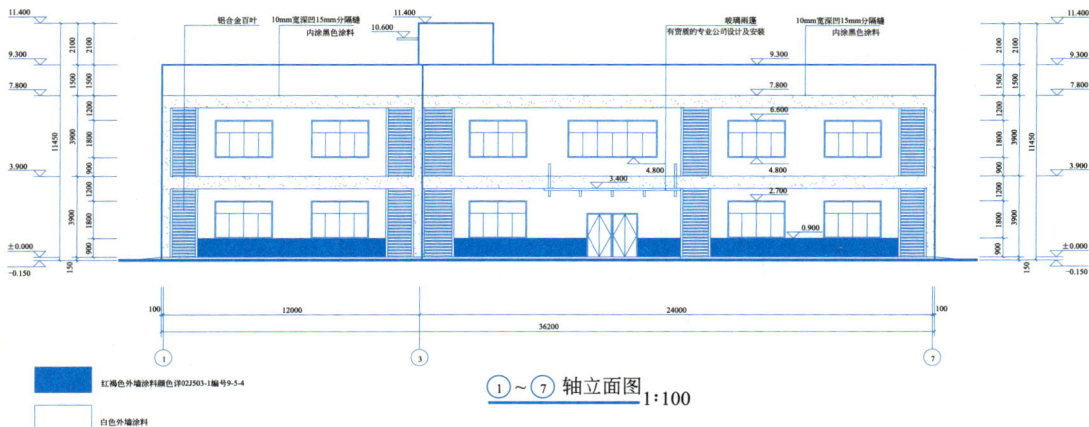

图5 ①～⑦轴立面图

（1）该图中共有_____种装饰做法，该立面图按建筑物立面的主次命名应叫作_____立面图。

（2）二层窗台标高_____，窗台高_____，窗高_____，窗顶标高为_____。

（3）一层的层高为_____，二层的层高为_____，本工程共有_____层，屋面标高为_____。

（4）女儿墙的高度为_____，其顶部标高为_____；顶部标高为11.400的是_____，其突出屋面的高度为_____。

（5）一层出入口处的门为向_____开（填内或外），其上方雨篷顶标高为_____，室内外高差为_____。

（6）本工程墙体选用的装饰材料有_____，墙面分隔缝的装修做法为_____。

6.建筑剖面图识读：根据图6，回答下列问题。

（1）地下室底板的绝对标高为_____，相对标高为_____，地下室顶板上方覆土深度为_____。

（2）二层楼面的绝对标高为_____，相对标高为_____。

（3）结合图6来看，在图中餐厅所看到的门为_____，该门为_____（填单或双）扇门，向_____（填内或外）开。在卧室和客厅之间有一条从一层一直到屋顶的细实线，该线代表的是_____构件的轮廓线。

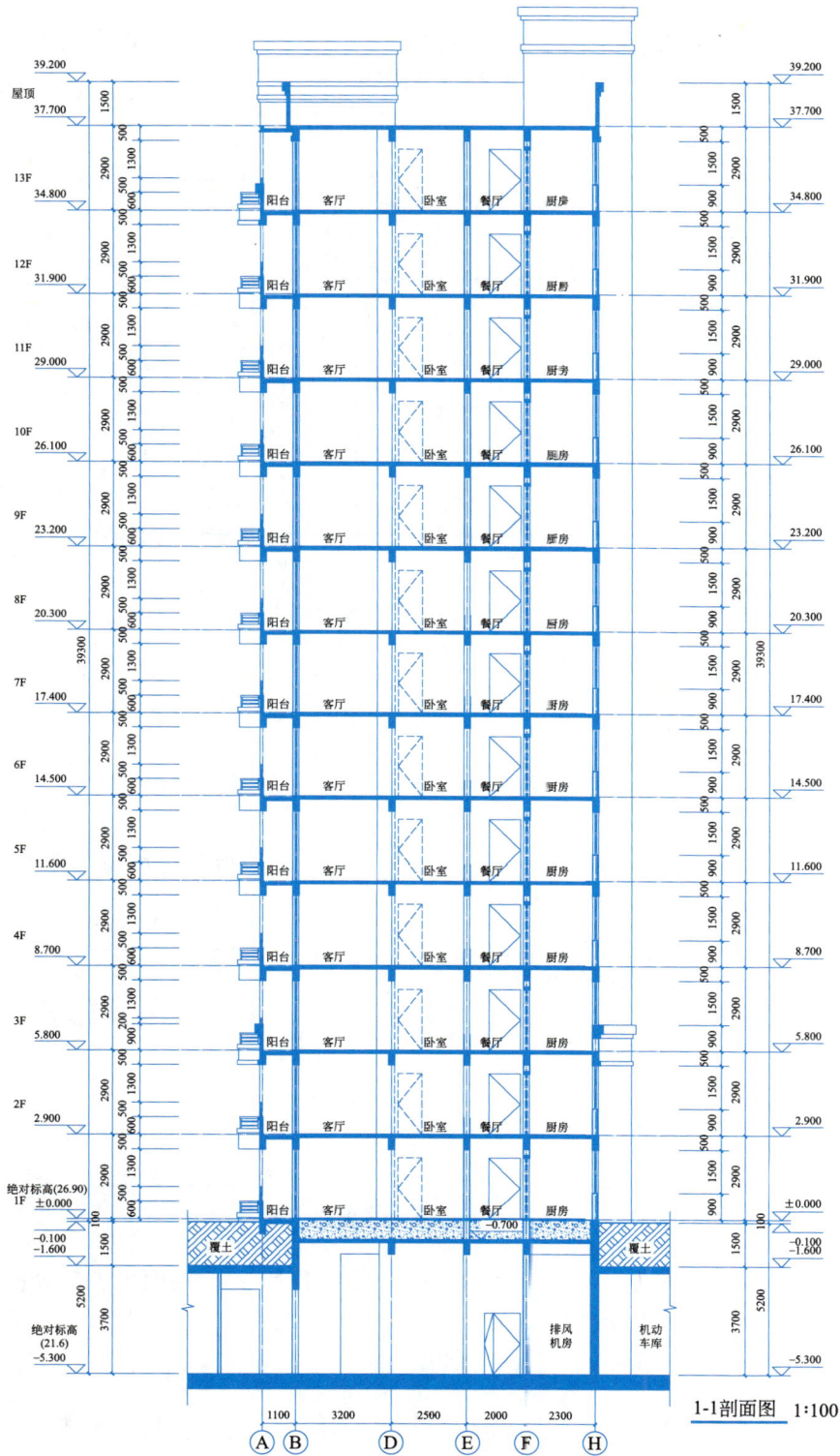

图6 1-1剖面图

（4）由图可知，该建筑的屋顶为_____（填平或坡）屋顶。

（5）⑭轴处的窗高为_____，窗台高度为_____，其上方梁的高度为_____。

7. 建筑剖面图识读：根据图7，回答下列问题。

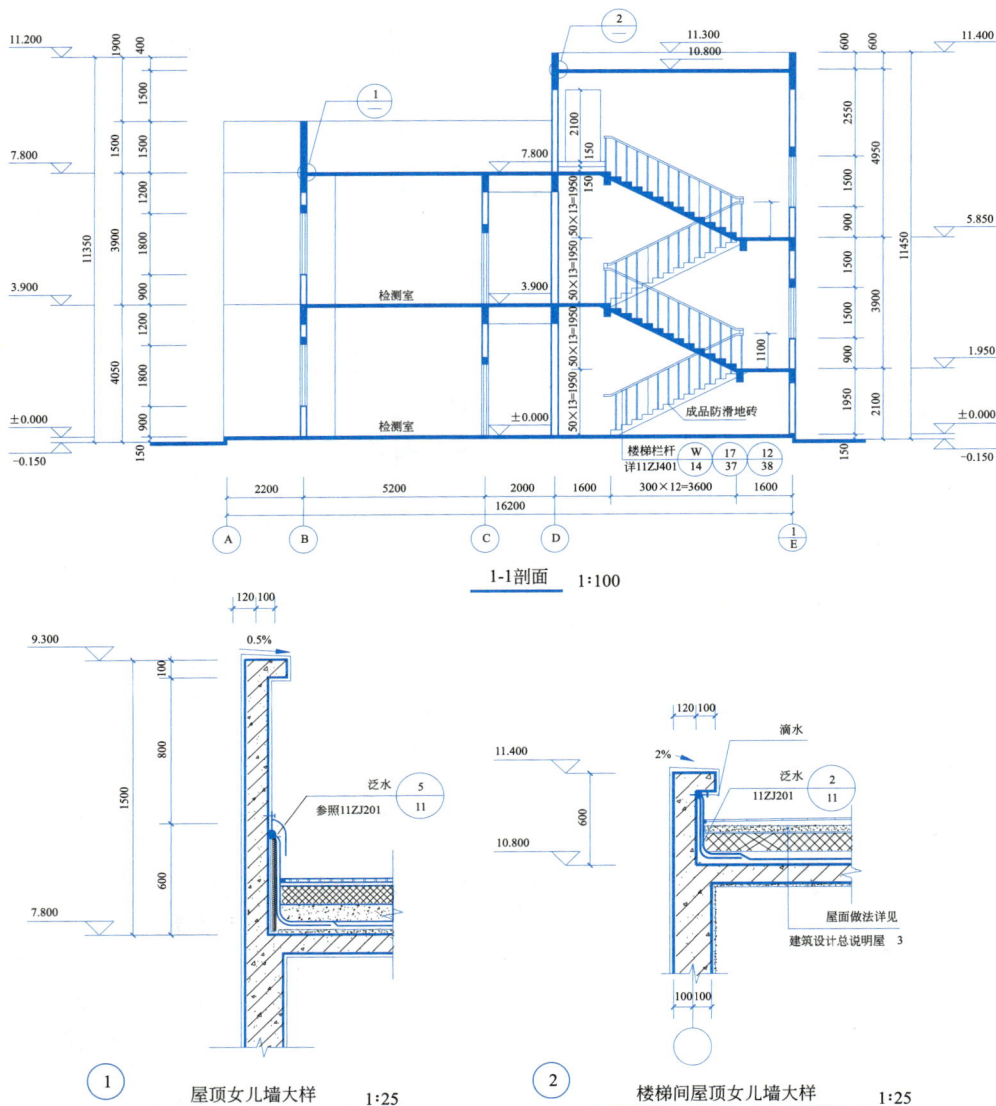

图7 1-1剖面图

（1）该工程中，屋面为_____屋面（填上人或不上人），层面出入门处的门高度为_____，楼梯间屋顶女儿墙大样图在_____张图纸第_____2号详图，其泛水做法详见_____第_____页第_____号详图。

（2）该图中，水平向的细线有可能代表的是_____构件轮廓。

（3）该图例在制图标准中代表的是_____材料，该材料在本工程中可能

036

起到的作用是＿＿＿＿＿＿＿；女儿墙材料为钢筋混凝土，其压顶坡度为＿＿＿＿＿＿＿，女儿墙厚度为＿＿＿＿＿＿＿；楼板的材料为＿＿＿＿＿＿＿，①轴墙体的厚度为＿＿＿＿＿＿＿。

（4）女儿墙的高度为＿＿＿＿＿＿＿，女儿墙顶的标高为＿＿＿＿＿＿＿，屋面的标高为＿＿＿＿＿＿＿。

（5）二层⑧轴窗台高为＿＿＿＿＿＿＿，窗高＿＿＿＿＿＿＿，窗顶距屋面高度为＿＿＿＿＿＿＿。

（6）一层楼梯共有＿＿＿＿＿＿＿级踏步，踏步高为＿＿＿＿＿＿＿，踏步宽为＿＿＿＿＿＿＿，踏步表面所用材料为＿＿＿＿＿＿＿；楼梯栏杆高为＿＿＿＿＿＿＿。

（7）该剖面图剖切的位置应在＿＿＿＿＿＿＿图中找。

8. 建筑详图识读：根据图 8，回答下列问题。

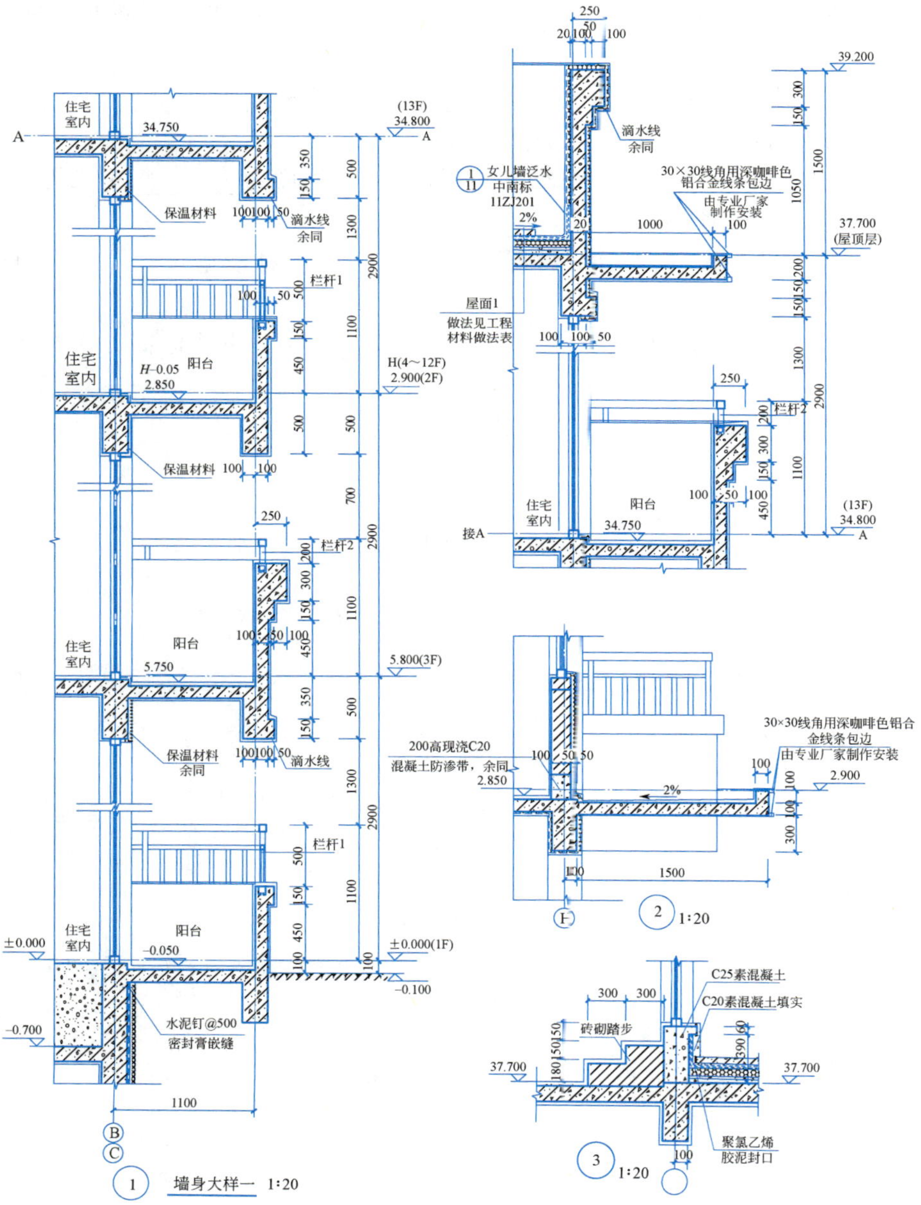

图 8　节点详图

（1）1号详图表示的是_____、_____轴处的墙身节点详图，该建筑墙体的保温做法为_____（填内或外）保温。

（2）结合图6来看，4层阳台处的标高为_____。

（3）屋面1的做法参见_____，女儿墙泛水的做法参见_____图集第_____页_____号详图。

（4）图中栏杆2的高度为_____，2号详图中所标注的屋顶标高为_____（填建筑或结构）标高。

（5）雨篷的排水坡度为_____，雨篷板的厚度为_____，挑出墙外的宽度为1500mm，在雨篷与室内相接处设置了_____高的混凝土防渗带，雨篷下方的梁的宽度为_____。

（6）在3号详图中，踏步的宽度为_____，其材料为_____。

9. 建筑详图识读：根据图9，回答下列问题。

（1）一层楼梯共有_____级踏步，每级踏步的宽度为_____；二层楼梯共有_____级踏步，每级踏步的宽度为_____。

（2）楼梯中间平台宽_____，楼层平台宽_____，梯段宽_____，一层楼梯梯段长度为_____。

（3）图中1.950表示的是_____处的标高，楼梯的开间为_____，进深为_____。

（4）二层楼面的标高为_____，三层楼面的标高为_____。

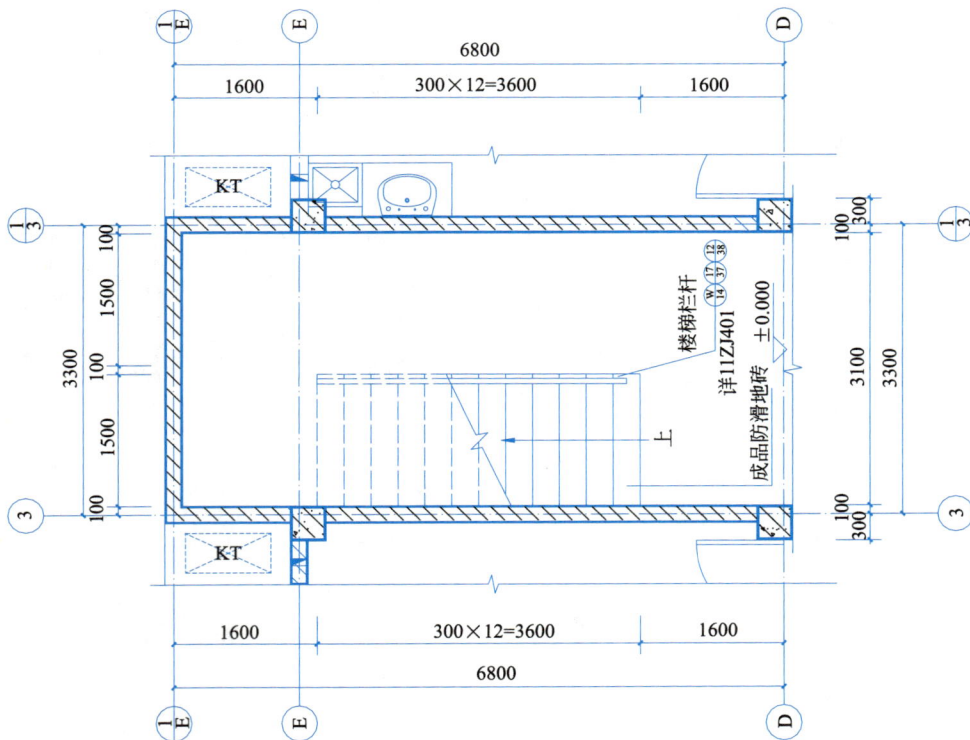

图9 楼梯平面图（一）

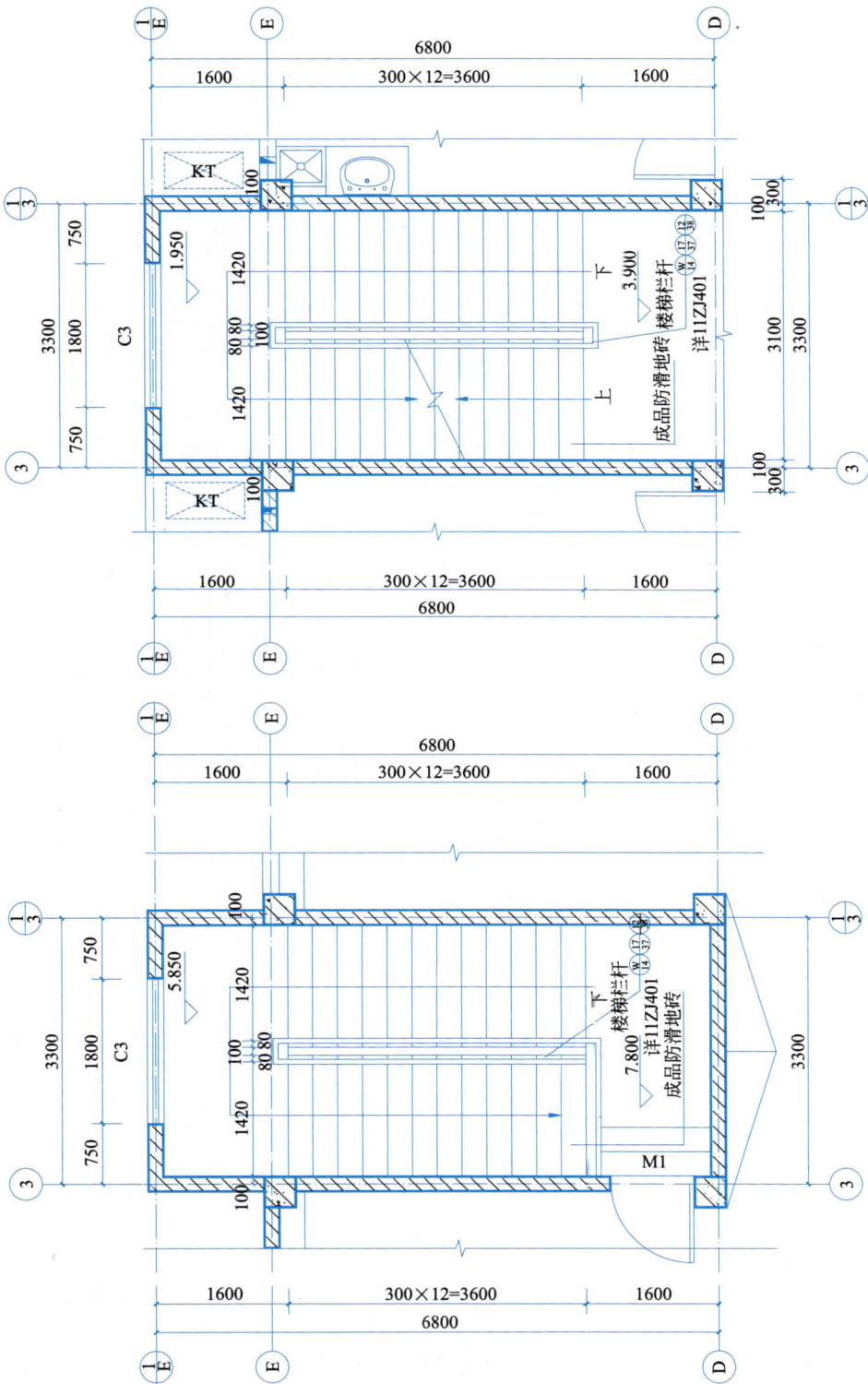

图 9　楼梯平面图（二）

10. 建筑详图识读：根据图 10，回答下列问题。

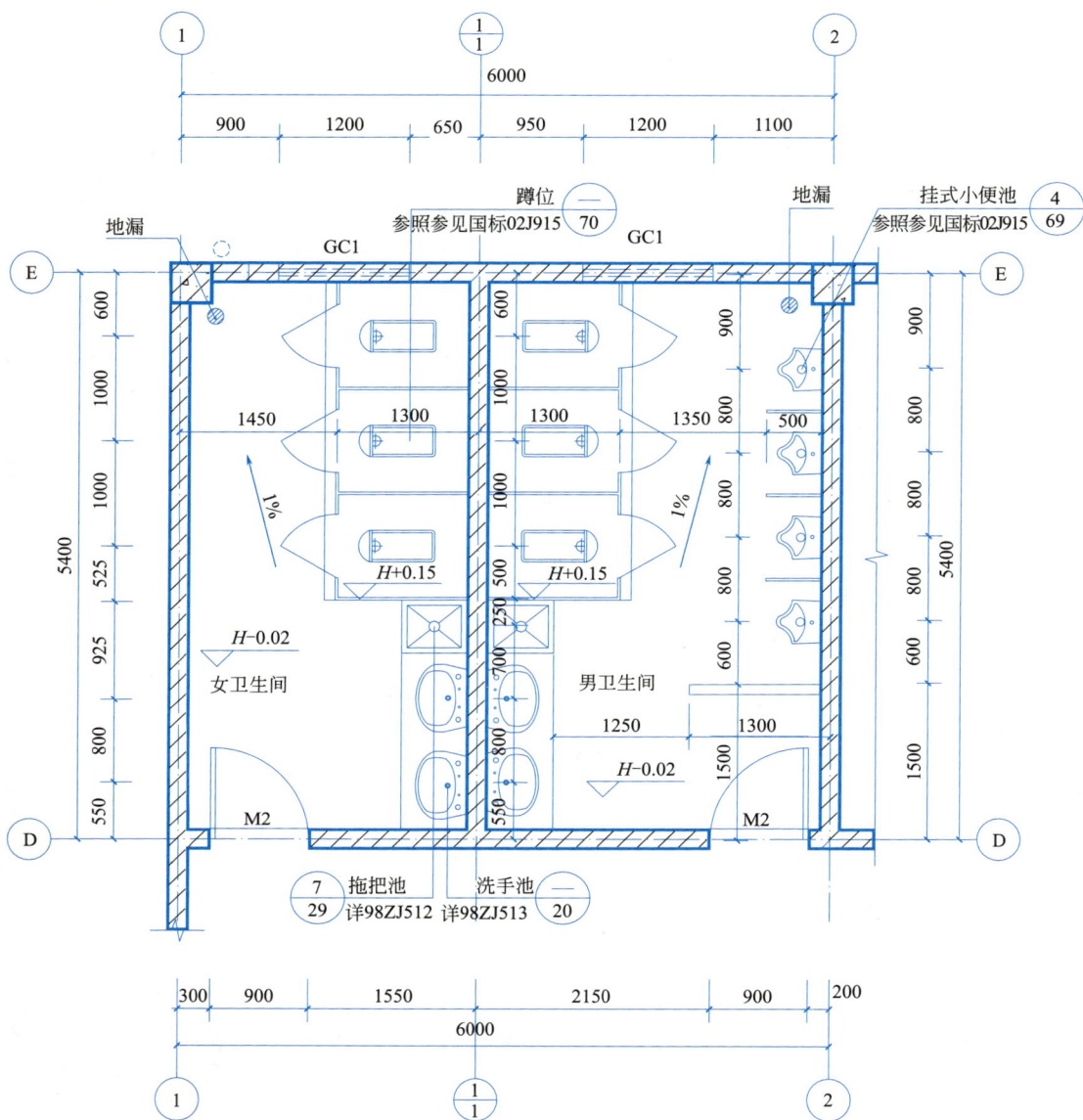

图 10　卫生间平面图

（1）蹲位做法详见_____第_____页，挂式小便器做法详见_____第_____页第_____号详图。

（2）卫生间排水坡道为_____，两相邻蹲位中心间的距离为_____，两相邻洗手池中心间的距离为_____，两相邻小便器的距离为_____。

（3）女卫生间的开间为_____，进深为_____；男卫生间的开间为_____，进深为_____。

（4）GC1 的宽度为_____，M2 的宽度为_____。

（5）墙体的材料为_____，柱子的材料为_____。

教学单元 7

1. 墙柱平法施工图识读：根据图1，回答下列问题。

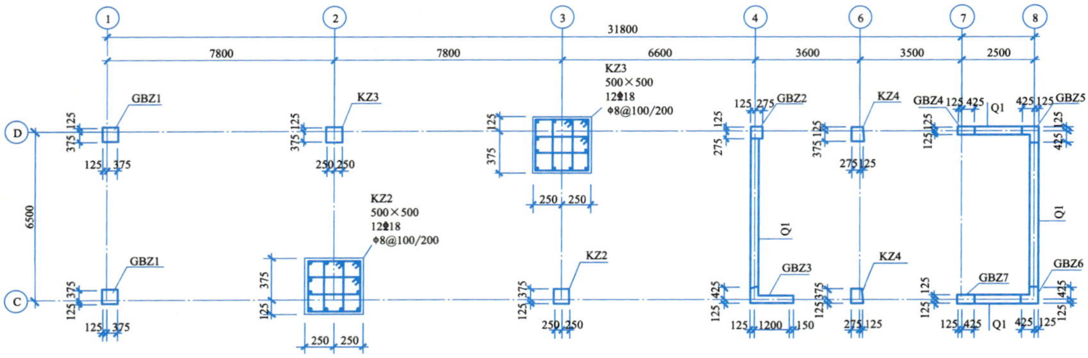

24.600～29.000墙柱平法施工图　1:100

剪力墙柱表

截面	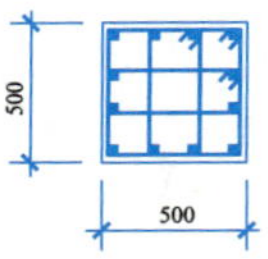 GBZ1	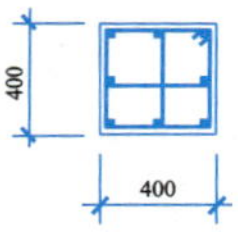 GBZ2		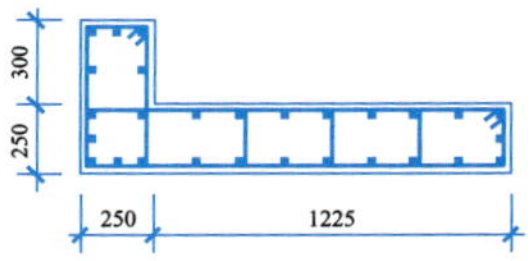 GBZ3
编号	GBZ1	GBZ2		GBZ3
标高	−3.830～29.000	−3.830～14.300	14.370～29.000	−3.830～29.000
纵筋	12Φ20	8Φ20	8Φ18	28Φ16
箍筋	Φ8@150	Φ8@100	Φ8@100	Φ8@150

剪力墙身表

编号	标高	墙厚	水平分布筋	竖向分布筋	拉筋(矩形)
Q1	−3.830～10.970	250	Φ10@200	Φ10@200	Φ6@600@600
	10.970～29.000	250	Φ8@200	Φ10@200	Φ6@600@600
Q2	−3.830～−0.030	300	Φ12@200	Φ14@200	Φ6@600@600

图 1　墙柱平法施工图

（1）该图中框架柱有_____、_____、_____三种类型；有构造边缘构件_____、_____、_____、_____、_____、_____、_____七种类型。

（2）图中框架 KZ2 的断面尺寸为_____，Ⓒ轴线与框架柱两边缘的尺寸分别为_____和_____，全部纵筋为_____根直径_____的_____钢筋，箍筋为直径

_____的_____钢筋，加密区间距_____，非加密区间距_____，箍筋类型为_____箍筋。

（3）图中构造边缘构件 GBZ3 断面形状为_____形，总长度为_____，总宽度为_____；适用高度为_____，全部纵筋为_____根直径为_____的_____钢筋，箍筋为直径_____的_____钢筋，间距_____。

（4）图中剪力墙身 Q1 适用高度为_____，其中－3.330～10.970 段，墙厚为_____；水平分布钢筋为直径_____的_____钢筋，间距_____，竖向分布钢筋为直径_____的_____钢筋，间距_____；拉筋为直径_____的_____钢筋，水平间距和竖向间距均为_____，为_____布置。

2. 梁平法施工图识读：根据图 2，回答下列问题。

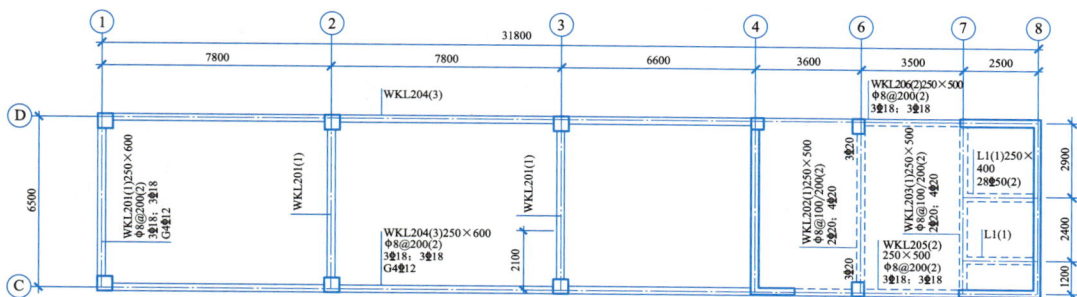

29.000梁平法施工图 1:100
注：图中未注明的梁均为居轴线中布置

图 2　梁平法施工图

（1）该图中屋面框架梁 WKL 共有_____种类型，分别为_____、_____、_____、_____、_____、_____。

（2）图中 WKL204(3)250×600 Φ8@200(2) 3Φ18；3Φ18 G4Φ12 ，WKL 代表_____，204 代表_____，（3）代表_____，250×600 代表框架梁_____，宽度_____，高度_____；Φ8@200（2）代表箍筋直径为_____，间距_____，为_____肢箍；3 Φ 18；3 Φ 18 代表框架梁上部_____为_____根直径_____的_____级钢筋，框架梁下部_____为_____根直径_____的_____级钢筋；G4Φ12 代表_____钢筋，即框架梁两个侧面共设置_____根直径为_____的_____级钢筋。

3. 板平法施工图识读：根据图 3，回答下列问题。

（1）图中 WB5 H=120 B: X&YΦ10@200 T: X&YΦ10@200 ，WB5 代表_____，编号为_____；H＝120 代表_____；B：X&YΦ10@200，B 代表_____，X 方向和 Y 方向均配置直径为_____的_____级钢筋，间距_____；T：X&YΦ10@200，T 代表_____，X 方向和 Y 方向均配置直径为_____的_____级钢筋，间距_____。

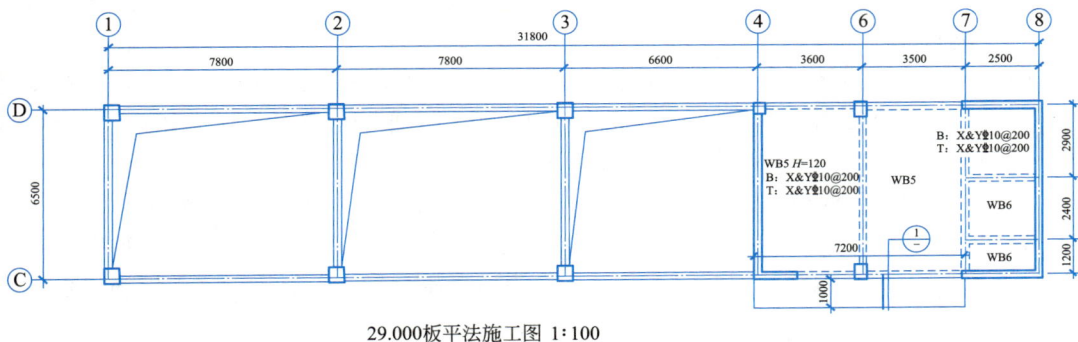

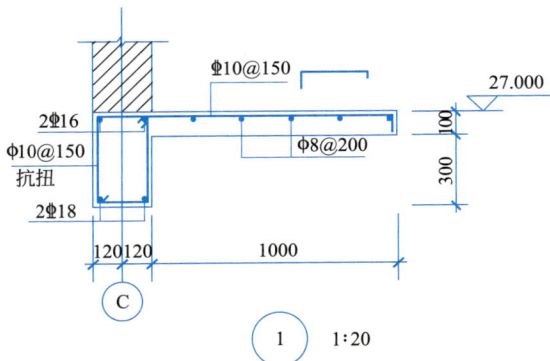

图 3 板平法施工图

（2）①节点比例为_____，挑檐板悬挑长度_____，板厚_____，顶标高为__
_____；挑檐板上部受力钢筋为_____，分布钢筋为_____；与挑檐板相连接的梁内
纵筋分别为_____和_____，箍筋为_____，同时起抗扭作用。

4. 楼梯平法施工图识读：根据图 4，回答下列问题。

（1）T1 A-A 剖面图中梯板有_____种类型，分别为_____、_____、
_____、_____、_____、_____、_____、_____。三层 PTB1 表面标高
为_____，水平投影长度_____；梯板 AT1 水平投影长度_____，踏面宽度
_____；PTB2 表面标高_____，水平投影长度_____。

（2）T1 三~七层平面 AT1 集中标注中：$H=100$ 代表_____；1700/10 代表踏
步段总高度为_____，踏步级数为_____；$\Phi 10@150$；$\Phi 10@150$ 中，分号前面代表
_____，分号后面代表_____，分别为直径_____的_____级钢筋，间距
_____；F$\phi 8@200$ 代表_____，为直径_____的_____级钢筋，间
距_____。

5. 基础施工图识读：根据图 5，回答下列问题。

（1）如（a）图所示，在②轴线与Ⓐ轴线相交处的桩位图中，3ϕ600 中 3 代表
_____，600 代表_____；—4.880 代表_____；Ⓐ轴线下方两根桩与②轴线定位
尺寸分别为_____和_____；Ⓐ轴线与下方两根桩的定位尺寸为 345mm，与上方一
根桩的定位尺寸为 1215mm。

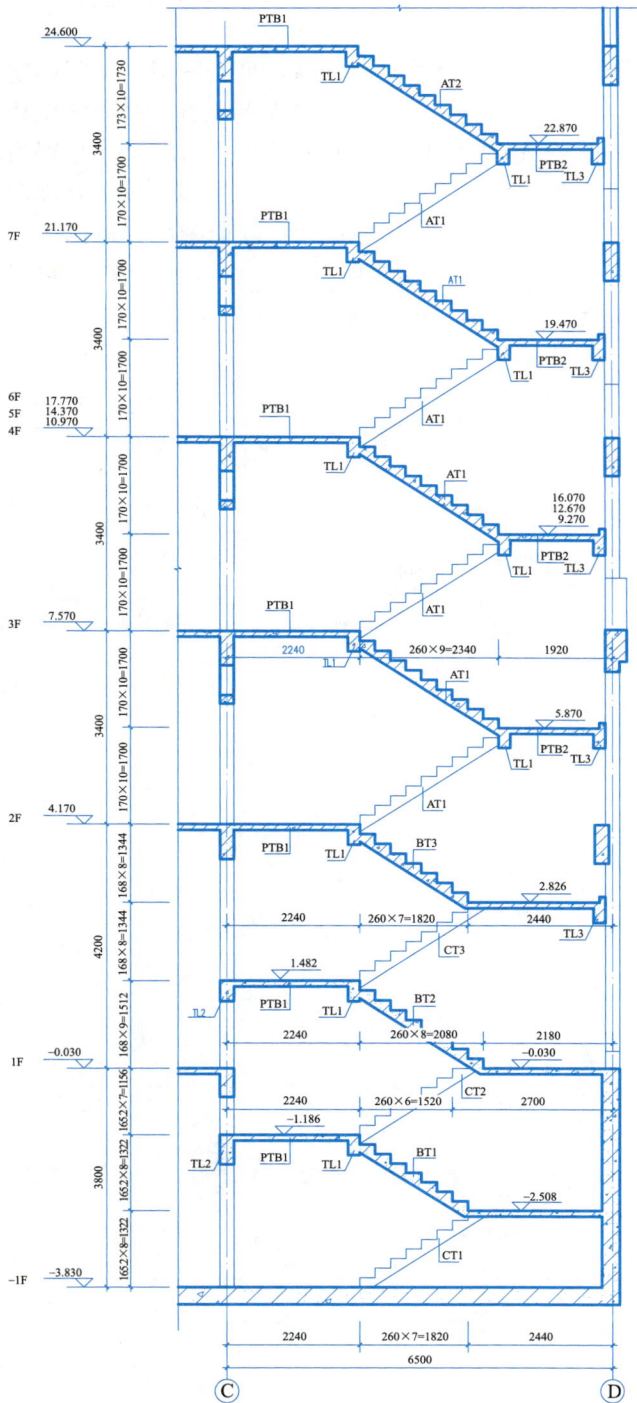

T1 A-A剖面1∶50

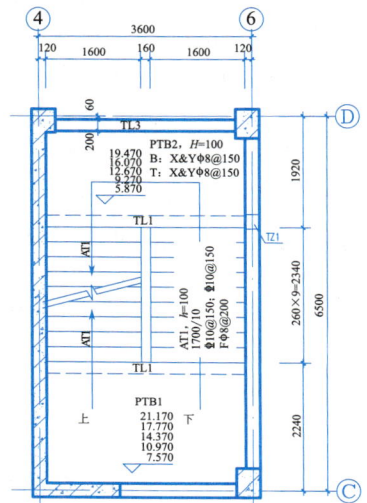

T1三～七层平面1∶50

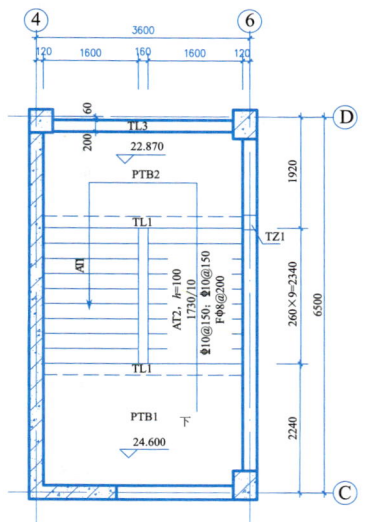

T1顶层平面 1∶50

图 4 楼梯 T1 平法施工图详图

（2）如（b）图所示，在②轴线与④轴线相交处的 CT3 代表_____，②轴线与承台两侧的水平距离分别为_____和_____；④轴线与承台下边缘的距离为_____，与承台上边缘的距离为_____。

（3）如（c）图所示，从 CT3 平面图中可以读取出其尺寸标注，平面图下方从竖向定位线向两侧的细部尺寸分别为_____、_____、_____，平面图上方从竖向定位线向两侧的细部尺寸分别为_____、_____；从水平定位线向下方的细部尺寸分别为_____、_____，向上方的细部尺寸分别为_____、_____；三角形承台底部和两个腰部的受力钢筋均为_____，分布钢筋均为_____。从 3-3 断面图中可以读取出承台底部标部为_____，顶部标高为_____，承台高度为_____，承台底部的垫层厚度为_____，桩顶与承台底部的高差为_____，承台侧面砌筑有_____。

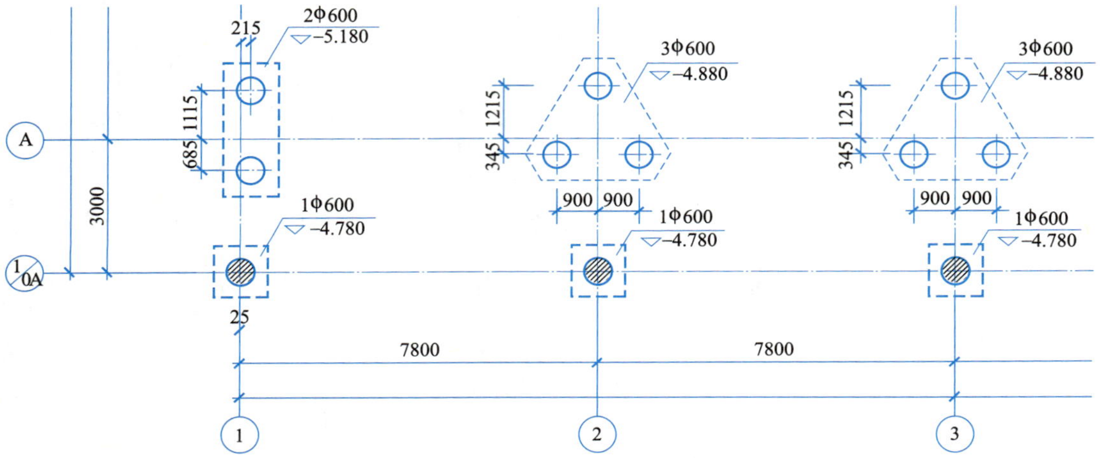

(a)

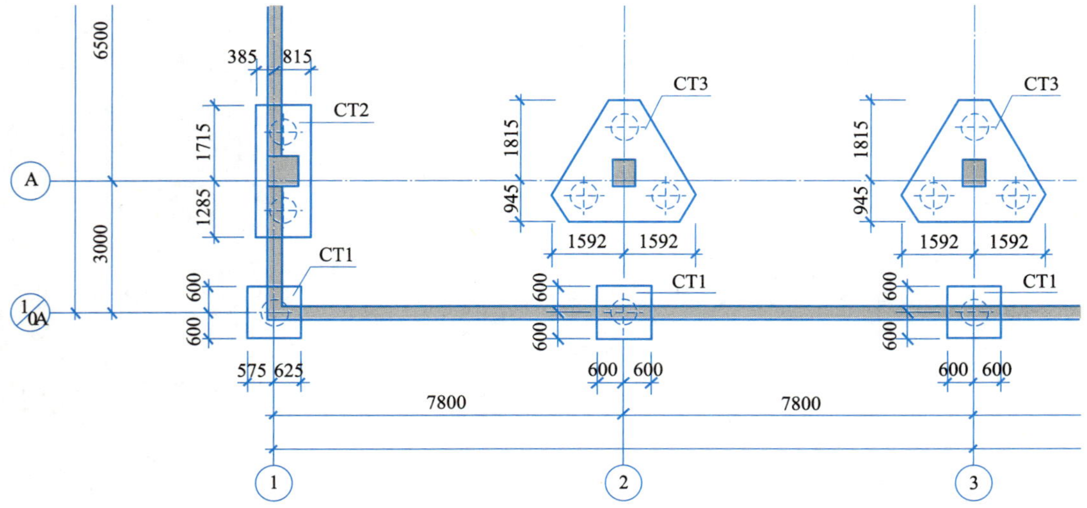

(b)

图 5　桩基础施工图（一）

（a）桩位平面布置图；（b）承台平面布置图

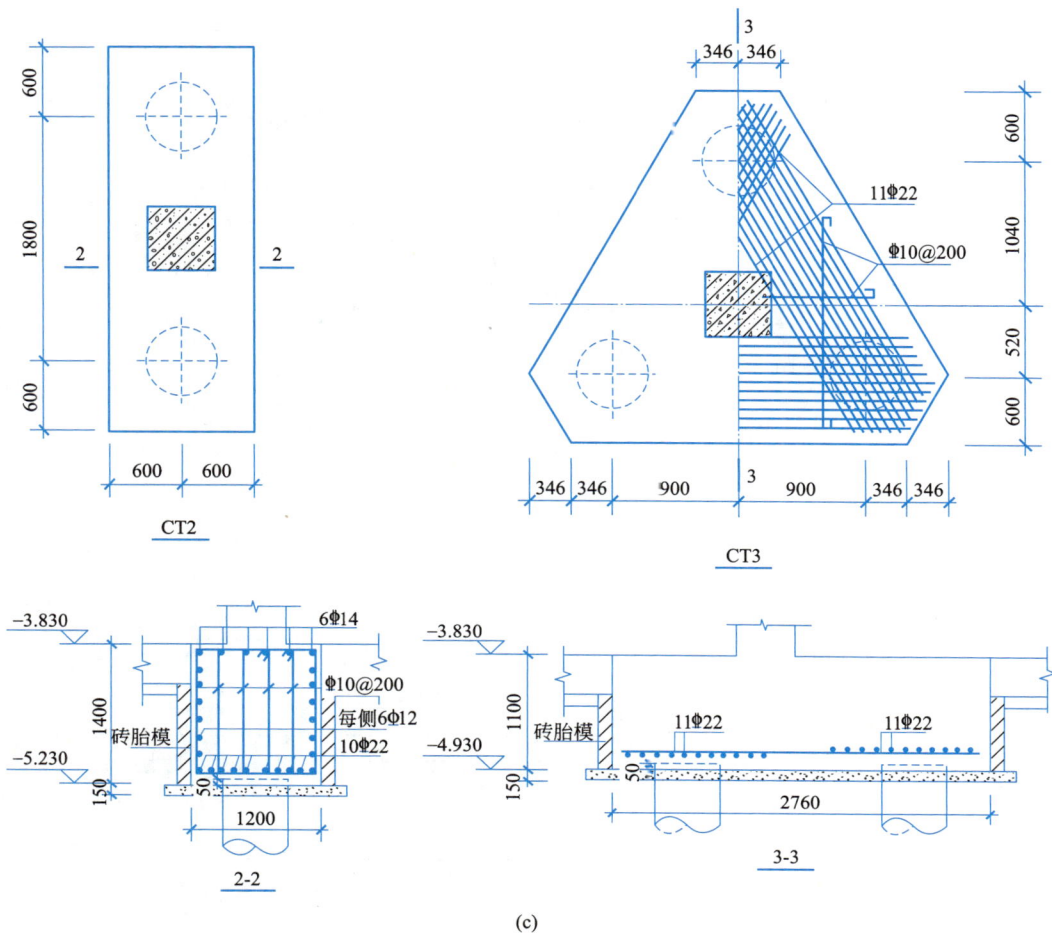

图5　桩基础施工图（二）

（c）承台详图

6. 地下室集水坑施工图识读：根据图6，回答下列问题。

（1）以集水坑 KD1 为例，由（a）图可以读取出 KD1 位于①轴线右侧，平面尺寸为_____，深_____。

（2）由（b）图可以读取出集水坑断面图中的尺寸及相关配筋信息，即集水坑顶部标高为_____，集水坑深_____，集水坑底部厚度_____，基础板底距离集水坑板底距离1500mm，集水坑边坡坡度为_____，从集水坑侧壁向两侧的细部尺寸分别为_____、_____。集水坑断面详图中，坑壁的竖向钢筋为基础底板上部的钢筋布置到坑侧壁向下延伸，并向坑底板锚固，当无设计要求时，按22G101-3的构造要求，锚固长度为_____，坑壁的水平方向的钢筋为_____；坑底板顶部钢筋同基础底板钢筋，向两侧延伸的锚固长度为_____；坑底板底部的钢筋同基础底板钢筋，向两侧延伸至拐角处时沿着坡面方向再向上延伸，并在基础底板内进行锚固，当无设计要求时，按22G101-3的构造要求，锚固长度为_____。

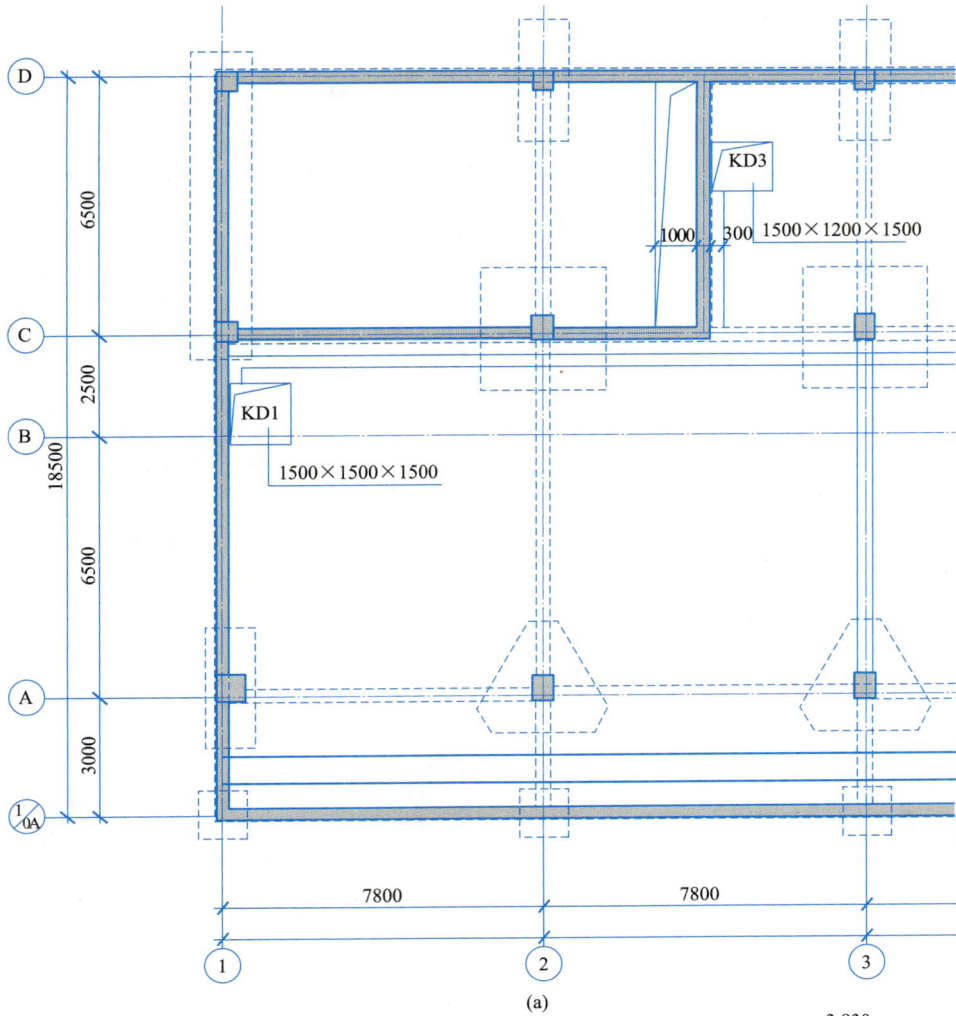

(a)

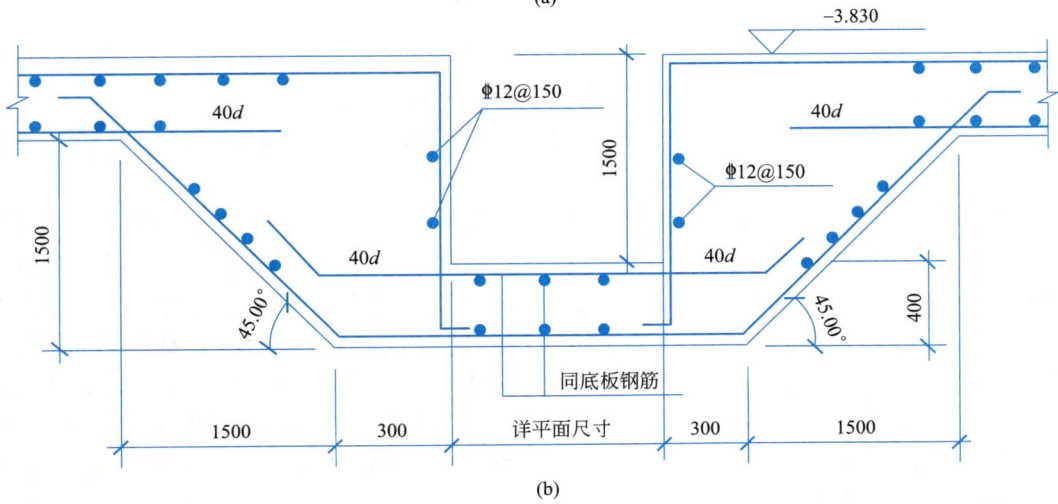

(b)

图 6 地下室集水坑施工图

（a）地下室集水坑平面布置图；（b）地下室底板集水坑详图（两侧均无紧邻地梁或承台）